Gerhard Schlosser

Einheit der Welt und Einheitswissenschaft

Wissenschaftstheorie
Wissenschaft und Philosophie

Gegründet von Prof. Dr. Simon Moser, Karlsruhe

Herausgegeben von Prof. Dr. Siegfried J. Schmidt, Siegen

1 H. Reichenbach: Der Aufstieg der wissenschaftlichen Philosophie (lieferbar als Band 1 der Hans Reichenbach Gesammelten Werke)
2 R. Wohlgenannt: Was ist Wissenschaft? (vergriffen)
3 S. J. Schmidt: Bedeutung und Begriff (vergriffen)
4 A.-J. Greimas: Strukturale Semantik (vergriffen)
5 B. G. Kuznecov: Von Galilei bis Einstein (vergriffen)
6 B. d'Espagnat: Grundprobleme der gegenwärtigen Physik (vergriffen)
7 H. J. Hummell, K. D. Opp: Die Reduzierbarkeit von Soziologie auf Psychologie (vergriffen)
8 H. Lenk (Hrsg.): Neue Aspekte der Wissenschaftstheorie (vergriffen)
9 I. Lakatos, A. Musgrave (Hrsg.): Kritik und Erkenntnisfortschritt (vergriffen)
10 R. Haller, J. Götschl (Hrsg.): Philosophie und Physik
11 A. Schreiber: Theorie und Rechtfertigung
12 H. F. Spinner: Begründung, Kritik und Rationalität
13 P. K. Feyerabend: Der wissenschaftstheoretische Realismus und die Autorität der Wissenschaften
14 I. Lakatos: Beweise und Widerlegungen (vergriffen)
15 P. Finke: Grundlagen einer linguistischen Theorie
16 W. Balzer, A. Kamlah (Hrsg.): Aspekte der physikalischen Begriffsbildung
17 P. K. Feyerabend: Probleme des Empirismus
18 W. Diederich: Strukturalistische Rekonstruktionen
19 H. R. Maturana: Erkennen: Die Organisation und Verköperung von Wirklichkeit
20 W. Balzer: Empirische Theorien: Modelle – Strukturen – Beispiele
21 H. von Forster: Sicht und Einsicht
22 P. Finke, S. J. Schmidt (Hrsg.): Analytische Literaturwissenschaft
23 J. F. Ihwe: Konversationen über Literatur
24 E. von Glasersfeld: Wissen, Sprache und Wirklichkeit
25 J. Klüver: Die Konstruktion der sozialen Realität Wissenschaft: Alltag und System
26 Ch. Lumer: Praktische Argumentationstheorie
27 P. Hoyningen-Huene: Die Wissenschaftsphilosophie Thomas S. Kuhns
28 W. Stangl: Das neue Paradigma der Psychologie
29 W. Krohn, G. Küppers (Hrsg.): Selbstorganisation. Aspekte einer wissenschaftlichen Revolution
30 E. Matthies, J. Baecker, M. Wiesner: Erkenntniskonstruktion am Beispiel der Tastwahrnehmung
31 M. Borg-Laufs, L. Duda: Zur sozialen Konstruktion von Geschmackswahrnehmung
32 R. Paslack: Urgeschichte der Selbstorganisation
33 G. Schiepek: Systemtheorie der Klinischen Psychologie
34 A. Kertész: Die Modularität der Wissenschaft
35 H.-M. Zippelius: Die vermessene Theorie
36 A. Ziemke: System und Subjekt
37 G. Schlosser: Einheit der Welt und Einheitswissenschaft

Gerhard Schlosser

Einheit der Welt und Einheitswissenschaft

Grundlegung einer Allgemeinen Systemtheorie

Die Deutsche Bibliothek – CIP-Einheitsaufnahme

Schlosser, Gerhard:
Einheit der Welt und Einheitswissenschaft:
Grundlegung einer allgemeinen Systemtheorie /
Gerhard Schlosser. – Braunschweig; Wiesbaden:
Vieweg, 1993
(Wissenschaftstheorie, Wissenschaft und
Philosophie; 37)
Zugl.: Freiburg (Breisgau), Univ., Diss., 1990
ISBN 978-3-322-90911-4 ISBN 978-3-322-90910-7 (eBook)
DOI 10.1007/978-3-322-90910-7

NE: GT

Softcover reprint of the hardcover 1st edition 1993
Der Verlag Vieweg ist ein Unternehmen der Verlagsgruppe Bertelsmann International.

Gedruckt auf säurefreiem Papier

ISSN 0939-6268

Meinen Eltern
in Dankbarkeit gewidmet

Vorwort

Eine tiefe Unzufriedenheit bereitete den fruchtbaren Boden, in dem die Überlegungen des vorliegenden Buches wurzeln und gedeihen konnten. Eine Unzufriedenheit, die ich seit Jahren immer dann empfinde, wenn in den Wissenschaften von "Reduktion" die Rede ist, wenn etwa behauptet wird, die Biologie sei auf die Physik oder Geisteswissenschaften seien auf Naturwissenschaften zu reduzieren. Je mehr ich mich mit diesem Thema beschäftigte, desto größer wurde mein Unbehagen gegenüber reduktionistischen Thesen. Zweifelsohne gibt es eine Einheit der Welt, es sollte daher "irgendwie" auch eine Einheit der Wissenschaft geben. Eine solche Position könnte man - schreckt man vor "ismen" nicht zurück - ganz allgemein als "Unifikationismus" bezeichnen. Der Weg jedoch, den viele "Reduktionisten" einschlugen, um zur Einheit zu gelangen, schien mir auf großen Strecken nicht gangbar, schien von allzuvielen materialistischen Vorurteilen und Widersprüchlichkeiten verstellt zu sein. Einige dieser Vorurteile aus dem Weg zu räumen, einige dieser Widersprüchlichkeiten aufzuzeigen und zu beseitigen ist das Ziel dieses Buches.

Systemtheoretische Überlegungen gelangen derzeit in den verschiedensten Wissenschaften zu fruchtbarer Anwendung (vgl. etwa Haken (1976, 1981, 1985), Schmidt (1987)) und könnten daher zum Ausgangspunkt für ein interdisziplinäres Gespräch werden, ohne die Existenzberechtigung verschiedener Disziplinen nach reduktionistischer Manier in Frage stellen zu müssen. Die neuere systemtheoretische Diskussion krankt aber daran, daß sie keinen präzisen und konsistenten Systembegriff anzubieten hat, der interdisziplinär anwendbar wäre und sich somit eignete, Brücken zwischen den Disziplinen zu schlagen. Diesem Mangel möchte ich mit dem vorliegenden Buch abhelfen. Der hier entwickelte Ansatz einer Allgemeinen Systemtheorie, in der Systeme als *Mengen von Relationengefügen* in einem relationalen universalen Wirkungszusammenhang konzipiert werden, knüpft an Whiteheadsche Überlegungen an. So trivial dieser mengentheoretische Ansatz auf den ersten Blick auch scheinen mag: Er hat weitreichende Konsequenzen für die verschiedensten Wissenschaften, wie ich im zweiten Teil dieses Buches erläutern werde. Er vermag beispielsweise viele der vagen und oft nur intuitiv begründeten Aussagen der "Holisten" zum ganzheitlichen Charakter komplexer Systeme ("Das Ganze ist mehr als die Summe seiner Teile") von ihrer mystischen Aura zu befreien und zu rechtfertigen. Ich werde außerdem andeuten, welche Konsequenzen die Allgemeine Systemtheorie für Evolutions-, Kognitions- und Kommunikationstheorie hat (Kap. 7), ohne in diesem Zusammenhang aber die Fülle der meist kontroversen Ansätze in jenen Disziplinen gebührend würdigen zu können.

Das vorliegende Buch stellt die überarbeitete Version meiner Dissertation "Die Einheit der Welt und ihre wissenschaftliche Deutung" (Schlosser (1990)) dar, in dem einige terminologische Änderungen vorgenommen (vgl. Kap. 5, Fußnoten 3, 18 und 25), inhaltliche und sprachliche Mängel beseitigt und zusätzliche Quellen berücksichtigt wurden. Der Anhang zu meiner Dissertation, in dem ich eine formalisierte Darstellung der Allgemeinen Systemtheorie skizziert habe, wurde weggelassen. Er wird in stark überarbeiteter und erweiterter Form Gegenstand einer eigenständigen Publikation sein. Ich habe mich bemüht, einen Großteil der Literaturdiskussion sowie weitschweifige Randbemerkungen in die Fußnoten zu verlegen, um den Text flüssiger lesbar zu machen.

Meine eigenen Überlegungen, vor allem meine Bemühungen, mit einer "Allgemeinen Systemtheorie" Licht in das Dunkel herrschender reduktionistischer Vorurteile zu tragen, sind nicht aus Nichts geboren. Sehr viel verdanke ich *A.N. Whiteheads* Philosophie mit ihrer radikalen Kritik am Substantialismus. Whiteheads Versuch, die Welt relational und prozessual umzudeuten, liegt meiner Systemtheorie zugrunde. Die Idee einer "Allgemeinen Systemtheorie" geht auf *L. v. Bertalanffy* zurück und wurde von einer Vielzahl von Autoren aufgegriffen und weiterentwickelt. Es wäre sicher interessant, Gemeinsamkeiten und Unterschiede all dieser Systemtheorien näher zu beleuchten, was den Rahmen dieses Buches aber sprengen würde. Das Werk *J. v. Uexkülls* hat mein Augenmerk auf die Umweltbeziehungen von Systemen und ihre semantischen Aspekte gelenkt. *H. Maturanas* Schriften haben mir das Prinzip der dynamischen Selbsterhaltung von Systemen durch zyklische Re-Produktion nahegebracht. *W.V.O. Quine* und *R. Rorty* trugen dazu bei, den Dogmatismus in der Philosophie zu entthronen. Ihren toleranten Gedanken, die der Philosophie zu Recht den Nimbus nehmen, Unbezweifelbares zu verkünden, fühle ich mich besonders verpflichtet; sie stellen den Leitfaden dar, an dem sich meine philosophische Argumentation orientiert. Meinen Blick dem undogmatischen Horizont von Philosophie erstmals geöffnet zu haben, verdanke ich aber einigen erfrischend "ketzerischen" Vorträgen von Rainer Marten. Helmut Schwegler und Gerhard Roth schulde ich besonderen Dank. Ihre kritischen Kommentare waren mir Anlaß für manche Präzisierung und Modifikation meiner systemtheoretischen Überlegungen. Jann Holl danke ich für die Betreuung meiner Dissertation an der Universität Freiburg, Erhard Scheibe, Christiane Schmitz und Albert Newen für einige anregende Diskussionen.

Viele interessante Einsichten in das hier behandelte Thema kamen mir erst im Laufe der Niederschrift meiner Gedanken. Wären diese Ausgangspunkt meines Buches gewesen, so hätte dieses vielleicht in einigem anders ausgesehen; andere Denker, andere Schriften hätten dann wahrscheinlich mehr Gewicht erhalten. Doch liegt es wohl im Wesen des Verstehens selbst, daß Vollständigkeit, so sehr man auch bemüht sein mag, sie zu erreichen, sich einem immer entzieht:

> "- Schlimm genug! Wieder die alte Geschichte! Wenn man sich sein Haus fertig gebaut hat, merkt man, unversehens etwas dabei gelernt zu haben, das man schlechterdings hätte wissen müssen, bevor man zu bauen - anfing. Das ewige leidige "Zu spät!" - Die Melancholie alles Fertigen!"
>
> - Friedrich Nietzsche (1886), S. 169

Inhalt

Einleitung

> Wieviel, o wieviel
> Welt. Wieviel
> Wege.
> - Paul Celan (1963)

> Wir haben entdeckt, daß der Dialog mit der Natur nicht mehr bedeutet, von außen einen entzauberten Blick auf eine mondartige Wüste zu werfen, sondern vielmehr, eine komplexe und vielfältige Natur an Ort und Stelle nach ausgewählten Gesichtspunkten zu erforschen.
> - Ilya Prigogine und Isabelle Stengers (1980)

Wir leben gemeinsam in unserer einen Welt. Auf *einer* Bühne spielt sich das ganze Welttheater ab. Wir selbst sind die Akteure - und Zuschauer zugleich, und die Kulisse nennen wir Natur. Wir können unsere Welt nicht eintauschen gegen eine andere. Wir können sie nicht von außen betrachten. Da es für uns nur diese eine Welt gibt, können wir sie auch nicht mit anderen vergleichen. Doch ist uns unsere *eine* Welt *ganz* zugänglich. Was uns nicht zugänglich ist, gehört nicht zu unserer Welt. Unsere eine Welt steckt voller Überraschungen und ungeahnter Möglichkeiten. Nur einen winzigen Teil kennen wir schon, vieles ist uns noch verborgen. Wir machen uns auf, die Welt zu erforschen, weil wir glauben, sie sei verstehbar, weil wir hoffen, die Geheimnisse unserer Welt ließen sich - teilweise zumindest - lüften, selbst wenn uns vieles für immer rätselhaft bleiben wird.

Die Wissenschaft hat sich zur Aufgabe gesetzt, unsere Welt auf eine Art und Weise zu erforschen, die für uns alle nachvollziehbar, die intersubjektiv gültig ist. Nur über die eine Welt, in der wir gemeinsam leben und uns verständigen, können wir in der Wissenschaft reden. Dennoch gibt es verschiedene wissenschaftliche Disziplinen - verschiedene "Wissenschaften" -, die verschiedene Ausschnitte dieser Welt auf verschiedene Art und Weise erforschen. Alle diese Wissenschaften sollten aber zusammenhängen, so wie die Welt eine zusammenhängende Einheit bildet. In unserer Welt kann alles mit allem wechselwirken, es gibt keine isolierten Tatsachen. Blitze mögen zwar "Sache" der Meteorologie sein, so wie Tiere eine "Sache" der Zoologie sind, und doch kann ein Blitz ein Tier töten. Der menschliche "Geist" mag "Sache" der Geisteswissenschaften sein, und doch können wir mit seiner Hilfe Maschinen aus Eisen und Stahl bauen und in unsere Dienste nehmen. Stünden die verschiedenen Wissenschaften vollkommen beziehungslos nebeneinander, so könnten wir diesen *einheitlichen Wirkungszusammenhang* nicht verstehen. Viele Philosophen und Wissenschaftler hegen daher seit langem die Überzeugung, daß die Wissenschaft im Prinzip eine Einheit bildet, daß alle wissenschaftlichen Disziplinen "irgendwie" zusammenhängen. Diese Position läßt sich ganz allgemein als *unifikationistisch* kennzeichnen.

Eine solche Position vertreten heißt, jegliche prinzipielle, unversöhnliche Spaltung der Wissenschaften abzulehnen, heißt insbesondere, zu leugnen, daß durch die Welt ein Riß geht, der diese in eine geistige und eine materielle Welt scheidet und aufgrund der unaufhebbaren Dualität von Geist und Materie Geistes- und Naturwissenschaften einander prinzipiell für immer entfremdet. Es soll nicht Aufgabe dieses Buches sein, alle Gründe zu diskutieren, die gegen den Dualismus sprechen. An dieser Stelle kann der Hinweis genügen, daß jeglicher Dualismus, wie immer er auch geartet sei, an der Tatsache des einheitlichen Wirkungszusammenhanges scheitern muß, an der Tatsache, daß wir in einer Wirkungswelt leben, daß wir in dieser Welt (geistige) Pläne (materiell) verwirklichen und umgekehrt uns von unserer Erfahrung mit (materiellen) Gegenständen inspirieren lassen. Ich möchte in diesem Buch vielmehr zeigen, wie harmlos eine solche unifikationistische These ist, wie wenig sie das Existenzrecht verschiedener Wissenschaften, wie wenig sie die Vielfalt der Welt in Frage stellt und wie wenig sie mit der klassischen materialistischen Auffassung zu tun hat, die den Organismus zum blinden Räderwerk der Maschine, den Menschen zum seelenlosen Automaten degradiert. Die Leitidee von Einheit und Einfachheit der Welt, die Idee eines universalen Wirkungszusammenhanges kann - was noch zu begründen sein wird (vgl. Kap. 4) - allen Wissenschaften unterstellt werden, und dennoch kann, darf und muß es eine Vielfalt von Wissenschaften geben. Ein recht verstandener Unifikationismus ist daher *pluralistisch*.

Ich habe bewußt den neutralen Terminus "Unifikationismus" - nicht "Reduktionismus" - gewählt, um diesen aller Wissenschaft zugrundeliegenden Leitgedanken von Einheit und Einfachheit der Welt zu kennzeichnen. Unter *Reduktionismus* wird im allgemeinen eine spezifische monistische Form des Unifikationismus verstanden, die aus diesem harmlosen Grundgedanken Kriterien für die Existenzberechtigung verschiedener Wissenschaften ableiten zu können glaubt. Da die Physik die Gesetze des universalen Wirkungszusammenhanges untersucht, sollten sich, so wird behauptet, alle Wissenschaften im Prinzip auf die Physik zurückführen, reduzieren lassen. Sei dies nicht der Fall, so hätten die betreffenden Wissenschaften über unsere einheitliche Welt nichts zu sagen. Alle Wissenschaften, die diesen Namen verdienten und sich nicht in empirisch haltlosen Spekulationen erschöpften, würden also "eigentlich" zu Physik und diese somit zur einzigen Wissenschaft. In dieser radikalen Form wurde der Reduktionismus als *Physikalismus* von den Neopositivisten des Wiener Kreises vertreten.

Was aber bedeutet "reduzieren" konkret? Wie wäre die Reduktion verschiedener Wissenschaften auf Physik durchzuführen, wann wäre sie gelungen? Die Physikalisten des Wiener Kreises glaubten noch, hierfür die "Übersetzung" aller Begriffe in solche Begriffe, die sich auf "Beobachtbares" beziehen, fordern zu müssen. Diese Position, die ich als "Übersetzungsreduktionismus" bezeichnen möchte, ist unhaltbar, wie das 1. Kapitel zeigen wird. Der schwächere "Erklärungsreduktionismus" setzt keine eindeutige Übersetzbarkeit aller Begriffe in eine Beobachtungssprache mehr voraus, fordert aber, die Gesetzmäßigkeiten aller Wissenschaften müßten sich auf die fundamentalen Gesetze der Physik zurückführen - und das heißt: logisch aus ihnen ableiten - lassen. Auch der Erklärungsreduktionismus stößt auf Schwierigkeiten. Verschiedene Theorien können unter Umständen vollkommen verschiedene Strukturen aufweisen und somit unvergleichbar, inkommensurabel sein. In diesem Fall lassen sich keine logischen Beziehungen zwischen den beiden Theorien herstellen (Kapitel 1.2). Ich werde zu zeigen versuchen, daß die unifikationistische These als "regulative Idee" aufrechterhalten werden kann, ohne daß jemals de facto verschiedene Wissenschaften aufeinander "reduziert" werden müssen.

Mit der unifikationistischen These werden im allgemeinen zwei weitere Thesen verknüpft, von denen irrtümlich angenommen wird, sie folgten aus dem Unifikationismus: die *kausalistische* These, alle Wissenschaften wären primär an der Aufklärung allgemeiner, insbesondere kausaler Gesetze interessiert, und die *partitionistische* These, ein "Ganzes" sei durch die Wechselwirkungen seiner "Teile" vollständig zu charakterisieren. Diese Thesen werden im 2. Kapitel vorgestellt und einer vorläufigen Kritik unterzogen. Dabei wird sich zeigen, daß dem gesetzesanalytischen Erklärungsinteresse der Physik ein systemanalytisches Erklärungsinteresse der Wissenschaften komplexer Systeme - und dazu gehören Geistes- wie Naturwissenschaften, z.B. die Biologie - gegenübersteht. Letztere interessieren sich für die Organisation und Geschichte definierter Systeme, nicht für die kausalen Gesetze, die allem Geschehen zugrundeliegen.

Wissenschaftstheorie wurde oft als die Fundamentaldisziplin angesehen, die - analog zur Transzendentalphilosophie Kants - Methoden wissenschaftlichen Vorgehens festschrieb und glaubte, daraus Aussagen über die Legitimität von Gültigkeitsansprüchen und die Tragfähigkeit wissenschaftlicher Erkenntnisse ableiten zu können. Eine so verstandene Wissenschaftstheorie setzte sich auch die Aufgabe, die Einheit der Wissenschaft und die Notwendigkeit des Reduktionismus zu begründen. Gibt man aber den eingestandenen oder uneingestandenen transzendentalphilosophischen Anspruch bisheriger analytischer Wissenschaftstheorie preis - für einen solche Wende vom transzendentalen Idealismus zu einem *immanenten Realismus* will ich in Kapitel 3 plädieren -, nimmt man Abschied vom Glauben, in einer "Fundamentaldisziplin" absolute Wahrheiten - und seien es auch nur Wahrheiten über die Gültigkeitsansprüche bestimmter Aussagen - aufdecken zu können, so verliert Wissenschaftstheorie ihren ausgezeichneten "fundamentalen" Status. An ihre Stelle tritt eine empirische Wissenschaft von den Wissenschaften, die mit ihrem absoluten Standpunkt auch ihren normativen Anspruch aufgibt. Empirische Wissenschaftsforschung sieht es nicht mehr als ihre Aufgabe an, die Notwendigkeit von Unifikationismus oder Reduktionismus ex cathedra zu begründen.

Ich will die von allen Wissenschaften de facto explizit oder implizit vorausgesetzte unifikationistische Leitidee von Einheit und Einfachheit der Welt (genauer: der Wirkungswelt) in diesem Buch daher auch nicht begründen, sondern zum *Ausgangspunkt* meiner Überlegungen machen, indem ich den Implikationen eines konsequent zu Ende gedachten, in sich konsistenten Unifikationismus radikal nachspüre (Kapitel 4) und auf dieser Grundlage eine *Allgemeine Systemtheorie* - gleichsam eine Ontologie ohne absolutistische Ambitionen - aufzubauen versuche, die, wie ich glaube, in allen Wissenschaften fruchtbar anwendbar ist und sich wie jede Theorie an eben dieser Fruchtbarkeit messen lassen kann und muß.

Kapitel 4 und 5, die zentralen Kapitel dieses Buches, in denen die Grundzüge der Allgemeinen Systemtheorie skizziert werden, muten dem Leser einiges an spröden Formulierungen zu, die aber unvermeidlich sind, um den radikal von anderen Systemtheorien[1] unterschiedenen Ansatz der Allgemeinen Systemtheorie so unmißverständlich wie möglich darzustellen. Die Allgemeine Systemtheorie geht von einem *universalen Wirkungszusammenhang* aus, in dem eigenschaftslose, völlig durch externe Wirkungsbeziehungen gekennzeichnete *Elementarprozesse* interagieren. Mit der Konzeption des "Elementarprozesses" folge ich den von Whitehead vorgezeichneten Pfaden, nehme Abschied vom Substantialismus und bemühe mich um eine konsequent relationale und prozessuale Ontologie. Systeme führe ich dann als "Gruppen" (mathematisch gesprochen: n-Tupel) von Elementarprozessen bzw. Mengen solcher "Gruppen" ein. Eine "Gruppe" gleichzeitiger Elementarprozesse nenne ich ein *Momentansystem*. Momentansysteme aufeinanderfolgender Zeitpunkte, die in zeitlicher Kontinuität miteinander stehen, sind zu sogenannten *Prozeßsystemen* verkettet, die sich jeweils als Mengen zeitlich kontinuierlicher Momentansysteme auffassen lassen. Mehrere einander "ähnliche" Prozeßsysteme können zur Menge eines *definierten Systems* zusammengefaßt werden. Die theoretische Verknüpfung von einem der Substanz völlig entkleideten universalen Wirkungszusammenhang mit einer mengentheoretischen Systemkonzeption erlaubt beispielsweise, das komplementäre Verhältnis von System und Umgebung neu und präziser als in gängigen Systemtheorien zu bestimmen. Vor diesem Hintergrund können dann *autogenetische Prozeßsysteme*, deren Identität sich durch die wechselseitigen Interaktionen ihrer Teilsysteme (*Autokonstituenten*) dauerhaft erhält, von heterogenetischen Prozeßsystemen unterschieden werden, die zur dauerhaften Erhaltung ihrer Identität auf die Wechselwirkungen zwischen Teilsystemen (Autokonstituenten) und Umweltsystemen (*Allokonstituenten*) angewiesen sind. Zu diesen heterogenetischen Systemen müssen auch lebende, "autopoietische"[2] Systeme gerechnet werden. Während autogenetische Systeme per se autonom, d.h. für die Erhaltung ihrer Identität von der Umwelt unabhängig sind, muß die relativ große Autonomie lebender Prozeßsysteme auf ihre *Komplexität* zurückgeführt werden, wobei Komplexität als "distribuierte Dependenz" - als auf Alternativen verteilte Abhängigkeit von Umweltsystemen - charakterisiert werden kann. "Autopoietische Systeme" (im Sinne von Maturana und Varela) sind somit komplexe heterogenetische Systeme.

In den folgenden beiden Kapiteln 6 und 7 werden die Lösungsvorschläge der Allgemeinen Systemtheorie für einige klassische systemtheoretischen Probleme - wie

---

1 Vgl. etwa Ashby (1956), Klir (1969), Forrester (1972), Mesarovic and Takahara (1975). Einen Überblick über verschiedene Ansätze gibt Klir (1969), S. 97 ff. Ashby, Klir und Mesarovic and Takahara gehen zwar ebenfalls mengentheoretisch vor, ohne jedoch ihren Systemdefinitionen etwas meinem an Whitehead orientierten "universalen Wirkungszusammenhang" Vergleichbares zugrundezulegen. Hakens (1976, 1981, 1985) "Synergetik" kann zwar nicht als Systemtheorie im engeren Sinn bezeichnet werden, erhebt aber vergleichbare Ansprüche auf allgemeine, interdisziplinär fruchtbare Anwendbarkeit.

2 Der Begriff "Autopoiese" wurde von Varela, Maturana und Uribe (1974) geprägt. Vgl. auch Maturana und Varela (1975) und (1987). Ausführliche Diskussion in Kap. 5.3.

dem Emergenzproblem, dem Problem der semantischen Information usw. - en détail erläutert und mit den Lösungsansätzen anderer einschlägiger Theorien verglichen. Ropohl (1978), der ein funktionales, strukturales und hierarchisches Systemkonzept unterscheidet (S. 14 ff.), kritisiert zurecht, daß die meisten Systemtheorien "jeweils einen Systemaspekt in den Vordergrund stellen oder gar verabsolutieren, während doch der Systembegriff in Wirklichkeit alle drei Aspekte umfaßt." (Ropohl (1978), S. 14). Kapitel 6 wird zeigen, daß die hier entworfene Allgemeine Systemtheorie alle drei Aspekte des Systembegriffs adäquat darstellen kann. Dort wird unter anderem die integrativ hierarchische Organisation komplexer heterogenetischer Systeme (z.B. Organismen) in der Terminologie der Allgemeinen Systemtheorie exemplarisch beschrieben und genauer charakterisiert. In diesem Kontext werde ich zwischen *Wirkungs-* und *Bedeutungszusammenhängen* unterscheiden, die Begriffe "*Bedeutung*" und "*Funktion*" einführen, die Grundzüge einer allgemeinen Bedeutungstheorie entwikkeln und einen *semantischen Informationsbegriff* definieren. Die Ergebnisse dieser Untersuchung werden Licht in die seit langem schwelende Diskussion über "Emergenz" (emergente Systemeigenschaften) bringen und schließlich in eine Kritik des Partitionismus (s.o.) münden: Das "Ganze", so wird sich zeigen, ist "mehr als die Summe seiner Teile", weil heterogenetische Prozeßsysteme nicht nur durch Wechselwirkungen zwischen Teilsystemen (Autokonstituenten), sondern auch durch Wechselwirkungen mit bestimmten Umweltsystemen (Allokonstituenten) konstituiert werden. Ein konsequenter Unifikationismus ist daher integrationistisch, nicht partitionistisch.

Systeme werden in der hier exponierten Allgemeinen Systemtheorie nicht als statische Gegenstände, sondern als dauernd sich wandelnde Prozesse eingeführt. Einem Prozeßsystem wohnt seine Geschichte inne. Aufgrund der Komplementarität von Prozeßsystem und Umgebung hängen beider geschichtliche Veränderungen voneinander ab. Die kovariante Veränderung eines Prozeßsystems und einiger seiner Umweltsysteme (Allokonstituenten) ist dabei umso deutlicher, je stärker das Prozeßsystem an diese Umweltsysteme *gekoppelt* ist, kann für komplexe heterogenetische Systeme aber sehr gering sein. Aus diesen Überlegungen ergeben sich interessante Konsequenzen für so verschiedene Bereiche wie Evolutionstheorie, Kognitionstheorie und Kommunikationstheorie, die im 7. Kapitel kurz angedeutet werden sollen.

Die Allgemeine Systemtheorie wurde als eine Theorie konzipiert, die den Anforderungen des Unifikationismus genügt, ohne im klassischen Sinn reduktionistisch zu sein. Sie stellt die Existenzberechtigung verschiedener Wissenschaften nicht in Frage und vermag trotzdem, wie Kapitel 8 abschließend zeigt, interdisziplinäre Brücken zu bauen, indem sie den universalen Wirkungszusammenhang als gemeinsamen ideellen Horizont systemanalytisch-explikativen Vorgehens bestimmt, wie es für Natur- *und* Geisteswissenschaften charakteristisch ist. Würde die (eine) Allgemeine Systemtheorie als eine durchgängig fruchtbar anwendbare Theorie akzeptiert, so könnte das uralte "Einheitswissenschaftsideal" auf eine Weise als verwirklicht gelten, die sich die Neopositivisten des Wiener Kreises wohl kaum erträumten: Die Einheit systemanalytischer Wissenschaft läge dann in der Gemeinsamkeit ihres *hermeneutisch-konstrukti-*

ven Vorgehens im Hinblick auf einen (implizit vorausgesetzten, aber selbst nicht thematischen) einheitlichen, universalen Wirkungszusammenhang begründet.

Erster Teil

Wissenschaftstheoretische Überlegungen zu Reduktionismus und Unifikationismus

1 Reduktion und Unifikation wissenschaftlicher Theorien.

1.1 Übersetzungsreduktionismus - der Physikalismus des Wiener Kreises.

> So ist die Wissenschaft eine Einheit. Sie ist kein Mosaik, kein Hain, in dem verschiedene Baumarten nebeneinander stehen, sondern *ein* Baum mit vielen Zweigen und Blättern. Sie gibt die Erkenntnis der Einen Welt, die auch nicht in verschiedene Wirklichkeiten auseinanderfällt.
> - Moritz Schlick (1934)

> Considered relative to our surface irritations, which exhaust our clues to an external world, the molecules and their extraordinary ilk are ... much on a par with the most ordinary physical objects. The positing of those extraordinary things is just a vivid analogue of the positing or acknowledging of ordinary things: vivid in that the physicist audibly posits them for recognized reasons, whereas the hypothesis of ordinary things is shrouded in prehistory.
> - Willard Van Orman Quine (1960)

Die radikalste Form eines Reduktionismus wurde Anfang dieses Jahrhunderts von den Philosophen des Wiener Kreises, insbesondere von Carnap, Schlick und Neurath als "Physikalismus" vertreten. Ihre "wissenschaftliche Weltauffassung" war eine Kampfansage an gehaltleere, "metaphysische" Begriffe in der Philosophie und den Geisteswissenschaften. Wissenschaft sollte verläßlich und allgemein verbindlich sein. Sie mußte sich daher auf die für jeden gleichermaßen nachvollziehbare Erfahrung stützen, mußte insofern *einheitliche Erfahrungswissenschaft* und somit *Einheitswissenschaft* sein:

> "Als Ziel schwebt die *Einheitswissenschaft* vor. ... Sauberkeit und Klarheit werden angestrebt, dunkle Fernen und unergründliche Tiefen abgelehnt. In der Wissenschaft gibt es keine "Tiefen"; überall ist Oberfläche: alles Erlebte bildet ein, nicht immer überschaubares, oft nicht im einzelnen faßbares Netz. Alles ist dem Menschen zugänglich, und der Mensch ist das Maß aller Dinge ... Die wissenschaftliche Weltauffassung kennt *keine unlösbaren Rätsel*." Carnap, Hahn und Neurath (1929), S. 15[1].

> "Jede wissenschaftliche Aussage ist eine Aussage über eine gesetzmäßige Ordnung empirischer Tatbestände. Alle wissenschaftlichen Aussagen sind miteinander verbunden und bilden einen einheitlichen Bereich, der nur Aussagen über beobachtbare Tatbestände umfaßt. Für ihn wird der Name *Einheitswissenschaft* vorgeschlagen. Will man betonen, daß auf diese Art und Weise eigentlich alles zu Physik wird, so mag man von Physikalismus sprechen." Neurath (1931 a), S. 1.

Eine *Einheitswissenschaft* müsse - so Neurath - schon deshalb gefordert werden, damit die Wissenschaft durchgängig anwendbar sei. Denn um eine bestimmte Voraussage

---

1 Zum Überblick vgl. Kraft, V. (1950), S. 147 ff. Manifeste des "Physikalismus" stellen einige von Neuraths Aufsätzen dar, insbesondere Neurath (1931 a-d).

machen zu können, müsse man unter Umständen "Gesetze" verschiedener Disziplinen heranziehen[2]. Das wiederum sei nur möglich, wenn sich all diese Gesetze in der gleichen Sprache ausdrücken ließen: Fordere man die Einheitswissenschaft, so fordere man damit die *Einheitssprache* der Wissenschaften[3]. Die Einheitssprache dürfe nur über Erfahrbares sprechen. Eine Aussage, die für sich reklamieren wolle, empirisch gehaltvoll zu sein, müsse sich also auf eine Aussage über unmittelbare Erfahrungen zurückführen lassen. Carnap führte 1928 in seinem "Logischen Aufbau der Welt" aus, wie er sich eine solche Rückführung vorstellte: Alle in der Sprache gebrauchten Begriffe sollten sich unter Verwendung weniger Grundbegriffe definieren lassen; dadurch wären schließlich alle Sätze in solche übersetzbar, die nur noch diese elementaren Grundbegriffe enthielten. Anders ausgedrückt: Es sollte ein "Konstitutionssystem der Begriffe" geben[4].

Die Grundelemente, die als Basis eines solchen Systems dienen können, müssen nach Carnaps ursprünglicher Auffassung Begriffe über "Elementarerlebnisse", über private Wahrnehmungsinhalte sein[5]. Nur so werde ein unerschütterlicher empirischer Gehalt der Sprache garantiert. Für die Wissenschaft bedeutet das: Alle wissenschaftlichen Aussagen müßten in solche übersetzbar sein, die sich auf unmittelbar Beobachtbares beziehen, in sogenannte "Protokollsätze". Diese seien unbezweifelbar gewiß und bedürften keiner Bestätigung[6]. Gegen die geforderte Unantastbarkeit der Protokollsätze wandte sich mit Recht Neurath. Wenn solche Sätze als Basis der Wissenschaft dienen sollen und Wissenschaft als ein intersubjektives Unternehmen konzipiert wird, so können diese fundamentalen Sätze nicht als "private" der intersubjektiven Diskussion entzogen werden. Wir können uns auf allen Gebieten irren, auch hinsichtlich der eigenen Wahrnehmung, und darum müssen *alle* Sätze der Wissenschaft revidierbar sein. Trotzdem hält auch Neurath an der ausgezeichneten Rolle fest, die Protokollsätze im Aufbau der Wissenschaft spielen; nur Aussagen über direkt Beobachtbares können seiner Meinung nach intersubjektiv nachgeprüft werden. Die Protokollsprache könne daher als Fundament für die Einheitssprache der Wissenschaften dienen[7].

---

2 "Ob ein bestimmtes Haus abbrennen wird, kann man nur wissen, wenn man das Verhalten der Baubestandteile, das Verhalten der Menschengruppe, die vielleicht zum Löschen herbeieilt mit in Rechnung stellen kann." (Neurath, 1931 c), S. 299. Siehe auch Neurath (1931 c), S. 395. Damit ist die unifikationistische Position umschrieben: Da alles mit allem wechselwirken kann, ist es unbefriedigend, wenn Wissenschaften beziehungslos nebeneinanderstehen.

3 Vgl. z.B. Carnap (1931), S. 462.

4 Vgl. Carnap (1928), S. 1, 4, 47.

5 Vgl. Carnap (1928), S. 93. Als Grundbegriffe des Konstitutionssystems sollen die durch "Grundrelationen" verknüpften Grundelemente ("Elementarerlebnisse") fungieren (Carnap (1928), S. 105 ff.). An dieser eigenpsychischen Basis, die in noch radikalerer Form auch von Schlick zugrundegelegt wird (z.B. Schlick (1934 b), S. 91), hält Carnap bis 1931 fest (vgl. Carnap (1931), S. 438).

6 Carnap (1931), S. 438.

7 Vgl. Neurath (1932/33), S. 209. Zur Protokollsatzdiskussion vgl. Carnap (1931), Neurath (1932/33) und Carnaps Entgegnung (1932/33), in der er von der eigenpsychischen zur intersubjektiven Basis

Jeder Protokollsatz und somit *jeder* sinnvolle, d.h. empirisch gehaltvolle Satz, so wird von Carnap (1931) und Neurath (1931 a-d) behauptet, läßt sich zudem in die Sprache der *Physik* übersetzen. Dies leuchtet unmittelbar ein, wenn die Aufgabe der Physik darin gesehen wird, die raumzeitliche Ordnung der Welt zu systematisieren und diese Ordnung mit dem Beobachtbaren gleichgesetzt wird. Carnap und Neurath stellen aber die weiterreichende und nicht gesondert begründete Behauptung auf, alle Sätze seien in die *jeweilige* Sprache der Physik übersetzbar[8]; die physikalische Sprache sei "*eine Universalsprache und, da keine andere solche bekannt ist, d i e Sprache der Wissenschaft*" (Carnap 1931, S. 461). Mit anderen Worten: Alle Wissenschaften lassen sich auf die Physik reduzieren, da sich alle ihre gehaltvollen Sätze in solche übersetzen lassen, die nur noch physikalische Begriffe enthalten. Umgekehrt gilt: Ist eine solche Übersetzung nicht möglich, so ist der betreffende Satz "metaphysisch" und hat in der Wissenschaft nichts zu suchen. Der Physikalismus des Wiener Kreises ist also ein "Übersetzungsreduktionismus".

Dieser ist zunächst unabhängig von einem "Erklärungsreduktionismus", d.h. es handelt sich (beispielsweise) "nicht um die Zurückführbarkeit der biologischen *Gesetze* auf die physikalischen, sondern um die Zurückführbarkeit der biologischen *Begriffe* (...) auf die physikalischen" (Carnap 1931, S. 449). Ob auch die Gesetzmäßigkeiten anderer Wissenschaften auf physikalische Gesetze zurückgeführt werden konnten, war für die Philosophen des Wiener Kreises eine empirische, keine philosophische Frage. Carnap war zwar von der positiven Beantwortbarkeit dieser Frage überzeugt, beschränkte sich aber darauf, die - wie er glaubte - unabdingbare Voraussetzung für eine Erklärungsreduktion aller Wissenschaften zu bestimmen: die Übersetzbarkeit aller Begriffe in "physikalische" Begriffe.

Der so exponierte Übersetzungsreduktionismus steht aber in klarem Gegensatz zur wissenschaftlichen Praxis. In der Physik, deren Begriffe sich angeblich auf Beobachtbares beziehen sollen, werden hoch abstrakte und unanschauliche Begriffe wie "Atom", "Elektron", "Quark" und "Wirkungsquantum" verwendet, denen nichts direkt Beobachtbares korrespondiert. Diese "Unterbestimmtheit der Theorie" durch die Erfahrung wurde vor allem von Quine hervorgehoben:

> "total science is like a field of force whose boundary conditions are experience ... the total field is so underdetermined by its boundary conditions, experience, that there is much latitude of choice as to

---

"konvertiert", sowie Popper (1935), S. 60-76. Schlick hingegen hielt immer an der Unbezweifelbarkeit von "Beobachtungssätzen" und somit an der Korrespondenztheorie der Wahrheit fest (Schlick (1934 b), z.B. S. 91, 98). Neuraths Position ist unstimmig, da er als vehementer Verfechter einer Kohärenztheorie der Wahrheit eigentlich keine Gründe für die besondere Auszeichnung von Wahrnehmungs- bzw. Beobachtungsaussagen angeben kann (vgl. hierzu Kap. 3).

8 So schreibt zwar Neurath (1931 c), S. 302 ff.: "Die *'Einheitswissenschaft'* auf dem Boden des *'Physikalismus'* kennt nur Aussagen mit räumlich-zeitlichen Bestimmungen", während er an anderer Stelle "die Art wie Physik betrieben wird, offen läßt, wesentlich ist, daß sie nur auf *eine* Art betrieben wird" (1931 a), S. 425; vgl. auch Neurath (1931 b), S. 398 und Carnap (1931), S. 442.

what statements to reevalulate in the light of any single contrary experience" Quine (1951), S. 43[9].

Sie hat zur Folge, daß stets mehrere verschiedene Theorien die gleiche Menge empirischer Daten erklären können, obwohl sie gegebenenfalls strukturell stark voneinander abweichen. Außerdem besteht im Falle eines Konfliktes zwischen aus der Theorie abgeleiteten Sätzen und der Erfahrung mehr als nur eine Möglichkeit, die Theorie so zu modifizieren, daß sie der Erfahrung wieder Rechnung trägt. Die Bedeutung eines *theoretischen Begriffs* kann demzufolge nicht ausschließlich durch "empirische" Begriffe ("Beobachtungsbegriffe") wiedergegeben werden. Ein theoretischer Begriff gewinnt erst aus dem Kontext aller Aussagen (einschließlich Gesetzesaussagen) der Theorie, in denen er zusammen mit anderen, theoretischen und empirischen Begriffen vorkommt, seine Bedeutung. Er wird also nur partiell durch empirische Begriffe interpretiert und kann nicht vollständig durch sie definiert werden. Die Unterbestimmtheit der Theorie hat zur Folge, daß ein theoretischer Begriff aus dem Vokabular einer Theorie oder Sprache auf mehrere verschiedene Weisen in theoretische Begriffe des Vokabulars einer anderen Theorie (Sprache) desselben empirischen Gehaltes übersetzt werden kann[10].

Um diesem Einwand Rechnung zu tragen, zieht Carnap (1956) eine scharfe Trennlinie zwischen einer "Beobachtungssprache" und den "Theoriesprachen" (in Kap. 1.2 werde ich zeigen, warum eine solche scharfe Trennung nicht gerechtfertigt ist). Letztere verwenden theoretische Begriffe, die im Kontext anderer theoretischer Begriffe und Gesetze definiert werden. Um allerdings nicht völlig gehaltleer zu sein, muß die Theoriesprache durch "Korrespondenzregeln" so mit der Beobachtungssprache verknüpft werden, daß sich aus bestimmten Sätzen der Theoriesprache beobachtungssprachliche Sätze ableiten lassen, eine eindeutige Übersetzung ist hierzu nicht nötig[11].

"Übersetzung" - das kristallierte sich in jahrzehntelanger wissenschaftstheoretischer Diskussion heraus - ist das falsche Wort, um die Beziehungen zwischen Beobachtung und Theorie zu beschreiben. Wir reden ständig sinnvoll über unsere "beobachtbare" Welt mit Begriffen, die nur sehr indirekt mit Beobachtbarem in Beziehung stehen. Wir benutzen *verschiedene* Theorien, die *per se* nichts miteinander zu tun haben müssen, abgesehen davon, daß sich jeweils *einige* ihrer Ableitungen in der

---

9 Vgl. auch Quine (1960), S. 22 und Quine (1964), S. 18-19.

10 Dies ist Quines berühmte These von der Unbestimmtheit der Übersetzung einer Sprache in eine andere ("indeterminacy of translation"); vgl. Quine (1960), S. 27 ff. Quine ist der Auffassung, die Unbestimmtheitsthese gehe über die These von der Unterbestimmtheit der Theorie hinaus und lasse sich nicht aus ihr ableiten. Diese Auffassung wurde schon von Chomsky heftig angegriffen; eine fundierte Kritik ist in Rorty (1979), S. 216 ff. nachzulesen.

11 "empiricists today generally agree that certain criteria previously proposed were too narrow; for example, the requirement that all theoretical terms should be definable on the basis of those of the observation language and that all theoretical sentences should be translatable into those of the observation language ... the rules connecting the two languages (...'rules of correspondence') can give only a partial interpretation for the theoretical language." Carnap (1956), S. 39; vgl. auch S. 38 (Trennung Theoriesprache - Beobachtungssprache) und S. 47 (Korrespondenzregeln).

"Beobachtungssprache" ausdrücken lassen. Der naive "Übersetzungsreduktionismus" hat somit ausgespielt: Wenn sich theoretische Begriffe nicht eindeutig in "Beobachtungsbegriffe" übersetzen lassen, so wird dem Argument - wie es von Carnap ursprünglich vorgebracht wurde - der Boden entzogen, es müsse *deshalb* eine Einheitswissenschaft in einer Einheitssprache gefordert werden, weil nur Begriffe, die sich in Beobachtungsbegriffe übersetzen ließen, sinnvolle Begriffe seien. Übersetzbarkeit in eine universale Wissenschaftssprache kann also nicht länger als *notwendige* Voraussetzung für sinnvoll betriebene Wissenschaft gelten. Der Physikalismus muß daher Farbe bekennen: Er hält eine Übersetzung einer Theorie in eine andere (nicht unbedingt in eine Beobachtungssprache) für *wünschenswert*, weil vermeintlich ohne eine solche Übersetzung Erklärungsreduktion nicht möglich wäre[12], eine einheitliche Erklärung der Welt aber im *Interesse* der Wissenschaft liegt[13].

Angesichts des großen Fortschrittes in den Naturwissenschaften behauptet Carnap, eine solche Reduktion werde schließlich erfolgreich sein:

> "This possibility of constructing finally all of science, including psychology, on the basis of physics, so that all theoretical terms are definable by those of physics and all laws derivable from those of physics, is asserted by the thesis of *physicalism* (in its strong sense)." Carnap (1956), S. 75.

Die postulierte Durchführbarkeit einer Erklärungsreduktion beruht indes auf zumindest zwei sehr fragwürdigen Voraussetzungen: Erstens, der Übersetzbarkeit oder, allgemeiner, der Vergleichbarkeit (Kommensurabilität) verschiedener Theorien, und zweitens einem universalen nomologischen Erklärungsinteresse aller Wissenschaften. Im folgenden Abschnitt (Kap. 1.2) will ich zunächst die Problematik der Theorienkommensurabilität aufrollen und für eine allgemeinere, weniger restriktive Version der ersten Prämisse plädieren. Anschließend (Kap. 2) werde ich die Unhaltbarkeit der zweiten Prämisse zu zeigen versuchen.

---

12 Carnap (1956), S. 74 scheint noch davon überzeugt zu sein, daß die Übersetzbarkeit einer Theorie T' in eine andere Theorie T eine notwendige Voraussetzung für die Erklärbarkeit von T' durch T darstellt. Nagel (1961), S. 354 hingegen fordert nur eine "Verknüpfbarkeit" (vgl. Kap. 1.2).

13 Vgl. hierzu vor allem Oppenheim and Putnam (1958).

1.2 Kommensurabilität und Kompatibilität von Theorien.

> Wie Schiffer sind wir, die ihr Schiff auf offener See umbauen müssen, ohne es jemals in einem Dock zerlegen und aus besten Bestandteilen neu errichten zu können.
> - Otto Neurath (1932/33)

> Experience arises *together* with theoretical assumptions not before them, and an experience without theory is just as incomprehensible as is (allegedly) a theory without experience: eliminate part of the theoretical knowledge of a sensing subject and you have a person who is completely disoriented and incapable of carrying out the simplest action. Eliminate further knowledge and his sensory world ... will start disintegrating.
> - Paul Feyerabend (1975)

Eine ausgefeilte Form des Erklärungsreduktionismus wurde 1961 von Nagel in seinem Buch "The structure of science" vorgestellt. Dort gibt er ausführliche materiale und formale Bedingungen für die Reduzierbarkeit einer Theorie T' auf eine andere Theorie T an:

> "a reduction is effected when the experimental laws of the secondary science (and if it has an adequate theory, its theory as well) are shown to be logical consequences of the theoretical assumptions (...) of the primary science." Nagel (1961), S. 352[14].

Als entscheidende formale Bedingungen führt er die Verknüpfungsbedingung ("condition of connectability", S. 354) und die Ableitungsbedingung ("condition of derivability", S. 354) auf. Erstere verlangt, daß alle Begriffe "A", die in den "beobachtungssprachlich" formulierten, aus der Theorie T' ableitbaren Gesetzen ("experimental laws") verwendet werden, mit den theoretischen Begriffen "B" von T verknüpft werden müssen. Dies kann, von Fall zu Fall verschieden, durch Gleichsetzung, konventionell festzulegende Korrespondenzregeln ("coordinating definitions") oder durch eine empirisch zu bestätigende Implikation ("B" als hinreichende Bedingung für "A") geschehen. Stellt Theorie T' eine adäquate Theorie dar, so sollten sich auch ihre theoretischen Begriffe mit den theoretischen Begriffen von T verknüpfen lassen (vgl. obiges Zitat). Sind alle relevanten Begriffe der beiden Theorien miteinander verknüpfbar, so ist aber noch nicht gewährleistet, daß auch alle Gesetze von T' auf Gesetze von T reduzierbar sind, d.h. aus ihnen logisch deduziert werden können.

---

[14] Vgl. auch Nagel (1979 c). Nagel betont, daß es nur um die logische Reduktion von Aussagen ("statements") nicht um die Reduktion von Eigenschaften ("properties", "natures") gehen kann, denn "the 'natures' of things, and in particular of the 'elementary constituents' of things, are not accessible to direct inspection and ... we cannot read off by simple inspection what it is they do or do not imply. Such 'natures' must be stated as a theory ..." (1961), S. 364. Wenn im folgenden also von der Reduzierbarkeit von Eigenschaften oder Prozessen auf andere die Rede sein sollte, so ist das stets als Abkürzung dafür zu verstehen, daß Aussagen über jene Eigenschaften aus Aussagen über diese anderen logisch abgeleitet werden können.

Nur dann, wenn auch diese Ableitungsbedingung erfüllt ist, ist T' auf T reduzierbar[15].

Die Reduktion - im Nagelschen Sinne - einer Theorie T' auf eine andere Theorie T kann aus zwei Gründen angestrebt werden. Zum einen, um Wissenschaften miteinander in Beziehung zu setzen, die sich mit verschiedenen Gegenstandsbereichen beschäftigen, insbesondere wenn der Gegenstandsbereich der einen Wissenschaft einen "Ausschnitt" aus dem Gegenstandsbereich einer anderen darstellt, wie es etwa für Psychologie, Biologie, Chemie und Physik der Fall ist (*Unifikationismus*). Eine solche Reduktion wird seit einem berühmten Aufsatz von Oppenheim und Putnam[16] auch als "Mikroreduktion" bezeichnet. Zum zweiten, um ein rationales Kriterium für den Fortschritt der Wissenschaften in der Hand zu haben: Läßt sich T' auf T reduzieren und erlaubt T, mehr und genauere Voraussagen zu machen als T', so ist T' zugunsten der besseren Theorie T aufzugeben (*Rationalismus*). Die im folgenden darzustellende Kritik Feyerabends und Kuhns am Nagelschen Reduktionismus wendet sich primär gegen die These des rationalen Theorienfortschritts, greift aber als generelle Kritik am Konzept der "Reduzierbarkeit" auch die Position des Unifikationismus an. Man muß allerdings, das hoffe ich zu zeigen, kein Rationalist sein, um einen entdogmatisierten Unifikationismus als "regulative Idee" für wissenschaftliches Vorgehen zu akzeptieren[17].

1.2.1 Ist wissenschaftlicher Fortschritt rational? - Reduktionismus und Rationalismus.

Feyerabend (1962) behauptet, eine logische Theorienreduktion im Nagelschen Sinne spiele de facto in der Wissenschaftsgeschichte keine Rolle. Neue und umfassendere Theorien sind nicht einfach eine Erweiterung bestehender Theorien, auf die letztere zurückführbar sind. Eine neue Theorie sieht die Welt aus einer völlig neuen Perspektive und bringt eine ganz andere Ontologie mit sich, so daß die neue Theorie mit der alten unverträglich ("inconsistent") bzw. unvergleichbar ("incommensurable") ist[18] und sich nicht aus ihr ableiten läßt. Für die Unvergleichbarkeit zweier Theorien kann es quantitative und qualitative Gründe geben. Aus Gesetzesaussagen der Newtonschen Himmelsmechanik zum Beispiel, in der die Gravitationskraft mit der

---

[15] Wären in der Verknüpfungsregel nur bikonditionale Verknüpfungen erlaubt, alle Begriffe von T' also in Begriffe von T übersetzbar, so wäre die Ableitbarkeit automatisch mit der Verknüpfbarkeit gegeben. Läßt man aber implikative Verknüpfungen zu, so muß Ableitbarkeit als zusätzliche Bedingung eingeführt werden (vgl. Nagel (1961), S. 355).

[16] Oppenheim and Putnam (1958), S. 5.

[17] Vgl. hierzu Oppenheim and Putnam (1958): "Unity of science as a working hypothesis".

[18] Feyerabend (1962), S. 46 ff. Die folgenden Beispiele finden sich im gleichen Aufsatz auf den Seiten 46 ff. (Galilei - Newton) und 53 ff. (Aristoteles - Newton). Nagel (1979 c), S. 109 f. kritisiert Feyerabends Gleichsetzung von Inkonsistenz und Inkommensurabilität. Sind zwei Theorien nicht vergleichbar, so können sie sich nicht widersprechen, sie können daher nicht inkonsistent sein.

abnehmenden Entfernung zweier Körper zunimmt, können spezifische Aussagen über fallende Körper in Erdnähe abgeleitet werden, die sich quantitativ von Aussagen der Galileischen Physik unterscheiden, die von einer konstanten Fallbeschleunigung ausgeht (dieser Unterschied kann allerdings wegen mangelnder Meßgenauigkeit nicht empirisch festgestellt werden). Eine krassere, qualitative Inkommensurabilität tritt beispielsweise beim Vergleich der Newtonschen Theorie der Bewegung mit der Aristotelischen Impetustheorie zutage. Ein "Impetus", also eine innere "Kraft", die notwendig ist, um eine Bewegung dauerhaft aufrechtzuerhalten, hat in der Newtonschen Physik keine Parallele und läßt sich nicht in Newtonschen Begriffen interpretieren.

Die theoretischen Begriffe der neuen Theorie T sind also mit den theoretischen Begriffen der bisher akzeptierten Theorie T' nicht vergleichbar - selbst wenn es sich um gleichnamige Begriffe handelt[19], die beiden Theorien sind "inkommensurabel". Die These, wie sie bis hierher entwickelt wurde, möchte ich als *schwache Inkommensurabilitätsthese* bezeichnen. Sie besagt: Zwei Theorien, T und T', können beide über denselben Gegenstandsbereich sprechen, ohne daß die Verknüpfungsbedingung erfüllt ist, d.h. ohne daß sich deshalb notwendigerweise die theoretischen Begriffe von T' mit den theoretischen Begriffen von T logisch verknüpfen lassen. Ist die Verknüpfungsbedingung nicht erfüllt, so kann auch T' nicht auf T reduziert werden.

Forderte man Reduzierbarkeit der alten Theorie T' auf die neue, umfassendere Theorie T als eine Bedingung für die Annehmbarkeit von T, so blockierte man, wie Feyerabend hervorhob, den wissenschaftlichen Fortschritt, da nach diesem Kriterium die ältere und nicht die bessere Theorie beibehalten wird, wenn eine solche Reduzierbarkeit nicht gegeben ist[20]. In der wissenschaftlichen Praxis werden tatsächlich immer wieder Theorien durch andere verdrängt, ohne daß beide Theorien aufeinander im logischen Sinne reduzierbar sind. Zu Zeiten "wissenschaftlicher Revolutionen", wie z.B. der kopernikanischen Wende, werden gar ganze Weltbilder (Kuhns "Paradigmata") durch neue ersetzt[21]. Die Entscheidung der wissenschaftlichen Gemeinschaft für eine veränderte Weltsicht, ein neues "Paradigma", wird dabei stark von außerlogischen Gesichtspunkten geleitet. Einfachheit und Eleganz einer neuen Theorie und die Möglichkeit, neue Fragen zu stellen, mögen dabei eine mindestens ebenso große Rolle spielen wie empirische Adäquatheit[22].

Kuhn und Feyerabend haben den Reduktionismus Nagels ins Wanken, aber mit der schwachen Inkommensurabilitätsthese, wie mir scheint, noch nicht zum Einsturz ge-

---

19 Als Beispiele für gleichlautende aber inkommensurable Begriffe führt Feyerabend (1962) die völlig verschiedenen Bedeutungen an, die dem Begriff "Temperatur" in Thermodynamik und statistischer Mechanik (S. 76 ff.) bzw. dem Begriff "Masse" in der klassischen und relativistischen Physik (S. 80 f.) zukommt.

20 Feyerabend (1962), S. 64.

21 Kuhn (1962), S. 123 ff.

22 Vgl. hierzu Kuhn (1962), insb. 158 ff., wo er von der "Inkommensurabilität der vor- und nachrevolutionären normal-wissenschaftlichen Traditionen" spricht und Feyerabends (1975) "anarchistische" Kritik an der rationalistischen Methodologie (S. 141 ff., 171 ff.).

bracht. Nagel könnte sich mit der schwächeren Version seines Reduktionismus zufriedengeben, die nur die Ableitung der "beobachtungssprachlich" formulierbaren Konsequenzen von T' aus T fordert (s.o.), nicht aber die Ableitbarkeit aller theoretischen Gesetze von T'[23]. Dieser Standpunkt kann nur bezogen werden, wenn sich in der Tat, wie vorausgesetzt, Beobachtungssprache und Theoriesprache trennen lassen. Die zugrundegelegte strikte Dichotomie von Beobachtung und Theorie läßt sich jedoch nicht aufrechterhalten.

Die klassische Trennung von Beobachtung und Theorie beruht auf der Überzeugung, daß es bestimmte ausgezeichnete Sätze gibt, deren Wahrheit direkt durch Beobachtung, durch "Inspektion der Wirklichkeit" überprüft werden kann; solche isoliert prüfbaren Sätze wären der Beobachtungssprache zuzurechnen. Isoliert prüfbare Sätze gibt es aber, wie Quine ausgiebig begründet hat, nicht:

> "Unsere Sätze über die äußere Realität stehen dem Tribunal der Sinneserfahrung nicht einzeln gegenüber, sondern als ein zusammenhängendes Ganzes.
> Die Auswahl dessen, was geändert werden soll, wird nach einem verschwommenen Schema von Prioritäten getroffen." Quine (1964), S. 19.

> "Any statement can be held true come what may, if we make drastic enough adjustments elsewhere in the system ... no statement is immune to revision." Quine (1951); S. 43[24].

Jede unserer Aussagen ist eingebettet in die Gesamtheit aller anderen für wahr gehaltenen Aussagen. Ob eine Aussage wahr ist oder nicht, kann niemals vorurteilsfrei festgestellt werden, sondern hängt immer davon ab, welche anderen Aussagen wir als wahr voraussetzen. Jeder Satz inkorporiert eine ganze Theorie. Sprache ist per se theoretisch, die Bedeutung von Begriffen hängt von all den für wahr gehaltenen Sätzen ab, in denen diese Begriffe vorkommen. Nur weil wir die Gültigkeit anderer Aussagen ständig *stillschweigend* voraussetzen, werden wir zu der Ansicht verleitet, wir könnten einzelne Aussagen direkt und isoliert überprüfen. Selbst wenn wir einen scheinbar so eindeutig und problemlos überprüfbaren Satz wie "Dieser Tisch ist rot" durch Augenschein "verifizieren", setzen wir die Wahrheit einer Fülle von anderen Aussagen uneingestanden voraus, wie z.B., daß wir momentan nicht träumen, daß "normale" Beleuchtungsverhältnisse herrschen, daß dieser Gegenstand ein "Tisch" ist, daß wir mit dem Hinweis "dieser" ein Objekt eindeutig identifizieren können usw.

Nimmt man Quines Sprachholismus ernst, so kann man nicht länger einen scharfen Trennstrich zwischen Beobachtung und Theorie ziehen. Die Bedeutung von Begriffen der "Beobachtungssprache" für eine Theorie T hängt dann von der Bedeutung der theoretischen Begriffe anderer Theorien und von T selbst ab (vgl. das eingangs zi-

---

[23] Nagel (1979 c), S. 111 ff. zieht sich auf diese Position zurück.

[24] Diese sprachholistische (theorienholistische) These, auch als "Duhem-Quine-These" bezeichnet (Lakatos (1970), S. 184; vgl. auch Stegmüller (1985), S. 266), wird in Quines Schriften näher begründet; vgl. insbesondere Quine (1951), S. 41 ff., (1960), S. 22 ff., (1964), S. 18 f. Die Duhem-Quine-These hängt eng mit der These der Unterbestimmtheit aller Theorie durch die Erfahrung zusammen (s.o.), stellt aber zusätzlich in Rechnung, daß alle sprachlichen Aussagen kontextuell aufeinander bezogen sind.

tierte Motto von Feyerabend)[25]. Alle Beobachtung ist "theoriegetränkt"[26]! Hängt aber die Bedeutung der Beobachtungsbegriffe von der jeweiligen Theorie ab, so ist eine Erklärungsreduktion im Nagelschen Sinne undurchführbar: Die aus T ableitbaren beobachtungssprachlichen Sätze haben eine andere Bedeutung als die aus T' ableitbaren Sätze, selbst wenn gleichlautende Begriffe in ihnen vorkommen.

Vor diesem Hintergrund ist Feyerabends *starke Inkommensurabilitätsthese*, wie ich sie nennen möchte, zu verstehen:

> "incommensurable theories may not possess any comparable consequences, observational or otherwise. Hence there may not exist any possibility of finding a characterization of the observations which are supposed to confirm two incommensurable theories." Feyerabend (1962), S. 94.

In diesem starken Sinne inkommensurable Theorien sollen von nun ab *inkompatibel* heißen. Feyerabends These, daß einander ablösende Theorien inkompatibel seien, kann nicht unwidersprochen bleiben. Es ist sogar zu bezweifeln, ob es überhaupt inkompatible Theorien gibt, wenn man Inkompatibilität so drastisch bestimmt ("observational *or otherwise*"), wie Feyerabend im obigen Zitat. Eine Wahl zwischen zwei in diesem Sinne inkompatiblen Theorien müßte völlig willkürlich sein und könnte ebensogut durch ein Losverfahren entschieden werden.

Inkompatible Theorien sprächen zudem über verschiedene Welten. Wir wissen aber, wenn wir Theorien ändern oder zugunsten von radikal neuen, mit unseren bisherigen Überzeugungen inkommensurablen Theorien aufgeben, daß wir nach wie vor über dieselbe Welt reden[27]. Es sind *dieselben* Phänomene, die wir jetzt mit anderen Augen ansehen als zuvor, die uns nun in einem neuen Licht erscheinen. Könnten wir keine solche Identifizierung unserer neuen Welt mit der Welt, in der wir immer schon gelebt haben, vornehmen, so wüßten wir nicht, wovon wir sprechen. Es muß daher einen gemeinsamen Horizont des Vergleichs von "alt" und "neu", es muß ein Tertium comparationis geben. Dieser Vergleichshorizont kann nur im jeweiligen "lebensweltlichen" Hintergrundwissen bestehen, das in der Umgangssprache seinen Nieder-

---

[25] Theoretische Größen der Theorie T, deren Messung die Gültigkeit derselben Theorie T voraussetzen, werden als T-theoretische Größen bezeichnet (Sneed, zit.n. Stegmüller (1985), S. 481; vgl. auch Balzer et al. (1987), S. 74). Ließe man in der Beobachtungssprache von T zwar solche Begriffe zu, die von anderen Theorien als T abhängen, nicht aber T-theoretische Begriffe, so ergäbe sich als paradoxe Konsequenz, daß verschiedenen Theorien jeweils verschiedene Beobachtungssprachen entsprächen. Dieser Absurdität kann man nur entgehen, wenn man auch T-theoretische Begriffe in der Beobachtungssprache zuläßt. Damit ist aber die strenge Trennung zwischen Beobachtungssprache und theoretischer Sprache aufgehoben.

[26] Vgl. hierzu beispielsweise Popper (1976), S. 69 ff., Hempel (1966), S. 82, Kuhn (1962), S. 125 ff.: "Was ein Mensch sieht, hängt sowohl davon ab, worauf er blickt, wie davon, worauf zu sehen ihn seine visuell-begriffliche Erfahrung gelehrt hat." Siehe auch Kuhn (1962), S. 141.

[27] "Wenn auch die Welt mit dem Wechsel eines Paradigmas nicht wechselt, so arbeitet doch der Wissenschaftler danach in einer anderen Welt ... Der Wissenschaftler, der sich ein neues Paradigma zu eigen macht, ist weniger ein Interpret, als daß er einem gleicht der Umkehrlinsen trägt. Er steht derselben Konstellation von Objekten gegenüber wie vorher, und obwohl er das weiß, findet er sie doch in vielen ihrer Einzelheiten durch und durch umgewandelt." Kuhn (1962), S. 133/134.

schlag findet.

Zweifelsohne ist dieses Hintergrundwissen theoriegetränkt. Sprache *ist* Theorie, und unsere Umgangssprache ist alles andere als eine "Beobachtungssprache" im klassisch-positivistischen Sinne[28]. Gleichermaßen unbestritten ist die geschichtliche Bedingtheit dieses Hintergrundes. Unsere Umgangssprache ist kein starrer Fels von unumstößlichen Aussagen und festgelegten Überzeugungen, sondern ein mäandrierender Fluß, der sich laufend neue Wege sucht: "man is not only capable of using theories and languages ... he is also capable of inventing them" (Feyerabend, 1962, S. 89). Der wissenschaftliche "Fortschritt" selbst - wenn man den geschichtlichen Gang der Wissenschaft ohne rationalistische Hintergedanken so nennen mag - trägt zu dem Wandel unseres Wissenshintergrundes nicht unwesentlich bei. Wir sehen die Welt heutzutage anders als zu vorkopernikanischen Zeiten. Wir zweifeln nicht im Traum daran, daß die Erde rund ist - schließlich können wir sie per Flugzeug umrunden. Auf dem Bildschirm konnten wir Armstrong bei seinen Mondspaziergängen begleitet. Von spaltbaren Atomen haben wir alle spätestens seit Hiroshima gehört. Wir müssen keine Wissenschaftler sein, um heute eine Weltanschauung zu teilen, die ihre spezifische zeitgenössische Ausprägung zum Teil den Ergebnissen der Wissenschaft von gestern verdankt.

Alle synchron zur Disposition stehenden Theorien können vor diesem gemeinsamen, historisch gewachsenen lebensweltlichen Hintergrundwissen miteinander verglichen werden. Einen Vergleich "diachroner" Theorien kann man nicht durchführen, da jeder Vergleich lebende Personen voraussetzt, die diesen Vergleich durchführen. *Wir* vergleichen *heute* die "alte" Theorie T' mit der "neuen" Theorie T Wir sehen aber *heute* die Theorie T' mit unseren *heutigen* Augen an; mit den Augen von gestern können wir sie nicht mehr sehen. Weil ein Vergleich immer personal ist, muß es Kontinuität im Wandel der ins Auge gefaßten Welt geben. Es gibt also einen Schiedsrich-

---

[28] Wir verwenden natürlich unsere Umgangssprache, wenn wir Beobachtungen ausdrücken wollen. In diesem Sinne ist die Umgangssprache die gemeinsame "Beobachtungssprache" für verschiedene Theorien. Eine solche "Beobachtungssprache" kann aber theoretische und sogar T-theoretische Begriffe enthalten. Feyerabend (1962) impliziert mit den dort angeführten Beispielen, daß *alle* "Beobachtungsbegriffe" T-theoretische Begriffe sind - was zur Folge hätte, daß es für verschiedene Theorien keine gemeinsame "Beobachtungssprache" (besser: Vergleichssprache) gäbe. Diese Voraussetzung ist unhaltbar (siehe Haupttext), sie steht nicht im Einklang mit unserer alltäglichen und wissenschaftlichen Praxis (vgl. auch Nagel (1979 c), S. 111). Gibt es eine gemeinsame Umgangssprache als Vergleichshorizont für verschiedene Theorien, so kann man T-theoretische Begriffe auf folgende Weise aus dieser Sprache eliminieren: in jeder Aussage lassen sich die T-theoretischen Begriffe durch eine Variable ersetzen, der ein Existenzquantor vorangestellt ist. Auf diese Weise kann man eine vollständig in der "Umgangssprache" formulierbare, empirisch gleichwertige Aussage erhalten, über deren intersubjektive Akzeptierbarkeit man sich dann umgangssprachlich einigen kann (alle quantitativen Angaben bleiben z.B. von dieser Transformation unangetastet!). Das ist die sogenannte "*Ramsey-Lösung*" des Problems der theoretischen Begriffe. Das umgangssprachlich reformulierte Äquivalent einer theoretischen Aussage wird als "Ramsey-Substitut" bezeichnet. Vgl. hierzu Carnap (1966), S. 246 ff. und Stegmüller (1985) sowie (1987), S. 485 ff.

ter, wenn auch keinen zeitlos objektiven!

Was aber geschieht in den Zeiten "wissenschaftlicher Revolutionen", der "Paradigmenwechsel", der - folgt man Kuhn - Wegmarken wissenschaftlichen Fortschritts? In diesen Zeiten werden gleichfalls personale Entscheidungen für die eine oder andere Theorie getroffen. Der intersubjektive Konsens darüber, welche Theorie die "bessere" ist, als Voraussetzung jeder Wissenschaft, kann aber nicht mehr hergestellt werden. Die wissenschaftliche Gemeinschaft spaltet sich in mehrere Lager, in Protagonisten und Antagonisten der neuen Theorie. Welches Lager den "Sieg" davon trägt, welche *historische* Entscheidung also fallen wird, in welche Richtung der "Fortschritt" gehen wird, hängt durchaus nicht von logischen Gesichtspunkten ab[29]. Ist die Entscheidung aber einmal gefallen, geht die Wissenschaft wieder ihre "normalen" Wege. Der intersubjektive Konsens ist wieder hergestellt, wenngleich vor einem veränderten Hintergrund tradierter Voraussetzungen, einem anderen "Paradigma", um mit Kuhn zu sprechen[30].

Die Kritik Feyerabends und Kuhns zielt insofern in die richtige Richtung, als sie das *rationalistische* Modell des Theorien*fortschrittes* angreift. Ästhetische und pragmatische Kriterien, unanalysierbare Präferenzen der Wissenschaftler und Zufälligkeiten der jeweiligen historischen Situation beeinflussen die Wissenschaftsgeschichte ebenso, wie die Frage nach der empirischen Adäquatheit von Theorien. Letztere Frage läßt sich nicht einmal eindeutig beantworten, ohne Einfachheits- und Eleganzkriterien mit ins Spiel zu bringen, denn bekanntlich läßt sich jede Theorie mit der Erfahrung in Einklang bringen, wenn man sie nur um genügend ad-hoc-Hypothesen erweitert. Einander ablösende Theorien brauchen also nicht in logischer Weise aufeinander bezogen zu werden; die alte Theorie T' kann und muß nicht im Nagelschen Sinne auf eine neue Theorie T logisch reduziert werden.

Sehen wir nicht länger eine unbezweifelbare Beobachtung als Basis der Wissenschaft an, sondern die intersubjektive *Akzeptanz* derjenigen Aussagen, die zur Bestätigung ihrer Theorien herangezogen werden, und betrachtet man die Akzeptanzfähigkeit von Aussagen selbst als wandelbar und abhängig vom jeweiligen lebensweltlichen und wissenschaftlichen Hintergrundwissen, so erweist sich die Forderung der rationalistischen Wissenschaftstheorie nach der logischen Reduzierbarkeit einander ablösen-

---

29 "Revolutionen enden mit einem vollkommenen Sieg eines der beiden gegnerischen Lager. Würde diese Gruppe jemals sagen, das Ergebnis ihres Sieges sei etwas geringeres gewesen als Fortschritt?" Kuhn (1962), S. 178; vgl. auch Kuhn (1962), S. 155 ff. Folgt man der neueren konstruktivistischen Wissenschaftstheorie (s.u.), so besteht der Fortschritt der Wissenschaft in dem, was Wissenschaftler für fortschrittlich halten. Da sich mit dem Fortschritt der Wissenschaften auch die Kriterien für Fortschrittlichkeit ändern, definiert gemachter Fortschritt künftigen Fortschritt ("Fortschrittsrelativität von Fortschrittlichkeit").

30 Feyerabend (1978, S. 164 ff.) lehnt Kuhns "Phasenmodell" wissenschaftlicher Entwicklung ab. Was Kuhn auf die seltenen Episoden wissenschaftlicher Revolutionen beschränkt sieht, ist für Feyerabend beständiges Charakteristikum wissenschaftlichen Vorgehens: die Konfrontation von Theorien mit radikal anders strukturierten Alternativen.

der Theorien als überflüssig. Diese Forderung kann überhaupt nur aufgestellt werden, wenn man erstens Wissenschaft als einen Prozeß versteht, der sich allmählich einer absoluten Wahrheit annähert und zweitens die Wissenschaftstheorie zum Hüter methodisch "korrekten" Vorgehens der Wissenschaft im Hinblick auf die Wahrheitsannäherung ernennt. Die rationalistische Wissenschaftstheorie konnte sich ihrer absolut-fundamentalen Position sicher sein, solange sie glaubte, die (quasi transzendentalen) Bedingungen der Möglichkeit erfolgreicher Wahrheitsannäherung zu formulieren, solange zum einen die Bestätigung von aus der Theorie ableitbaren "Beobachtungsaussagen" als sicherer Garant einer erfolgreichen Wahrheitsannäherung galt und zum anderen die logische Reduzierbarkeit der alten Theorie auf die neue als einzig denkbare Strategie betrachtet wurde, einmal "gewonnene" Wahrheiten nicht mehr preiszugeben. Aus den bisherigen Ausführungen geht aber die Unhaltbarkeit beider Thesen hervor: Erstens haben wir keinen privilegierten Zugang zur Wahrheit beim Überprüfen von Beobachtungsaussagen, und zweitens lassen sich - aufgrund der "Unterbestimmtheit jeder Theorie" - zu jeder Menge für wahr gehaltener Aussagen Theorien unterschiedlichster Struktur konstruieren. Unter diesen Voraussetzungen können wir nurmehr konsensuell bestimmen, was als "wahr" zu gelten hat. Die Rede von einer absoluten Wahrheit, an die wir uns allmählich annäherten, wird damit fragwürdig, die Wissenschaftstheorie hat ihre Rolle als Gralshüter methodisch unfehlbarer Wahrheitsapproximation ausgespielt. Das einzige "Rationalitätskriterium", das wir als *allgemeingültig* für eine intersubjektive Wissenschaft festhalten können, ist nichts anderes als die intersubjektive Akzeptierbarkeit, der praktisch oder diskursiv erzielbare Konsens über die Wahrheit derjenigen Aussagen, die sich aus ihren Theorien ableiten lassen[31].

---

[31] Insofern möchte ich Feyerabends (1975) Aufruf zu einer, wie er sagt, "anarchistischen" Wissenschaftstheorie beipflichten: "To those who look at the rich material provided by history, and who are not intent on impoverishing it in order to please their lower instincts, their craving for intellectual security in the form of clarity, precision, "objectivity", "truth", it will become clear that there is only *one* principle that can be defended under *all* circumstances and in *all* stages of human development. It is the principle: *anything goes*." (S. 28). Der extreme Konventionalismus Feyerabends ("*anything* goes") macht allerdings Theorien zum Spielball dezisionistischer Beliebigkeit und übersieht dabei, daß "Konvention" in einem weiten Sinn bzw. "Konsens" in der Wissenschaft in den seltensten Fällen durch willkürliche Festlegungen ("Konvention per Dezision") erzielt wird, in den meisten Fällen hingegen als Akzeptanz praktiziert wird ("Konvention per Akzeptanz"), wobei Akzeptierbarkeit nicht beliebig ist, sondern durch bereits akzeptierte Aussagen bzw. Theorien eingeschränkt wird. Ich stimme aber seiner These zu, daß es nicht Aufgabe von Wissenschaftstheorie sein kann, solche Akzeptanzkriterien festzulegen. Soweit nur als kurzer Vorgriff auf die ausführlichere Diskussion dieses Themas in Kap. 3, wo auch auf die Auseinandersetzung um den Wahrheitsbegriff zwischen "Korrespondenztheorie" und "Kohärenz-" bzw. "Konsenstheorie" eingegangen wird.

Popper (1935) teilt die konventionalistische Auffassung in Bezug auf singuläre Beobachtungssätze ("Basissätze") (S. 73), glaubt aber, in seinem Falsifikationskriterium ein nicht-konventionalistisches Rationalitätskriterium für allgemeine Gesetze und Theorien gefunden zu haben (S. 74). Diese Position ist unhaltbar, da Falsifikation ebensowenig wie Verifikation eindeutig erfolgen kann; die "Falsifikation" einer Theorie hängt ja gerade von der "Verifikation" von Basissätzen ab. Jede Theorie läßt sich aber so modifi-

Welche Kriterien in der Wissenschaft tatsächlich bei der Beurteilung von Aussagen oder Theorien angewandt werden; welche Prioritäten Wissenschaftler wirklich setzen; wie Akzeptanz und Konsens in der Wissenschaft Tag für Tag erzielt werden: das sind empirische Fragen, die durch empirische Wissenschaftsforschung - einer empirischen Wissenschaft von den Wissenschaften - beantwortet werden können, nicht aber vom letztlich transzendentalphilosophischen Standpunkt rationalistischer Wissenschaftstheorie aus.

Neuere Untersuchungen der empirischen Wissenschaftsforschung stützen eine *konstruktivistische* Wissenschaftstheorie[32]: Theorien fallen nicht vom Himmel, sondern werden durch das Handeln von Wissenschaftlern konstruiert. Neue Konstruktionen ruhen dabei auf bereits gemachten auf. Die oft getroffene Unterscheidung von Entdeckungs- oder Entstehungszusammenhang ("context of discovery") und Rechtfertigungszusammenhang ("context of justification")[33] - nur letzterer sollte Gegenstand rationalistischer Wissenschaftstheorie sein - erweist sich als unbrauchbar, nimmt man wissenschaftliche Praxis näher unter die Lupe. "Justification" wird in der praktizierten Wissenschaft nicht durch Rekurs auf absolute Rationalitätskriterien gewährleistet, hängt aber auch nicht von willkürlich getroffenen Entscheidungen ab, sondern ist aufs engste mit "discovery", besser: mit der Konstruktion neuen Wissens, neuer Theorien verwoben. Eine Theorie kann dann als praktisch gerechtfertigt gelten, wenn ihre Grundannahmen in der laufenden Forschung als Ausgangspunkt neuer Forschungsansätze akzeptiert werden, wobei diese Akzeptanz vor einem unthematischen Hinter-

---

zieren, daß sie wieder mit akzeptierten ("verifizierten") Basissätzen in Einklang steht. Ein allgemeines rationales Kriterium dafür, wann eine Theorie als "falsch" erwiesen ist, läßt sich nicht angeben: Theorien sind ebensowenig immun gegen die "Duhem-Quine-These" wie "Basissätze". Damit fallen auch Poppers Vorstellungen von einer allmählichen Wahrheitsannäherung und seine Konzeption von "Wahrheitsähnlichkeit" ("verisimilitude") - z.B. in Popper (1963), 231 ff sowie Popper (1935), S. 428 ff. (Anhang XV von 1981) - in sich zusammen. Popper weist der Wissenschaftstheorie noch eine Rolle als Hüter methodisch korrekter Wahrheitsapproximation zu: "I think that my theory of testability or corroboration by empirical tests is the proper methodological counterpart to this new metalogical idea [of verisimilitude]." Popper (1963), S. 235, vgl. auch Popper (1963), S. 240 ff. und Albert (1968), S. 35.

32 Vgl. etwa Knorr-Cetina (1984), Krohn und Küppers (1989). Viele Einsichten der modernen empirischen Wissenschaftsforschung wurden von Fleck (1935), lange Zeit wenig beachtet, vorweggenommen, dessen Betrachtung von Wissenschaft stark empirisch orientiert ist (in seinem Buch (1935) untersucht er Wissenschaft ausführlich am Beispiel der Forschungen an der Wassermann-Reaktion zur Diagnose der Syphilis) und zu konstruktivistischen Schlußfolgerungen kommt; vgl. z.B. seine Kapitelüberschrift "Wie aus falschen Voraussetzungen und unreproduzierbaren ersten Versuchen eine wahre Erkenntnis entsteht." (S. 71). Der Konstruktivismus der empirischen Wissenschaftsforschung darf trotz einiger Parallelen nicht mit der konstruktiven Wisssenschaftstheorie der Erlanger Schule verwechselt werden, die in transzendentalphilosophischen Vorstellungen gefangen bleibt und Wissenschaftstheorie als apriorische Fundamentaldisziplin entwirft, als "Unternehmen, das die Begründung *aller* Wissenschaften zum Ziel hat." (Lorenzen und Schwemmer (1973), S. 14; vgl. auch Kamlah und Lorenzen (1967), S. 15 und zum Überblick Kirchgässner (1989)).

33 Die Unterscheidung stammt in dieser Form von Reichenbach (1938), S. 6 f. und 382 ff., wird aber schon von Popper (1935), S. 6 f. sinngemäß vorgenommen.

grund tradierter Überzeugungen und überlieferter wissenschaftlicher Theorien erfolgt, der seinerseits im Prozeß der Konstruktion neuer Theorien laufend modifiziert wird:

"Was ist der Prozeß der Wissensakzeptierung, wenn nicht ein Prozeß *selektiver Inkorporation* früherer Resultate in die laufende Forschungsproduktion? ... Womit wir in der Praxis konfrontiert sind, ist ... die *Erhärtung* bestimmter Erkenntnisansprüche durch kontinuierliche Eingliederung in die laufende Forschung. Dies bedeutet aber, daß der Ort dieser Erhärtung der Entstehungszusammenhang (context of discovery) von Wissen ist." Knorr-Cetina (1984), S. 31.

Das Forschungshandeln der Wissenschaftler, die Darstellung ihrer Ergebnisse in Fachzeitschriften und die Formulierung neuer Theorien orientiert sich dabei von vorneherein an der präsumtiven Akzeptierbarkeit durch andere Wissenschaftler[34]. Es geht daher in der Wissenschaft um die Konstruktion von etwas sozial (intersubjektiv) zu Rechtfertigendem, wobei sich die Kriterien für das, was als legitimierbar und akzeptierbar, was als "rational" gilt, im Prozeß der Wissenskonstruktion selbst ständig ändern:

"Nicht die Forschung, sondern die Wissenschaft ist rational; aber es ist die Wissenschaft, die diese Rationalität konstruiert." Krohn und Küppers (1989), S. 133.

1.2.2 Gibt es eine Einheit der Wissenschaft? - Reduktionismus und Unifikationismus.

Bislang habe ich, Kuhn und Feyerabend auf weiten Strecken folgend, die Konsequenzen der Theorieninkommensurabilität für die historische Entwicklung der Wissenschaften diskutiert. Ich möchte jetzt begründen, warum sich die Kritik am rationalistischen Modell der Theoriengeschichte mit der "regulativen Idee" einer Einheit der Wissenschaft verträgt. Bislang ging es um das Verhältnis von universalen Theorien, die sich mit dem gleichen Gegenstandsbereich beschäftigen. Praktisch alle in der wissenschaftstheoretischen Literatur zum Thema "Inkommensurabilität" angeführten Beispiele beschäftigen sich mit physikalischen Theorien. Mich interessiert hier aber vor allem die Frage, welche Konsequenzen die Inkommensurabilitätsthese für die unifikationistische These der Einheit aller Wissenschaften hat.

Verschiedene Wissenschaften komplexer Systeme wie Biologie, Psychologie, Soziologie oder Literaturwissenschaft sprechen jeweils in einer eigenen Begrifflichkeit

---

[34] "Betrachten wir ... den Prozeß der Wissensproduktion in genügendem Detail, so stellt sich unter anderem heraus, daß Wissenschaftler ihre Entscheidungen und Selektionen ständig auf die vermutliche Reaktion bestimmter Mitglieder der Wissenschaftsgemeinde, die als "Validierende" in Frage kommen, beziehen, ..." Knorr-Cetina (1984), S. 29. Die Frage nach der Geltung wissenschaftlicher Aussagen stellt sich also zunächst als Frage nach der wissenschafts*internen* intersubjektiven Akzeptierbarkeit und weist nur indirekt - via gesellschaftliche Akzeptanz von Wissenschaft - über die Grenzen der Wissenschaft hinaus (vgl. hierzu auch Krohn und Küppers (1989), S. 109 ff.).

über ihre Gegenstandsbereiche. Einige Wissenschaften lassen sich nach ihren Gegenstandsbereichen in hierarchischer Weise anordnen. Die Gegenstände der Wissenschaft einer hierarchisch höheren Ebene können in Wechselwirkungsgefüge von Konstituenten analysiert werden, die zu den Gegenständen der Wissenschaft einer niedrigeren Ebene gehören. So wäre beispielsweise die Soziologie auf einer hohen, die Biologie auf einer mittleren und die Physik auf der untersten Ebene anzusiedeln[35]. Ich will einmal vorläufig annehmen, daß sich die Erklärungsinteressen der angeführten Wissenschaften vom Erklärungsinteresse der Physik nicht unterschieden, und daß alle diese Wissenschaften ihre vordringliche Aufgabe darin sähen, Phänomene ihres Gegenstandsbereiches kausal zu erklären[36]. Als "Physik" will ich die einzige Wissenschaft mit universalem Erklärungsanspruch bezeichnen, denn ihre Gesetzmäßigkeiten - wenn auch zumeist an unbelebten Objekten experimentell bestätigt - sollen für *alle* Systeme unserer Welt gelten. Läßt sich unter diesen Voraussetzungen eine logische Erklärungsreduktion im Sinne Nagels jeder dieser Wissenschaften auf eine Wissenschaft der niedrigeren Ebene und schließlich auf die Physik durchführen? Lassen sich die Gesetzmäßigkeiten jeder dieser Wissenschaften logisch aus den Gesetzmäßigkeiten der Physik ableiten? Oder sind etwa all diese Wissenschaften untereinander und mit der Physik inkommensurabel, und wenn ja, sind sie inkompatibel?

Inkompatibel können solche Theorien zumindest nicht sein, denn alle synchron zur Disposition stehenden Theorien sind per se kompatibel: Wir können in *einer* gemeinsamen Sprache und vor *einem* gemeinsamen lebensweltlichen Wissenshintergrund über all diese Theorien sprechen und ihre jeweiligen Voraussagen vergleichen. Gegen diese Feststellung könnte eingewandt werden, daß die zunehmende Spezialisierung der Wissenschaften ein interdisziplinäres Gespräch zunehmend erschwert. Jeder, der bereits versucht hat, einen fruchtbaren interdisziplinären Dialog zwischen Natur- und Geisteswissenschaftlern zustande zu bringen, ohne in Begriffsstreitigkeiten gefangen zu bleiben, weiß, wie schwierig das ist. Fast könnte man meinen, die verschiedenen Disziplinen hätten sich zu regelrechten Teilsprachgemeinschaften entwickelt, zwischen denen ein Dialog nicht mehr zustande kommen kann.

Obwohl die zunehmende Spezialisierung und Entfremdung der Wissenschaften voneinander ein sehr ernstzunehmendes Problem ist, kann sie nicht gegen die These der Kompatibilität aller synchron bestehenden Wissenschaften ins Feld geführt werden. Schließlich beginnen wir unser Leben nicht als Biologen, Soziologen oder Geisteswissenschaftler, sondern wachsen in einer umfassenden Sprachgemeinschaft auf.

---

35 Diese Vorstellungen gehen auf Oppenheim and Putnams (1958) Darstellung der "reductive levels" zurück (S. 9). Jeder dieser Ebenen kann eine eigene Wissenschaft mit eigener Begrifflichkeit (einem eigenen "universe of discourse") zugeordnet werden. Jede niedrigere Ebene ist ein "potential micro-reducer" der höheren Ebene, d.h. alle Gegenstände der höheren Ebene bestehen ausschließlich aus Konstituenten, die zu den Gegenständen der niedrigeren Ebene gehören (S. 6). Eine genaue Untersuchung der hierarchischen Ordnung der Gegenstandsbereiche werde ich in Kap. 6 aus systemtheoretischer Perspektive vornehmen.

36 Diese Annahme wird im 2. Kap. einer gründlichen Kritik unterzogen werden.

Und selbst nachdem wir in verschiedene Wissenschaften hineingewachsen sind, können wir uns noch über alltägliche Dinge - über den Zeigerausschlag eines Meßinstruments, die Farben einer psychologischen Versuchsanordnung usw. -, wenn auch nicht mehr über theoretische Fragen, mit unseren Kollegen vom anderen Institut verständigen. Es gibt keine historische Kontinuität der Teilsprachgemeinschaften verschiedener Wissenschaften, wohl aber eine historische Kontinuität der Umgangssprache, in der wir aufwachsen. Alle Sprecher einer Sprachgemeinschaft einer bestimmten historischen Epoche leben demzufolge in derselben Welt und sollten sich im Prinzip über verschiedene Theorien verständigen können. In diesem Sinne sind alle zu einem historischen Zeitpunkt bestehenden Theorien kompatibel und in einem trivialen Sinne unifizierbar.

Sind Theorien zwar kompatibel, aber (im schwachen Sinne) inkommensurabel, so lassen sie sich nicht nach der Nagelschen Methode aufeinander reduzieren, denn Theorien völlig verschiedener Struktur können nicht Begriff für Begriff ("mikrologisch"), sondern nur im Ganzen, d.h. "makrologisch", verglichen werden; Verknüpfungsregeln für die einzelnen theoretischen Begriffe, wie sie für die logische Deduktion einer Theorie aus einer andern[37] nötig wären, lassen sich nicht angeben. Kompatible Theorien können aber, auch wenn sie inkommensurabel sind, in einem abgeschwächten Sinn reduzierbar sein. Eine Theorie T' ist auf eine andere Theorie T dann "schwach" reduzierbar, wenn T zumindest alle diejenigen umgangssprachlich formulierbaren Voraussagen zu machen gestattet, die auch T' machen kann[38].

Zwei Theorien, die nicht einmal schwach aufeinander reduzierbar sind, können schwerlich den gleichen Gegenstandsbereich für sich reklamieren. Das heißt aber: Jede bestätigte Theorie sollte auf eine bestätigte Theorie mit umfassenderem Gegenstandsbereich schwach reduzierbar sein[39]. In diesem Sinne sollten alle wissenschaftli-

---

37 "Starke Reduzierbarkeit" (Stegmüller, 1985, S. 144 ff.).

38 Vgl. hierzu Oppenheim und Putnams (1958) Reduktionsbegriff, der viel weniger verlangt als Nagels: "Any observational data explainable by T_2 are explainable by T_1." (S. 5). Zum Unterschied zwischen "makrologischem" und "mikrologischem" Vergleich siehe Stegmüller (1986), S. 306. Unter Anwendung von Sneeds strukturalistischem Theorienkonzept, in dem eine Theorie als Prädikat konstruiert ist, die eine Menge von umgangssprachlich formulierbaren "Modellen" festlegt (vgl. Stegmüller, 1987, S. 468 ff.), ist eine Theorie T' auf T dann "schwach" reduzierbar, wenn - etwas vereinfacht formuliert - alle Ramsey-Substitute (vgl. Fußnote 28) von Modellen von T', sich so durch T-theoretische Begriffe ergänzen lassen, daß sie zu Modellen von T werden. Mit anderen Worten: Vergleichbarkeit beider Theorien besteht nur auf der Ebene ihrer umgangssprachlich formulierbaren Konsequenzen, nicht auf theoretischer Ebene. Nur wenn es eine Regel gibt, welche die Modelle von T' direkt auf Modelle von T abbildet, Vergleichbarkeit also auf theoretischer Ebene besteht, spricht Stegmüller von "starker Reduktion". Diese entspricht in etwa Nagels Vorstellungen. Eine exakte formale Darstellung von schwacher und starker Reduktion findet sich in Stegmüller (1985), S. 144 ff. Vgl. auch Balzer et al. (1987), S. 275 ff. Zur Konstruktion intertheoretischer Relationen ("Bänder") im strukturalistischen Ansatz vgl. Stegmüller (1986), S. 269 ff.

39 Deshalb muß eine Theorie T', die von einer anderen Theorie T im Sinne Kuhns oder Feyerabends verdrängt wird, zwar weder auf T "stark" reduzierbar noch zu T kommensurabel sein; sie sollte aber "schwach" auf T reduzierbar sein, sofern sie nicht einige der von T' erklärten Phänomene unerklärt lassen will (Stegmüller (1986), S. 134).

chen Theorien auf eine Theorie mit universalem Gültigkeitsanspruch, sofern dieser gerechtfertigt ist, schwach reduzierbar sein. Biologie, Psychologie, Soziologie und Literaturwissenschaft, sollten sich also auf Physik schwach reduzieren lassen, es sei denn, der universale Gültigkeitsanspruch der Physik wäre ungerechtfertigt und es gäbe irgendwelche spezifischen Gesetze, die ausschließlich für Lebewesen, Gesellschaften usw. gelten (diese Position würde der Vitalismus vertreten) und die den Physikern aus methodischen Gründen bislang verborgen bleiben mußten.

Die angedeutete schwache Reduktion ist nicht immer in der Praxis durchführbar und stellt dann lediglich eine "regulative Idee" dar. Wenn wir die schwache Reduzierbarkeit aller Theorien auf Physik behaupten, dann sagen wir nur, daß Vorgänge, die in Lebewesen, einschließlich des Menschen, ablaufen, nicht den Gesetzen der Physik zuwiderlaufen. Andernfalls müßten sie anderen, eigenen Gesetzen gehorchen oder gar völlig irregulär sein. Umgangssprachlich formulierte Voraussagen der Physik, sollten demzufolge nie in Widerspruch zu Voraussagen stehen, die von anderen Wissenschaften gemacht werden. Auf theoretischer Ebene brauchen die betrachteten Wissenschaften aber nichts miteinander zu tun zu haben, sie dürfen in ihrer Begrifflichkeit untereinander vollkommen unvergleichbar, "inkommensurabel" sein.

Eine solche Behauptung setzt eine - letztlich nie beweisbare - Einheit und Intelligibilität der Welt als obersten "Glaubenssatz" voraus[40]. Eine ausführliche Darlegung der Gründe, die für dieses oberste Postulat aller Wissenschaft sprechen, findet sich in Kapitel 4. Hier sei nur auf zwei Punkte kurz hingewiesen: Die "Einheit der Welt" leugnen, heißt leugnen, daß es einen universalen Wirkungszusammenhang gibt. Gibt es einen solchen nicht, wie kann es dann eine "Einheit der Erfahrung" geben? Die "Intelligibilität der Welt" zu leugnen, insbesondere die Auffassung zu bekämpfen, es gäbe so etwas wie "einfache Naturgesetze" steht jedem frei. Auf diese Auffassung zu verzichten, hieße aber, das Projekt Wissenschaft preiszugeben. Geht man aber von der "Einheit der Welt" aus, so mag man es als unbefriedigend empfinden, wenn sich nur kompatible, aber auf theoretischer Ebene "inkommensurable" Theorien gegenüberstehen. Die "Einheit der Welt" sollte sich letztlich auch in der Theorie widerspiegeln: Die Zusammenhänge zwischen verschiedenen Gegenstandsbereichen sollten auf *theoretischer* Ebene deutlich werden, d.h. die verschiedenen Theorien sollten entweder "kommensurabel" sein oder durch untereinander "kommensurable" Theorien ersetzt werden können, also "kommensurabilisierbar" sein:

> "In the end, we would not be very happy with an understanding of nature that rests on any fundamental distinction between the microworld, middle world and megaworld. We live in one world ..." Weinberg (1988), S. 476.[41]

---

[40] Oppenheim and Putnam (1958), S. 8 wollen lieber von einer "working hypothesis" sprechen, die durch ihre Simplizität und mannigfache empirische Bewährung ausgezeichnet ist.

[41] In Mayr and Weinberg (1988). Dies ist Weinbergs Replik auf Mayr (ibid., S. 475): "It is my contention that advances in our understanding of the microworld of subatomic particles are not going to make any explanatory contributions to our understanding of the middle world."

Nur kommensurable Theorien sind in einem nicht-trivialen Sinne unifizierbar, d.h. es läßt sich in einer gemeinsamen *theoretischen* Sprache über all ihre Gegenstände reden. Sind kompatible Theorien, die "schwach" reduzierbar sind, kommensurabel, so sollten sie auch "stark" reduzierbar sein, d.h. die in theoretischer Sprache formulierten Gesetzmäßigkeiten der Physik sollten die entsprechenden Gesetzmäßigkeiten der Wissenschaften mit eingeschränktem Gegenstandsbereich im Prinzip erklären können (s.u.).

Tatsächlich liegen die Dinge nicht so einfach! Es gibt sehr viele Möglichkeiten, über unsere eine Welt zu reden, weil es zum einen viele verschiedene Möglichkeiten gibt, die Welt in Gegenstandsbereiche zu gliedern und diese den diversen wissenschaftlichen Disziplinen zuzuordnen, und weil es zum anderen - wegen der Unterbestimmtheit jeder Theorie - viele untereinander nicht vergleichbare Möglichkeiten gibt, *einen* Gegenstandsbereich theoretisch zu strukturieren. Wir können also kaum erwarten, daß Wissenschaften verschiedener Gegenstandsbereiche, die sich historisch mehr oder weniger unabhängig voneinander entwickelt haben, in ihrer bestehenden Ausprägung untereinander "kommensurabel" sind. Trotzdem brauchen wir den Unifikationismus als regulative Idee nicht aufzugeben. Ich möchte vielmehr für einen *pluralistischen Unifikationismus*[42] plädieren, dessen zentrale Thesen etwa lauten könnten (gleiches Erklärungsinteresse aller Wissenschaften nach wie vor vorausgesetzt):

(1) *Die* eine, einzig wahre, universal gültige Theorie gibt es nicht; zu jeder Theorie mit universalem Gültigkeitsanspruch (Physik) lassen sich andere gleichwertige, aber inkommensurable Alternativen finden.

(2) Somit gibt es zwar verschiedene Perspektiven (inkommensurable Theorien), die Welt zu betrachten; aus jeder Perspektive läßt sich aber eine *ganze* Welt betrachten.

(3) Theorien mit verschiedenen Gegenstandsbereichen (verschiedene wissenschaftliche Disziplinen, wie Biologie, Psychologie und Soziologie) mögen die Welt zwar legitim aus verschiedenen Perspektiven betrachten und somit untereinander zunächst "inkommensurabel" erscheinen, alle diese Perspektiven sollten aber mit einer der gleichwertigen alternativen universalen Theorien und somit auch untereinander "kommensurabilisierbar" sein. Anders ausgedrückt: Haben die Theorien A und B verschiedene Gegenstandsbereiche und ist Theorie A "inkommensurabel" zu Theorie B, so sollte prinzipiell eine zu A äquivalente Theorie A' zu finden sein, die zu B "kommensurabel" ist. A und B sind also entweder "kommensurabel" oder "kommensurabilisierbar" (wie "Kommensurabilität" durch Explikation erzielt werden kann, will ich in Kap. 8.1 ausführen).

Die Konsequenzen dieser Thesen werden ausführlich im zweiten Teil dieser Arbeit diskutiert. Mit der dritten These soll nicht etwa die Forderung verbunden werden, alle biologischen, psychologischen oder soziologischen Theorien müßten durch solche er-

---

[42] Die Forderung nach einem Pluralismus von Theorien findet sich beispielsweise bei Popper (1984), S. 307. Siehe auch Feyerabend (1975), z.B. S. 30, Primas (1985), S. 118 f. und Habermas (1973) in Habermas (1968), S. 393.

setzt werden, die zur jeweiligen Physik "kommensurabel" sind. Diese Forderung ginge schon deshalb fehl, weil sich nicht ohne weiteres klären läßt, ob Disziplinen mit verschiedenem Gegenstandsbereich, wie etwa Biologie und Physik, "kommensurabel" sind oder nicht. Deshalb setze ich diesen Ausdruck immer dann, wenn es um das Verhältnis von Theorien mit unterschiedlichen Gegenstandsbereichen geht, in problematisierende Anführungszeichen. Die dritte These bringt lediglich zum Ausdruck, daß eine Vielzahl wissenschaftlicher Disziplinen, die die Welt aus den verschiedensten Perspektiven betrachten, mit der "regulativen Idee" eines einheitlichen Zusammenhanges der verschiedenen Gegenstandsbereiche - der von den verschiedenen Theorien beschriebenen Prozesse - verträglich ist. Der logische Schluß von "Theorieautonomie" auf "Prozeßautonomie", wie Beckner (1974) sich ausdrückt, ist unzulässig[43]; zwischen heute autonom erscheinenden Theorien könnten sich in Zukunft durchaus Brücken bauen lassen.

Bislang habe ich, um des Argumentes willen, den Schein aufrechterhalten, es sei problemlos, von der "Kommensurabilität" zweier Theorien zu reden, die Phänomene auf verschiedenen "hierarchischen Ebenen" beschreiben, wie etwa Biologie und Physik. Das ist aber nicht der Fall. Wann dürften wir etwa mit Fug und Recht behaupten, diese Theorie der Biologie und jene Theorie der Physik seien "kommensurabel"? Doch nur dann, wenn wir demonstriert haben, wie die theoretischen Begriffe beider Theorien sich zueinander verhalten, wenn wir also eine Verknüpfung zwischen dem theoretischen Vokabular der Biologie und dem theoretischen Vokabular der Physik erfolgreich hergestellt haben. Beim Versuch, beide Vokabulare zu verknüpfen, stoßen wir auf eine Reihe gravierender Probleme. Viele Begriffe, die in Wissenschaften komplexer Systeme verwendet werden, sind sogenannte "Gesetzesknotenbegriffe"[44], die eine Fülle von Regelmäßigkeiten implizieren, denen die von ihnen beschriebenen Systeme gehorchen. Reden wir von einer biologischen "Zelle", so umschreiben wir damit ein hochorganisiertes Gebilde, in dem unzählige Prozesse geregelt ablaufen müssen, damit es dauerhaft existieren kann. Soll der Begriff "Zelle" mit physikalischen Begriffen (wie "Atom", "elektromagnetische Wechselwirkung" usw.) "kommensurabel" sein, so müssen alle Regelmäßigkeiten der in einer Zelle ablaufenden Prozesse durch physikalische Gesetze erklärt werden können. Das bedeutet aber: Kommensurabilität und Reduzierbarkeit sind hier nicht zu trennen. Biologie und Physik wären höchstens dann sinnvoll als "kommensurabel" zu bezeichnen, wenn sich Biologie auf Physik (schwach) reduzieren ließe[45]!

---

43 Vgl. Beckner (1974), S. 69.

44 Dieser Ausdruck stammt von Putnam; zit.n. Stegmüller (1987), S. 241.

45 Denkt man an Feyerabends ursprüngliche These, daß Theorien nicht reduziert werden können, *weil* sie inkommensurabel sind, so mutet es fast paradox an, daß nach diesen Überlegungen Theorien verschiedener Gegenstandsbereiche schwach aufeinander reduzierbar sein können, ohne daß sich ihre "Kommensurabilität" feststellen läßt. Aus diesem Grund kann ich Roth und Schwegler (1990) und (in Vorber.) nicht zustimmen, die eine Einheit der Beschreibung in verschiedenen Wissenschaften zwar für möglich halten, nicht aber eine Einheit von Erklärung.

Die vorgestellten drei Thesen des Unifikationismus lassen zunächst offen, ob alle Regelmäßigkeiten (insbesondere Ursache-Wirkungs-Beziehungen) der Welt auf die durch bisherige physikalische Gesetze beschriebenen Regelmäßigkeiten zurückführbar sind oder ob es kausale "Eigengesetzlichkeiten" komplexer Systeme (wie z.B. einer Zelle) gibt; ob also Wissenschaften komplexer Systeme auf eine Physik, deren Gesetzmäßigkeiten an *einfachen, unbelebten Objekten* experimentell bestätigt wurden, zumindest schwach reduzierbar sind ("starker" Unifikationismus) oder nicht ("schwacher" Unifikationismus). Im letzteren Falle müßten innerhalb der Physik, will sie weiterhin als universale Wissenschaft gelten, zusätzliche Gesetze mit systemspezifischem Gültigkeitsbereich formuliert werden[46]. Stellte sich etwa heraus, daß die gegenwärtige Physik nicht in der Lage ist, Regelmäßigkeiten in biologischen oder anderen komplexen Systemen zu erklären, so müßte die Physik um Gesetze erweitert werden, die die Erklärung solcher Regelmäßigkeiten gestatten. Erst die so erweiterte Physik könnte wieder mit universalem Geltungsanspruch auftreten.

Die vitalistische Überzeugung, es gäbe für komplexe Systeme typische Eigengesetze, die nicht als - durch die spezifische Organisation des Systems bedingte - Einschränkungen allgemeingültiger physikalischer Gesetze aufgefaßt werden können, ist aber unnötig, will man die irreduziblen Eigenarten komplexer Systeme verstehen. Man braucht, wie sich noch zeigen wird, kein Vitalist zu sein, um dem ganzheitlichen Charakter, den systemtypischen "Eigenschaften" komplexer Systeme gerecht zu werden. Der "starke" Unifikationismus hat sich bislang als äußerst fruchtbare Annahme in der Wissenschaft erwiesen; es gibt keine wirklich schlagkräftigen empirischen Argumente, die gegen ihn sprechen. Der gesamte zweite Teil dieser Arbeit ist den systemtheoretischen Implikationen eines konsequent zu Ende gedachten Unifikationismus gewidmet, wobei im folgenden mit "Unifikationismus" immer die "starke" Version gemeint ist[47].

Bislang bin ich von einem gemeinsamen Interesse aller Wissenschaften an *kausalen* Erklärungen ausgegangen. Viele Wissenschaften komplexer Systeme sind aber an der *Bedeutung* und *Funktion* interessiert, die Teilsysteme und Umweltfaktoren für die betrachteten komplexen Systeme haben: die Funktion von Mitochondrien in einer Zelle, die Funktion von bestimmten Institutionen für eine Gesellschaft, die Bedeutung eines Wortes in einem literarischen Text. Demgemäß spielen *funktionale Begriffe* in Wissenschaften komplexer Systeme eine enorme Rolle: Begriffe wie "Stoffwechsel" und "Nahrungssuche", "Revierverteidigung" und "Brutpflege" (aber auch "Herz" und "Le-

---

46 Solche Gesetze werde ich "konfigurationale Gesetze" nennen. Der Grund dafür wird erst nach der Lektüre von Kap. 4 verständlich: Diese Gesetze gelten nur für spezifische Konfigurationen von Elementarprozessen und lassen sich nicht aus einem unter allen Bedingungen geltenden Kausalgesetz ableiten. Schrödinger (1944), S. 118 ff. faßte etwa die Möglichkeit ins Auge, daß in Lebewesen physikalische Gesetzmäßigkeiten "am Werke" sein könnten, die der bisherigen Physik aus der unbelebten Natur nicht bekannt sind.

47 Der nichtreduktionistische Physikalismus ("non-reductionist physicalism") von Roth und Schwegler (1990), S. 42 und (in Vorber.) entspricht in etwa meiner Konzeption eines starken Unifikationismus.

ber", "Gehirn" und "Muskel")[48] beziehen sich auf die Funktionen von Zuständen (bzw. Konstituenten) für einen Organismus. Bevor nicht geklärt ist, was mit Bedeutung und Funktion eines Zustands (bzw. Konstituenten) für ein System eigentlich gemeint ist, kann nicht entschieden werden, wie das von den Wissenschaften komplexer Systeme verwendete Vokabular mit den theoretischen Begriffen der Physik zusammenhängt. Auch diese Diskussion (und somit die Auflösung der "Kommensurabilitäts"problematik) ist dem zweiten, systemtheoretischen Teil dieses Buches (vor allem Kap. 8.1.1 und 8.1.2) vorbehalten.

Bevor ich die Position des Unifikationismus näher untersuche und ihre systemtheoretischen Konsequenzen darlege, möchte ich im folgenden Kapitel zwei Thesen diskutieren, die gemeinhin als "reduktionistisch" gelten. Ja, spricht man von "Reduktionismus" in der Wissenschaft, so meint man fast nie die harmlosen Thesen des Unifikationismus, sondern eine der beiden folgenden Aussagen, von denen seitens der "Reduktionisten" irrtümlich angenommen wird, sie folgten aus dem Unifikationismus:

(1) Die *kausalistische* These, alle Wissenschaften hätten ein gemeinsames kausalnomologisches Erklärungsinteresse, d.h. alle Wissenschaften seien vordringlich daran interessiert, diejenigen kausalen Gesetzmäßigkeiten zu analysieren, denen ihre Gegenstände gehorchen.

(2) Die *partitionistische* These, alle für ein spezifisches System (ein "Ganzes") charakteristischen regelmäßigen Prozesse seien aus dem kausalen Wechselspiel seiner Teilsysteme (Autokonstituenten) erklärbar.

---

48 Dabei handelt es sich wie bei den "Gesetzesknotenbegriffen" (s.o.) um unscharf umgrenzte, "polytypische" Begriffe (Beckner, 1967 a, S. 313), die nicht exakt definiert werden können.

2 Der mißverstandene Unifikationismus.

2.1 Erklärung und Interesse - eine Kritik des Kausalismus.

> Man glaubte im Rahmen von Raum und Zeit und in den Gesetzen der Stoffe, die doch bloß die Farben der Weltpalette bilden, bereits die Erklärung gefunden zu haben für die Bilder, die aus ihnen entstehen.
> - Jakob von Uexküll (1922)
>
> And the particular, if one is particular enough, is also a road - one might say nature's road - to reality and truth.
> - Oliver Sacks (1985)

Der rational-analytische Umgang mit der Welt, von dem dieses Kapitel handelt, ist beileibe nicht der einzig mögliche. Es ist sicherlich nicht unser einziges, nicht einmal unser vordringliches Interesse, den Lauf der Welt zu erklären oder gar vorherzusagen: Es ist "nicht mehr als ein moralisches Vorurteil, daß Wahrheit mehr wert ist als Schein" (Nietzsche 1886, S. 38)[1]. Mir geht es hier aber um *wissenschaftliche* Praxis und ich möchte unterstellen, daß diese zumindest insofern unter Rationalitätskriterien steht, als sie Wissen mit dem Ziel konstruiert, einen intersubjektiven Konsens - wenigstens zwischen Mitgliedern der engeren "scientific community" - herzustellen. Das partikuläre Interesse der Wissenschaft ist ein Wahrheitsinteresse, wobei Wahrheit konsenstheoretisch bestimmt werden muß: Alles was in der Wissenschaft behauptet wird, sollte letztlich durch allgemein akzeptanzfähige Sätze bestätigt werden können, mögen sich diese nun auf "Beobachtbares" beziehen oder nicht. Der Unterschied, der zwischen Natur- und Geisteswissenschaften besteht, ist, unter diesem Aspekt betrachtet, geringer als gemeinhin angenommen. Dieses Problemfeld möchte ich aber erst im letzten Kapitel dieses Buches näher beleuchten[2].

---

[1] Daß auch Wissenschaft, wie alle menschliche Praxis, ein interessegeleitetes Unternehmen ist, hat vor allem Habermas (1968) hervorgehoben. Seine Unterscheidung von Natur-, Geistes- und selbstreflektiver Wissenschaft nach dem jeweils dominierenden technischen, praktischen und emanzipatorischen "erkenntnisleitenden Interesse" (S. 241 ff., 259 ff.) halte ich indes für inadäquat, nicht zuletzt weil sie teilweise (mit dem emanzipatorischen Vernunftinteresse) in transzendentalphilosophischen Vorstellungen gefangen bleibt.

[2] Ich gehe hier von der Partikularität von Interessen und von der Feststellung aus, daß die Wissenschaft ein besonderes Wahrheitsinteresse verfolgt, sehe aber die Aufgabe der Philosophie nicht darin, dieses Interesse aus absoluten Gründen zu rechtfertigen, wie etwa Habermas (1968), S. 344 ff., der einem allgemeinen Vernunftinteresse das Wort redet, dem sich alle anderen Interessen unterzuordnen hätten. Eine hervorragende Kritik an Habermas findet sich in Marten (1988), S. 84 ff. und 134 ff., der die Partikularität von Interessen und den instrumentellen, unseren verschiedenen Interessen dienlichen Charakter der Vernunft hervorhebt.

2.1.1 Wissenschaftliche Erklärung.

In der Wissenschaft versuchen wir etwas zu *erklären*, und das heißt: zu klären, in welchen Beziehungen es zu anderem steht, heißt, das zu Erklärende nicht länger isoliert zu betrachten, sondern es in einen umfassenderen Wirkungszusammenhang zu stellen, aus dem heraus einige seiner charakteristischen Merkmale verständlich werden.

> "Scientific explanation is not aimed at creating a sense of at-homeness or of familiarity with the phenomena of nature. ... What scientific explanation aims at is ... an objective kind of insight that is achieved by a systematic unification, by exhibiting the phenomena of common underlying structures and processes." Hempel (1966), S. 83.

Es kommt also - insbesondere in den Naturwissenschaften - nicht darauf an, Unbekanntes auf Bekanntes zurückzuführen, sondern darauf, komplexe und spezifische Eigenschaften bzw. Gesetzmäßigkeiten in einfachere und allgemeinere aufzulösen, auch wenn dadurch auf unbekannte Entitäten und Prozesse rekurriert werden muß. "Elektronen" und "Hamilton-Operatoren", "Desoxyribonucleinsäuren" und "Mitochondrien", "Neurotransmitter" und "Synapsen" werden zur Erklärung physikalischer, biologischer oder neurobiologischer Sachverhalte bemüht, gehören aber sicher nicht zu den Gegenständen, mit denen wir Tag für Tag umgehen[3].

In ihrem klassischen Aufsatz von 1948 stellten Hempel und Oppenheim ein zunächst sehr restriktiv anmutendes, aber logisch fundiertes Konzept von Erklärung vor: das vieldiskutierte, vielumstrittene "covering law"-Modell wissenschaftlicher Erklärung, auch als "deduktiv-nomologisches" Erklärungsschema bekannt. Jede wissenschaftliche Erklärung, so Hempel und Oppenheim, läßt sich als logische Deduktion der zu erklärenden Aussage - des "Explanandums" - aus einer Reihe von erklärenden Aussagen - dem "Explanans" - konstruieren. Im Explanans stehen einerseits Aussagen über spezifische Anfangs- und Randbedingungen, andererseits - und darauf kommt es entscheidend an - mindestens ein allgemeines Gesetz:

---

[3] Eine zusammenfassende Darstellung zum Thema "Erklärung" findet sich in Stegmüller (1969). Zur Kritik der Vorstellung, Erklärung sei "reduction to the familiar", siehe z.B. Hempel and Oppenheim (1948), S. 145 und Hempel (1966), S. 83. Die bedeutende Rolle, die Modelle und Analogien in der Wissenschaft spielen, scheint zwar vordergründig für die "Familiarisierungsthese" zu sprechen; wie Hempel (1965 b), S. 433 ff. überzeugend dargetan hat, kann aber eine Analogie nur dann erklärenden Charakter haben, wenn die Gesetzmäßigkeiten der beiden in der Analogie parallelisierten Domänen sich entsprechen ("nomic isomorphism"). Dann reichen aber die Gesetzmäßigkeiten der jeweiligen Domäne für die Erklärung der in ihr vorkommenden Prozesse aus und die Analogie selbst trägt nichts zur Erklärung bei. Analogien haben im wesentlichen denkökonomischen und heuristischen Wert! (Zum Problem "theoretischer Modelle", das von Hempel nicht näher untersucht wird, siehe Hesse, 1967 b).

$C_1, C_2, ..., C_k$	Anfangs-/Randbedingungen	
$L_1, L_2, ..., L_r$	Allgemeine Gesetze	Explanans
E	Beschreibung des zu erklärenden Phänomens	Explanandum[4]

In jeder Erklärung *muß* eine Gesetzesaussage vorkommen, also eine Aussage der allgemeinen konditionalen Form "Für alle A gilt: Wenn A eintrifft, so trifft auch B ein.". Ohne eine *Konditional*aussage könnte das Explanandum niemals logisch aus dem Explanans geschlossen werden, ohne eine *allgemeine* Konditionalaussage (Allaussage) könnte diese Folgerung niemals erklärenden Charakter haben. Allerdings muß das Gesetz nicht deterministisch, es kann auch statistisch sein. Erklärung, so gesehen, ist gleichbedeutend mit Prognostizierbarkeit: Ist nur das Explanans vollständig gegeben, so läßt sich das Explanandum gleichwohl erschließen.

Erklärungen dieser Art sind in Form von *kausalen Erklärungen* in der Physik gang und gäbe, das Gesetz ist in diesem Fall ein Kausalgesetz, das Explanandum wird aus zeitlich antezedenten Bedingungen logisch abgeleitet. Ursprünglich glaubten Hempel und Oppenheim, jede deduktiv-nomologische Erklärung müsse kausal sein[5]. Sie berücksichtigten dabei nicht, daß verschiedene Wissenschaften unterschiedliche Fragen an die Welt stellen und ganz unterschiedliche Erklärungsinteressen verfolgen (s.u.). Es wurde daher von verschiedenster Seite Kritik am "covering law"-Modell laut[6]. Die gravierendsten Einwände wurden zum ersten gegen die Behauptung vorgebracht, jede Erklärung müsse sich auf eine allgemeine Gesetzmäßigkeit (ein "covering law") stützen, und zweitens gegen die Vorstellungen, kausale Erklärung sei die einzig gültige Erklärung und - damit zusammenhängend - jede Erklärung müsse auch prognostisch verwertbar sein.

Der erste Einwand, vor allem in Zusammenhang mit historischen Erklärungen angeführt, ist unhaltbar:

> "The fact that historians do not state general laws when they explain and that very few historians think they ought to is not sufficient evidence to show that the logic of a historical explanation does not require such general statements. To explain why an event has occurred is to state the cause or causes which brought it about. If as many of those who oppose the covering law model maintain, an explanation is complete without including such a law, then there is no way of knowing that the alleged causes of the event actually are causes. ... A general law is implicit in a historical explanation ... because of the logic of our knowledge about causes." Weingartner (1967), S. 107.

Der erste Einwand hat aber insofern einen wahren Kern, als natürlich in einer fak-

4 Vgl. Hempel and Oppenheim (1948), S. 138.

5 So werden in Hempel and Oppenheim (1948), S. 137 Aussagen über "antecedent conditions" im Explanans gefordert; siehe auch Hempel (1966), S. 53. Doch selbst in der Physik gibt es nicht nur kausale "Prozeßgesetze", sondern auch "Koexistenzgesetze" wie z.B. das Boyle-Mariottesche Gesetz, worauf schon Mohr (1978) hinweist.

6 Zusammengefaßt in Hempel (1965 b), Weingartner (1967) und Stegmüller (1969).

7 Vgl. auch Nagel (1961), S. 427 f. und Hempel (1965 b), S. 425, 449, 451.

tisch gegebenen Erklärung nicht immer *explizit* auf ein allgemeines Gesetz Bezug genommen wird. Historische und funktionale Erklärungen sind "unvollständige Erklärungen"[8]. Sie begnügen sich im allgemeinen mit der Angabe von Antecedens- bzw. Randbedingungen, da solchen Erklärungen komplexe Gesetzmäßigkeiten zugrundeliegen, die ihrerseits die Gültigkeit einer Vielzahl allgemeinerer Gesetze unter je komplex spezifizierten Bedingungen voraussetzen. Die zugrundeliegenden allgemeinen Gesetze sind dem Erklärenden üblicherweise nicht bekannt. Sie brauchen dies auch nicht zu sein, solange gerechtfertigt unterstellt werden kann, daß es tatsächlich Gesetzmäßigkeiten gibt, die die angeführten Antezedens- und Randbedingungen zu *Gründen* für den zu erklärenden Sachverhalt machen; hierfür genügt es beispielsweise, Korrelationen zwischen den Klassen von Ereignissen anzunehmen, zu denen sich die erklärenden und zu erklärenden Sachverhalte jeweils rechnen lassen (eine historische "Erklärung" hätte keinen explanatorischen Gehalt, würde sie - ohne ein Gesetz oder korrelative Regelmäßigkeiten wenigstens zu implizieren - lediglich singuläre Ereignisse mit *singulären* antezedenten Bedingungen verknüpfen. Da sich zwischen singulären Ereignissen keine Korrelationen etablieren lassen, wäre die Verknüpfung in einem solchen Fall rein willkürlich!).

Eine abgeschwächte Form des "covering law"-Modells scheint also in der Tat allen Erklärungen zugrundezuliegen. Damit ist aber nicht gesagt, jegliche Erklärung müsse *kausal*, aus zeitlich antezedenten Bedingungen erfolgen[9], womit wir beim zweiten, wesentlich schwerwiegenderen Einwand gegen die Vorstellungen von Hempel und Oppenheim angelangt wären. Es müssen auch nicht immer allgemeine *Gesetzmäßigkeiten* sein, für die man sich interessiert, wenn man einen Sachverhalt erklären will. Oftmals sind gerade die konkreten Randbedingungen das eigentlich Interessante. In historischen und funktionalen Erklärungen ist von den implizit vorausgesetzten komplexen Gesetzmäßigkeiten deswegen nicht die Rede, weil sie einerseits oft nicht bekannt sind und/oder aufgrund ihrer Komplexität nicht angebbar sind, und sie uns andererseits, selbst wenn sie bekannt wären, nicht den gewünschten Aufschluß über die konkreten Phänomene liefern würden, die zu erklären wir beabsichtigen. Es können, sieht man von dispositionellen Erklärungen einmal ab[10], im wesentlichen zwei weitverbreitete Erklärungstypen unterschieden werden, die nicht dem klassisch-kausalen Erklärungs-

---

8 Hempel (1965 b), S. 415 ff. unterscheidet drei Formen unvollständiger Erklärungen: Erstens die elliptische Erklärung, in der bestimmte Annahmen stillschweigend vorausgesetzt und nicht explizit angegeben werden, zweitens die partielle Erklärung, in der das Explanans nicht das spezifische Explanandum, sondern dasselbe nur als einen von mehreren möglichen Fällen erklärt ("es mußte so oder so oder so kommen"), drittens den "explanation sketch" (von Stegmüller (1969), S. 128 als "Erklärbarkeitsbehauptung" übersetzt). Letzterer ist eine Aussage "der Gestalt: 'Es existiert ein Gesetz G ..., so daß aus A [den Antecedensbedingungen] und G ... E [das Explanandum] deduzierbar ist'. Diese Aussage ist richtig, wenn es solche Gesetze ... tatsächlich gibt, *wobei es überhaupt keine Rolle spielt, ob die Gesetze ... dem Behauptenden bekannt sind.*" Stegmüller (1969), S. 128.

9 Das betont auch Nagel (1979 b), S. 315.

10 Siehe hierzu Hempel (1965 b), S. 457; Stegmüller (1969), S. 120 ff.

schema folgen: historische (genetische) Erklärungen auf der einen Seite, "teleologische" (funktionale und intentionale) Erklärungen auf der anderen.

Historische Erklärungen, die in den Geisteswissenschaften, aber auch in Naturwissenschaften wie der Biologie eine herausragende Rolle spielen, erklären ein Ereignis, indem sie es als Konsequenz früherer Ereignisse ausweisen: "Die Pilgerväter brachen in die Neue Welt auf, *weil* die politischen und wirtschaftlichen Verhältnisse in England ihnen dort keine sichere Lebensgrundlage mehr boten"; "Die Französische Revolution war die *Antwort* des Volkes auf die jahrhundertelange Bevormundung durch absolutistische Herrscher"; "Das Massensterben der Dinosaurier am Ende der Kreidezeit war partiell die *Folge* eines Meteoriteneinschlags". Soweit besteht kein Unterschied zum klassischen kausalen Erklärungsmodell. Der Unterschied offenbart sich, wenn man *weiter* fragt - nach den Gründen für die politischen und wirtschaftlichen Verhältnisse im England des frühen 17. Jahrhunderts beispielsweise. Auf diese Art und Weise kommt man zu einer "Erklärungskette"[11] oder Erklärungskaskade. In der historischen *Erklärungskaskade* werden jeweils einige der spezifischen Antezedensbedingungen eines Ereignisses hinterfragt, während man andere als einzigartige historische Gegebenheit unerklärt hinnimmt. Eine historische Erklärungskaskade kann also folgendermaßen symbolisiert werden[12]:

$$\begin{array}{ccccccc} & & S_2' & & S_3' & & S_4' \\ S_1 & \nearrow & \} \; S_2 & \nearrow & \} \; S_3 & \nearrow & \ldots \\ & & +D_2 & & +D_3 & & \end{array}$$

Eine Aussage (S_4') wird erklärt, indem ein Komplex antezedenter historischer Tatbestände (S_3) als Grund angegeben wird, d.h. eine nomologische Verknüpfung (Pfeil) wird - wenigstens implizit - angenommen. Einige Tatsachen dieses historisch früheren Zeitpunktes (S_3') werden nun historisch weiter verfolgt, während andere (D_3) als einzigartige, unerklärliche historische Umstände nur deskriptiv festgehalten werden. Liest man das Schema der historischen Erklärungskaskade von links nach rechts, der zeitlichen Richtung folgend, so treten auf jeder Stufe zum aus dem Früheren erklärten Sachverhalt (S'), Beschreibungen (D) von neuen Sachverhalten hinzu, die nötig sind, um den folgenden Sachverhalt (S) verständlich zu machen. Erklärungen solcher Struktur sind "narrativ", haben erzählenden Charakter. Und obwohl wir sie als Erklärungen akzeptieren, haben sie keine prognostische Kraft, auf jeder Stufe müssen ja Beschreibungen ergänzt werden. Die angebliche Symmetrie von Erklärung und Prognose ist also nicht gegeben, historische Erklärungen sind Erklärungen ex post facto.

"Teleologische" Erklärungen verweisen dagegen auf die Rolle, die Strukturen und Prozesse in bestimmten Zusammenhängen spielen, es sind Erklärungen mit einer "um

---

[11] Stegmüller (1969), S. 117 ff.

[12] Vgl. Hempel (1965 b), S. 449; Stegmüller (1969), S. 117 ff.

zu"-Struktur, wie etwa: "Petra schlägt den Nagel in die Wand, *um* das Bild aufzuhängen"; "Der Hund hechelt, *um* seine Körpertemperatur konstant zu halten"; "Pflanzen besitzen Chlorophyll, *um* Photosynthese zu betreiben". Das erste Beispiel stellt eine *intentionale Erklärung* dar, die beiden zuletzt angeführten Sätze sind Beispiele *funktionaler Erklärungen* (zum Unterschied zwischen funktionaler und intentionaler Erklärung s.u.). Teleologisch heißen sie, weil ein zeitlich nachfolgender Prozeß oder Zustand zur Erklärung eines Vorganges herangezogen wird, im Explanans also nicht ausschließlich zeitlich antezedente Bedingungen stehen.

Teleologische Erklärungen waren lange Zeit die Schreckgespenster aller Wissenschaftstheoretiker. Woher rührte ihr schlechter Ruf? Wird eine teleologische Erklärung "kausal" interpretiert, so treten zukünftig herrschende Bedingungen, von denen ja im Explanans die Rede ist, als Ursachen (causae finales) des zu interpretierenden Ereignisses auf. Solche finalen Ursachen wären aber mit der (starken) unifikationistischen These (vgl. Kap. 1.2.2) nicht verträglich. Warum eigentlich nicht? Zunächst besteht ja zumindest in einem deterministischen Universum eine Symmetrie von Vergangenheit und Zukunft. Vorhersagen sollten daher in beide Richtungen möglich sein[13]. Zwischen der klassischen causa efficiens und einer so verstandenen causa finalis bestünde kein Unterschied. Probleme mit finalen Ursachen tauchen erst dann auf, wenn diese systemspezifischen, "konfigurationalen Gesetzen" unterworfen sein sollen, wie sie etwa von Vitalisten unter der Bezeichnung "Entelechie" konzipiert wurden[14]. Solche "Gesetze" beschreiben Regelmäßigkeiten, die angeblich nur für bestimmte komplexe Systeme, wie z.B. Organismen gelten. Prozesse in diesen Systemen müßten demnach anders ablaufen, als es nach den bekannten Gesetzen der Physik zu erwarten wäre. Mit anderen Worten: Stehen Entitäten, deren Verhalten durch physikalische Gesetze beschrieben wird (wie beispielsweise Atome), in den bestimmten Relationen (der bestimmten Konfiguration) zueinander, die sie als Konstituenten eines Organismus einnehmen, dann sollen für sie andere Gesetzmäßigkeiten gelten, und die physikalischen Gesetze, die für die meisten anderen Konfigurationen gelten, sollen für *diese eine* Konfiguration außer Kraft gesetzt sein - daher meine Bezeichnung "konfigurationale Gesetze". Eine teleologische Erklärung, die Entelechien oder konfigurationale Gesetze auf den Plan ruft, ist unfruchtbar und gefährdet die unifikationistische Leitidee der Wissenschaft, das Postulat von Einheit und Einfachheit der Natur[15].

---

13 In diskreten Zustandssystemen (Systemen, die endlich viele wohldefinierte Zustände einnehmen können), deren Zustände jeweils nur von den unmittelbar vorhergehenden Zuständen abhängen - die Zustandsfolge stellt dann eine sogenannte Markov-Kette dar - sind sowohl *a tergo*-Erklärungen aus antezedenten Bedingungen möglich wie auch *a fronte*-Erklärungen aus zukünftigen Bedingungen (Rescher, 1963, S. 340 ff.). Dies gilt - unter den angegebenen Einschränkungen - für deterministische wie auch für probabilistische Systeme (Rescher, 1963, S. 326).

14 Driesch (1908). Eine ausführliche Diskussion des Vitalismus und des Problems der "konfigurationalen Gesetze" findet sich in Kap. 4.4.

15 "Modern Science ... regards final causes to be vestal virgins which bear no fruit in the study of physical

Es dürfen also nur solche teleologische Erklärungen in einer unifikationistisch verstandenen Wissenschaft verwendet werden, die eine andere als die eben dargestellte, "entelechiale" Deutung zulassen. Eine ausführliche Diskussion dieses Themas wird auf Kapitel 8 verschoben, wo auf ein systemtheoretisch präzisiertes Verständnis von "Bedeutung" und "Funktion" zurückgegriffen werden kann, so daß ich mich hier auf wenige vorläufige Bemerkungen beschränken will. *Intentionale* Erklärungen können etwa als kausale Erklärungen mit "Motivkausalität"[16] aufgefaßt werden. Auch *funktionale* Erklärungen können, wie Nagel[17] gezeigt hat, als deduktiv-nomologische Erklärungen reformuliert werden, ohne auf entelechiale, konfigurationale Gesetze Bezug zu nehmen. Die Aussage "Pflanzen besitzen Chlorophyll, um Photosynthese zu betreiben" erklärt die Präsenz von Chlorophyll in Pflanzen mit der Funktion, die Chlorophyll in Pflanzen erfüllt, nämlich zur - für Pflanzen lebensnotwendigen - Photosynthese beizutragen. Das funktionale Argument (Explanans) "um Photosynthese zu betreiben" läßt sich als Konjunktion zweier Aussagen interpretieren:

(1) "Pflanzen betreiben Photosynthese" und

(2) "Das Vorhandensein von Chlorophyll in Pflanzen, ist eine notwendige Bedingung dafür, daß Pflanzen Photosynthese betreiben."

Aus diesen beiden Aussagen, von denen keine auf irgendwelche geheimnisvollen Entelechien Bezug nimmt, folgt logisch das Explanandum "Pflanzen besitzen Chlorophyll". Die so reformulierte funktionale Erklärung stellt eine klassische deduktiv-nomologische Erklärung dar. Das "Gesetz" (2), auf das sich diese Erklärung beruft, ist zwar eine Allaussage - sie gilt für alle photosynthesetreibenden Pflanzen -, aber ebensowenig wie die "Gesetze", auf die sich die meisten historischen Erklärungen (s.o.) stützen, ein im engeren Sinne *allgemeines* Gesetz (als solches müßte es schon Korrelationen zwischen einer Vielzahl von Ereignisklassen etablieren); es stellt vielmehr eine spezifische Korrelation zwischen spezifischen, aber nicht singulären Sachverhalten fest (die Fähigkeit von Pflanzen, Photosynthese betreiben zu können, korreliert mit der Präsenz von Chlorophyll in Pflanzen). Außerdem ist die reformulierte funktionale Erklärung nicht kausal:

> "[functional] explanations are *not* causal - they do not account *causally* for the *presence* of the item to which a function is ascribed.
> What then is accomplished by such explanations? They make explicit one effect of an item i in system S, as well as that the item must be present in S on the assumption that the item does have that effect. In short, explanations of function ascriptions make evident one role some item plays in a

---

and chemical phenomena ..." Nagel (1961), S. 401/402. Weitere Kritik am Entelechienkonzept teleologischer Erklärung in Hempel and Oppenheim (1948), S. 140 ff. und Beckner (1974), S. 174.

16 Stegmüller (1969), S. 533. Schon Hempel and Oppenheim (1948), S. 144 deuten intentionale Erklärungen als kausale Erklärungen, in denen Motive als zeitlich antezedente Ursachen fungieren. Eine ausführlichere Diskussion und eine, wie mir scheint, adäquatere Deutung intentionaler Erklärung findet sich im Kap. 8.2.

17 Nagel (1961), 403 ff.

given system." Nagel (1979 b), S. 315[18].

Selbst teleologische Erklärungen können somit auf harmlose Art und Weise deduktiv-nomologisch interpretiert werden. Wie schon historische Erklärungen, so sind auch funktionale Erklärungen nur sehr eingeschränkt prognostisch verwertbar, da jede Prognose die zukünftige Gültigkeit der Prämisse (1) voraussetzen muß. Alle Erklärungen weisen also zwar vordergründig die gleiche logische Struktur auf. Doch bleibt diese Ähnlichkeit eine rein syntaktische: Die drei vorgestellten Erklärungstypen (kausale, historische und funktionale Erklärung) entspringen radikal unterschiedlichen *Erklärungsinteressen*. Diese lassen sich am ehesten verdeutlichen, wenn wir untersuchen, welche weiteren Fragen wir stellen würden, wären wir mit einer dieser Erklärungen unzufrieden. Auf diese Art und Weise gelangen wir zu *Erklärungskaskaden*.

Fragen wir, *warum* ein Apfel vom Ast eines Baumes zur Erde fällt, so erwarten wir als Antwort auf unsere Frage die Angabe einer allgemeinen Gesetzmäßigkeit über fallende Objekte auf der Erde. Sind wir mit dieser Antwort unzufrieden, so können wir weiterfragen, *warum* denn Objekte auf die Erde fallen. Wir müßten uns schließlich mit der Angabe des allgemeinen Gravitationsgesetzes als Antwort zufriedengeben, da dieses sich bisher nicht auf noch elementarere Gesetze zurückführen läßt. Es würde uns normalerweise nicht in den Sinn kommen, zu fragen, *warum* sich der Apfel, bevor er fiel, in 10 Meter Höhe am Ast eines Baumes befunden hat. In einer *nomologischen Erklärungskaskade* werden jeweils die in einer Erklärung verwendeten Gesetze durch die Angabe allgemeinerer Gesetze und Randbedingungen weiter erklärt, während die Randbedingungen einfach "hingenommen" werden.

Anders liegen die Dinge bei einer funktionalen Erklärung (einer "um zu"-Erklärung). Wenn wir fragen, *warum* eine Pflanze Chlorophyll enthält und uns die Antwort "um Photosynthese zu betreiben" oder deren ausführliches deduktiv-nomologisches Äquivalent nicht genügt, so fragen wir weiter, *warum* denn eine Pflanze Photosynthese betreiben muß. In einer solchen *funktionalen Erklärungskaskade* hinterfragen wir also jeweils die zur Erklärung herangezogenen funktionalen Randbedingungen (z.B. Prämisse (1) im obigen Schema. Diese ist nicht, wie die Randbedingungen im kausalen Erklärungsschema, als zeitlich antezedente Anfangsbedingung interpretierbar). *Historische Erklärungskaskaden* wurden bereits erörtert, auch dort hinterfragen wir jeweils die spezifischen Randbedingungen, keine Gesetze.

Das in funktionalen und historischen Erklärungskaskaden zum Ausdruck kommende Erklärungsinteresse gilt also jeweils den spezifischen Randbedingungen, während in nomologischen Erklärungskaskaden allgemeine Gesetzmäßigkeiten auf noch allgemeinere zurückgeführt werden. Ein und derselbe Sachverhalt läßt sich i.a. auf alle drei Weisen - nomologisch, historisch und funktional - erklären. Jede Form der

---

[18] In Wirklichkeit ist eine exakte funktionale Analyse erheblich komplizierter, als es das einfache Beispiel suggeriert. Eine ausführliche Diskussion der Logik funktionaler Erklärungen möchte ich aber auf Kap. 8 verschieben, da erst im zweiten Teil dieses Buches eine nähere Bestimmung des Funktionsbegriffs gegeben wird, dieser aber für die Erörterung funktionaler Analysen vorausgesetzt werden muß.

Erklärung beleuchtet dabei einen anderen Aspekt dieses Sachverhalts, beantwortet andere Fragen. So kann beispielsweise die Präsenz von Chlorophyll in Pflanzen funktional mit der Rolle erklärt werden, die Chlorophyll bei der Photosynthese spielt, oder aber kausal, indem die biochemische Synthese von Chlorophyll aus seinen chemischen Vorstufen erklärt wird. Die kausale Erklärung kann nomologisch weitergeführt werden, indem die Gesetze, denen die chemischen Synthesereaktionen gehorchen, aus allgemeineren Gesetzen abgeleitet werden oder historisch, indem danach gefragt wird, wie die bestehenden Konzentrationen der für die Synthese benötigten Reaktionspartner am Ort der Synthese etabliert wurden. Die verschiedenen Erklärungen ein- und desselben Sachverhaltes entsprechen verschiedenen Erklärungsinteressen, die sich nicht aufeinander "zurückführen" lassen. Jede Erklärung ist interessenrelativ[19].

2.1.2 Systemanalytische und gesetzesanalytische Wissenschaft.

Verschiedene wissenschaftliche Disziplinen unterscheiden sich traditionell nicht nur hinsichtlich ihrer Gegenstandsbereiche, sondern sind auch durch verschiedene vorherrschende Erklärungsinteressen geprägt. Die Einteilung in hermeneutische und analytische oder in idiographische und nomothetische Wissenschaften[20] versucht den distinkten Erklärungsinteressen der betreffenden Wissenschaften Rechnung zu tragen. Idiographische Wissenschaften widmen sich dem Spezifischen, Geschichtlichen, während es in nomothetischen Wissenschaften vor allem darum geht, die allgemeinen Gesetze zu formulieren, nach denen wirkliche Prozesse ablaufen. Einem weitverbreiteten, aber unzutreffenden Vorurteil zufolge arbeiten die Naturwissenschaften überwiegend nomothetisch und die Geisteswissenschaften überwiegend idiographisch. Außerdem wird das Spezifische oftmals allzu leichtfertig mit dem nicht zu verallgemeinernden Singulären gleichgesetzt; die Wissenschaften des Spezifischen werden dann als "deskriptive Wissenschaften" deklassiert[21].

---

[19] Zur "Interessenrelativität der Erklärung" vgl. Putnam (1978), S. 41. Mayr (1982) scheint ähnliches im Sinn zu haben, wenn er (in seiner Kritik am "Theorie-Reduktionismus") betont, "daß dasselbe Ereignis in mehreren Begriffsschemata völlig verschiedene Bedeutungen haben kann." (S. 52).

[20] Die Unterscheidung nomothetisch - idiographisch geht auf Windelband (1894), S. 145 zurück. Ähnlich stellt auch Rickert (1898), S. 55 "formale" Unterschiede zwischen der "generalisierenden" Naturwissenschaften und der "individualisierenden" (und wertbezogenen, S. 102) "historischen Kulturwissenschaft" fest.

[21] So z.B. Schlick (1934 a), S. 392 "Die geisteswissenschaftliche Methode macht bei der Vielgestaltigkeit der Welt selbst halt" und könne daher nicht zur "allgemeinen Weltanschauung" beitragen. Schlick kann sich hier auf die methodologischen Unterscheidungen von Windelband (1894) und Rickert (1898) berufen (vgl. Fußnote 20). Ströker (1973), S. 37 behauptet, eine Wissenschaft, die "Gesetzeswissenschaft" sein will - aus dem Kontext kann entnommen werden, daß sie das den Naturwissenschaften unterstellt - "erklärt ... nicht nur *aus* Gesetzen, es sind auch die Gesetze für sie das eigentlich *zu* Erklärende". Auch für Weinberg (1987), S. 435 scheint es in der Naturwissenschaft nur nomologische Erklärungskaskaden zu

Tatsächlich setzen zwar alle wissenschaftlichen Disziplinen implizit oder explizit voraus, daß es einen universalen Wirkungszusammenhang gibt, der durch mehr oder weniger einfache, deterministische oder probabilistische Kausalgesetze beschrieben werden kann[22]; aber nur die allerwenigsten Disziplinen, genaugenommen nur die Physik (und selbst diese nur zum Teil), betreiben *Gesetzesanalyse* und sind an der Erforschung allgemeiner Kausalgesetze interessiert. In diesen Wissenschaften, Paradepferden der Wissenschaftstheorie, überwiegen nomologische Erklärungskaskaden. Alle anderen Wissenschaften - und dazu gehören auch weitgehend die Chemie[23] und Biologie - haben sich dagegen überwiegend der *Systemanalyse* verschrieben und thematisieren Geschichte und Organisation spezifischer Systeme (unter "System" wird bis zur näheren Bestimmung dieses Begriffs in Kap. 3 - vorläufig alles subsumiert, was auf irgendeine Weise abgrenzbar und von anderem unterscheidbar ist, "Gegenstände" ebenso wie "Begriffe"). Systemanalytische Wissenschaften fragen nach den notwendigen und hinreichenden Bedingungen für das dauerhafte Bestehen oder die Veränderung definierter Systeme, sie interessieren sich also für die spezifischen Umstände, die den Zusammenhalt, das adäquate Funktionieren und das geschichtliche Werden eines Systems K gewährleisten. Historische und funktionale Erklärungen spielen demgemäß in diesen Disziplinen eine große Rolle. An die Stelle einfacher nomologischer Erklärungskaskaden tritt die systemanalytische Explikation von Systemorganisationen mit einem komplexen Geflecht von Erklärungen (vgl. hierzu Kap. 8.1). Was Vollmer für die Biologie konstatiert, gilt gleichermaßen für alle anderen systemanalytischen Wissenschaften, und zwar

> "daß die Naturgesetze einfach nicht ausreichen, um einen *Algorithmus* zur Lösung biologischer Erklärungsprobleme zu formulieren. Man kann vielmehr sagen, daß die Randbedingungen das biologische System in einem gewissen Sinne überhaupt erst *konstituieren*.
> Etwas vereinfachend könnte man auch behaupten, Gegenstand des wissenschaftlichen Interesses seien für die Physiker die Naturgesetze, für den Biologen dagegen die individuellen Randbedingungen ... Den Biologen ... interessiert an seinen Forschungsobjekten gerade das Besondere, Individuelle, Einmalige; für ihn ist das Typische, das Auffällige, das "Spezifische" einer biologischen Spezies nicht das, was sie mit anderen Arten verbindet, sondern das, was sie von allen anderen Arten *unterscheidet*." Vollmer (1984), S. 311[24].

Umfassende Kenntnis der Gesetze der Physik würde uns im Verständnis spezifischer komplexer Systeme wenig voranbringen, diese Gesetze gelten ja universell!

---

geben: "There are arrows of scientific explanation, that thread through the space of all scientific generalizations ... These arrows seem to converge to a common source! Start anywhere in science and, like an unpleasant child keep asking "Why?". You will eventually get down to the level of the very small.".

22 Auch wenn sich bestimmte Gegenstandsbereiche approximativ als eingeschränkte, weitgehend autonome Wirkungszusammenhänge verstehen lassen, wie z.B. der Wirkungszusammenhang menschlicher Kommunikation, der in den Geisteswissenschaften thematisiert wird. Vgl. hierzu Kap. 4 und 8.

23 Vgl. etwa Primas (1985), der die Physik als Wissenschaft von den vier fundamentalen Wechselwirkungen charakterisiert, Chemie hingegen als die Wissenschaft vom Verhalten der Materie (S. 110 f.).

24 Vgl. hierzu auch die Ausführungen von Scheibe (1989) zum komplementären Verhältnis von Randbedingungen und Gesetzen (von "Kontingenz" und "Kohärenz").

Insofern uns aber die Eigenart, das Charakteristische eines definierten Systems K am Herzen liegt, müssen wir genau diejenigen spezifischen Randbedingungen untersuchen, welche die universalen Gesetze in der für das System K spezifischen Weise einschränken, wir müssen die *Organisation* des betreffenden Systems studieren[25].

Systemanalyse ist in erster Linie Bedeutungsanalyse[26]; als solche ist sie *Voraussetzung* für eine Gesetzesanalyse, wie sie die Physik betreibt bzw. geht mit ihr stets Hand in Hand. Bevor man daran gehen kann, die Gesetzmäßigkeiten zu erforschen, denen ein Vorgang folgt, müssen die für den Vorgang relevanten ("bedeutsamen") Randbedingungen von den irrelevanten unterschieden werden. Nur die relevanten Bedingungen werden im Experiment variiert, um beispielsweise eine quantitative Gesetzesaussage zu überprüfen. Untersucht man einfache Zusammenhänge zwischen einfachen Gegenständen, wie es in der Physik üblicherweise der Fall ist, so ist die Systemanalyse oft trivial. Zur Bestimmung der Gravitationskonstanten für fallende Objekte auf der Erde kann man sich auf die Wechselwirkung zwischen zwei Objekten wohldefinierter Masse beschränken - z.B. einen Apfel und die Erde selbst -, andere Einflüsse können als geringfügig vernachlässigt werden. Nur *weil* diese Einflüsse vernachlässigbar sind und die experimentelle Situation so wunderbar einfach ist, können überhaupt quantitative Gesetzmäßigkeiten überprüft werden[27]. Untersucht man die Wechselwirkungen zwischen Teilsystemen (Autokonstituenten) und konstitutiven Umweltsystemen (Allokonstituenten) komplexer Systeme, so liegt eine ungleich reicher strukturierte Situation vor, in der unter Umständen Millionen von Faktoren in wechselnden Relationen zueinander stehen, um das charakteristische Verhalten und Erscheinungsbild des Systems hervorzubringen; man denke etwa an einen Organismus oder auch nur an ein großes Proteinmolekül. An eine exakte Gesetzesanalyse ist in einem solchen System natürlich nicht zu denken - es sei denn für vereinzelte Merkmale bzw. Verhaltensweisen des Systems, die ausnahmsweise von der Interaktion nur weniger Konstituenten

---

25 Die herausragende Bedeutung der *Organisation* für das Verständnis komplexer Systeme wurde schon im 19. Jhdt. von Claude Bernard hervorgehoben: "That the law is always the same, that is to say that the organic properties have not changed; only the conditions of their actions have altered." (zit.n. Goodfield (1974), S. 71). Polanyi (1968) stellt fest: "A boundary condition is always extraneous to the process which it delimits ... Therefore, if the structure of living things is a set of boundary conditions, this structure is extraneous to the laws of physics and chemistry which the organism is harnessing. Thus the morphology of living things transcends the laws of physics and chemistry." S. 1308/1309. Wenn also von (beispielsweise) spezifischen "biologischen Gesetzen" die Rede ist, so kann damit - will man nicht wie der Vitalismus "konfigurationale Gesetze" (vgl. Kap.2.1.1) postulieren - nur gemeint sein, daß die allgemeinen ("physikalischen") Gesetze in lebenden Systemen durch die spezifische Organisation (Randbedingungen) dieser Systeme in spezifischer Weise eingeschränkt wird (vgl. hierzu auch Roth and Schwegler (1992)).

26 Zum Zusammenhang von Funktion und Bedeutung vgl. Kap. 6 ("Bedeutung" als der allgemeinere Begriff kennzeichnet die Rolle eines Zustands oder Konstituenten in einem beliebigen System; der Funktionsbegriff entspricht dem Bedeutungsbegriff, ist aber nur für heterogenetische Systeme anwendbar). Die Logik semantischer bzw. funktionaler Analysen wird detailliert in Kap. 8 erörtert.

27 Schon die Wechselwirkungen zwischen drei Objekten lassen sich prinzipiell nicht mehr analytisch exakt, sondern nurmehr approximativ durch Iteration numerischer Verfahren berechnen (Dreikörperproblem der Physik)!

abhängen.

Solange keine gravierenden empirischen Hinweise dagegen sprechen, kann man aber, dem unifikationistischen Prinzip folgend, getrost davon ausgehen, daß die gleichen "physikalischen" Gesetze, welche die einfachen Beziehungen einfacher Systeme (z.B. Atome) untereinander regeln, in komplexen Situationen - wenn diese Systeme als Konstituenten eines komplexen Systems mit vielen anderen Auto- und Allokonstituenten interagieren - weiterhin gelten und nicht durch geheimnisvolle Entelechien bzw. konfigurationale Gesetze "suspendiert"[28] werden. Die Ergebnisse der systemanalytischen Wissenschaften sind mit den Gesetzen der Physik *verträglich*. Es kann aber nicht Aufgabe der Wissenschaften komplexer Systeme sein, dies beständig zu überprüfen. Eine Überprüfung könnte zudem, wie oben begründet, prinzipiell nur für einfache Teilprozesse, die mehr oder weniger isoliert betrachtet werden können, durchgeführt werden. Die Wissenschaften komplexer Systeme "beschränken" sich daher auf eine Systemanalyse.

Welche Bedingungen, welche Interaktionen zwischen den Teilsystemen und Umweltsystemen eines bestimmten Systems K für das dauerhafte Bestehen von K notwendig (konstitutiv) und hinreichend sind, läßt sich diagnostizieren, ohne daß hierfür die fundamentalen kausalen Gesetze bekannt sein müssen. Insofern sind die Ergebnisse systemanalytischer Forschung *unabhängig* von den "tatsächlich wirksamen" Kausalgesetzen, somit auch *unabhängig* vom jeweiligen theoretischen Stand der Physik. *Diese* spezifischen Randbedingungen, *diese* spezifische Organisation können systemanalytisch als konstitutiv für *dieses* definierte System vom Typ K ermittelt werden, unabhängig davon, welchen kausalen Gesetzen das System nun tatsächlich folgen mag[29]. In diesem Sinne *konstituieren* in der Tat erst die Randbedingungen ein komplexes System, ist es die Organisation eines Systems K, welche für *dieses* fundamental ist, nicht das allgemeine Gesetz, denen seine Konstituenten in gleicher Weise wie die Konstituenten aller anderen Systeme unterworfen sind[30].

Systemanalytische Wissenschaften können bei der Beantwortung der Frage stehen bleiben, wie spezifische Systeme es "fertigbringen", beständig zu überdauern, indem

---

[28] Driesch (1908), S. 434.

[29] Diese spezifischen Bedingungen können das untersuchte System zwar zugestandenermaßen nur deshalb konstituieren, weil die Gesetze, denen sie unterworfen sind, exakt so sind, wie sie sind. Würden andere Gesetze gelten, so wäre die *gleiche* Konstellation von Randbedingungen nicht dauerhaft beständig bzw. würde andere Veränderungen durchlaufen. Trotzdem brauchen die geltenden Gesetze für die Analyse des Systems nicht *bekannt* zu sein!

[30] "Having first assumed there is a basic set of fundamental laws, the temptation is to proceed from there to what seems an obvious corollary, that as everything obeys the same fundamental laws then the only scientists who are studying anything really fundamental are those who are working on these laws. ... But there is a tremendous fallacy here ... to reduce everything to simple fundamental laws does *not* imply the ability to start from those laws and reconstruct the universe" Thorpe (1974), S. 112/113. Es muß allerdings kritisch angemerkt werden, daß Thorpe selbst in dem zitierten Aufsatz keine kritische Unterscheidung zwischen nomologischem und systemanalytischem Erklärungsinteresse vornimmt und keine überzeugende Begründung für seine Position liefert.

sie in semantischen bzw. funktionalen Systemanalysen die notwendigen und hinreichenden Bedingungen dafür aufzeigen - indem sie die Organisation des betreffenden Systems aufklären. Sie können aber auch weiterfragen, wie es historisch zur Entstehung einer bestimmten Funktion kommen konnte, aus welchen historischen Gründen also genau diese spezifischen fundamentalen Randbedingungen vorliegen[31]. Teilen verschiedene Prozeßsysteme eine gemeinsame Geschichte (wie z.B. verschiedene biologische Arten, Kulturen, Sprachen usw.), so können die Unterschiede und Gemeinsamkeiten ihrer jeweiligen Organisationen aus ihrem gemeinsamen historischen Zusammenhang erklärt werden. Die historische Frage stellt sich nur in einem Weltbild, das eine "poststabilierte", eine gewordene "Harmonie" einer vorgegebenen, "prästabilierten Harmonie" vorzieht, in einem Weltbild somit, das von einem geschichtlichen, wandelbaren, unablässig sich transformierenden Universum ausgeht. Funktionale Randbedingungen können dann in historischen Erklärungskaskaden analysiert werden. Nach wie vor müssen die kausalen Gesetze, die bei der geschichtlichen Transformation im Spiel waren, nicht bekannt sein, das Interesse gilt weiterhin den konkreten Randbedingungen, die aber nun aus ihren *historischen* Antezedensbedingungen heraus erklärt werden sollen (zum narrativen Charakter historischer Erklärungskaskaden s.o.).

In den sogenannten "historischen Wissenschaften" spielt ausschließlich oder nahezu ausschließlich die historische Erklärungskaskade eine Rolle[32]. Solche Wissenschaften beschäftigen sich mit hochkomplexen, aber unscharf umgrenzten und stark veränderlichen Systemen, wie es menschliche Gesellschaften und Kulturen sind. Für solche schwer zu definierenden Systeme sind funktionale Erklärungen im allgemeinen problematisch[33] und historische Erklärungen verbleiben oft als die einzigen sinnvoll anwendbaren Erklärungen.

Soweit zu den systemanalytischen Wissenschaften. Ich möchte mich jetzt noch kurz den gesetzesanalytischen Wissenschaften zuwenden, besser: *der* gesetzesanalytischen Wissenschaft, denn die Untersuchung der allgemeinen fundamentalen Naturgesetze, das rein nomologische Erklärungsinteresse ist praktisch der Physik vorbehalten. Wie

---

[31] Vgl. hierzu Pattee (1970), S. 124: "...the significant question seems to be, *how could the constraints arise*. The answer usually given ... amounts to the conclusion that the constraints are not derivable from the laws of the lower level. To this extent reduction appears impossible." Der letzte Satz bringt zum Ausdruck, daß die Randbedingungen nicht aus den Gesetzen abgeleitet werden können und höchstens historisch erklärbar sind (in historischen Erklärungskaskaden aus früheren Randbedingungen abgeleitet werden können). Eine ausführlichere Diskussion historischer Zusammenhänge findet sich in Kapitel 7, Anwendungsgebiete historischer Erklärungen werden in Kap. 8.1.2 vorgestellt.

[32] Popper (1957) teilt die Wissenschaften in "theoretische" und "historische" Wissenschaften ein (S. 112). Seiner Auffassung nach sind historische Wissenschaften an der kausalen Erklärung singulärer Ereignisse interessiert, während theoretische Wissenschaften versuchen, die Gesetze allen Geschehens herauszufinden (S. 113). Meiner Meinung nach ist diese Einteilung zu undifferenziert, sie berücksichtigt das funktionale Erklärungsinteresse vieler Wissenschaften nicht.

[33] Sind menschliche Gesellschaften überhaupt als funktionale Systeme beschreibbar? Siehe hierzu (Funktionalismusdebatte in der Soziologie) Kap. 7.4.2 und 8.1.2.

schon angedeutet, können die allgemeinen Gesetze der Veränderung von Relationen in der Physik nur deshalb untersucht werden, weil Wechselwirkungen zwischen einfachen Entitäten (Konstituenten) in einfachen, einigermaßen genau analysierten Situationen (Systemen) betrachtet werden - es gibt also nur wenige relevante Parameter, diese können experimentell variiert werden -, nicht aber das komplizierte Zusammenspiel unzähliger unterschiedlicher, ständig wechselnder Relationen in einem komplexen System. Die systemanalytische Fragestellung kann für solche einfachen Situationen als gelöst betrachtet werden; man glaubt, alle relevanten Einflüsse zu kennen[34].

Es gibt allerdings auch in der Physik weitergehende, nicht-triviale systemanalytische Fragestellungen, insbesondere in der Atom- und Elementarteilchenphysik, da sich keine andere Wissenschaft traditionell mit der Analyse dieser relativ einfachen Systeme beschäftigt, die schon "jenseits" unserer sinnlich zugänglichen Welt ihr Dasein führen. Für größere unbelebte Systeme, die unserer Erlebniswelt entstammen, existieren jedoch eigene systemanalytische Wissenschaften wie Geologie, Meteorologie, Astronomie usw., die gewöhnlich nicht der Physik im engeren Sinne zugerechnet werden. Auch in der unbelebten Natur gibt es identifizierbare Systeme mit einer spezifischen Organisation, mit charakteristischen organisationsbedingten Eigenschaften und teilweise erstaunlich komplexer Dynamik. Das hat vor allem die Chaostheorie deutlich gemacht, die beispielsweise in der Meteorologie zu fruchtbarer Anwendung gelangt ist. Die unbelebte Natur ist kein einheitlicher "Brei" aus Elementarteilchen und Naturgesetzen. So

> "hat auch die moderne Physik einsehen müssen, daß sogar in der unbelebten Natur, das individuelle Element eine größere Rolle spielt als man vermutet hatte. ... All das zeigt, daß auch der Physik der historisch-individuelle Aspekt, der dem Biologen so vertraut ist, nicht auf Dauer fremd bleiben kann." Vollmer (1984), S. 313/314[35].

Die gegen Ende des letzten Kapitels vorgestellte *kausalistische* These hat sich somit als völlig unhaltbar erwiesen. Die Wissenschaften haben keineswegs ein gemeinsames kausal-nomologisches Erklärungsinteresse. Im Gegenteil ist das systemanalytische Erklärungsinteresse - das Hinterfragen der einem spezifischen System zugrundeliegenden Randbedingungen und historischen Antezedensbedingungen - sowohl in den Natur- als auch in den Geisteswissenschaften dominierend (ich werde dies im zweiten Teil noch näher ausführen). Der systemanalytische Ansatz läßt sich aber nicht auf den gesetzesanalytischen Ansatz zurückführen, er ist *primär* zum, *verträglich* mit und *unabhängig* vom gesetzesanalytischen Ansatz. Was kann es also heißen, wenn behauptet wird, Biologie und andere Wissenschaften komplexer Systeme seien auf Physik reduzierbar? Mehr als ein Hinweis auf den universalen Wirkungszusammenhang, mehr als

---

34 Änderungen physikalischer Gesetze können dann nötig werden, wenn das Augenmerk auf bislang für irrelevant gehaltene Einflüsse gelenkt wird, die sich als relevant herausstellen; vgl. z.B. den Einfluß der Relativgeschwindigkeit eines Körpers auf seine Masse in der Relativitätstheorie im Gegensatz zur klassischen Mechanik.

35 Vgl. auch Primas (1985), S. 113.

die unifikationistische These kann mit dieser Behauptung nicht sinnvoll gemeint sein, denn wir brauchen alle Wissenschaften spezifischer Systeme, um die für die betreffenden Systeme konstitutiven, fundamentalen Randbedingungen zu erforschen, die spezifische Organisation der fraglichen Systeme jeweils zu erhellen.

Das kausalistische Mißverständnis des Unifikationismus ist damit beseitigt. Es verbleibt noch, die partitionistische These zu widerlegen, die besagt, alle für ein spezifisches System charakteristischen Prozesse seien aus dem kausalen Wechselspiel seiner Teile (Autokonstituenten) zu erklären. Ich werde das Problem im folgenden Abschnitt offenlegen, eine umfassende Kritik dieser Auffassung bleibt aber dem zweiten Teil dieses Buches vorbehalten (Kap. 6).

2.2 Das Ganze und seine Teile - Eine Kritik des Partitionismus.

> Ein Knie geht einsam durch die Welt.
> Es ist ein Knie, sonst nichts!
> - Christian Morgenstern (1905)

> Organisms are not just heaps of molecules. At least, I cannot bring myself to feel like one.
> - Paul Weiss (1969)

Eine Version des Reduktionismus, die bislang noch nicht zur Sprache kam, um die aber am vehementesten gestritten wird, ist der *Partitionismus*, wie ich ihn nennen möchte. Die partitionistische These besagt, alle für ein spezifisches System - für ein "Ganzes" - charakteristischen Prozesse wären aus dem kausalen Wechselspiel seiner Teilsysteme (Autokonstituenten) erklärbar. So wird etwa behauptet,

> "daß die Gesamtorganisation eines komplexen multimolekularen Gebildes potentiell in der Struktur seiner Bestandteile enthalten ist, sich aber erst offenbart und damit *wirklich* wird durch ihren Zusammenschluß" Monod (1970); S. 87.

> "Untersucht man diese Leistungen [des Lebens] im mikroskopischen Maßstab, dann stellt sich ja tatsächlich heraus, daß sie sich vollständig durch spezifische chemische Wechselwirkungen erklären lassen, die von den Steuerungsproteinen selektiv hergestellt und organisiert werden. In der Struktur dieser Moleküle muß man den Ursprung der Autonomie oder genauer: der Selbstbestimmung erblicken, durch die sich Lebewesen in ihren Leistungen auszeichnen." Monod (1970), S. 80/81.

> "*Wenn* der Physikalismus korrekt ist, so ist auch eine Brüllaffenfamilie im Urwald 'im Prinzip' eine Lösung der Schrödingergleichung..." Weizsäcker (1985), S. 628.

> "Man mag argumentieren, daß es die Organisation der Zelle sei, die ihre Tätigkeit so zweckbestimmt und damit eben doch zu mehr als der Summe ihrer einzelnen Schritte mache. Das stimmt zwar, doch ist eben diese Organisation ein Bestandteil des Prozesses und damit chemischer Natur. Die lebende Zelle ist wie ein Orchester ohne Dirigent; die Partitur ist in der DNA eingeschrieben." Perutz (1987), S. 212.

Die Diskussion zwischen "Reduktionisten" (Partitionisten) und Holisten bzw. Organizisten dreht sich um den Punkt, ob das Ganze mehr ist als die Summe seiner Teile. Doch was soll es heißen, ein Ganzes sei "mehr" als die "Summe" seiner Teile? Dieses vielzitierte Credo des Holismus wird durch beständige Wiederholung nicht gehaltvoller, seine Bedeutung muß präzisiert werden, sonst droht es zum Deckmäntelchen eines selbstgefälligen Mystizismus zu verkommen[36]. Organizistische Theoretiker kritisieren an der partitionistischen These vor allem, daß diese die spezifische Organisation der Teilsysteme in einem System nicht berücksichtige, nur im Zusammenhang des ganzen Systems sei aber ein Teilsystem das, was es ist, das Ganze "wirke" sozusagen auf seine Teile zurück:

> "Isoliert hat eine Komponente fast immer andere Eigenschaften als wenn sie Teil eines Ganzen ist, und in isoliertem Zustand enthüllt sie nicht, welchen Beitrag sie zu den Wechselwirkungen leistet." Mayr (1982), S. 50[37].

Im allgemeinen gestehen aber selbst "Reduktionisten" zu, daß es nicht ausreicht, die Teilsysteme eines Systems in irgendeiner beliebigen Weise zusammenzufügen, um das spezifische in Frage stehende System in seiner Identität zu erhalten, sondern daß die Teilsysteme in einem System in *spezifischen* Relationen zueinander stehen müssen, daß also die *Organisation* des Systems wichtig ist - das kommt ja in den obigen Zitaten von Monod und Perutz auch zum Ausdruck. Der Hinweis Monods, die Organisation sei "potentiell" bereits in den Bestandteilen enthalten, kann bestenfalls als nichtssagend abgetan werden. Es ist eben die spezifische Organisation, es ist das "So-und-nicht-anders-Sein" der Relationen zwischen seinen Konstituenten, die einem bestimmten System K seine Identität verleiht und es von anderen Systemen unterscheidet. Selbstverständlich können alle Konstituenten aller Systeme dabei nur in solchen Relationen zueinander stehen, die "physikalisch zulässig" sind, eine tautologische Feststellung: Nur mögliche Relationen zwischen den Konstituenten können verwirklicht werden (besser: alles was wirklich *ist*, *war* auch möglich)[38]. Somit ist jede Form von "nothing but"-Reduktionismus, jede Behauptung, ein Ganzes sei im Prinzip *nichts anderes als* seine Teile, zum Scheitern verurteilt (vgl. hierzu Kap. 8).

Doch wenn auch die Bedeutung der Organisation für das spezifische Sosein eines Systems kaum geleugnet werden kann, so wird doch oft unter "Organisation" ein mehr oder weniger statisches räumliches Beziehungsgefüge verstanden und die Bedeutung der *zeitlichen Gestalt*, der zeitlich organisierten, regelmäßigen Abfolge von Prozessen als konstitutives Moment von Systemen übersehen[39]. Außerdem wird unter Organisa-

---

[36] In Nagel (1961), S. 380 ff. findet sich die ausführlichste Diskussion dieses Ausspruchs. Nagel untersucht dort, was mit "Summe", "Ganzheit" usw. gemeint sein kann, damit das Bonmot einen klaren Sinn bekommt und inwiefern es dann noch mit dem reduktionistischen Ansatz in Widerspruch steht. Er bleibt bei seiner Analyse aber in partitionistischen Vorstellungen gefangen.

[37] Vgl. hierzu z.B. auch Weiss (1969), Thorpe (1974). Ob sich sinnvoll behaupten läßt, das Ganze "wirke" auf seine Teile zurück, wird in Kap. 6 überprüft.

[38] Vgl. auch Roth and Schwegler (1990), S. 39.

[39] Shapere (1974), S. 189 f. etwa ist der Auffassung, nur evolutionäre Theorien hätten es mit der zeitlichen Ordnung zu tun, "compositional theories" aber nicht.

tion, und das ist der eigentlich partitionistische Fehler, sehr häufig nur die Wechselwirkung zwischen den *Teilsystemen* eines Systems verstanden, die konstitutiven Relationen des Systems zu seiner Umgebung werden nicht in den Organisationsbegriff miteinbezogen. Es wird so getan, als gäbe es für ein System nur "Autokonstituenten" (Teilsysteme) und nicht auch "Allokonstituenten" (konstitutive Umweltsysteme). Dieser Fehler wird zudem nicht nur von "Reduktionisten" begangen, sondern auch von Autoren, die sich dem holistischen, organizistischen Lager zurechnen[40]. Das partitionistische Vorurteil hängt eng mit dem kausalistischen Vorurteil zusammen, mit dem ich mich im letzten Abschnitt auseinandergesetzt habe. Sieht man die einfachen experimentellen Situationen der Physik, in denen nur wenige relevanten Parameter berücksichtigt werden müssen, als paradigmatisch an, so liegt der Trugschluß nahe, auch die relevanten Einflüsse auf ein Teilsystem eines komplexen System ließen sich vollständig erfassen, wenn nur einige wenige, relativ invariante Relationen zu anderen, benachbarten Teilsystemen des Systems berücksichtigt werden; benachbarte Umweltsysteme, die ja in stark schwankenden Relationen zu den Teilsystemen stehen, könnten aber als weitgehend irrelevante Einflüsse außer acht gelassen werden; die Organisation eines Systems sei daher völlig durch die Interaktionen zwischen seinen Teilsystemen bestimmt.

Meines Erachtens ist der Streit zwischen "Reduktionisten" einerseits und "Holisten" bzw. "Organizisten" andererseits mehr von wechselseitigen Mißverständnissen geprägt als von argumentativen Unterschieden. Der Organizist behauptet, eine anti-reduktionistische Position zu vertreten, ohne Vitalist zu sein. Der Reduktionist meint, dies sei nicht möglich: man sei eben entweder Reduktionist oder Vitalist. Mit diesen Behauptungen will sich der "Organizist" von der partitionistischen These absetzen, während der "Reduktionist" nur den Unifikationismus verteidigt. Die Undurchsichtigkeit der Diskussion rührt, wie ich glaube, daher, daß Unifikationismus und Partitionismus oft von vorneherein unkritisch vermengt werden, obwohl der Unifikationismus a priori ja keinerlei Aussagen über die Organisation von Systemen macht, der Partitionismus also eigens begründet oder widerlegt werden muß.

Im zweiten Teil dieses Buches werde ich, nach einigen philosophischen Vorüberlegungen (Kap. 3), die im vorigen Kapitel angedeutete unifikationistische Position aus-

---

[40] So führt Lorenz (1973), S. 48 ff. als charakteristisches Beispiel für das Auftreten neuer Systemeigenschaften den elektrischen Schwingkreis an (das Beispiel geht auf Hassenstein zurück), dessen oszillatorisches Verhalten in der Tat aus den spezifischen Relationen seiner Teilsysteme untereinander ohne Berücksichtigung von Umweltsystemen erklärbar ist. Dieses Beispiel ist aber für heterogenetische Systeme (z.B. Organismen) gerade untypisch, wie Kap. 5 zeigen wird. Das partitionistische Mißverständnis findet sich beispielsweise auch in Nagels (1961) Argumentation (S. 380 ff.) und bei Hempel and Oppenheim (1948): "the insistence that 'a whole is more than the sum of its parts' may be construed as referring to characteristics of wholes whose prediction requires knowledge of certain structural relations among the parts." (S. 149). "Structural relations" zwischen Teilen werden betont, die Bedeutung der zeitlichen Organisation und die konstitutive Rolle von Umweltsystemen geflissentlich übersehen.

giebig auf ihre systemtheoretischen Konsequenzen befragen (Kap. 4). Dabei wird zum einen die zeitliche Organisation von Systemen näher beleuchtet werden. Zum anderen wird sich der konstitutive Einfluß von Umweltsystemen für sogenannte heterogenetische Systeme (z.B. Organismen) herauskristallisieren (Kap. 5). Vor diesem systemtheoretischen Hintergrund, der von einigen gängigen Theorien biologischer Systeme kritisch abgehoben wird, können dann organizistische und partitionistische Positionen miteinander verglichen werden (Kap. 6 und 7). Ich werde ausführlich auf die Problematik der hierarchischen Struktur komplexer Systeme, das Verhältnis von Teil zu Ganzem und den Status "emergenter" Eigenschaften eingehen. Im Verlauf der Darstellung werden die Begriffe von "Bedeutung" und "Funktion" präzisiert und die Beziehungen zwischen Teilen (bzw. Umweltsystemen) und Ganzheiten als Bedeutungszusammenhänge ausgewiesen (Kap. 6). Das Ergebnis dieser Überlegungen wird nicht nur die Organisation heterogenetischer (z.B. lebender) Systeme verständlich machen, sondern auch Licht auf die Frage nach Geschichte und Evolution von Systemen sowie das Problem der kognitiven und kommunikativen Kopplung von Systemen werfen (Kap. 7). Abschließend (Kap. 8) werde ich die Bedeutung der angestellten systemtheoretischen Betrachtungen für die systemanalytischen Wissenschaften diskutieren, wobei ich zuerst die Logik funktionaler Analysen näher ausführen will und schließlich die gemeinsame hermeneutisch-konstruktive Vorgehensweise aller systemanalytischen Wissenschaften, Natur- wie Geisteswissenschaften, darstellen möchte.

Zweiter Teil

Systemtheoretische Konsequenzen des Unifikationismus

Eine Allgemeine Systemtheorie

3 Philosophische Vorbemerkungen.

Die Welt und das Leben sind Eins.
Ich bin meine Welt.
- Ludwig Wittgenstein (1918)

Wir können das Erkennen als die soziale Rechtfertigung von Meinungen verstehen, wir brauchen es daher nicht als die Genauigkeit von Darstellungen aufzufassen.
Setzen wir Kommunikation, das Gespräch zwischen Personen, für Konfrontation, das Gegenüberstellen von Personen- und Sachverhalten, so können wir uns des Spiegels der Natur entledigen. (...)
Betrachtet man die Erkenntnis nicht als das Bemühen, die Natur abzubilden, sondern als abhängig von der Gesprächspraxis und von sozialem Umgang, so wird man hoffentlich keine Metapraxis mehr ins Auge fassen, die eine Kritik aller möglichen Formen sozialer Praxis liefert.
- Richard Rorty (1979)

Ich möchte im zweiten Teil dieses Buches die unifikationistische Leitidee von Einheit und Einfachheit der Welt präzisieren, auf ihre Tragfähigkeit überprüfen und die Konsequenzen aufzeigen, die sich für unser Bild von der Welt - und nicht zuletzt von uns selbst - ergeben, wenn wir den Unifikationismus akzeptieren. Stellen wir diesen als leitenden Gedanken jeglicher wissenschaftlicher Praxis voran, so machen wir uns damit *nicht* zwangsläufig zu Verfechtern eines seelenlosen Materialismus. Die Welt und der Mensch werden *nicht* zu kalkulierbaren, manipulierbaren Maschinen, die keine Rätsel und Wunder mehr bereithalten. Genau dies möchte ich im folgenden durch die Exposition der Allgemeinen Systemtheorie begründen.

Der Anspruch der Allgemeinen Systemtheorie auf *allgemeine* Anwendbarkeit und interdisziplinäre Fruchtbarkeit soll allerdings nicht auf absolute, unverrückbare Fundamente gegründet werden. Die Allgemeine Systemtheorie versteht sich nicht als alles begründende Fundamentaldisziplin. In diesem Sinne geht sie trotz ihres universellen Horizonts weder metaphysisch noch transzendentalphilosophisch vor. Bevor ich die Basis zu legen versuche, auf der die Allgemeine Systemtheorie errichtet werden soll, will ich die Grenzen meiner eigenen Überlegungen abstecken. Ich werde für eine bescheidene Rolle der Philosophie plädieren und darlegen, warum die folgenden theoretischen Anregungen als "philosophisch" gelten können, obwohl sie keinerlei Anspruch auf absolute, unumstößliche Gültigkeit erheben, kein sicheres Fundament unserer Erkenntnis und Wissenschaft bereitstellen wollen und auch nicht als Bemühung verstanden werden sollen, Wissenschaft und ihre Vorgehensweise als solche zu legitimieren oder zu verurteilen[1].

---

[1] In meiner Kritik an der dogmatischen Konzeption von Philosophie als einer Wissenschaft, die die

3.1 Wider den Transzendentalismus.

Betreiben wir Wissenschaft oder Philosophie, so fangen wir immer schon mit etwas an, mit dem wir dann, pointiert ausgedrückt, etwas anzufangen versuchen. Wir gehen stets von irgendwelchen "gegebenen", identifizierbaren, unterscheidbaren Systemen - seien es nun dingliche Gegenstände oder Begriffe (zum Systembegriff vgl. Kap. 3.3) - aus, die wir zu den Gegenständen unserer Untersuchung machen. Die Untersuchung selbst erfolgt im Hinblick auf ein bestimmtes Ziel. Wissenschaftliche Untersuchung beispielsweise ist an der Erklärung von Sachverhalten, d.h. an der intersubjektiv akzeptablen Explikation regulärer System"eigenschaften" in umfassendere Wirkungszusammenhänge interessiert (vgl. hierzu Kap. 4.2 und 8). Unsere Vor-Urteile über die Gegenstände unseres Interesses ebenso wie das anvisierte Ziel unserer Bemühungen begrenzen vorab das Feld unserer Untersuchungen.

Es kann aber *nicht* Aufgabe der Philosophie sein, diejenigen Voraussetzungen zu hinterfragen, die wir immer schon machen, wenn wir mit der Welt umgehen. Da wir *immer*, auch als Philosophen, von irgendetwas ausgehen, sind uns die *letzten* Wurzeln unseres Umgangs mit der Welt für immer verborgen. Absolute, letzte Gründe dafür, warum uns eben *diese* Gegenstände in unserer Erfahrung begegnen, warum wir *diese* Identifikationen und *jene* Unterschiede machen, vermögen wir ebensowenig anzugeben, wie wir auch die Vielfalt unserer Interessen nicht aus einem universalen Vernunftinteresse abzuleiten imstande sind[2]. Die "reinen" Formen unserer Anschauung, die weltkonstitutiven Kategorien unseres Denkens - um an kantische Vorstellungen anzuknüpfen - sind uns nicht zugänglich. Was uns zugänglich ist, *ist* unsere Welt. Wie könnten wir "Welt" anders charakterisieren als durch "zugänglich sein", "erfahrbar sein", "empirisch sein". Von einer Welt, wie sie "unabhängig von unserer Erfahrung" aussieht, können wir nichts wissen, die Grenzen unserer Welt durchbrechen wir nie.

---

letzten unerschütterlichen Fundamente alles Handelns und Denkens legt, stimme ich weitgehend mit Rorty (1979) und (1989) überein (s.u.). Auch Albert (1968), S. 8 ff. verwirft die Vorstellung von Philosophie als alles begründender Fundamentaldisziplin, bleibt aber in den Popperschen rationalistischen Dogmen gefangen (s.u.). Kritik am Dogmatismus bleibt nötig, solange uns die Transzendentalphilosophie, wenn auch in verschiedenem Gewande, absolute Gewißheiten bzw. fundamentale Einsichten verspricht, so etwa in der Transzendentalpragmatik von Apel und Habermas (z.B. Habermas (1968), S. 240; Habermas (1971), Habermas (1973) im Anhang zu Habermas (1968), S. 410, 413; Apel (1973), S. 62, Apel (1976), S. 155 ff.), in der konstruktiven Theorie der Erlanger Schule (z.B. Kamlah und Lorenzen (1967), S. 11 ff., Lorenzen und Schwemmer (1973), S. 14 ff.; Übersicht in Kirchgässner (1989)), ja selbst in der rationalistischen Wissenschaftstheorie, sofern sie etwa Bedingungen der Möglichkeit von Wahrheitsapproximation formuliert oder Gültigkeitsansprüche von Aussagen zu legitimieren sucht (z.B. Popper (1935), Popper (1963), S. 240 ff., Nagel (1961) und Albert (1968), S. 35; vgl. hierzu Kap. 1.2.1).

2 Ausführliche Kritiken des Versuchs von Proponenten der Transzendentalpragmatik, partikuläre Interessen einem universellen Vernunfttribunal zu unterstellen (z.B. Habermas (1968), S. 240) und zu diesem Zweck die "Bedingungen möglicher Kommunikation" (Habermas (1971), S. 110; ähnlich Apel (1973), S. 62; verwandte Zielsetzungen verfolgt die Erlanger Schule, z.B. Kamlah und Lorenzen (1967), S. 15) zu formulieren, finden sich in Marten (1988), S. 89 ff. und in Rorty (1989), S. 313 ff. und 318 ff.

Diesen Standpunkt, dem ich im Verlauf dieser Arbeit treu bleiben will, kann man als immanent-realistisch kennzeichnen. *Immanenter Realismus* ist ein Vorschlag, *alles*, worüber wir sprechen und nachdenken als Bestandteil unserer uns zugänglichen Welt - d.h. als empirisch - zu betrachten und jede vorgängige Spaltung der Welt ("Welt" im umfassenden Sinne des immanenten Realismus) in notwendige transzendentale Werkzeuge einerseits, kontingente empirische Produkte ("Welt" im Sinne des transzendentalen Idealismus und seiner Epigonen) andererseits abzulehnen. Wenn wir die Welt erkunden, Erfahrungen sammeln und unser Wissen bereichern, so erweitern wir nur unsere Kenntnis der Welt: Wir verändern, aber wir transzendieren sie nicht. Wir sehen ein,

> "daß Realität, von der wir wissen können, Realität für uns ist, und Realität, von der wir nicht wissen können, per definitionem in unserem Wissen nicht vorkommt. Sprechen wir sinnvoll von Realität, so sprechen *wir* von Realität; spricht niemand von Realität, so ist von Realität nicht die Rede." Weizsäcker (1977), S. 191.

Daher gilt auch für die im kantischen Sinne weltkonstituierenden Kategorien unseres Denkens, die ja als das Denken Fundierende nicht im selben Denken Gedachtes sein können, Wittgensteins Diktum:

> "Was wir nicht denken können, das können wir nicht denken; wir können also auch nicht *sagen*, was wir nicht denken können." Wittgenstein (1918), S. 67.

In unserer erfahrbaren Welt kommen wir selbst vor und machen Erfahrung mit uns selbst - mit unserem Denken und Erleben - wie mit unseren Mitmenschen und mit der Natur. Im Zuge der Erfahrung, die wir machen, verändert sich die uns bekannte Welt. Auch wenn wir über unser Denken sprechen, sprechen wir über "Empirisches" (es sei denn, wir zögen in unserer einen Welt irgendwo eine willkürliche Grenze zwischen einem "Ich" und dem außenweltlichen "Rest" und bezeichneten nur letzteren als "empirisch"). Wie wir die Welt "transzendental" konstituieren, kann *in* dieser Welt nicht festgestellt werden. Sehen wir uns, idealistischer Tradition folgend, als Konstrukteure unserer Welt, so ist uns die konstruierte Welt vollkommen zugänglich, nicht aber die Werkzeuge, die wir für unsere Konstruktionen verwenden. Ein "transzendentales Subjekt", das die Welt, so wie wir sie vorfinden, konstituiert und konstruiert, können wir als "regulative Idee" zwar postulieren, wir können aber rein gar nichts Überprüfbares darüber aussagen. Reden wir über das "Subjekt" der Erfahrung, so meinen wir immer das erfahrbare, empirische Subjekt, reden wir über das "Ich", so über das empirische Ich, das in unserer Welt vorkommt. Reden und reflektieren wir also über uns selbst, so sind wir als Redner niemals Gegenstand unseres Gesprächs! Indem wir in der Selbstreflexion uns selbst als Bestandteil unserer Welt in den Blick nehmen, treten wir zwar sozusagen einen Schritt zurück und können aus der gewonnenen Distanz über unser Denken nachdenken, ohne dabei aber unseren neuen Standpunkt selbst zu thematisieren. Dieser Prozeß der Selbstdistanzierung in der Selbstreflexion kann Schritt für Schritt weitergeführt werden, ohne je an ein natürliches Ende zu kommen[3]. Selbstreflexion ist nicht abschließbar, wir werden uns in der Selbstreflexion nie völlig transparent, d.h. wir nehmen nie einen unhintergehbar letzten Standpunkt ein (wir wissen nie in einem absoluten, transzendentalen Sinne, daß unser Standpunkt, nicht hinterfragbarer Endpunkt der Reflexion ist), gelangen nie zu absoluten Gründen (wie etwa dem "absoluten Wissen" des Hegelschen Geistes). Mit der Ablehnung von Transzendentalphilosophie lehnen wir zugleich jegliche Reflexionsphilosophie ab, die glaubt zu endgültigen Standpunkten gelangen zu können[4]. In der Selbstreflexion verändert sich uns zwar die uns bekannte Welt, hinter ihre Grenzen treten wir indes nicht zurück:

> "Ich kann nicht *als Subjekt* zugleich mein Objekt sein. ... Ich als Subjekt ..., der ich befrage oder untersuche, evtl. auch (nachträglich!) meine eigenen Wahrnehmungen und Handlungen, kann *in dieser Rolle* nicht *zugleich* Gegenstand meiner Untersuchung sein, sondern allenfalls wieder Gegenstand eines anderen Subjekts, oder meiner selbst später. Es scheint also in der Reflexion nicht prinzipiell anders zu sein als bei der Beobachtung eines Freundes. D.h. ich selbst bin - auch als Beobachter - entweder Objekt einer Untersuchung wie andere Objekte auch, oder ich untersuche, als Handlung in meinem Leben, und ich bin so gerade nicht Objekt meiner Untersuchung ..." Drieschner (1981), S. 134/135.

> "Das Subjekt gehört nicht zur Welt, sondern es ist eine Grenze der Welt.
> Wo *in* der Welt ist ein metaphysisches Subjekt zu merken?
> Du sagst, es verhält sich hier ganz wie mit Auge und Gesichtsfeld. Aber das Auge siehst du wirklich *nicht*.
> Und nichts *am Gesichtsfeld* läßt darauf schließen, daß es von einem Auge gesehen wird." Wittgenstein (1918), S. 68.

Für den intersubjektiven Diskurs gilt natürlich Entsprechendes: Wenn wir uns sprachlich über etwas verständigen, so ist die Art und Weise, wie wir uns einander verständlich machen, nicht Gegenstand des Dialogs. Das Transzendente kommt per definitionem in unserer Welt nicht vor, alles Wißbare ist weltimmanent, ein die Welt konstruierendes, konstitutives, "*transzendentales*" Subjekt, das vor der erfahrbaren Welt steht, weil es "Bedingung der Möglichkeit von Erfahrung überhaupt" (Kant) ist, ist somit als *transzendentes* Subjekt nicht wißbar.

Eine idealistische Philosophie, die behauptet, Einsicht in apriorische, fundamentale Wahrnehmungs- und Denkstrukturen nehmen zu können, beruht auf einer nicht zu

---

3 Wir partizipieren als selbstreflexive Beobachter aktiv an der Welt und greifen wirksam in die Welt ein. An diese Partizipation des selbstreflexiven Beobachters läßt sich ein interessantes, dem Gödelschen Beweis verwandtes, prinzipielles Argument gegen einen strikten Determinismus in unserer erfahrbaren Welt anknüpfen. Vgl. hierzu Kap. 7 und 8.

4 Wenn man für alles eine Begründung verlangt und glaubt, auf diese Weise zu letzten Gründen (Letztbegründungen) zu kommen, so wird man unvermeidlich mit dem "Münchhausen-Trilemma" (Albert (1968), S. 11 ff.) konfrontiert, entweder in einen infiniten Regreß oder einen logischen Zirkel zu geraten oder - was als einzig akzeptable Alternative bleibt - das Begründungsverfahren an einem bestimmten Punkt abzubrechen. Soll der Punkt, bei dem man stehen bleibt, aber alles andere begründen, so geht das nur "indem man ihn als archimedischen Punkt der Erkenntnis deklariert." (Albert (1968), S. 14), also bei einem *Dogma* Zuflucht sucht.

rechtfertigenden Extrapolation: Als Idealisten "beobachten"[5] wir uns selbst beim Denken, stellen formale Gemeinsamkeiten unserer Gedanken fest und schreiben das Beobachtete und so Analysierte einem von uns als regulativer Idee postulierten transzendentalen Subjekt zu. Doch wer leistet all diese Tätigkeiten, wer beobachtet und wer nimmt den Akt der Identifikation mit einem transzendentalen Subjekt vor? Dieser große Unbekannte, der hinter aller Realität steht, das eigentlich tätige, wahrhaft "transzendentale" Subjekt - der jeweils "letzte" Beobachter, der jeweilige Standpunkt in der Selbstreflexion - kommt in "seiner" Welt nicht vor. Das eigentlich "transzendentale Subjekt" ist nicht das transzendentale Subjekt, das wir mit den Resultaten unseres Denkens identifizieren! Alles, was wir über dieses "weltkonstituierende Subjekt" sagen, bleibt spekulativ und kann nicht mit absolutem Gültigkeitsanspruch a priori auftreten, selbst wenn wir das transzendentale Subjekt nicht mehr, wie Kant, mit zeitlos-unabänderlichen Kategorien und reinen Anschauungsformen ausstatten, sondern, wie etwa in der Lebensphilosophie und pragmatistischen Philosophie, als wandelbares selbstschöpferisches Subjekt verstehen. Nichts in der Welt schreibt uns vor, ob und wie wir uns dieses "transzendentale Subjekt" vorstellen wollen, ob als "Ich", als "Gott", als "Kommunikationsgemeinschaft".

Die Alternative zu einem Idealismus, der an ewige, a priori gültige Wahrheiten glaubt, besteht aber nicht in einem platten Empirismus, der den Menschen als passiv-rezeptive tabula rasa sieht, auf der sich die Welt eingräbt. Der immanente Realismus geht lediglich davon aus, daß wir Menschen, insofern wir in unserer Welt vorkommen, auch Gegenstand unserer Untersuchung werden können, *ohne* ein a priori fixiertes Bild von menschlicher Erkenntnis anzubieten. Es kann also nicht mehr die einsame philosophische Reflexion sein, welche die ewigen Wahrheiten darüber zu Tage fördert, wie wir denken und wahrnehmen und wie die von uns konstituierte Welt daher "von Grund auf" beschaffen ist. Wollen wir etwas intersubjektiv Gültiges über unsere Welt erfahren, müssen wir Wissenschaft betreiben ("Wissenschaft" soll hier keinesfalls als irgendein "methodologisch" ausgezeichnetes Unternehmen verstanden werden, sondern lediglich als ein Projekt, die Welt auf intersubjektiv akzeptanzfähige Weise zu erforschen; vgl. hierzu Kap. 8). Wollen wir etwa intersubjektiv gültige Aussagen über menschliche Kognition formulieren, so müssen wir menschliche Kognition wissenschaftlich erforschen. Die kognitive Psychologie und moderne Neurobiologie haben in der Tat gezeigt, daß die Spekulationen idealistischer Philosophen *empirisch* weitgehend bestätigt werden können. Besagte Wissenschaften vermitteln uns ein Bild von Kognition als Konstruktion, nicht als passive Rezeption oder Repräsentation. Menschen konstruieren mit ihren Gehirnen ihre Wirklichkeit. Die *konstruktivistische Erkenntnistheorie*, zu der ich im 7. Kapitel noch einiges bemerken werde, sagt aber etwas über unsere erfahrbare Welt, nichts über ein diese Welt transzendierendes

---

5 Dieser Terminus möge bitte nicht mißverstanden werden. Wenn hier von "Beobachter" gesprochen wird, so soll damit kein rein passives, abbildendes "transzendentales Subjekt" impliziert werden. Es wird vielmehr überhaupt keine Aussage über das "transzendentale Subjekt" gemacht.

"transzendentales Subjekt" aus. Orientierten wir - ob wir das wollen, steht uns frei - unsere Vorstellungen von einem "transzendentalen Subjekt" an unserem empirisch verfügbaren Wissen über Kognition, so wäre auch der "transzendentale Beobachter" ein Konstrukteur[6]. Immanent-realistisch gesprochen haben wir aber auch mit diesen Vorstellungen unsere Welt nicht verlassen, sondern nur verändert; wir bleiben bei unserer naiven Weltperspektive, die alles beinhaltet, worüber wir sprechen.

Innerhalb unserer zugänglichen Welt gibt es keine *scharfe* Grenze zwischen dem

---

[6] Einige dem Konstruktivismus nahestehende Theoretiker, vor allem Maturana und Varela, drücken sich sehr mißverständlich aus, was den "Beobachter" betrifft. Sie differenzieren nicht zwischen dem transzendenten "letzten" Beobachter und einem weltimmanenten Beobachter, über den wir wissenschaftlich fundierte Aussagen machen können und geraten daher ungewollt in einen logischen Zirkel, in dem sich der Beobachter auf wundersam Münchhausensche Weise selbst erklärt (zur Kritik an dieser "self-explanatory theory" vgl. auch Roth (1987) sowie Roth and Schwegler (1990)). Maturana konzipiert den Beobachter von vorneherein als ein "autopoietisches", lebendes System (siehe hierzu Kap.5) und leitet aus Erkenntnissen über die Organisation solcher Systeme Aussagen über den Beobachter ab, setzt diesen empirischen Beobachter aber mit dem transzendenten Beobachter gleich: "Der Beobachter kann ein System *beschreiben*, welches ein System hervorbringt, das *beschreiben* kann, also einen Beobachter. ... der Beobachter erklärt den Beobachter." Maturana (1970), S. 64. Daraus ergeben sich einige problematische Äußerungen bezüglich des "kognitiven Bereiches" (Maturana spricht auch von "Interaktionsbereich") des Beobachters, der angeblich nicht die ganze Welt umfaßt, mit anderen Worten: Maturana behauptet - z.B. im letzten Satz des folgenden Zitates - nur ein Teil der Welt sei uns als Beobachtern zugänglich:
"Die Nische wird durch die Klassen von Interaktionen definiert, in die ein Organismus eintreten kann. Die Umwelt wird durch die Klassen von Interaktionen definiert, in die der Beobachter eintreten kann, und die er als Kontext für seine Interaktionen mit dem beobachteten Organismus auffaßt. Der Beobachter betrachtet Organismus und Umwelt gleichzeitig, er betrachtet jenen Teil der Umwelt als die Nische des Organismus, den er als in dessen Interaktionsbereich liegend *beobachtet*. ... Nische und Umwelt überschneiden sich ... nur in dem Maße, in dem Beobachter ... und der Organismus vergleichbare Organisationen besitzen. Aber auch in diesem Falle gibt es immer Teile der Umwelt, für die keinerlei Möglichkeit einer Überschneidung mit dem Interaktionsbereich des Organismus besteht, und es gibt Teile der Nische, für die keinerlei Möglichkeit einer Überschneidung mit dem Interaktionsbereich des Beobachters besteht." Maturana (1970), S. 36/37.
Der letzte Satz ist offensichtlich unhaltbar, wenn mit "Beobachter" der transzendente Beobachter gemeint ist, dessen Interaktionsbereich, wenn man so will, eben per definitionem die ganze Welt ist. Die "Teile der Nische", die nicht im Interaktionsbereich des Beobachters liegen, sind nicht von dieser Welt und wir können nicht einmal über ihre Existenz sinnvoll reden. Ähnlich mißverständliche Aussagen in Maturana (1970), S. 72, 78 f., Maturana und Varela (1975), S. 194. Schon Uexküll (1922; zit.n. 1980) drückt sich ähnlich aus: "Wie sieht die Natur sich selber? ... Sie sieht sich mit zahllosen verschiedenen Augen an, von denen jedes im Mittelpunkt einer anderen Welt steht. Jede Welt wird durch den Horizont vollkommen abgeschlossen, und in jeder Welt ist das Gesehene auch das einzig Sichtbare." (S. 186). Auch Uexküll betont, der Beobachter könne die Welt nur aus seiner Perspektive betrachten (S. 183,201), nicht aus der Perspektive anderer Subjekte (anderer Organismen). Er übersieht dabei, wie Maturana, daß diese anderen Perspektiven in unserer Welt nicht vorkommen, von "anderen Perspektiven" anderer Subjekte zu reden, sofern man weltkonstituierende Subjekte meint, ist rein spekulativ. Meint man mit "Subjekten" aber Gegenstände unserer Welt, so sind uns deren Perspektiven zugänglich, unser Horizont schließt alle Horizonte ein! Wir können die Welt zwar nicht mit den Augen einer Maus sehen, wir können *in* unserer Welt aber erforschen, wie Mäuse wahrnehmen und ihr Verhalten steuern.

"Selbst" und einer "Außenwelt"[7]. Wir wissen aus eigener Erfahrung alle, wie fließend die Übergänge zwischen unseren "privaten" Vorstellungen und den Wahrnehmungen einer "öffentlichen" Welt sind, daß die Grenzen zwischen Traum und "Wirklichkeit" ins Wanken geraten oder ganz zusammenbrechen können wie bei gewissen Psychopathen, die sich für Napoleon oder den Kaiser von China halten. Die "öffentliche Welt" dieser Leute deckt sich offensichtlich nicht mit unserer "öffentlichen Welt", d.h. der öffentlichen Welt der Nicht-Psychopathen. Wir tun das leichtfertig damit ab, daß Psychopathen eben irrtümlicherweise die private Welt ihrer Vorstellungen für die öffentliche Welt halten. Aber könnten nicht umgekehrt wir alle, wir "Nicht-Psychopathen" in unserer privaten Welt gefangen sein und nur der "Psychopath" die wahre Welt erkennen? Wir geben das nicht gerne zu. Doch welches Kriterium haben wir für die Wirklichkeit, die Objektivität *unserer* Welt, was zeichnet unsere gemeinsame Welt gegenüber der einsamen Welt des Psychopathen aus? Eben dies, daß es unsere *gemeinsame* Welt ist, eine Welt, über die wir mit anderen sprechen können, die wir mit anderen teilen. Wir, die wir eine gemeinsame Welt teilen, sind uns über die Wirklichkeit dieser Welt *einig*. Diese Konsensfähigkeit ist unser einziges Wirklichkeitskriterium, wenn wir nicht auf privaten, einsamen Wirklichkeiten bestehen wollen. Reden, argumentieren, diskutieren können wir immer nur über unsere gemeinsame Welt. Intersubjektiv wirklich ist, worüber intersubjektiv wahre, d.h. intersubjektiv akzeptable Aussagen gemacht werden können. Seine privaten Wahrheiten können und wollen wir niemandem nehmen, sie spielen für das, was wir über unserer gemeinsame Welt sagen können, aber keine Rolle.

3.2 Wahrheit und Konsens.

Der immanente Realismus findet keine absoluten Wahrheiten auf den gewagten Wegen transzendentaler Letztbegründung. Bislang habe ich dargelegt, warum wir es aus der Perspektive des vorgeschlagenen immanenten Realismus nicht nötig haben, nach absoluten Gründen zu suchen. Ich möchte jetzt zur Untermauerung meines Vorschlags dafür plädieren, uns von der liebgewonnenen Vorstellung absolut wahrer, unbezweifelbarer Aussagen zu verabschieden. Gibt es nämlich keine unbezweifelbaren Aussagen, so können keine absolut unbezweifelbaren Gründe als solche *legitimiert* werden. Wann wüßte ich denn, einer absolut unbezweifelbaren Wahrheit auf die Spur gekommen zu sein? Mag auch meine Überzeugung noch so stark sein, solange ich im Dialog oder im praktischen Umgang mit anderen keinen Konsens über die Wahrheit einer Aussage erzielt habe, bleibt es meine private absolute Wahrheit. Als "absolute" Wahrheit kann sie sich dann nur vor dem Tribunal meiner *eigenen* Überzeugungen

[7] Auch die Unterscheidung zwischen Selbst und Nicht-Selbst wird, soweit wir wissen, kognitiv konstruiert und hängt mit der Unterscheidung "Dingwelt" - "Körperwelt" zusammen. Vgl. hierzu z.B. Gehlen (1940), S. 165 ff. oder Roth (1984), S. 237 ff., S. 249. Zum Konstruktivismus siehe auch Kap.7.

rechtfertigen, nicht aber im Gespräch mit anderen:

> "To call any proposition certain, while there is anyone who would deny its certainty if permitted, but who is not permitted, is to assume that we ourselves, and those who agree with us, are the judges of certainty, and judges without hearing the other side." Mill (1859), S. 147-148.

Einzige *intersubjektive* Legitimation für die Wahrheit einer Aussage kann die intersubjektiv praktizierte Akzeptanz, der erzielbare Konsens im intersubjektiven Diskurs sein. Unter dieser Voraussetzung wird es sinnlos, nach absoluten Wahrheiten und "transzendentalen" Letztbegründungen zu suchen. Solange intersubjektiver Konsens über die Wahrheit einer Aussage besteht, erübrigt sich jegliche Begründung ihres absoluten Charakters. Besteht dieser Konsens nicht (mehr), so muß - wenigstens aus der Perspektive der Dissentierenden - jegliche Behauptung über den unbezweifelbaren Charakter der Wahrheit jener Aussage als Ausdruck bornierter Überheblichkeit derjenigen gelten, die darauf bestehen, die Wahrheit "gepachtet" zu haben.

Aber gibt es denn nicht Aussagen, deren Wahrheit wir unmittelbar überprüfen können, Aussagen wie "Dieser Tisch ist rot", die wir einfach durch Inspektion der Wirklichkeit, durch Wahr-Nehmung verifizieren? Ist Wahrheit denn nicht "Korrespondenz" zwischen einer Aussage und ihrem Gegenstand? Die klassische Adäquations- oder Korrespondenztheorie der Wahrheit glaubt in der Tat an "unerschütterliche Berührungspunkte von Erkenntnis und Wirklichkeit" (Schlick, 1934 b, S. 98). Dieser Korrespondenztheorie stellte sich zunächst die Kohärenztheorie von Wahrheit entgegen, die als Wahrheitskriterium allein das Zusammenstimmen von Sätzen einer Sprache akzeptieren will. In einer berühmten Kontroverse zwischen Schlick und Neurath (1934) wird der Korrespondenztheorie wie mir scheint zu Recht der Garaus gemacht. Schlick - als vehementer Verteidiger der Korrespondenztheorie - behauptet:

> "... das Kriterium der Widerspruchsfreiheit allein genügt durchaus nicht für die materiale Wahrheit, sondern es kommt ganz und gar auf die Verträglichkeit mit höchst eigentümlichen Aussagen ["Beobachtungssätzen"] an ..." Schlick (1934 b), S. 86.

> "Auf jeden Fall würde ich, welches Weltbild ich auch konstruiere, seine Wahrheit immer nur an der eigenen Erfahrung prüfen; ... meine eigenen Beobachtungssätze würden immer das letzte Kriterium sein. Ich würde sozusagen ausrufen: 'Was ich sehe, das sehe ich!'" Schlick (1934 b), S. 91.

> "Wer es ernst meint mit der Kohärenz als alleinigem Kriterium der Wahrheit, muß beliebig erdichtete Märchen für ebenso wahr halten wie einen historischen Bericht oder die Sätze in einem Lehrbuch der Chemie, wenn nur die Märchen so gut erfunden sind, daß nirgends ein Widerspruch auftritt." Schlick (1934 b), S. 86.

Neurath (1934) führt drei entscheidende Argumente gegen die Korrespondenztheorie an:

(1) Die absolute Gültigkeit bestimmter Sätze, und seien es auch Beobachtungssätze, ist unbegründbar (s.o.)[8]. Für einen Korrespondenztheoretiker ist hinsichtlich be-

---

[8] Neurath (1934), S. 349 ff. Vgl. hierzu auch die Diskussion von Quines Sprachholismus in Kap. 1.2: "Where it makes sense to apply 'true' is to a sentence couched in the terms of a given theory and seen from within the theory, complete with its posited reality." Quine (1960), S. 24.

stimmter Aussagen jeder Irrtum ausgeschlossen: Gibt es absolut gewisse Aussagen, so können wir uns hinsichtlich deren Wahrheit nicht irren. Wir müßten uns eigentlich alle immer über solche Aussagen einig sein. Nun läßt sich bekanntlich zu jeder Aussage eine Alternativbehauptung aufstellen. Ein "advocatus diaboli" kann somit jede denkbare Aussage in Frage stellen. Wie kann der Korrespondenztheoretiker seinem Widersacher beweisen, daß er sich irrt und ausschließen, daß der Irrtum auf seiner Seite ist? Hierzu müßte er, da er sich ja weder auf die Kohärenz seiner Überzeugungen noch auf den Konsens aller anderen Sprecher berufen will, ein absolutes, kohärenz- und konsensunabhängiges Wahrheitskriterium formulieren. Doch da sich dessen Gültigkeit ebenso in Frage stellen läßt, wird er mit seiner "absoluten" Wahrheit immer alleine bleiben[9], sofern er nicht zum Kohärenz- und schließlich - hier gehe ich über Neurath hinaus - zum Konsenstheoretiker konvertiert (der Nachweis von Kohärenz allein genügt nämlich nicht, da sich das Widersacher-Argument auch auf Satzgesamtheiten anwenden läßt) und die Einigkeit der meisten Sprecher seiner Sprachgemeinschaft als Kriterium annimmt, damit aber automatisch den Anspruch auf die absolute Gültigkeit der Aussage aufgibt.

(2) Ein eindeutiges Wahrheitskriterium gibt es nicht. Wenn es konkurrierende, jeweils in sich widerspruchsfreie "Satzgesamtheiten" gibt, so müssen wir uns nach außerlogischen Gesichtspunkten für eine davon entscheiden[10].

(3) Aussagen können rein logisch nicht mit "der Wirklichkeit" verglichen werden, sondern immer nur mit Aussagen,

> "... innerhalb der Sprache spielen sich alle Umformungen der Wissenschaft ab, nicht durch Gegenüberstellung der Sprache und einer "Welt", einer Gesamtheit von "Dingen", deren Mannigfaltigkeit die Sprache abbilden soll. Das Versuchen wäre Metaphysik. *Die eine wissenschaftliche Sprache kann über sich selber sprechen, ein Teil der Sprache über den anderen*; hinter die Sprache kann man nicht zurück." Neurath (1931 c), S. 300.

Eine Renaissance der Korrespondenztheorie wurde dann mit Tarskis Konzeption von Wahrheit eingeleitet[11]: Nach Tarski "ist ‘p’ genau dann wahr, wenn p", also gilt beispielsweise: "Die Aussage ‘Diese Rose ist rot’ ist genau dann wahr, wenn diese Rose rot ist". Tarskis "Trick" besteht darin, auf einer metasprachlichen Ebene sowohl über Aussagen als auch über Sachverhalte zu sprechen und beide miteinander zu ver-

---

9 So könnte der Korrespondenztheoretiker etwa dem "advocatus diaboli" zu beweisen versuchen, daß dessen Gehirn fehlgeschaltet sei und nur dasjenige des Korrespondenztheoretikers adäquat funktioniere. Eddington (1929) weist diese Möglichkeit sehr schön zurück: "If the brain contains a physical basis for the nonsense that it thinks, this must be some kind of configuration of the entities of physics ... It is as though when my brain says 7 times 8 are 56 its machinery is manufacturing sugar, but when it says 7 times 8 are 65 the machinery has gone wrong and produced chalk. But who says the machinery has gone wrong? As a physical machine the brain has acted according to the unbreakable laws of physics; so why stigmatise its action?" (S. 345)

10 Neurath (1934), S. 352 ff.

11 Vgl. etwa die zusammenfassende Darstellung in Tarski (1977), S. 247 ff.

gleichen. Die Behauptung, die Korrespondenztheorie wäre damit gerettet[12], ist aber nicht haltbar. Denn woher wissen wir, daß 'Diese Rose ist rot' wahr, die Rose also tatsächlich rot ist? Nun, wir sehen hin! Was aber, wenn ich eine rote Rose, Frau K. von nebenan jedoch eine gelbe Rose "wahrnimmt"? In diesem Fall müssen wir entscheiden, wer von beiden recht hat. Die Wahrheit von strittigen Aussagen "p" hängt also auch bei Zugrundelegung der Tarskischen Definition letztlich von einer Entscheidung ab, der Entscheidung darüber nämlich, ob der Sachverhalt p besteht. Wie können wir wissen, diese Entscheidung richtig, "wahrhaft" getroffen zu haben? Wenn wir nicht in die Arroganz verfallen wollen, persönlich im Besitz der Wahrheit zu sein, wenn Wahrheit nicht die private Sache jedes Einzelnen sein soll, sondern etwas, worüber wir uns verständigen können, dann kann *für den intersubjektiven Diskurs* nur der erzielte Konsens selbst als Wahrheitskriterium dienen[13].

Die Kohärenztheorie muß also, wie oben schon angedeutet, ergänzt werden. Die Kohärenz einer *beliebigen* "Satzgesamtheit" alleine reicht natürlich nicht als intersubjektives Wahrheitskriterium aus, das hat bereits Neurath (1934) erkannt (vgl. These (2)). Entscheidend ist der *intersubjektive Konsens* über eben diese "Satzgesamtheit". Intersubjektiv, wissenschaftlich wahr ist, was sich widerspruchslos in den Fundus an Überzeugungen einfügt, den wir alle akzeptieren. Dieser in der Umgangssprache zu Tage tretende, sich ständig wandelnde Bestand an Hintergrundwissen, den wir jeweils schon voraussetzen, ist die Basis jeder Diskussion und Kommunikation, Grundlage jeglicher Einigung in Streitfällen. Man mag diesen Standpunkt als "Konventionalismus" kennzeichnen, sofern man den Begriff der Konvention nicht auf Entscheidungen einschränkt, die willkürlich gefällt wurden und auch anders hätten ausfallen können. Konsensuelle Wahrheit ist sicher kein Spielball blind dezisionistischer Beliebigkeit, wie es der Schlicksche "Märchenbuch"-Vorwurf unterstellt. Die Wahrheit einer Aussage ist keine Verkehrsampel, für die wir genausogut "rot" für "freie Fahrt!" und "grün" für "stop!" hätten festlegen können. Der Konsens bezüglich der Wahrheit einer Aussage muß für viele Aussagen unseres alltäglichen Lebens, insbesondere für Aussagen über unsere "Wahrnehmungen", *nicht* explizit hergestellt werden. Wir müssen uns nicht mehr einigen, was die Wahrheit solcher Aussagen betrifft, da wir uns je schon einig sind, da wir die Aussagen bereits akzeptieren. Konsens beruht hier auf *Konvention per Akzeptanz* oder schlicht *Akzeptanz*, wie ich von nun ab sagen möchte[14].

---

12 Siehe z.B. Tarski (1977), S. 246, Popper (1963), S. 223 ff., Popper (1984), S. 321 ff. Putnam (1978), S. 29 macht aber deutlich, daß der Tarskische Wahrheitsbegriff invariant gegenüber Korrespondenz- oder Kohärenztheorie ist.

13 Rorty (1989), S. 29 ff. hebt zurecht hervor, daß sich die "Falschheit" der Korrespondenztheorie durch die Konsenstheorie nicht "beweisen" läßt. Konsenstheorie ist eine Einladung zur Toleranz in der Philosophie, keine neue Doktrin philosophischen Dogmatismus. Die von Habermas vorgestellte Konsenstheorie (Habermas (1971), S. 124 ff.; Habermas (1973) in (1968), S. 385 ff.) bleibt hingegen transzendentalphilosophischen Vorstellungen verhaftet und mutet sich sogar zu, zwischen "wahrem" und "falschem" Konsens zu differenzieren (Habermas (1971), S. 122, 134 ff.).

14 Da "Konvention" sich von lat. "convenire" (zusammenkommen) ableitet, wir aber, um Konsens bezüg-

Demgegenüber einigen wir uns explizit auf bestimmte Verkehrsregeln, stimmen unsere Urlaubspläne aufeinander ab, beschließen, wohin wir zum Essen gehen wollen usw. Der Konsens, den wir diesbezüglich explizit im Dialog oder unausgesprochen durch praktisches Handeln erzielen, stand vorher noch nicht fest, wir entschieden uns im Gespräch oder durch unsere Handlungen für dieses oder jenes. Diesen Fall möchte ich *Konvention per Dezision* nennen.

Der Konventionalismus würde sicher fehlgehen, behauptete er, alle Wahrheiten würden stets neu und voraussetzungslos durch Konvention per Dezision fundiert. Wahrheiten, die wir je immer schon akzeptieren und unserem intersubjektiven Diskurs zugrundelegen, stellen für einen rechtverstandenen Konventionalismus kein Problem dar. Jeder explizit getroffene oder unausgesprochen praktizierte Entscheidungsprozeß kann auf einen mehr oder weniger kohärenten Fundus an bereits gemeinschaftlich akzeptierten Überzeugungen zurückgreifen, der im Prozeß gemeinschaftlich vollzogener Entscheidung modifiziert werden kann. So stellen Akzeptanz und Dezision die beiden einander bedingenden Seiten desselben Konsensprozesses dar. Konsens ist dabei oft nur zu erzielen, wenn sich neue Wahrheiten in das Netzwerk bereits akzeptierter Wahrheiten so einfügen lassen, daß sich mit kleineren Modifikationen des je schon Akzeptierten wieder ein kohärentes Ganzes ergibt. Doch wie wir alle wissen ist das Netzwerk unserer Überzeugungen kaum je völlig widerspruchsfrei: Kohärenz bleibt der Diener des Konsensprozesses, auf den wir uns zwar oft verlassen, dem wir manchmal aber "Ausgang" gewähren.

Der "Konventionalismus" des immanenten Realismus zeichnet sich durch die Weigerung aus, dem Konsensprozeß vorzugreifen und apriorische, selbst nicht durch Konsens bestätigte Aussagen über unseren je zugrundegelegten Bestand an Wahrheiten zu machen, da dieser zum einen nicht als unveränderlich angesehen wird, sondern im Gespräch mit anderen ständig ergänzt und modifiziert wird, und zum anderen jede Behauptung über einen "wahrhaft transzendentalen Grund" selbst des Konsenses bedürfte:

> "Daß Wahrheit und Wissen nur nach den Standards der Forschung unserer Tage beurteilt werden können, ... heißt lediglich, daß etwas nur mit Bezug auf etwas als Rechtfertigung gilt, das wir bereits akzeptieren, und daß wir nicht durch Heraustreten aus unserer Sprache und unseren Meinungen zu einem vom Kriterium der Kohärenz unserer Behauptungen unterschiedenen Testkriterium gelangen können." Rorty (1979), S. 200.

Der immanente Realismus hält es dementsprechend für unsinnig, absolut unbezweifelbar gültige Aussagen über die Welt aufstellen und intersubjektiv legitimieren zu wollen. Das gilt für alle Aussagen, die wir machen, seien es nun Aussagen über die "dingliche Welt" oder Aussagen über die Sprache selbst. Es gibt demnach auch über Sprache keine unbezweifelbaren Einsichten, wie einige Sprachphilosophen zu glauben

---

lich solcher Aussagen zu erzielen, nicht mehr zusammenkommen müssen, da wir bereits "zusammenstehen", könnten wir statt "Konvention per Akzeptanz" einfach "Kon-Stanz" sagen, was aber ungewollt die Assoziation von Statischem mit sich bringt.

scheinen[15].

Die Mechanismen faktischer Konsenserzeugung im Alltag und in der Wissenschaft können ihrerseits Gegenstand empirischer Theorien werden. So sind konstruktivistische Erkenntnis- und Wissenschaftstheorien[16] entstanden, die sich aber, sofern es sich um akzeptierte Theorien handelt, wiederum auf intersubjektiven Konsens stützen. Sie dürfen daher keinesfalls mit einer dogmatischen Transzendentalphilosophie verwechselt werden, die die "Bedingungen der Möglichkeit" für Konsens schlechthin formulieren möchte, ohne selbst auf Konsens angewiesen zu sein.

3.3 Systemtheorie und Philosophie.

Ich habe in den vorstehenden Abschnitten, zwei Dinge klarzustellen versucht: Erstens: Wir reden immer - auch wenn wir Philosophie betreiben - über unsere gemeinsame, uns zugängliche Welt, nicht über letzte Gründe und absolute Fundamente. Zweitens: Nichts worüber wir reden, kann als unumstößliche Wahrheit gelten. Intersubjektiver Konsens ist das alleinige Wahrheitskriterium intersubjektiven Diskurses.

Wenn ich im folgenden eine *Allgemeine Systemtheorie* entwickle, so stelle ich Behauptungen über unsere uns zugängliche Welt auf, *insofern* wir sie unter wissenschaftlichen Gesichtspunkten betrachten, d.h. in intersubjektiv akzeptabler Weise erklären und verstehen wollen. Ich gehe dabei zum einen vom Postulat der Einheit und Einfachheit der Welt aus, das als unifikationistische Leitidee - so meine These - explizit oder implizit jeglicher Wissenschaft voransteht, zum anderen von einigen sehr allgemein gehaltenen Behauptungen über das jeweils Gegebene (Identität und Differenz, Dauer und Veränderung). Ich bemühe mich, diesen Ansatz konsequent weiterzuentwickeln[17], indem ich erstens einen "universalen Wirkungszusammenhang" von "Elementarprozessen" als theoretisches Modell des letzten Explikationshorizonts systemanalytischer Wissenschaft konzipiere, und zweitens die abgegrenzten, unterschiedenen "Systeme", von denen die Systemanalyse jeweils ausgeht - die ("gegebenen") Untersuchungsgegenstände der Wissenschaften - als *Mengen* von Konstellationen

[15] Rorty (1979) setzt sich auf S. 283 ff. mit dieser "unreinen Sprachphilosophie" auseinander, wie sie beispielsweise von M. Dummett propagiert wird. Statt transzendentale Fundamente unseres Denkens zu suchen, soll Philosophie, Dummets Ansatz zufolge, die Wurzeln der Bedeutungen unserer Begriffe zu Tage fördern. Auch diese linguistisch gewendete Transzendentalphilosophie kann aber den angeblich fundamentalen (absoluten) Charakter ihrer Einsichten nicht legitimieren und fällt den gleichen Einwänden zum Opfer wie jede Transzendentalphilosophie. Ihr bleibt nur die Wahl zwischen der Scylla, Unumstrittenes zu begründen und der Charybdis, in arroganter Selbstgefälligkeit jeden Irrtum bezüglich der eigenen Position auszuschließen, allen Opponenten aber das Urteilsvermögen abzusprechen.

[16] Vgl. etwa Knorr-Cetina (1984), Watzlawick (1986), Schmidt (1987). Näheres zum Konstruktivismus in Kap. 1.2 und Kap. 7.

[17] Eine axiomatisierte formale Darstellung der Allgemeinen Systemtheorie, die in Einzelheiten noch korrekturbedürftig und an die gängige Schreibweise anzugleichen ist - die überarbeitete Version wird in einer eigenständigen Abhandlung erscheinen -, habe ich bereits im Anhang zu Schlosser (1990) gegeben.

(formal: n-Tupeln) solcher Elementarprozesse definiere (Kap. 4). Meine Darstellung wird sich an einigen Grundgedanken Whiteheads orientieren, ohne aber die erkenntnistheoretische Position seiner Philosophie zu übernehmen[18]. Anschließend (in den Kap. 5 bis 7) will ich dann die weitreichenden Implikationen dieser mengentheoretischen Betrachtung aufzeigen.

Die Allgemeine Systemtheorie ist ein theoretisches Modell der intelligiblen Welt, das von einigen allgemeinen Aussagen über Ausgangspunkte und Zielvorstellungen unseres wissenschaftlichen, systemanalytischen Umgangs mit der Welt ausgeht und diese in einen systematischen Zusammenhang stellt. Die Art und Weise unseres wissenschaftlichen Umgangs mit der Welt hängt von den Vorstellungen ab, die wir uns von der zu deutenden Welt machen. Legen wir die Allgemeine Systemtheorie als theoretisches Modell der zu deutenden Welt zugrunde, so läßt sich vor diesem Hintergrund auch Systemanalyse neu interpretieren (Kap. 8).

Systemtheorie verfährt also ontologisch (oder naturphilosophisch, wenn man nur gegenständliche Systeme betrachtet), sie sagt etwas über das aus, was *ist*, ja, sie versucht etwas über die allgemeinsten Zusammenhänge der Welt zu sagen. Und doch möchte ich Begriffe wie "Ontologie" oder "Metaphysik" vermeiden, da ihnen der Ruf vorangeht, auf schulmeisterliche Weise absolute Wahrheiten über unsere Welt verkünden und unbezweifelbare Fundamente alles Existierenden aufzeigen zu wollen. Es ist nämlich keineswegs meine Absicht, hier eine unumstößliche "letzte" Struktur unserer Welt aufzuzeigen und der Weisheit "letzten" Schluß zu verkünden. Deswegen System*theorie*[19]. Als Systematisierung bestimmter Voraussetzungen über die intelligible Welt, ist Systemtheorie ein Vorschlag, die Welt, wenn schon unter *diesen* Voraussetzungen, dann auch *konsequent* unter diesen Voraussetzungen zu betrachten. Die Allgemeine Systemtheorie ist,

> "ähnlich wie die allgemeine Mathematik, gewißermaßen zwischen Formal- und Realwissenschaften angesiedelt. Sie konstruiert formale Modelle, die aber erst darin ihren Sinn finden, daß sie auf reale Gegenstände interpretiert werden." Ropohl (1978), S. 31/32.

Dabei ist *erstens* nicht von einer von uns unabhängigen Welt die Rede, sondern von unserer einzigen, uns völlig zugänglichen Welt (immanenter Realismus), sofern sie unter wissenschaftlichen Aspekten betrachtet wird[20];
ist *zweitens* die vorgestellte Systemtheorie sicherlich nicht die einzig denkbare Theo-

---

[18] Vgl. Whitehead (1925, 1929). Auf die Bedeutung Whiteheads für systemtheoretische Überlegungen hat Cobb (1981) hingewiesen, der auch einige interessante Parallelen zwischen zeitgenössischen Theorien (Bohm, Prigogine) und Whiteheadschen Positionen aufzeigt.

[19] Sofern von einer Systemtheorie nicht vorgegeben wird, welche Gegenstände bzw. Prozesse als Systeme in ihrem Sinn zu betrachten sind, handelt es sich genaugenommen um keine Theorie, sondern um ein theoretisches Modell (vgl. Lenk (1975), S. 251 f. und Lenk (1978), S. 244 ff.), das seinen empirischen Gehalt jeweils erst durch Interpretationen bekommt.

[20] Ich möchte noch einmal betonen: Das wissenschaftliche Interesse an Erklärung und am Verstehen von Zusammenhängen ist nicht unser einziges und selten unser vordringliches Interesse in der Welt. Nur mit diesem spezifischen Interesse setze ich mich hier auseinander.

rie, welche die Konsequenzen aus diesen Voraussetzungen systematisch darstellt;
steht *drittens* auch zur Debatte, ob wir in der Wissenschaft tatsächlich die vorgestellten Voraussetzungen machen und ob Systemtheorie überhaupt auf wirkliche Systeme anwendbar ist - das sind nur empirisch zu klärende Fragen;
nimmt *viertens* die Systemtheorie die Ergebnisse der Wissenschaft nicht vorweg und kann nicht etwa den wissenschaftlichen Umgang mit der Welt und die empirische Analyse spezifischer Systeme ersetzen.

Wenn ich trotzdem versuche, eine Allgemeine Systemtheorie ausführlich zu entwikkeln, so deshalb, weil sie, wie ich glaube, einige neue, bislang wenig beachtete Perspektiven für den interdisziplinären Diskurs der verschiedenen Wissenschaften eröffnen und einige "reduktionistische" Mißverständnisse beseitigen könnte. Mit der Allgemeinen Systemtheorie lassen sich Brücken zwischen den Disziplinen schlagen, nicht etwa weil alle Wissenschaften in reduktionistischer Manier auf die Physik als der einzig "wahren" Wissenschaft zurückzuführen wären, sondern weil die systemtheoretischen Implikationen des Unifikationismus, der Leitidee von Einheit und Einfachheit der Welt, in allen Disziplinen fruchtbar anwendbar sind und auf Inkonsistenzen in bestehenden Theorien hinweisen können[21]. Ich werde den Wert systemtheoretischer Betrachtungen hier vorwiegend mit Beispielen aus meinem eigenen Fachgebiet, der Biologie, illustrieren, ihre Übertragbarkeit auf andere Fachgebiete aber, wie ich hoffe, hinreichend verdeutlichen.

Ist eine so verstandene Systemtheorie aber "Philosophie"? Das hängt davon ab, wie eng man den Raum umschreibt, in dem Philosophie beheimatet sein soll. Sieht man nicht mehr "Letztbegründung" als differentia specifica von Philosophie an - ich habe ja ausführlich erläutert, warum Philosophie ihren Anker *nicht* nach letzten Gründen auswerfen sollte -, versteht man Philosophie also nicht länger als die Wissenschaft, die sich um die "Fundamente" der übrigen Wissenschaften kümmert und diese zu "rechtfertigen" hat, so muß die Rolle der Philosophie neu bestimmt werden. Systemtheorie kann dann nicht schon deshalb als unphilosophisch gelten, weil sie nicht den Anspruch erhebt, "grundlegend" zu sein.

Rorty (1979) setzt der Philosophie mit "edification" - ein Begriff der sich nur ungefähr im Deutschen wiedergeben läßt und mit "Erbauung" zu salopp, mit "Bildung" zu "schwer" übersetzt wird - ein bescheideneres Ziel[22]:

> "Das Unternehmen, (uns und andere) zu bilden, kann in der hermeneutischen Tätigkeit bestehen, Verbindungen zwischen unserer eigenen Kultur und irgendeiner exotischen Kultur oder Geschichtsepoche herzustellen oder zwischen unserem Fach und einer anderen Disziplin, die mit einem inkommensurablen Vokabular inkommensurable Ziele zu verfolgen scheint. Oder es kann in der

---

[21] Die Vereinheitlichung der Wissenschaften aus systemtheoretischer (nicht mehr methodologisch wissenschaftstheoretischer) Perspektive wird bereits von Lenk (1975), S. 257 und Lenk (1978) angepeilt: "Das systemtheoretische Denken und die ihm entsprechenden Ansätze können ein neues *wissenschaftstheoretisches* Paradigma und Programm und sogar noch umfassender eine metawissenschaftliche und philosophische Perspektive begründen." (Lenk (1978), S. 255). Vgl. hierzu auch Schwegler (1992).

[22] Rorty (1979), S. 390.

'poetischen' Tätigkeit bestehen, sich solche neuen Ziele, eine neue Terminologie oder neue Disziplinen auszudenken, an die sich dann sozusagen das Gegenteil von Hermeneutik anschließt: die Reinterpretation unserer vertrauten Umwelt in der noch unvertrauten Begrifflichkeit unserer Innovationen." Rorty (1979), S. 390.

Die Aufgabe des Philosophen kann es sein,

"... die Rolle des informierten Dilettanten [zu] übernehmen, des Polypragmatikers, des sokratischen Vermittlers unterschiedlicher Diskurse. In seinem Salon werden hermetische Denker sozusagen aus ihren in sich geschlossenen Praktiken hinauskomplimentiert. Meinungsverschiedenheiten der Disziplinen und Diskurse untereinander werden im Verlauf des Gesprächs einem Kompromiß zugeführt oder transzendiert." Rorty (1979), S. 346.

Die Allgemeine Systemtheorie möchte als ein solcher "bildender" Versuch verstanden werden, einen interdisziplinären Diskurs zu initiieren und einige Mißverständnisse vorher aus dem Weg zu räumen. Ihr Ziel ist es, einen Dialog anzuregen, nicht die Ergebnisse eines solchen Dialogs vorwegzunehmen. Sie versteht sich insofern als Beitrag zu einer menschlicheren, da undogmatischen Philosophie:

"Das Inganghalten eines Gesprächs als hinreichendes Ziel der Philosophie zu sehen, Weisheit als das Vermögen zu verstehen, ein Gespräch mitzutragen, heißt, den Menschen nicht als ein Wesen zu sehen, das man irgendwann akkurat beschreiben zu können hofft, sondern als den Erzeuger von Beschreibungen." Rorty (1979), S. 409.

Bevor ich die Ausgangspunkte der Allgemeinen Systemtheorie aber näher beleuchte, sind vielleicht einige Worte zum Terminus "*System*" angebracht. Diesen Begriff werde ich als vollkommen allgemeinen Begriff verwenden, der alles bezeichnet, was identifizierbar, abgrenzbar und von anderem unterscheidbar ist, "Dinge" und "Objekte" ebenso, wie "Begriffe"[23]. Die zuletzt angeführten Termini vermeide ich, da sie mit irreführenden Konnotationen überfrachtet sind, während der Systembegriff relativ neutral ist. Reden wir von "Dingen" und "Objekten", so denken wir zum einen unweigerlich an Materielles, "Substanzielles", nicht aber an Worte und sprachliche Entitäten. Außerdem werden "Dinge" i.a. statisch vorgestellt, nicht als Vorgänge. "Objekt" läßt uns "objektiv" assoziieren; sprechen wir von einer "objektiven Welt" so meinen wir im allgemeinen eine von uns unabhängige Welt, die von "Dingen an sich" bevölkert wird. "Begriff" auf der anderen Seite ist "subjektiv" vorbelastet. Nicht selten glauben wir, privilegierten Zugang zu "begrifflichen" Entitäten zu haben, sozusagen a priori mit ihnen vertraut zu sein und daher Unbezweifelbares über sie sagen zu können. Wir vergessen dabei, daß wir uns zwar über sprachliche Entitäten, d.h. Begriffe

[23] Schon J.H. Lambert (1708-1777), der den Systembegriff im 18. Jahrhundert in die philosophische Diskussion einführte, unterschied zwischen gedanklichen Systemen ("Systeme durch die Kräfte des Verstandes") und gegenständlichen Systemen ("Systeme durch die Kräfte des Willens" und "Systeme durch mechanische Kräfte"), verstand aber unter gedanklichen Systemen lediglich Klassifikationssysteme (z.B. das Linnésche Systema naturae), während ich hier sogar Begriffe als Systeme bezeichnen möchte. Zu Lambert vgl. Seiffert in Seiffert und Jantsch (1989), S. 329 f. und Krauch (1989), S. 339. Einen Überblick über verschiedene Systemdefinitionen gibt Klir (1969), S. 283 ff.

verständigen können, daß dabei aber die "Begriffe", die dieser Kommunikation zugrundeliegend Verständigung erst ermöglichen, *nicht* Gegenstand des Dialogs sind. Die Begriffe, *über* die wir sprechen, wenn wir über *Begriffe* sprechen, sind nicht die "Begriffe", *mit* denen wir über Begriffe sprechen! Hinter die Sprache können wir nicht zurück. Wie Kommunikation "begrifflich" verwurzelt ist, darüber läßt sich, indem wir so verwurzelt kommunizieren, nichts sagen; über die ausgerissenen Wurzeln von Kommunikation könnten wir - entwurzelt - nicht mehr kommunizieren.

Alles worüber wir sprechen, weil wir es von anderem unterscheiden können, seien es Dinge, seien es Begriffe, will ich daher neutral mit "System" bezeichnen. Ein "System" ist das Zusammengestellte (grch.: systema), das als Einheit betrachtete, das Identifizierbare, von anderem Unterscheidbare. Ich werde zur Exposition der Allgemeinen Systemtheorie vorwiegend Beispiele nichtbegrifflicher, "gegenständlicher" Systeme verwenden und erst im 8. Kap. auf die Gemeinsamkeiten zwischen der begrifflichen Analyse in den Geisteswissenschaften und der "Dinganalyse" der Naturwissenschaften kurz eingehen. Dort will ich auch die Probleme, die die Selbstreflexivität der Sprache für die begriffliche Analyse in den Geisteswissenschaften mit sich bringt - und von denen ich zunächst abstrahieren will - kurz ansprechen.

4 Relation und Prozeß - Die unterschiedene Einheit der werdenden Welt.

> We have an intricate task before us. We are going to build a world ... The first problem is the building material ... I cannot make the world out of nothing, but I will demand as little specialised material as possible. Success in the game of World building consists in the greatness of the contrast between the specialised properties of the completed structure and the unspecialised nature of the basal material. ...
> We take as building material *relations* and *relata*. The relations unite the relata; the relata are the meeting points of the relations. The one is unthinkable without the other.
> - Arthur Stanley Eddington (1929)

> In a certain sense, everything is everywhere at all times. For every location invokes an aspect of itself in every other location. Thus every spatio-temporal standpoint mirrors the world.
> - Alfred North Whitehead (1925)

Was wir auch tun, worüber wir auch nachdenken oder sprechen, wir unterscheiden stets etwas von anderem. Wir gehen mit identifizierbaren, abgrenzbaren Dingen und Begriffen um, mit *Systemen*, wie ich von nun ab sagen werde. Wir identifizieren ein System, indem wir es von anderen, wenn auch nicht unbedingt explizit, unterscheiden. Einem identifizierbaren System können wir *Eigenschaften* zuschreiben, die nur diesem System und keinem anderen zukommen. In der substantialistischen Denkweise werden einer zugrundeliegenden, unveränderlichen Substanz, die die "wesentlichen" Eigenschaften eines Systems verkörpert (Aristoteles' "eidos"), akzidentiell wechselnde, für dieses System "unwesentliche" Eigenschaften wie Etiketten aufgeklebt. Faßt man den Substanzbegriff weit, so gelangt man zur "hyle" des Aristoteles, zur "res extensa" Descartes'[1], der ausgedehnten Substanz der materiellen, nicht geistigen Welt, kurz: der *Materie* der Naturphilosophie und Naturwissenschaften. Allen (gegenständlichen) Systemen wäre demnach die Materie gemeinsam, der die ein definiertes System K gegenüber anderen Systemen auszeichnenden "K-typischen" Eigenschaften ebenso "anhaften", wie die akzidentiell wechselnden, transitorischen Eigenschaften jedes Systems. Wie läßt sich die Materie aber selbst charakterisieren? Materie wird als

---

[1] Hier soll der Substanzbegriff auf die "res extensa" beschränkt bleiben. Descartes Rede von einer davon zu unterscheidenden "res cogitans", einer geistigen Substanz, setzt einen fundamentalen Dualismus voraus, der entweder unterstellt, wir könnten etwas über eine die erfahrbare Welt transzendierende geistige Welt sagen oder eine willkürliche Grenze innerhalb des Ganzen unserer erfahrbaren, zugänglichen Welt zwischen einer "geistigen" und einer "materiellen" Welt ziehen muß. Von einem radikal immanenten Standpunkt aus, wie er hier von mir eingenommen wird, erübrigt sich jede solche Unterscheidung (vgl. Kap. 3).

"einfache Lokalisierung" ("simple location") verstanden, wie Whitehead[2] sich ausdrückt, sie ist in einem absoluten Sinne "einfach da", vollkommen unabhängig von irgendwelchen Beziehungen zu anderem. Der Substanzgedanke gehört zu den ältesten, traditionsreichsten philosophischen Gedanken. Brauchen wir aber eine Substanz? Was erklärt sie? Verstellt sie vielleicht den Blick auf "Elementareres"?

4.1 Abschied vom Substantialismus.

Die substantialistische Denkweise wird der Tatsache nicht gerecht, daß wir Systeme voneinander unterscheiden, d.h. zueinander in Beziehung setzen können und dies auch unablässig tun, da uns Systeme nie isoliert gegeben sind. Wie könnten wir etwas von anderem unterscheiden, wenn jedes System mit Eigenschaften "etikettiert" wäre, jedes System sozusagen aus sich heraus, isoliert betrachtet schon ganz es selbst wäre? Um Systeme voneinander unterscheiden zu können, müssen wir sie zueinander in Beziehung setzen, müssen ihre "Eigenschaften" als *Relationen* deuten[3]. Was nicht in Relation zu anderem steht, kann nicht von anderem unterschieden werden. Jedes Unterscheiden setzt einen Vergleich voraus, jeder Vergleich erfordert aber einen gemeinsamen Maßstab, der an das zu Vergleichende angelegt werden kann. Und nur weil es Anderes gibt, was sich von einem System unterscheidet, stellt sich die Frage nach der *Identität* eines Systems, wird es notwendig, einem System K andere Eigenschaften zuzuschreiben als dem System L und es dadurch zu *identifizieren*. Wäre unsere ganze Welt rot, so gäbe es keine Farben. Von einer rein roten Welt ließe sich nicht einmal sagen, sie sei rot. Wenn alles rot ist, so ist Röte nichts Auszeichnendes mehr. Eine rote Welt könnte nicht einmal hypothetisch grün sein, denn in einer roten Welt gibt es kein Grün. Ohne Alternativen und Kontraste gäbe es nichts (könnten wir von nichts etwas aussagen).

Wozu benötigen wir dann eine "Substanz"? Die Substanz wurde in der Tradition als unverzichtbar angesehen, um das Phänomen der *Veränderung* verstehen zu können, das Phänomen, daß es neben den räumlichen Beziehungen zwischen Systemen auch *zeitliche* Beziehungen gibt. Wenn sich etwas verändert, so nimmt es andere "Eigenschaften" an, es stellt also andere Relationen zu den übrigen, von ihm unterschiedenen Systemen her, bleibt aber dabei in Kontinuität mit sich selbst (mit seinem

---

2 Whiteheads Kritik an der Vorstellung von "simple location" findet sich in Whitehead (1925), S. 50 ff, S. 59 und (1929), S. 260. Materie als etwas Grundlegendes, als "Substanz" zu konzipieren, heißt Whiteheads Meinung nach, eine Abstraktion, nämlich die Abstraktion vom Bezogensein jeglichen identifizierbaren Systems auf anderes, irrtümlich für das Unmittelbare zu halten, heißt, den Trugschluß der unzutreffenden Konkretheit ("fallacy of misplaced concreteness") zu begehen. Weitere Kritik an der substantialistischen Denkweise z.B. in Whitehead (1929), S. 109 ff, 152, 261.

3 Neben Whitehead waren beispielsweise Eddington (1929), S. 230 ff und Lloyd Morgan (1923), S. 64 ff bemüht, substantialistisches Denken durch *relationales Denken* zu ersetzen. Vgl. auch Schwegler (1992), Roth and Schwegler (1990) und (1992).

vormaligen Zustand). Um diese Kontinuität im Wandel zu erklären, die es trotz der Veränderung eines Systems erlaubt, ein System im Zeitverlauf mit sich selbst zu identifizieren, glaubte man die Substanz als etwas postulieren zu müssen, was im Zeitverlauf unverändert *überdauert*, während *an ihr* die Eigenschaften wechseln. Die Substanz ist wie eine Tafel, die ständig neu beschrieben werden kann, ohne sich als Tafel zu verändern.

Reden wir nicht nur von *Identität* und *Differenz*, sondern auch von *Dauer* und *Veränderung*, so sind wir in der Lage, zeitliche von "räumlichen"[4] Unterschieden zu trennen. Wir stellen nicht nur Unterschiede, Relationen fest, sondern wir klassifizieren bestimmte Unterschiede als kontinuierlich mit anderen und bezeichnen sie als zeitliche Unterschiede. Ein kurzes Beispiel möge zur Erläuterung dienen: Tische sind definierte, räumlich in sich und von anderen Systemen unterschiedene Systeme vom Typ T. Wir unterscheiden etwa an einem konkreten Tisch T_1 vier Tischbeine und eine Tischplatte. Tisch T_1 unterscheiden wir räumlich von einem anderen vierbeinigen Tisch T_2 sowie von Tisch T_3, der nur drei Tischbeine hat. Entfernen wir von Tisch T_1 ein Tischbein, so haben wir einen Tisch T_1' mit drei Tischbeinen, einer Tischplatte usw. vor uns. Wir können auch diesen dreibeinigen Tisch T_1' von T_2 und T_3 räumlich unterscheiden. Der Unterschied zwischen dem dreibeinigen Tisch T_1' und dem ursprünglichen vierbeinigen Tisch T_1 wird hingegen nicht als räumlicher Unterschied interpretiert (wie zwischen T_1 und T_2 bzw. T_3, T_1' und T_2 bzw. T_3), sondern als zeitlicher Unterschied. Die Differenzierung in räumliche und zeitliche Unterschiede ist außerordentlich wichtig; sie soll daher etwas näher untersucht werden.

Nur solche Unterschiede können verglichen und in räumliche Unterschiede einerseits, zeitliche Unterschiede andererseits klassifiziert werden, die uns gemeinschaftlich präsent sind. Mit dem Begriff der *Präsenz* greife ich Bergsons "Dauer" (durée) in einer säkularisierten, von Psychologismen und transzendentalen Beimischungen gereinigten Form auf. Dauer im Bergsonschen Sinne

> "ist ununterbrochenes Fortschreiten der Vergangenheit, die an der Zukunft nagt und im Vorrücken anschwillt. ... Dies Fortleben der Vergangenheit ergibt für das Bewußtsein die Unmöglichkeit, denselben Zustand zweimal durchzumachen." Bergson (1898), S. 11/12.

> "Die ganz reine Dauer ist die Form, die die Sukzession unserer Bewußtseinsvorgänge annimmt, wenn unser Ich sich dem Leben überläßt, wenn es sich dessen enthält, zwischen dem gegenwärtigen und den vorhergehenden Zuständen eine Scheidung zu vollziehen. ... Die Sukzession läßt sich also ohne die Wohlunterschiedenheit und wie eine gegenseitige Durchdringung, eine Solidarität, eine intime Organisation von Elementen begreifen, deren jedes das Ganze vertritt und von diesem nur durch ein abstraktionsfähiges Denken zu unterscheiden und zu isolieren ist." Bergson (1898), S. 78/79.

Bergsons "Dauer" bezieht sich auf Bewußtseinsvorgänge und drückt aus, daß dem Bewußtsein alles Vergangene und Gegenwärtige jeweils präsent ist, sonst könnte zwi-

---

4 Wenn im folgenden von "räumlichen" Relationen die Rede ist, so wird damit keine bestimmte Vorstellung, von dem, was "Raum" bedeutet, verknüpft. Räumliche Relationen seien all die Relationen, die nicht als zeitliche Relationen eingestuft werden. Zum Unterschied von Raum und Zeit s.u.

schen Vergangenheit und Gegenwart nicht unterschieden werden: Um zeitliche Sukzession festzustellen, müssen wir in einem "Intervall der Dauer" Vergangenheit und Gegenwart vergleichen können[5]. Vergangenheit und Gegenwart durchdringen einander im Bewußtsein, es gibt ein komplexes Netz von Beziehungen zwischen vergangenen und gegenwärtigen Systemen und erst die Abstraktion sondert räumliche von zeitlichen Bezügen in diesem präsenten "Vergleichszeitraum", wie ich ihn nennen möchte. Die abstrahierte Zeit der Wissenschaft, die Sukzession von Zeitpunkten, wird quasi einer weiteren räumlichen Dimension gleichgesetzt: Sie ist eine homogene Skala, an der Unterschiede gemessen werden (s.u.). Gerade diese "Verräumlichung" der Zeit kritisiert Bergson (1898)[6]. Die "wahre" Zeit sei die Dauer, Dauer und Bewegung seien "Synthesen des Geistes, keine Dinge" (S. 93). Die homogene Sukzession von Zeitpunkten sei nur ein "extensives Symbol" der "wahren Dauer" (S. 100):

> "...wir projizieren die Zeit in den Raum, wir drücken die Dauer durch Ausgedehntes aus, und die Sukzession nimmt für uns die Form einer stetigen Linie oder einer Kette an, deren Teile sich berühren, ohne sich zu durchdringen. Beachten wir hierbei, daß dies letzte Bild nicht mehr die sukzessive, sondern die simultane Perzeption des *vor* und *nach* einschließt, und daß es einen Widerspruch bedeutet eine Sukzession anzunehmen, die nur Sukzession wäre und trotzdem in einem und demselben Augenblick ganz vorhanden sein könnte. ... zwischen Terminis ist eine *Ordnung* nicht ohne ihre vorherige Unterscheidung zu ermöglichen, noch ohne nachträgliche Vergleichung der Stellen, die sie einnehmen ..." Bergson (1898), S. 79/80.

Die Wissenschaft mit ihrem extensiven Zeitbegriff könne daher unser subjektives Erleben der Zeit als *kontinuierliche* Veränderung nicht erklären (S. 90). Die "wahre Dauer" (die wahre Zeit) müsse als ein kreatives Fortschreiten in die Zukunft im Prozeß des Lebens aufgefaßt werden. Auch der für die Wissenschaft so bedeutsame Begriff der Zahl, beispielsweise, werde erst aus dem Prozeß des Zählens heraus verständlich. Dieses sei ein

> "durch und durch dynamischer Prozeß, der der rein qualitativen Vorstellung ziemlich analog ist, die ein empfindender Amboß von der wachsenden Zahl der Hammerschläge haben würde." Bergson (1898), S. 96.

Soweit Bergson. Ich teile Bergsons Vorstellungen bezüglich der Präsenz und wechselseitigen Durchdringung von Vergangenheit und Gegenwart (ohne indes die Präsenz, wie Bergson, mit einem quasi-transzendentalen "Bewußtsein" gleichzusetzen). Wäre Vergangenes nicht ebenso präsent wie Gegenwärtiges, wie könnten wir jemals eine zeitliche Unterscheidung treffen, wie könnten wir jemals Gestriges mit Heutigem vergleichen, ja, wie kämen wir überhaupt dazu, von einer Vergangenheit zu sprechen? Präsenz ist also von Gegenwart zu unterscheiden. Präsenz eint alle uns gegebenen Bezüge, vergangene wie gegenwärtige; Gegenwart hingegen kennzeichnet all diejenigen Relationen, denen wir zugestehen, gemeinschaftlich unsere *jetzige* Welt auszumachen.

Bergsons Kritik am wissenschaftlichen Zeitbegriff ebenso wie seine Vorstellung von

---

5 Bergson (1898), S. 91.

6 Bergson (1898), S. 76 ff.

der Dauer als der "wahren" Zeit halte ich allerdings für verfehlt. Verfehlt deshalb, weil Bergson unterstellt, man könne über die "wahre Dauer" und ihr Fortschreiten in die Zukunft Einsichten gewinnen, die der Wissenschaft mit ihrem abstrakten Zeitbegriff versagt bleiben müßten. Wenn aber "Dauer" alles bezeichnet, was präsent ist, unseren gesamten "Vergleichszeitraum" umschreibt, so können wir nicht aussteigen, das Fortschreiten der "Dauer" in die Zukunft von außen betrachten und so zu einem "wahren" Zeitbegriff gelangen. Wenn wir selbst, mit Bergson gesprochen, die Akteure dieses Fortschritts in die Zukunft sind, bleibt uns nichts anderes übrig, als uns im Rahmen des uns je zugänglichen, präsenten "Vergleichszeitraums" zu bewegen. Eine fortschreitende Änderung dessen, was präsent ist, eine Reorganisation und kontinuierliche Erweiterung des "Vergleichszeitraums", können wir zwar als eine Extrapolation aus der von uns im Präsenten erfahrenen Veränderung hypostasieren, wir transzendieren aber dabei den "Vergleichszeitraum" nicht, selbst wenn wir ihn modifizieren. Der "Vergleichszeitraum" ist unsere gesamte Welt. Als diejenigen, *denen* der "Vergleichszeitraum" - also die Welt - präsent ist, sind wir selbst der Welt *transzendent*: In der Welt kommen wir nur als *präsente* Wesen vor. Alles was wir sagen können, sagen wir über unsere Welt, alles was wir über uns sagen können, sagen wir über uns, insofern wir in dieser Welt präsent sind[7]. In unserer Welt - unserem "Vergleichszeitraum" - vergleichen wir und stellen Identität und Differenz, Dauer und Veränderung fest. Die "transzendentalen" Maßstäbe, die wir dabei - transzendentalphilosophisch gesprochen - benutzen, die Kriterien unserer Vergleiche, mit denen wir unsere Welt genau so in räumlich und zeitlich unterschiedene Systeme strukturieren, wie wir sie jeweils antreffen, anders gesagt: die Werkzeuge unserer Weltkonstruktion, bleiben uns dabei verborgen. Sie sind selbst in unserer Welt nicht präsent.

Auch die Unterschiede zwischen Zeit und Raum machen wir demnach *in* der uns präsenten Welt, die "wahre Dauer" Bergsons ist uns nicht gegeben. Wir reden nur von der uns erfahrbaren Zeit und vom uns erfahrbaren Raum, nicht von einer transzendenten kreativen, in die Zukunft fortschreitenden "Zeit", wie sie Bergson vorschwebt[8]. Bergsons "wahre Dauer" ist nichts anderes, als ein nicht mehr statisch, sondern dynamisch konzipiertes "transzendentales Subjekt" und uns als solches nicht zugänglich. Innerhalb des Rahmens, der von der erfahrbaren, präsenten Welt gesteckt ist, machen wir allerdings einen Unterschied zwischen Zeit und Raum. Ich möchte den Begriff

7 Auch über unser Bewußtsein können wir nur etwas sagen, insofern es präsent ist. Wenn wir also von Bewußtsein reden, dann sprechen wir nicht von einem transzendenten "Beobachter" oder "Konstrukteur". Vgl. hierzu auch die Diskussion in Kap. 3.

8 Diese Kritik ist in gleichem Sinne auf Whiteheads subjektivistische Deutung seiner Begriffe von "Konkretisierung" ("concrescence") und "Kreativität" ("creativity") anzuwenden (z.B. Whitehead (1929), S. 173). Whitehead versteht sein "wirkliches Einzelwesen" (s.u.) als Subjekt im Prozeß des Werdens (concrescence) - vergleichbar etwa mit Bergsons kreativer "wahrer" Dauer oder dem "transzendentalen Subjekt" des Idealismus -, glaubt aber trotzdem "von außen" etwas über das Fortschreiten (creativity) von sich konkretisierenden Subjekten sagen zu können. (Whiteheads Unterscheidung von concrescence und creativity hängt mit seiner atomistischen "epochalen" Zeittheorie zusammen, vgl. Fußnote 12.)

"Raum" in einem sehr weiten Sinne verwenden: Zeitliche und räumliche Relationen sollen als einander *komplementär*, d.h. alle Unterschiede, die wir nicht als zeitlich einstufen, sollen als räumliche Unterschiede aufgefaßt werden. Nach welchen Kriterien aber nehmen wir die Einteilung in zeitliche und nicht-zeitliche, also räumliche Relationen vor? Gemäß unserem realistisch-immanenten Standpunkt können wir darüber nichts transzendental Absolutes sagen.

Ich schlage im folgenden eine Kategorisierung von räumlichen und zeitlichen Unterschieden als Grundlage für die Allgemeine Systemtheorie vor, die vielleicht erst nach der Lektüre von Kap. 4.2 und 4.3 voll verständlich wird. Abbildung 1 illustriert zwar unter anderem auch die Unterscheidung von räumlichen und zeitlichen Relationen, der Stellenwert der dort graphisch symbolisierten "Elementarprozesse" und "Elementarrelationen" wird jedoch erst im folgenden Abschnitt erläutert. Inwieweit sich diese modellhafte Unterscheidung mit unseren gängigen Begriffen von "Raum" und "Zeit" verträgt, sei dahingestellt. Zumindestens einige Aspekte unserer permanent aktualisierten Unterscheidung werden aber dadurch eingefangen.

Bevor räumliche von zeitlichen Bezügen geschieden werden können, müssen einige termini technici geklärt werden. Zunächst wollen wir eine gerichtete Achse (Zeitachse) - symbolisiert durch die Variable t - zur Darstellung von Veränderung einführen: Die regelhafte Veränderung eines Systems oder einer Relation (eines Operanden) kann durch die Angabe eines "Operators" (im Idealfall einer mathemathischen Funktion) zum Ausdruck gebracht werden, der die Abbildung eines Systems oder einer Relation $r(t)$ auf ein System oder eine Relation $r(t+dt)$ beschreibt. Die Indizierung t soll dabei für Operanden solcher Operatoren reserviert bleiben, die Systeme oder Relationen mit kleineren Indices t auf Relationen mit größeren Indices t abbilden (Gerichtetheit der Zeitachse)[9]. Als rekursiv anwendbare Operatoren werden allgemein solche Operatoren bezeichnet, für die der einem Operanden x zugeordnete Wert $f(x)$ wiederum Operand sein kann. Rekursiv anwendbare Operatoren können etwa den Übergang von einer Relation oder einem Systemzustand $r(t)$ zu einer Relation oder einem Systemzustand $r(t+dt)$ beschreiben (also: $r(t+dt) = f[r(t)]$), sofern jedes $r(t+dt)$ ausschließlich vom unmittelbar vorhergehenden $r(t)$ abhängt. Die Abfolge der Relationen oder Systemzustände $r(t)$, $r(t+dt)$, $r(t+2dt)$ usw. - die sogenannte Trajektorie von r - stellt dann eine sogenannte Markov-Kette dar[10]. Markov-Ketten können probabilistisch sein - dann wird der rekursiv anwendbare Operator

---

[9] In der gängigen systemtheoretischen Terminologie ausgedrückt (vgl. Ashby (1956), S. 25 ff.) überführt ein *Operator* ein System oder eine Relation (auch *Operand* genannt) in ein anderes (eine andere). Die Menge aller durch einen Operator ermöglichten Übergänge (*Transitionen*) nennt man eine *Transformation*. Läßt sich ein System oder eine Relation mathematisch exakt beschreiben, so kann der Operator durch eine mathematische *Funktion* dargestellt werden. Um Mißverständnisse zu vermeiden, werde ich den soeben vorgestellten Begriff der Transformation nicht verwenden, da ich im Folgenden zwischen einer Transformationsfunktion und einer Kausalfunktion unterscheiden will, die beide je verschiedene Transformationen (Mengen von Transitionen) festlegen.

[10] Vgl. hierzu z.B. Ashby (1956), S. 243 ff., Rescher (1963) und Haken (1976), S. 88 ff.

durch eine Tabelle von Übergangswahrscheinlichkeiten repräsentiert - oder deterministisch - in diesem Fall wird r(t) eindeutig auf r(t+dt) abgebildet und der deterministische Operator läßt sich im Idealfall als eine mathematische Funktion angeben. Bisher sind wir der Übersichtlichkeit halber von diskreten Abfolgen von Relationen oder Systemzuständen r(t) ausgegangen, die durch den Operator in Folgezustände r(t+dt) überführt werden. Wählen wir dt jedoch beliebig klein (erst dann dürfen wir genaugenommen "dt" schreiben), so lassen sich beliebig genaue Annäherungen an kontinuierliche Abfolgen von r(t) erzielen, der deterministische Operator kann dann durch Differentialgleichungen beschrieben werden.

Die rekursiv anwendbare Funktion, die die Mannigfaltigkeit räumlicher Relationen des gleichzeitigen Raums (des "momentanen Universalsystems") auf die Mannigfaltigkeit künftiger gleichzeitiger Räume abbildet, will ich *Kausalfunktion* nennen (in einem probabilistischen Universum tritt eine Tabelle von Übergangswahrscheinlichkeiten an ihre Stelle). Diese Definition bedarf einiger Erläuterungen. Unter *Raum* soll die Gesamtheit aller gleichzeitigen Relationen verstanden werden, die zwischen unterscheidbaren Systemen (später will ich präzisieren: zwischen "Elementarprozessen", vgl. Kap. 4.3) in der Welt bestehen. Räumliche Relationen repräsentieren die qualitativ irreduziblen Unterschiede der Welt, d.h. solche Unterschiede, die nicht durch eine einfache Regel wechselseitig aufeinander abbildbar sind. Als räumliche Relationen können demnach all diejenigen Relationen zu einem Zeitpunkt t bezeichnet werden, die sich nicht durch rekursive Anwendung eines Algorithmus in die anderen gleichzeitigen räumlichen Relationen überführen lassen, sondern nur enumerativ angebbar sind, die also in irregulärer Beziehung zueinander stehen. Anders formuliert: Ist eine von insgesamt u gleichzeitigen räumlichen Relationen bekannt, so müssen genau u-1 *verschiedene* Operatoren angegeben werden, um die bekannte Relation auf die übrigen u-1 räumlichen Relationen abzubilden. u bezeichnet die irreduzible *Mannigfaltigkeit* des Raums. Der Raum, so gesehen, verkörpert die Mannigfaltigkeit aller irregulären Bezüge.

Jede räumliche Relation eines Zeitpunktes t wird durch die Kausalfunktion in Abhängigkeit von allen anderen gleichzeitigen räumlichen Relationen auf eine räumliche Relation des folgenden Zeitpunktes t+dt abgebildet. Die gleiche Kausalfunktion kann auf sämtliche räumlichen Relationen eines Zeitpunktes angewendet werden; alle räumlichen Relationen eines Zeitpunktes werden dadurch auf die räumlichen Relationen des nächsten Zeitpunktes, der gegenwärtige Raum wird auf den künftigen Raum abgebildet. Durch rekursive Anwendung der Kausalfunktion wird die zeitliche Abfolge künftiger Räume beschrieben. Als *zeitliche Relationen* können nun solche Relationen bezeichnet werden, die zwischen ungleichzeitigen Räumen bestehen. Sie lassen sich - da ungleichzeitige Räume durch eine Kausalfunktion verknüpft sind - als funktionale Abbildungen räumlicher Relationen auffassen. Die Beziehungen zeitlicher Relationen zu räumlichen Relationen sind also *regulär*. Sind alle gleichzeitigen räumlichen Relationen bekannt, so genügt es, die Kausalfunktion anzugeben, um alle räumlichen Relationen des folgenden Zeitpunktes und damit alle zeitlichen Relationen zwischen den beiden Räumen anzugeben (vgl. hierzu Abb. 1)[11].

Meine bisherigen Ausführungen könnten den Eindruck erwecken, Zeit solle als Sukzession diskreter Sprünge zwischen ungleichzeitigen Räumen, zwischen den Räumen verschiedener Zeit"punkte" aufgefaßt werden. Eine solche atomistische Zeittheorie wird in der Tat von Whitehead vertreten ("epochale Zeittheorie"), ist aber von verschiedenen Seiten angegriffen und als unplausibel entlarvt worden[12]. Sie ist überdies unnötig. Die Vorstellung einer kontinuierlichen Zeit ist mit der vorgeschlagenen Unterscheidung zwischen zeitlichen und räumlichen Relationen durchaus kompatibel, die Kausalfunktion braucht nur als eine Funktion entworfen zu werden, deren Funktionsgleichung sich als Differentialgleichung schreiben läßt. Ich werde trotzdem weiterhin, um anschaulich zu bleiben, so von einander folgenden Zeitpunkten reden, als gäbe es eine *diskrete* Abfolge solcher Zeitpunkte, deren jeder durch ein Gefüge räumlicher Relationen charakterisiert wird. Tatsächlich bleibt die Zeit niemals stehen, ein Zeitpunkt stellt lediglich eine Abstraktion von der *Kontinuität* zeitlichen Werdens dar. Zeit"punkte" sind daher zeitlich erstreckte Abschnitte des kontinuierlichen durch die Kausalfunktion beschriebenen Prozesses.

Das, was etwas zu einem Zeitpunkt *ist*, die "Eigenschaften", die ihm zukommen, d.h. aber die Relationen, in denen es zu anderem steht, hängt durch die Kausalfunktion von dem ab, was es zu einem früheren Zeitpunkt war, also von all den Relationen zu anderem, in denen es zum früheren Zeitpunkt stand. Mit der (räumlichen) Relationalität und (zeitlichen) Kontinuität identifizierbarer Systeme verbindet sich die Vorstellung von *Ursache* und *Wirkung*. Vom gleichzeitigen Raum - als Relationengefüge

---

11 Eine formalisierte Version der Kategorisierung in räumliche und zeitliche Relationen, wurde im Anhang zu Schlosser (1990) entwickelt. Der Begriff der "Gleichzeitigkeit", hier völlig naiv verwendet, muß eigentlich, berücksichtigt man die Erkenntnisse der Relativitätstheorie, standpunktabhängig definiert werden. Was als räumliche, was als zeitliche Relation angesprochen wird, hängt dann zwar vom "Standpunkt" ab, für jeden Standpunkt gibt es aber einen gleichmannigfaltigen Raum (vgl. auch die Legende zu Abb. 1; der Begriff des "Standpunkts" kann mit den in Kap. 4.3 eingeführten "Elementarprozessen" identifiziert werden). Auf eine relativistische Präzisierung der Begriffe von Raum und Zeit will ich hier verzichten, um die Diskussion nicht unnötig zu komplizieren. Einer relativistischen Modifikation des vorgeschlagenen Modells stehen aber keine prinzipiellen Schwierigkeiten entgegen.

12 Vgl. etwa Whitehead (1925), S. 126 ff und (1929), S. 141 ff, 396. Whitehead faßt Zeit als eine Sukzession von Zeitatomen ("epochs") auf; jedes "Zeitatom" wird durch den unteilbaren, nicht-extensiven "mikroskopischen" Prozeß einer Konkretisierung ("concrescence") repräsentiert (in Whiteheads subjektivistischer Deutung von Werden ist dieser in etwa mit Kants synthetischer Apperzeption zu vergleichen). Die Sukzession der Konkretisierungsepochen stellt dann einen davon zu unterscheidenden "makroskopischen" Prozeß ("creativity") dar. Die Unterscheidung zwischen einem unteilbaren mikroskopischen und einem extensiven makroskopischen Prozeß wurde von Hammerschmidt (1981), S. 159 wie auch von Chapell (1961), S. 71 ff angegriffen: Der Idee eines nicht-extensiven Prozesses läßt sich keine klare Bedeutung geben; ein Zeitatom kann daher nur als ein ausgewählter Abschnitt eines zeitlichen Kontinuums, als ein Zeitintervall verstanden werden. Whiteheads "Konkretisierung", sofern sie als zeitlich erstreckter Prozeß verstanden werden soll, ist demnach ein Ausschnitt des makroskopischen Prozesses der "Kreativität", kein fundamental davon unterschiedener Prozeß.

aufgefaßt, das durch eine einfache Regel mit einem späteren Relationengefüge verknüpft ist - läßt sich sagen, er sei Ursache des späteren Raumes, letzterer seine Wirkung. Die Begriffe von Ursache und Wirkung gehen mit der Konzeption von Zeitlichkeit als regulärer Verknüpfung Hand in Hand. Räumliche Relationen stellen also nicht starre Beziehungen zwischen gleichzeitigen Systemen her, sondern sind *wirksame* Relationen, die sich beständig in Abhängigkeit voneinander ändern und neue Räume (Relationengefüge) als Funktion alter Räume konstituieren. Wird im Folgenden von "Relationen" ohne nähere Spezifizierung gesprochen, so sollen darunter stets wirksame, also räumliche Relationen verstanden sein, keine zeitlichen Relationen.

Relationen sind somit Bestandteile eines umfassenden Werdensprozesses, sind *prozessual* (und werden deshalb in einer diskreten Darstellung wie Abb. 1 auch als zeitlich erstreckt dargestellt)[13]. Raum darf daher nicht mehr als ein *statisches* Gefüge von Relationen betrachtet werden. Der gleichzeitige Raum ist ein Gefüge zeitlich erstreckter, *prozessualer* Relationen, ist ein zeitlicher Ausschnitt aus dem Werdensprozeß der Welt. Alle nicht aufeinander zurückführbaren Unterschiede (Relationen) sind Aspekte des Weltprozesses. Zwei zeitlich aufeinander folgende Räume, zwei einander ablösende "Zeitpunkte", stellen zwei Ausschnitte dar, deren prozessuale Relationengefüge durch die Kausalfunktion aufeinander bezogen sind. Die Anzahl unterscheidbarer Relationen eines gleichzeitigen Raums - die Mannigfaltigkeit des Raumes - stellt, von der kausalen Warte aus betrachtet, die Anzahl der Funktionsvariablen der Kausalfunktion dar. Mit dem Begriff "Kausalfunktion" muß nicht unbedingt eine deterministische Funktion impliziert werden, an ihre Stelle kann ebensogut eine probabilistische Übergangsregel treten (s.o.). Der Gang der folgenden Argumentation bleibt von der Alternative deterministisch-probabilistisch unberührt.

Ich habe die Einteilung in zeitliche und räumliche Relationen so ausführlich diskutiert, weil sie für das Verständnis der Begriffe von *Dauer* und *Veränderung* notwendig ist. Diese Begriffe will ich näher analysieren, um zu zeigen, wie wir den Substanzbegriff aus relationaler Sicht neu interpretieren können. Für den Substantialismus ist

---

[13] Auch Whitehead faßt die konstitutiven Relationen seiner "wirklichen Einzelwesen" (s.u.) als prozessuale Relationen auf, als die unterschiedlichen Aspekte des Prozesses der Konkretisierung ("concrescence"). In Whiteheads subjektivistischer Deutung wird der Konkretisierungsprozeß aber als der synthetische Prozeß aufgefaßt, der die Einheit der Erfahrung eines Subjekts stiftet. Die Relationen werden quasi als Wahrnehmungsrelationen ("prehensions") konzipiert (vgl. etwa Whitehead (1925), S. 70 ff; (1929), S. 66, 401 ff). Schon Sellars (1941), S. 423 kritisierte zurecht, Whitehead unterscheide nicht zwischen objektiven und subjektiven Relationen. Whiteheads subjektivistische Deutung seiner "wirklichen Einzelwesen" und somit seine gesamte Theorie der "prehensions" sind nicht aufrechtzuerhalten, wenn man, wie Whitehead, von einer Vielzahl gleichzeitiger "wirklicher Einzelwesen" ausgeht. Vgl. hierzu meine Kritik an Whiteheads "wirklichem Einzelwesen" (s.u.).
In der neueren Literatur versuchen Roth und Schwegler, wirksame Relationen ("modes of interaction") zu den "Bausteinen" der Welt zu machen und an die Stelle statischer Strukturen zu setzen. So beschreibt etwa "the physical structure [of sodium] ... nothing but the modes of interaction of the molecule or atom which can be realised in certain experiments (i.e. interaction with certain media)." (Roth and Schwegler (1990), S. 39; vgl. auch Roth and Schwegler (in Vorber.).

Dauer selbstverständlich, Veränderung das zu Erklärende. Nun läßt sich aber von Dauer nicht sinnvoll sprechen, wenn sich überhaupt nichts verändert. Nur weil es Veränderung, also Unterschiede zwischen räumlichen Relationen verschiedener Zeitpunkte und somit Zeitlichkeit gibt, können wir auch von Dauer sprechen, vom Gleichbleiben in der Zeit, von der zeitlichen Abfolge gleichbleibender räumlicher Relationen. Es bleiben daher nie alle räumlichen Relationen zwischen zwei Zeitpunkten gleich. Wäre dem so, so hätten wir es nach wie vor mit demselben Zeitpunkt zu tun. Aber auch die Tatsache der Veränderung ist ohne Dauer nicht begreiflich. Würde sich stets alles verändern, so würde nie etwas als System identifizierbar, die Welt wäre ein turbulentes Chaos ohne jegliche Kontinuität. Dauer und Veränderung bedingen sich somit gegenseitig und sind isoliert betrachtet bedeutungslos.

Wie steht es nun mit der Substanz? Macht es einen Unterschied für unsere Vorstellung von der Welt, wenn wir Substanz postulieren, oder nicht? Fassen wir den Substanzbegriff weit und gehen von einer allen Systemen zugrundeliegenden Substanz (Materie, res extensa, hyle ...) aus, so sind alle Unterschiede, alle Relationen zwischen Systemen nicht-substantielle Unterschiede. Alle "Eigenschaften" der Systeme sind Ausdruck dieser nicht-substantiellen Relationen zu anderen Systemen. Dann ist aber auch alle Veränderung, Veränderung dieser nicht-substantiellen Relationen und somit alle Dauer, Dauer nicht-substantieller Relationen. Die Substanz, die zugrundegelegt wurde, erweist sich offenbar als überflüssig.

Fassen wir den Substanzbegriff enger und verstehen unter Substanz das "Wesen" (eidos) eines Systems K, das, was dieses System gegenüber anderen auszeichnet, seine charakteristischen, systemspezifischen, nicht akzidentiellen Eigenschaften, so könnten entweder die verschiedenen Substanzen verschiedener Systeme als völlig beziehungslos nebeneinanderstehend gedeutet werden. Das hätte zur Folge, daß diese Systeme hinsichtlich ihrer wesentlichen "Eigenschaften" total isoliert wären. Solche isolierten Systeme begegnen uns in unserer einen Welt nicht (s.o.). Oder es gibt neben den nicht-substantiellen, akzidentiellen Relationen zwischen Systemen "substantielle Relationen", die die Wesenseigenschaften verschiedener Systeme zueinander in Beziehung setzen. Die substantiellen Relationen sollten jedoch, im Gegensatz zu den akzidentiellen Relationen, unwirksam, nicht prozessual, sondern statisch sein, sich also nie ändern. Solche wirkungslosen Relationen machen im Zeitverlauf keinen Unterschied, sie bewirken nichts, sie ändern rein gar nichts an der Welt. Ein Krug könnte demnach nie brechen, eine Brücke nie einstürzen, weil dabei ihre substantiellen "Eigenschaften" bzw. Relationen sich in Abhängigkeit von äußeren Einflüssen verändern. Offensichtlich ist eine solche Konzeption "wirkungsloser" substantieller Relationen unsinnig.

Ein Ausweg bleibt dem Substantialisten scheinbar noch. Er könnte substantielle, unveränderliche und unwirksame Relationen nicht zwischen vergänglichen Dingen, sondern zwischen "ewigen" Begriffen, platonischen Ideen annehmen und etwa behaupten, daß Beziehungen, die zwischen Farben wie "rot" und "grün" bestehen, offensichtlich nicht als wirksame Bezüge wirklicher Gegenstände, sondern als Bezüge zwischen ideellen Entitäten, als Verhältnisse von Begriffen zueinander aufgefaßt werden müssen. Diese Position beruht aber auf einer Prämisse, die dem immanenten Realismus widerspricht, und zwar auf der unzulässigen Identifikation von "Welt" (Wirkungswelt) mit einer Außenwelt, aus der der Mensch ausgeklammert bleibt. In der so mißverstandenen Welt (Außenwelt) werden Wirkungsbeziehungen zwischen verschiedenfarbigen Gegenständen nicht als farbabhängig erfahren, und Farbrelationen können deshalb als unwirksame Relationen bezeichnet werden. Wie aber können wir als in der Wirkungswelt präsente Menschen etwas von solchen Relationen wissen? Wenn wir uns Wissen über die Welt aneignen, so schlägt sich dies in der Veränderung der Fähigkeit des praktischen Umgangs mit der Welt - Sprachpraxis eingeschlossen - nieder. Daher läßt sich nicht sinnvoll sagen, wir wüßten etwas über "substantielle Relationen". Wenn wir solche Relationen als wirkungslose Relationen konzipieren, so können sie ja auch keinen Unterschied für unseren wirksamen Umgang mit der Welt machen. Spricht man über wirkungslose Relationen, so widerspricht man sich selbst! Auch Relationen zwischen sprachlichen Begriffen können daher als wirksame Relationen aufgefaßt werden, sonst wäre der Kommunikationsprozeß unmöglich[14]. Um auf das Farbenbeispiel zurückzukommen: In einer Wirkungswelt, in die der Mensch einbezogen ist, werden wirksame Beziehungen zwischen beispielsweise verschiedenfarbigen Gegenständen durch die Vermittlung des Menschen hergestellt, dessen Diskriminationsvermögen bezüglich verschiedener Farben sich in seinem unterschiedlichen Umgang (Sprachpraxis wiederum eingeschlossen) mit verschiedenfarbigen Dingen ausdrückt[15].

Sollen substantielle Relationen gar als die zwischen "transzendentalen Begriffen" - den Kategorien und Werkzeugen unseres Denkens - bestehenden Relationen aufgefaßt werden, so sind sie zwar in unserer Welt wirkungslos, sie kommen aber deshalb auch in dieser Welt nicht vor, und wir können nicht über sie sprechen[16]. Wie wir Substanz auch näher zu fassen versuchen, sie erweist sich als ein überflüssiger Begriff:

> "Our conception of substance is only vivid so long as we do not face it. It begins to fade when we analyse it." Eddington (1929), S. 273.

Wenn die Welt ein Prozeß ist, ein Netzwerk von Unterschieden, die sich unaufhalt-

---

[14] Vgl. hierzu Kap. 6 und Kap. 8, wo ich auch zum Verhältnis von Bedeutung und Wirkung in der Sprache Stellung nehmen werde.

[15] Die seit Locke übliche Einteilung von "Eigenschaften" (Qualitäten) in primäre (objektive) und sekundäre (subjektive) Qualitäten unterscheidet, so betrachtet, zwischen ohne menschliche Vermittlung wirksamen Relationen und Relationen, die nur durch die Vermittlung des Menschen wirksam sind.

[16] Diese Kritik betrifft vor allem Whiteheads "eternal objects" (vgl. Fußnote 19), die als substantialistisches Relikt seiner Philosophie gelten müssen. Damit kein Mißverständnis entsteht: Ich möchte hier nicht in plump positivistischer Manier ein Redeverbot über bestimmte "metaphysische" Begriffe verhängen. Im Gegenteil: Über alles, worüber wir kommunizieren und uns verständigen können, läßt sich sinnvoll reden. Deshalb sprechen wir auch nie über die transzendentalen Grundlagen unserer Welt (höchstens über ein Bild, das wir uns in unserer Welt von jenen machen).

sam verwandeln, so läßt sich für den Begriff der Substanz eine neue relationale Interpretation geben. Ein System kann nicht von vorneherein als ein wesenhaft unveränderliches, substantielles Etwas konzipiert werden, sondern ist ein relationales Gefüge, das alle seine "Eigenschaften" aus den wirksamen Relationen zwischen seinen Konstituenten erhält. Wesenhafte, "substantielle" "Eigenschaften" solcher Systeme können als Gefüge der ein bestimmtes System charakterisierenden, *systemdefinierenden* Relationen rekonstruiert werden. *Sämtliche* Relationen eines Systems sind aber veränderlich und ändern sich unablässig in Abhängigkeit voneinander und von anderen Relationen mit der Umgebung. Ein System ist also nicht statisch, sondern dynamisch, ist ein *Prozeß*, ein mäandrierender Fluß und kein starrer Fels.

Wir interessieren uns nur für solche Systeme, die über einen längeren Zeitraum andauern, die also eine gewisse Stabilität haben - deren systemdefinierende Relationen invariant bleiben bzw. sich in einem abgesteckten Rahmen bewegen. Diese *relative Beständigkeit* der systemdefinierenden Relationen kann an die Stelle der klassischen Substanz treten. Der "Substanz" eines Systems entspricht seine - wie Lloyd Morgan (1923, S. 192) sehr schön sagt - "specific gotogetherness" oder "substantial gotogetherness"[17]. Die während der Dauer des Systems weitgehend unveränderten systemdefinierenden Relationen stiften die Kontinuität in der Veränderung eines Systems. Andere Relationen, in denen das System steht und die nicht zu seinen systemdefinierenden Relationen gehören, können variieren. Ein beständiges, dauerhaftes System kann sich unter Wahrung seiner Identität verändern.

Jedes System - ich greife hier etwas vereinfachend der ausführlichen Diskussion in Kap. 5.1 vor - läßt sich als ein spezifisches Gefüge systemdefinierender Relationen festlegen. Die systemdefinierenden Relationen dürfen aber in einem beschränkten Ausmaß schwanken, dürfen eine bestimmte Bandbreite von Werten einnehmen. Ließe man keinerlei Spielraum für die systemdefinierenden Relationen zu, so gäbe es in einem universalen Wirkungszusammenhang, in dem alles mit allem interagiert und sich daher alle Relationen interdependent verändern - wenn auch einige nur geringfügig, andere stärker -, überhaupt keine dauerhaften Systeme. Ein System kann daher als eine mehr oder weniger eng umschriebene *Menge* von Relationengefügen aufgefaßt werden. Die Menge aller Relationengefüge, die als ein spezifisches System vom Typ K angesprochen werden, nenne ich *Identitätsmenge* von K oder *definiertes System* K. Ein *Prozeßsystem* K_{Pi} (das tiefgestellte P steht für "Prozeß", der laufende Parameter i = 1, 2, 3, ... erlaubt die individuelle Bezeichnung verschiedener Prozeßsysteme vom gleichen Typ K) ist eine Menge solcher Relationengefüge, die sämtlich Element der

---

[17] Allerdings unterscheidet Lloyd Morgan (1923) zwischen effektiven ("effective") und ineffektiven ("ineffective") Relationen (S. 78) und behauptet, (z.B.) raumzeitliche Relationen seien ineffektiv (S. 79). Wie oben argumentiert, ist diese Auffassung unhaltbar: Unsere werdende Welt besteht nur aus effektiven Relationen, ineffektive Relationen machen für unsere Welt keinen Unterschied. Whitehead (1929) schlägt an einer Stelle (S. 120) eine ähnliche Interpretation von Substanz als relativer Beständigkeit von Relationen vor (im allgemeinen läßt Whitehead aber sein "wirkliches Einzelwesen" an die Stelle der traditionellen Substanz treten; siehe z.B. Whitehead (1929), S. 110).

Identitätsmenge von K sind und obendrein untereinander (partielle) historische *Kontinuität* aufweisen. Nur solche Prozeßsysteme, die eine gewisse Beständigkeit haben, vermögen wir als spezifisch definierte Systeme anzusprechen und zu identifizieren[18]. Über die Identitäts- und Kontinuitätskriterien, die vielleicht ein "transzendentaler Beobachter" jeweils voraussetzt, um all die spezifischen Systeme zu identifizieren, die wir in unserer Welt von anderen unterscheiden können, sagen wir gemäß dem immanent-realistischen Grundsatz nichts aus. Diese "transzendentalen" Kriterien mögen die Identitätsmengen und die Mengen von Prozeßsystemen festlegen, sie mögen die in Systeme strukturierte Welt konstituieren, die uns begegnet, sie kommen in dieser strukturierten Welt selbst aber nicht vor[19].

Systeme dauern im allgemeinen nicht ewig. Auch die systemdefinierenden Relationengefüge, die zeitweilig stabil sein können, sind nicht prinzipiell vor Veränderung geschützt. Ändern sie sich in starkem Maße, so überschreitet das Relationengefüge den für ein spezifisches System K zulässigen Wertebereich und fällt nicht mehr in die Identitätsmenge des Systems. Das System zerfällt - der Krug bricht, die Brücke stürzt ein. Dauer ist begrenzt, auch das "Wesen", die "Substanz" eines Systems ist nicht unantastbar, sondern zerbrechlich und vergänglich. Dauer ist also nicht mehr - wie für den Substantialisten - selbstverständlich, sondern wird ihrerseits frag-würdig: In einer ständig sich verwandelnden Welt stellt sich die Frage, wie es denn überhaupt zu dau-

---

[18] Die Identitätsmenge des definierten Systems K ist bezüglich der in ihr enthaltenen Momentansysteme extensionsgleich mit der Menge aller Prozeßsysteme K_{Pi}. Eine ausführlichere Darstellung des mengentheoretischen Systembegriffs wird in Kap. 5 gegeben. Vgl. auch Klir (1969), S. 50 ff., Mesarovic and Takahara (1975), S. 6 ff. und die Pionierarbeit von Ashby (1956), S. 69 und 200, wo Systeme als Listen von Variablen definiert werden (die eine Menge von Zuständen festlegen). Ashby deutet nur am Rande an (S. 284 f.), daß nicht alle in einer Liste von Variablen theoretisch möglichen Werte für ein definiertes System auch "erlaubt" sind. Eine vorläufige Formalisierung des Systembegriffs findet sich im Anhang zu Schlosser (1990). Whiteheads Analoga der hier verwendeten Systembegriffe ("Nexus", "Gesellschaft", "dauerhafter Gegenstand") werden gleichfalls in Kap. 5 vorgestellt.

[19] Ich möchte mich hier klar von Whiteheads Lehre der "eternal objects" (Whitehead (1925),S. 88,159; (1929) z.B. S. 65, 99) absetzen, die seinem eigenen (immanent-realistischen) "ontologischen Prinzip" zuwiderläuft. "Eternal objects" heißen die ewigen Begriffe mit denen wir - bzw. die "wirklichen Einzelwesen" - die Welt strukturieren und zur subjektiven Einheit synthetisieren. Sie können in etwa mit den Identitätskriterien verglichen werden, von denen im Text die Rede war. Sie sind uns als solche aber nicht zugänglich, wir können sie nicht zum Gegenstand philosophischer Reflexion machen, wie Whitehead in seiner Theorie der "prehensions" (insbesondere in Whitehead (1929), S. 401 ff). Hall (1930) und Chiaraviglio (1963), S. 87 schlagen vor, "eternal objects" realistisch umzudeuten und sie als spezifische definierte Systeme ("Nexus" in Whiteheads Terminologie) aufzufassen. Hall (S. 113) spricht dabei von den "focal features" und der "focal identity" von Systemen, als wären diese den Systemen inhärent. Er übersieht, daß jede "Zusammenstellung" von verschiedenen Relationengefügen zu einem bestimmten System in der Tat nach einem Kriterium erfolgen muß, das den Relationengefügen nicht selbst "innewohnt". Die von Identitäts- und Kontinuitätskriterien geleitete Zuordnung von Relationengefügen zu den bestimmten Identitätsmengen derjenigen definierten Systeme, die uns in unserer Welt jeweils "begegnen", müssen wir aber als gegeben hinnehmen bzw., transzendentalphilosophisch gesprochen, einem "transzendentalen Subjekt" überlassen, das wir als "regulative Idee" zwar postulieren können, dessen konstitutive "Arbeitsweise" uns aber verborgen bleibt.

erhaften Systemen, wie es zur zeitweiligen Beständigkeit von Relationengefügen kommen kann. Dieser Frage wird im nächsten Kapitel nachgegangen.

Ich möchte den bisherigen Gedankengang noch einmal kurz zusammenfassen. Alle in unserer Welt unterscheidbaren Systeme - alles was für uns erfahrbar ist, alles worüber wir sprechen können - stehen in einem Wirkungszusammenhang, in dem sich alle Relationen in Abhängigkeit voneinander verändern. Gerade dieser prozessuale Charakter ist es, der die Einheit stiftet: Jede Relation des Relationengefüges, das die Welt zu einem Zeitpunkt verkörpert (des gleichzeitigen Raums), hängt vom *gesamten* Relationengefüge der Welt zu einem früheren Zeitpunkt ab. Die Welt rechnet sich sozusagen ständig selbst aus. Der Weltprozeß (das universale Prozeßsystem) bildet einen *einheitlichen Wirkungszusammenhang*[20]. Dagegen könnte eingewendet werden, die bisherige Argumentation zeige nicht, daß alles mit *allem* zusammenhängt, daß also jede der gleichzeitigen Relationen der Welt von *allen* Relationen eines früheren Zeitpunktes abhängt. Wäre dem aber nicht so, so müßte es wirksame Relationen geben, die während des von einem Zeitpunkt zum nächsten fortschreitenden Weltprozesses nur einige, nicht aber sämtliche Relationen der Welt beeinflussen. Zwei Möglichkeiten sind denkbar: Entweder die beeinflußten Relationen beeinflussen innerhalb des betrachteten Zeitraums ihrerseits die restlichen Relationen der Welt und es hängt doch alles mit allem zusammen, oder aber die beeinflußten Relationen haben in diesem Zeitraum keinen Effekt auf die restlichen Relationen der Welt. Dann bestünde die Welt aus verschiedenen Relationengefügen, die wenigstens im betrachteten Zeitraum nicht miteinander wechselwirkten. In diesem Fall gäbe es also mehr als nur eine Welt und was in der einen Welt geschieht hätte keinerlei Auswirkungen auf das, was in der anderen Welt geschieht[21]. Dies aber steht im Widerspruch zum immanent-realistischen Grundpostulat: Wir haben nur eine Welt, in der wir und mit der wir umgehen. Demnach muß jede Relation des Relationengefüges, das unsere gleichzeitige Welt ausmacht, von allen Relationen früherer welterfüllender Relationengefüge abhängen. Es gibt keine isolierten Systeme,

> "nur dadurch dauern die abgegrenzten Systeme der Wissenschaft, daß sie dem übrigen Universum unauflöslich verknüpft sind. ... die Isolierung [von Systemen] wird nie vollständig. Und wenn die Wissenschaft bis ans Ende geht und vollständig isoliert, so nur der Bequemlichkeit der Untersuchung zuliebe. Stillschweigend setzt sie voraus, daß die sogenannten isolierten Systeme gewissen äußeren Einflüssen unterworfen bleiben und läßt diese nur deshalb beiseite, weil sie ihr ... schwach genug erscheinen, um vernachlässigt werden zu können ..." Bergson (1907), S. 17.

Die unifikationistische Leitidee der Wissenschaft von einer "*Einheit der Welt*" knüpft an diese Einheit des uns zugänglichen, erfahrbaren Weltprozesses an. Die Einheit der Welt sollte sich in unseren wissenschaftlichen Theorien, in unserem intersubjektiven Diskurs über die Welt widerspiegeln, der dieser Einheit zugrundeliegende Wirkungs-

20 Whitehead (1929) spricht hier von der "Solidarität des Universums" (S. 121).

21 Auf den denkbaren Einwand, es könne in einer Welt "Effektivitätsschwellen" für Relationen geben, gehe ich weiter unten (Kap.4.4) näher ein.

zusammenhang sollte aufgedeckt werden. Wenn wir Wissenschaft betreiben, setzen wir aber mehr voraus als nur die Einheit der Welt. Wenn wir versuchen, die Welt zu verstehen, so gehen wir von der Zielvorstellung einer *intelligiblen* Welt aus: Wir setzen voraus, die Welt sei im Hinblick auf den einheitlichen Wirkungszusammenhang analysierbar und die Kausalfunktion, die den Prozeß des Werdens beschreibt, sei *einfach* (zu diesem Punkt s.u.).

4.2 Wege zum Elementaren.

Ich werde nun versuchen, die Konsequenzen der die wissenschaftliche Analyse von Systemen leitenden Vorstellungen von Einheit und Einfachheit aufzuzeigen, um diese dann zur Grundlage für ein theoretisches Modell des universalen Wirkungszusammenhangs zu machen, auf das die Allgemeine Systemtheorie aufgebaut werden soll. Ziel einer wissenschaftlichen Systemanalyse ist es, Systeme besser zu verstehen, sie also in einen umfassenderen Zusammenhang zu stellen, in dem ihre "Eigenschaften" nicht mehr isoliert betrachtet und einfach hingenommen werden müssen, sondern aus dem Wechselspiel wirksamer Relationen erklärt werden können. Ausgangspunkt einer wissenschaftlichen Systemanalyse können nur die Systeme sein, die wir jeweils bereits in der Welt vorfinden, denen wir je schon bestimmte "Eigenschaften" zuschreiben und die mit den anderen Systemen ihrer Umgebung auf vielfältige Art und Weise interagieren[22]. Das, was wir vorfinden, braucht dabei nicht als absolut Gegebenes gedacht werden, sondern kann sich im Zuge des Umgangs mit der Welt selbst ändern. Wie oben (Kap. 1.2) bereits betont, tragen die Ergebnisse der Wissenschaft ja selbst dazu bei, daß wir die Welt ständig mit neuen Augen sehen.

Wie sich ein System verändert, wenn es mit anderen Systemen interagiert, läßt sich anfangs nur beschreiben. Die dem System zugeschriebenen "Eigenschaften" dienen dabei der Differenzierung verschiedener Situationen interaktiven Wandels. Um die verschiedenen Wechselwirkungen von Prozeßsystemen K_{Pi} vom Typ K mit anderen Systemen zu charakterisieren, Prozeßsysteme K_{Pi} also in einen relationalen Wirkungszusammenhang zu stellen, können wir eine *konjungierte Prozeßregel* angeben, eine Konjunktion konditionaler Verknüpfungen: "Für alle Prozeßsysteme K_{Pi} vom Typ K gilt: Wenn System K_{Pi} die Eigenschaften "k" und System L_{Pi} die Eigenschaften "l" hat, dann geschieht x und/oder wenn System K_{Pi} Eigenschaften "u" und System N_{Pi} die Eigenschaften "v" hat, dann geschieht y und/oder ...". Interessieren wir uns für Zebras, so könnte eine solche konjungierte Prozeßregel etwa lauten: "Wenn ein hungriges Zebra grünes Gras findet, so frißt es dieses, und/oder wenn ein durstiges Zebra an einen

---

22 Wissenschaft ist also ein Versuch, die Unterschiede, die uns in der Welt begegnen, zu systematisieren! So vermutet auch Weizsäcker (1968), "daß die ganze Physik im wesentlichen nichts anderes ist als die Gesamtheit derjenigen Gesetze, welche schon deshalb gelten müssen, weil wir das, was die Physik untersucht, objektivieren können ... 'Objektivieren' möchte ich dabei definieren als: Reduzieren auf empirisch entscheidbare Alternativen." (S. 288/289).

Teich mit klarem Wasser gelangt, so trinkt es, und/oder ...". Je komplexer eine Prozeßregel ist - je mehr Alternativen sie konjungiert -, desto deskriptiver ist sie.

Die Kenntnis einer konjungierten Prozeßregel für Systeme mag für unseren alltäglichen Umgang mit diesen Systemen genügen. Wissenschaftliche Systemanalyse will aber einen Schritt weitergehen und verstehen, warum sich Prozeßsysteme vom Typ K in *dieser* Situation so und in *jener* Situation anders verhalten, warum etwa hungrige Zebras Gras fressen, durstige Zebras Wasser trinken. Dazu gilt es, *eine* gemeinsame Regel für beide Situationen zu finden. Schließlich stehen all diese verschiedene Systeme, wie Zebras, Gras und Wasser im angeführten Beispiel, in einem einheitlichen Wirkungszusammenhang, sie verändern ihre "Eigenschaften" in Abhängigkeit voneinander. Die verschiedenen "Eigenschaften" der Systeme, die zu den unterschiedlichen, in der Prozeßregel durch konjungierte Konditionalaussagen beschriebenen Situationen Anlaß geben, müssen auf einen gemeinsamen Nenner gebracht werden, will man die Konjunktion durch eine einfache Regel ersetzen. Das ist dann möglich, wenn sich erstens die verschiedenen "Eigenschaften" der Prozeßsysteme vom Typ K und L als Gefüge wirksamer Relationen zwischen Systemen eines höhermannigfaltigen Wirkungszusammenhangs - den sogenannten *Konstituenten* der Prozeßsysteme vom Typ K und L - interpretieren lassen, die sich in Abhängigkeit voneinander ändern und wenn zweitens die Prozeßregel, die die Interaktion der Konstituenten beschreibt, einfacher ist (weniger Alternativen konjungiert) als die ursprüngliche Prozeßregel. Um zu meinem Beispiel zurückzukehren: Zebra, Gras und Wasser lassen sich in Gefüge wirksamer Relationen zwischen gleichartigen Konstituenten (z.B. Molekülen) analysieren, deren interdependente Interaktionen durch eine einfachere Prozeßregel beschrieben werden können: Ein "hungriges" Zebra wird durch ein anderes Beziehungsgefüge konstituierender Moleküle repräsentiert als ein "durstiges" Zebra. Ich behaupte dabei nicht, eine solche einfachere Prozeßregel sei tatsächlich immer angebbar, sondern lediglich, der Glaube an die Existenz einer solchen Regel, die alles in *einen* Zusammenhang zu stellen erlaubt, leite als "regulative Idee" unsere Analyse von Systemen in Beziehungsgefüge zwischen ihren Konstituenten.

Die Mannigfaltigkeit unterscheidbarer Situationen, die in der ursprünglichen Prozeßregel durch die Anzahl der konjungierten Konditionalaussagen repräsentiert wurde, ohne daß ein innerer Zusammenhang zwischen den verschiedenen Situationen deutlich wurde, wird so in eine Mannigfaltigkeit von Situationen übersetzt, die in einem expliziten Wirkungszusammenhang stehen. Die "Eigenschaften" und Interaktionen der Systeme K und L, die in der komplexen Prozeßregel nur *beschrieben* werden, können jetzt durch Wechselwirkungen zwischen ihren Konstituenten *erklärt* werden[23].

---

[23] Vgl. hierzu Oppenheim and Putnam (1958), S. 5 ff. Shapere (1974), S. 189 schreibt diese Aufgabe sogenannten "compositional theories" zu: "a compositional *problem* is a theoretical problem about a domain calling for an answer in terms of the constituent parts of the individuals making up the domain and the laws governing the behavior of those parts." Ein System und seine Eigenschaften sollen also durch Wechselwirkungen zwischen den Konstituenten erklärt werden, dies impliziert allerdings nicht, daß die Eigenschaften eines Systems aus den Wechselwirkungen nur seiner Teilsysteme ("Autokon-

Die Deutung von "Eigenschaften" als Relationengefüge eines Wirkungszusammenhangs stellt somit eine *Explikation* der Mannigfaltigkeit der ursprünglichen konjungierten Prozeßregel in eine Mannigfaltigkeit von Situationen der in einem einheitlichen Wirkungszusammenhang interagierenden Konstituenten dar; der in der Konjunktion *implizierte* Zusammenhang verschiedener Situationen wird jetzt *explizit* gedeutet[24]. Je weiter die Explikation fortschreitet, desto einfacher und weniger deskriptiv wird die Prozeßregel, d.h. desto umfassender werden die ursprünglichen "Eigenschaften" als Gefüge von interdependenten Relationen verständlich und desto weniger unanalysierte, isolierte "Eigenschaften" gibt es[25].

Auf einer vorläufigen Stufe der Systemanalyse werden wir aber stets mit "Eigenschaften" konfrontiert, die noch nicht expliziert sind. Die den Wirkungszusammenhang der Konstituenten beschreibende Prozeßregel ist dann nicht vollkommen einfach, d.h. als ein einziger Konditionalsatz formulierbar, sondern stellt noch eine Konjunktion von Alternativen dar (wenngleich von erheblich weniger Alternativen als in der ursprünglichen konjungierten Prozeßregel). Haben wir beispielsweise Zebra, Gras und Wasser auf der Ebene interagierender Moleküle expliziert, so lassen sich die verschiedenen "Eigenschaften" eines Zebras als wirksame Relationengefüge zwischen seinen konstituierenden Molekülen deuten (wie sich noch zeigen wird, sind darunter nicht nur Moleküle zu verstehen, die wir als "Teile" des Zebras bezeichnen würden). Wir können die Veränderung der "Eigenschaften" des Zebras in Abhängigkeit von äußeren Einflüssen jetzt als Wandel des molekularen Beziehungsgefüges verstehen, der durch Interaktionen zwischen Molekülen bestimmt wird. Deren Wechselwirkungen lassen sich in Interaktionsgesetzen beschreiben, die die Veränderung bestimmter intermolekularer Relationen - z.B. Entfernungen - als Funktion der bestehenden Relationen beschreiben, dabei aber immer noch verschiedene "Eigenschaften" der Moleküle berücksichtigen müssen, die unanalysiert bleiben (sich noch nicht aus einem Gefüge wirksamer Relationen erklären lassen): "Wenn zwei Moleküle A und B in Relation r_x zueinander stehen und A die Eigenschaft "n", B die Eigenschaft "m" hat, so verändert sich r_x nach einer bestimmten Zeit zu r_x+y (formal ausgedrückt: $r_x(t+dt) = f_1[r_x(t)]$), und/oder wenn A und B in Relation r_x zueinander stehen und beide Moleküle die Eigenschaft "o" haben, so verändert sich r_x nach derselben Zeit zu r_x+z

---

stituenten") untereinander erklärbar und von Umgebungseinflüssen unabhängig sind: Auch Umgebungssysteme können konstitutiv ("Allokonstituenten") sein. Zur Partitionismusdiskussion vgl. aber Kap. 5.

[24] Lloyd Morgan (1923) will zwar auch "Eigenschaften" als Relationen deuten (S. 19, 186), übersieht aber die Möglichkeit, diese sämtlich als Gefüge wirksamer Relationen eines Wirkungszusammenhangs zu analysieren. Nur deshalb kann er "external relations" ("ineffective") von "internal relations" ("effective") unterscheiden und von "new kinds of relations" (S. 64) neuer Systeme sprechen, deren emergente Systemeigenschaften angeblich unanalysierbar seien.

[25] Parallelen und Unterschiede der Explikation (Deutung) von gegenständlichen und begrifflichen Systeme werde ich in Kap. 8.1 aufzeigen, nachdem ich in Kap. 6.3 den Bedeutungsbegriff präzisiert und Bedeutungszusammenhänge von Wirkungszusammenhängen unterschieden haben werde.

(formal ausgedrückt: $r_x(t+dt) = f_2[r_x(t)]$), und/oder ...". Die "Eigenschaften" der Moleküle werden auf dieser Stufe noch nicht hinterfragt, die Regelmäßigkeiten von deren Veränderungen müssen zusätzlich beschrieben werden (analog der ursprünglichen Beschreibung aller Veränderungen von "Eigenschaften" des Zebras). Die Prozeßregel, die das Verhalten der zu analysierenden Prozeßsysteme K und L (z.B. Zebra und Gras) beschreibt, besteht auf dieser Stufe der Analyse aus zwei Abschnitten: Der erste Abschnitt (Interaktionsgesetze) beschreibt einen *eingeschränkten Wirkungszusammenhang* von Relationen r_x zwischen Konstituenten (z.B. Molekülen; genaugenommen beschreiben die Interaktionsgesetze die Abbildung von Tupeln $(r_{x1}(t), r_{x2}(t), ...)$ auf Tupel $(r_{x1}(t+dt), r_{x2}(t+dt), ...)$, da jeder Konstituent gleichzeitig in mehr als nur einer Relation vom Typ r_x zu Nachbarkonstituenten steht). Der zweite ergänzende Abschnitt beschreibt die Veränderungen der noch unanalysierten (d.h. nicht als Veränderungen des interaktiven Gefüges von Relationen r_x interpretierbaren) "Eigenschaften" (z.B. "n", "m" und "o") der Konstituenten. Nur wenn Prozeßsysteme K und L in solche eingeschränkten Wirkungszusammenhänge expliziert werden können, die *relativ abgeschlossen* sind, lassen sich die explizierten Organisationen von K und L mit einer deutlich einfacheren Prozeßregel relativ adäquat beschreiben, die im wesentlichen aus den Interaktionsgesetzen des eingeschränkten Wirkungszusammenhangs besteht. Relativ abgeschlossen sind eingeschränkte Wirkungszusammenhänge dann, wenn die unanalysierten Eigenschaften der interagierenden Prozeßsysteme (hier: Moleküle) relativ stabil bleiben und kaum variieren, so daß die Ergänzungen der Prozeßregel, die deren Änderungen beschreiben, weitgehend außer Betracht bleiben können[26]. Änderten sich die Eigenschaften "m", "n" und "o" der Moleküle, die ja selbst nicht als Relationengefüge des eingeschränkten molekularen Wirkungszusammenhang erklärbar sind, unablässig durch "äußere", d.h. in den Relationen r_x des eingeschränkten Wirkungszusammenhangs nicht darstellbare Einflüsse, so würden die Veränderungen der Prozeßsysteme K und L durch eine Prozeßregel, die nur die Interaktionsgesetze des eingeschränkten Wirkungszusammenhangs berücksichtigt, nicht mehr adäquat beschrieben. Die Relationen r_x der im eingeschränkten Wirkungszusammenhang interagierenden Konstituenten zu einem bestimmten Zeitpunkt hingen dann nicht mehr direkt - in der durch die Interaktionsgesetze beschriebenen Weise - von dem zu einem früheren Zeitpunkt bestehenden Relationengefüge ab, sondern überwiegend

[26] Beispiele für relativ abgeschlossene eingeschränkte Wirkungszusammenhänge sind atomare Interaktionen (chemische Reaktionen), Erregungsinteraktionen zwischen Nervenzellen im Nervensystem, Zellinteraktionen verschieden adhäsiver Zellen im Organismus und die Sprachinteraktionen der menschlichen Kommunikationsgemeinschaft. Keiner dieser eingeschränkten Wirkungszusammenhänge ist indes *vollkommen* abgeschlossen und isoliert vom Rest der Welt (vgl. hierzu auch Schwegler (1992)). Was wir untereinander bereden, hängt zwar weitgehend davon ab, wie unser Gespräch bisher verlaufen ist (und auch von früheren sprachlichen Interaktionen), ist aber nicht unbeeinflußbar durch äußere Einflüsse: Fällt einem der Gesprächsteilnehmer während des Dialogs ein Dachziegel auf den Kopf, so dürfte das Gespräch eine eher unerwartete Wendung nehmen.

von "äußeren" Einflüssen auf die "Eigenschaften" der interagierenden Prozeßsysteme (z.B. Moleküle), die nur beschrieben, nicht durch die Interaktionsgesetze erklärt werden können[27].

Die unanalysierten "Eigenschaften" der Moleküle meines Beispiels, die selbst nicht aus dem eingeschränkten molekularen Wirkungszusammenhang erklärt werden können, hängen nicht ausschließlich von der Wechselwirkung mit anderen Molekülen ab, sondern können ihrerseits auf Wechselwirkungen zwischen Konstituenten, also einfacheren, nichtmolekularen Systemen (etwa Atomen) zurückgeführt werden. Dies muß so geschehen, daß sich sowohl die bislang unanalysierten Eigenschaften "n", "m" und "o" der Moleküle als auch die Gefüge intermolekularer Relationen r_x als Gefüge von Relationen r_y der einfacheren Systeme (z.B. Atome) deuten lassen. Außerdem müssen die Veränderungen der Relationen r_y in einem umfassenderen, expliziteren (z.B. atomaren) Wirkungszusammenhang durch Angabe einer noch einfacheren Prozeßregel erklärt werden können. Diese Analyse läßt sich im Idealfall immer weiter treiben: Die unanalysierten "Eigenschaften" von Atomen, werden im umfassenderen Wirkungszusammenhang der Elementarteilchen relational interpretierbar und in ihrer Veränderlichkeit verständlich[28].

---

[27] Für die Fragestellungen wissenschaftlicher Systemanalyse genügt es, "Eigenschaften" von Systemen als Relationengefüge solcher eingeschränkter Wirkungszusammenhänge zu erklären, in denen der *in Frage gestellte* Zusammenhang mit anderen Systemen explizit zum Vorschein kommt. So genügt es zum Beispiel, die unterschiedliche Verhaltensantwort eines Zebras auf verschiedene Umweltreize auf der Ebene des eingeschränkten Wirkungszusammenhangs der Erregungsverarbeitung im Nervensystem zu analysieren, sofern die Fragestellung lediglich auf die Kohärenz des Verhaltens zielt ("wie werden verschiedene Verhaltensantworten auf verschiedene Umweltreize generiert?"); die verschiedenen Umwelteinflüsse werden dann lediglich als Auslöser eines bestimmten Verhaltens und selbst nicht als erklärungsbedürftig betrachtet; warum verschiedene Umwelteinflüsse in einer bestimmten Abfolge auf das Zebra einwirken, wird nicht hinterfragt. Will man aber wissen, wie das Verhalten eines Zebras ihm das Überleben in seiner Umgebung ermöglicht ("wie hält ein Zebra im Umgang mit Umwelteinflüssen seine Identität aufrecht?"), so reicht diese Betrachtungsebene nicht aus, da zur Klärung dieser Fragestellung auch die Interaktionen mit und zwischen Systemen in der Umgebung des Tieres berücksichtigt werden müssen. Aus der Betrachtung der Erregungsabfolgen im Nervensystem eines vor einem Löwen fliehenden Zebras läßt sich nichts über die Erfolgschancen seiner Flucht aussagen, da diese ebenso von der Konstitution des Löwen, der Unwegsamkeit des Geländes etc. abhängen.

[28] Die Naturwissenschaften, vor allem die Physik, messen i.a. räumliche Unterschiede im engeren Sinn, d.h. Entfernungsunterschiede (Zeigerausschlag eines Meßinstruments) im dreidimensionalen Raum und versuchen eine Interpretation des Wirkungszusammenhangs als komplexes Netzwerk räumlicher (im engen Sinne) Relationen, d.h. Entfernungsbeziehungen zwischen einfachen Systemen, die sich in Abhängigkeit voneinander ändern. Naturwissenschaft kann daher als eine Systematisierung wirksamer Entfernungsänderungen aufgefaßt werden. Entfernungsbeziehungen reichen aber nicht aus, um die Wechselwirkungen zwischen den einfachsten uns bekannten Systemen ("Elementarteilchen") zu charakterisieren, es müssen noch "Eigenschaften" der Systeme wie Masse, Ladung, Spin usw. berücksichtigt werden. Insofern auch solche "Eigenschaften" sich in Abhängigkeit von Wechselwirkungen mit anderen Systemen ändern, sollten auch sie als Gefüge wirksamer Relationen neu interpretiert werden können. Das ist beispielsweise in der Relativitätstheorie für die "Eigenschaft" der Masse von Systemen durchgeführt worden: Die Relationen des Wirkungszusammenhangs sind dann nicht mehr als einfache, dreidimensionale Ent-

Denken wir diesen Gedanken konsequent zu Ende, so sollte es schließlich möglich sein (ob wir jemals so weit kommen, steht auf einem anderen Blatt!), zu einem *universalen Wirkungszusammenhang* zu gelangen, in dem es keine unanalysierten, isolierten "Eigenschaften" der relational verbundenen Entitäten mehr gibt. Die Entitäten des universalen Wirkungszusammenhangs sollen *Elementarprozesse* heißen[29]. Elementarprozesse stellen die einfachsten Systeme dar, die nicht weiter in Konstituenten zerlegt werden können. Wir könnten sie daher auch (wie noch in Schlosser (1990)) als "Elementarsysteme" bezeichnen. Ich ziehe aber den Begriff "Elementarprozeß" vor und werde den Begriff "System" nur für zusammengesetzte Entitäten verwenden, die durch "Zusammenstellung" von Elementarprozessen definiert werden. Jede Veränderung von "Eigenschaften" irgendwelcher Systeme sollte sich mit der Veränderung von Relationengefügen zwischen den Elementarprozessen des universalen Wirkungszusammenhangs korrelieren lassen. Im universalen Wirkungszusammenhang gibt es nur einen Typ von Relation. Jede Relation läßt sich also mit dem gleichen Maßstab messen und hinsichtlich der gleichen Parameter charakterisieren, d.h. die Relationen unterscheiden sich nur quantitativ, nicht qualitativ. Die Relationen des universalen Wirkungszusammenhangs sollen *Elementarrelationen* heißen. Jede Elementarrelation verändert sich ständig in Abhängigkeit von allen anderen Elementarrelationen[30]. Die in-

---

fernungsbeziehungen deutbar, sondern nurmehr als Relationen eines vierdimensionalen Raums - sie lassen sich nicht mehr anschaulich charakterisieren. Letzten Endes sollten sich alle regulär veränderlichen "Eigenschaften" auch der Elementarteilchen aus einem relationalen Zusammenhang ergeben, wobei letzterer immer mehr an Anschaulichkeit verliert. Bei dem Versuch, die Quantentheorie relational umzudeuten, muß man beispielsweise zu höherdimensionalen Räumen übergehen (vgl. etwa Bohm (1987), S. 242 ff).

Ich möchte noch betonen, daß die Vorentscheidung der Physik, Entfernungsunterschiede zu systematisieren, räumliche Unterschiede objektivistisch - als "primäre Qualitäten" - zu deuten und alle anderen von uns feststellbaren Unterschiede, z.B. Farbunterschiede, als "sekundäre Qualitäten" ins Reich der Subjektivität abzuschieben, auch anders hätte ausfallen können: Würden wir beispielsweise nicht den Ausschlag eines Zeigers, sondern die Veränderung eines Farbkontrasts unseren Meßinstrumenten zugrundelegen, so würde unsere Wissenschaft anders aussehen. Während wir, legen wir die heutige Physik zugrunde, gezwungen sind, *eine* Farbe mit *verschiedenen* räumlichen Relationengefügen zu korrelieren (Spektralfarben, Mischfarben, Beleuchtungsabhängigkeit von Farben usw.), und Farben deshalb als "subjektiv" bezeichnen, ereilte räumliche Entfernungen das gleiche Schicksal, würden wir "Farbenphysik" betreiben! Dies hebt auch Uexküll (1928) hervor: "Durch die Einstellung der Lokal- und Richtungszeichen für die Inhaltszeichen, sind diese keineswegs aus der Welt geschafft. Wohl aber hat man ... überall den gleichen *Nenner* eingesetzt, der allein die rechnerische Durcharbeitung ermöglicht." (S. 127; siehe auch S. 103). Vgl. auch Primas (1985), S. 164.

[29] Der Versuch vieler Physiker, eine einheitliche Feldtheorie zu entwerfen, die alle Wechselwirkungen aus einem grundlegenden Typus von Wechselwirkungen abzuleiten versucht, zielt genau in diese Richtung (vgl. etwa Weinberg (1987), S. 437). Solange wir aber Elementarteilchen unanalysierte "Eigenschaften" zuschreiben können, sind diese nicht mit den Elementarprozessen, wie sie hier angepeilt werden, zu identifizieren.

[30] Vgl. Whiteheads (1929) "Solidarität des Universums" (S. 121): "ein wirkliches Einzelwesen kann nur in dem Sinne Element einer 'gemeinsamen Welt' sein, daß diese Konstituens seiner eigenen Beschaffenheit ist. Daraus folgt, daß jede Einzelheit des Universums, einschließlich all der anderen wirklichen Einzelwe-

terdependente Veränderung all der prozessualen Elementarrelationen kann durch eine vollkommen einfache Prozeßregel beschrieben werden, die *Kausalfunktion* (im engeren Sinne). Die Mannigfaltigkeit der im universalen Wirkungszusammenhang unterscheidbaren Elementarrelationen spiegelt sich in der Anzahl der Funktionsvariablen der Kausalfunktion (im engeren Sinne) wider. "Vollkommen einfach" soll lediglich zum Ausdruck bringen, daß die Kausalfunktion keine Konjunktion mehrerer Alternativen mehr ist (da es keine unanalysierten Eigenschaften mehr gibt), sondern vielmehr ein einziger Konditionalsatz, der die Veränderung aller Elementarrelationen zwischen Elementarprozessen in Abhängigkeit voneinander beschreibt; damit ist nichts über die genaue Form einer solchen Aussage gesagt, auch nichts darüber, wie "einfach" sie uns erscheinen mag.

4.3 Der universale Wirkungszusammenhang.

Elementarprozesse, wie sie hier modellhaft konzipiert wurden, sind nichts anderes als die "Schnittpunkte" (genauer: u-Tupel) von Elementarrelationen, der prozessualen, wirksamen Relationen des universalen Wirkungszusammenhangs (zum besseren Verständnis dieses Abschnitts empfiehlt es sich, Abbildung 1 zu Rate zu ziehen). Ihre Identität wird völlig durch externe Relationen bestimmt, es gibt nichts, was ihnen noch "innewohnt". Elementarprozesse sind vollkommen eigenschaftslos bzw. alle ihre "Eigenschaften" werden durch die externen Relationen (Elementarrelationen) repräsentiert, in denen sie zu anderen Elementarprozessen stehen[31]. Jeder Elementarprozeß steht mit *allen* gleichzeitigen antezedenten Elementarprozessen (Elementarprozessen zu einem früheren Zeitpunkt) in Relation, der universale Wirkungszusammenhang soll ja ein *einheitlicher* Wirkungszusammenhang sein (vgl.

---

sen, ein Konstituens in der Beschaffenheit jedes wirklichen Einzelwesens ist." (S. 277).

[31] Eine genauere, formalisierte Darstellung von Elementarprozessen (dort noch "Elementarsystem" genannt) findet sich im Anhang zu Schlosser (1990). Eine überarbeitete und korrigierte Version dieser Formalisierung ist in Vorbereitung. Helmut Schwegler verdanke ich den wertvollen Hinweis, daß es nicht ausreicht, Elementarrelationen als zweistellige Relationen R_{ij} zwischen einem Elementarprozeß $E_i(t)$ und einem früheren Elementarprozeß $E_j(t\text{-}dt)$ zu konzipieren. Ein Elementarprozeß $E_i(t)$ ($i = 1, 2, ..., u$) wurde als u-Tupel der Elementarrelationen R_{ij} zu allen antezedenten Elementarprozessen ($j = 1, 2, ..., u$) eingeführt. Nun sollen sich verschiedene gleichzeitige Elementarprozesse $E_i(t)$, $E_j(t)$ usw. zwar durch ihre "Perspektive" voneinander unterscheiden, jeder Elementarprozeß soll aber sozusagen die "Information" über das ganze antezedente Universalsystem "in sich tragen" (d.h. um den Zustand des künftigen Universalsystems mit der Kausalfunktion zu berechnen, soll die vollständige Kenntnis *eines* Elementarprozesses genügen). Unter diesen Bedingungen ist jeder Elementarprozeß durch eine Transformationsfunktion auf jeden anderen gleichzeitigen Elementarprozeß abbildbar. Das zentrale Postulat der "vollständigen Selbstbestimmtheit" eines Elementarprozesses läßt sich aber nur erfüllen, wenn Elementarrelationen als mehrstellige Relationen (Relationen, die mehr als nur zwei Elementarprozesse verknüpfen) eingeführt werden. Vermutlich genügt es, eine Elementarrelation als die dreistellige Relation R_{iij} aufzufassen, die $E_i(t)$ mit $E_i(t\text{-}dt)$ und $E_j(t\text{-}dt)$ verknüpft. Elementarprozesse müssen dann als u-Tupel von R_{iij} eingeführt werden. Im Text werde ich, der Einfachheit halber, Elementarrelationen weiterhin mit R_{ij} notieren.

Kap. 4.1)[32]. Ein Elementarprozeß erhält seine Identität durch die von Elementarrelationen vermittelte interaktive Dependenz von allen früheren Elementarprozessen (vgl. Abbildung 1). Um substantialistischen Mißverständnissen vorzubeugen: Ein Elementarprozeß ist keine eigenständige elementare Entität, die *zusätzlich* zu den Elementarrelationen bestünde - Elementarprozesse sind eigenschaftslos -, sondern lediglich eine von u ineinander transformierbaren (s.u.) Perspektiven, die in einem u-mannigfaltigen Universum eingenommen werden können, eine von u ineinander transformierbaren Beschreibungen des universalen Beziehungsgefüges. Formal läßt sich ein Elementarprozeß $E_i(t)$ als eine Liste (ein u-Tupel) aller Elementarrelationen R_{ij} zu allen antezedenten Elementarprozessen $E_j(t\text{-}dt)$ - einschließlich $E_i(t\text{-}dt)$ - beschreiben.

Es mag zunächst ungewöhnlich erscheinen, daß ein Elementarprozeß durch die Beziehungen zu allen *früheren* Elementarprozessen charakterisiert wird und nicht durch die Beziehungen zu allen gleichzeitigen Elementarprozessen. Der Grund dafür soll kurz angedeutet werden (die genaue Beweisführung müßte auf eine formalisierte Darstellung zurückgreifen, die ich mir an dieser Stelle erspare). Würde ein Elementarprozeß durch die direkten Beziehungen zu allen gleichzeitigen Elementarprozessen definiert, so wäre die Mannigfaltigkeit unterscheidbarer Elementarprozesse - die ja die "Knoten" des Beziehungsgefüges repräsentieren - um eins größer als die Mannigfaltigkeit unterscheidbarer Elementarrelationen: Gibt es insgesamt drei (vier, fünf, ...) Elementarprozesse E, so kann jedes E_i durch zwei (drei, vier, ...) Elementarrelationen zu den anderen Elementarprozessen E_j charakterisiert werden. Ist aber E_1 von Beziehungen zu E_2 und E_3 abhängig, E_2 von Beziehungen zu E_1 und E_3, so läßt sich E_1 in Abhängigkeit von E_1 und E_3 ausdrücken, und die Mannigfaltigkeit der Elementarprozesse kann um eins auf die Mannigfaltigkeit unterscheidbarer Elementarrelationen reduziert werden, sofern ein Parameter t (die Zeit) eingeführt wird, der es ermöglicht, die Abhängigkeit jedes E von sich selbst ins Spiel zu bringen, indem z.B. $E_1(t)$ von $E_1(t\text{-}dt)$ abhängt. Jedes der u verschiedenen $E_i(t)$ wird dann von u Elementarrelationen zu allen u antezedenten $E_j(t\text{-}dt)$ - einschließlich $E_i(t\text{-}dt)$ - bestimmt.

Die Liste aller Elementarprozesse zu einem Zeitpunkt - der gesamte gleichzeitige Raum - soll als *momentanes Universalsystem* bezeichnet werden. Universalsystem und Elementarprozesse bilden die beiden extremen Pole der Systemtheorie. Während ein Elementarprozeß vollkommen durch externe Relationen charakterisiert werden muß, ist das Universalsystem ausnahmslos durch interne Relationen bestimmt[33]. Das Uni-

---

[32] Der Begriff der Gleichzeitigkeit muß aber, wie schon in Fußnote 11 erwähnt, relativistisch verstanden werden, d.h. welche antezedenten Elementarprozesse E_j als gleichzeitig (als $E_j(t\text{-}dt)$) gelten, hängt vom Elementarprozeß $E_i(t)$ ab. Bezieht man diese Überlegungen in das theoretische Modell des universalen Wirkungszusammenhangs mit ein, so läßt sich auch eine Interpretation des Nahwirkungsprinzips trotz simultaner universaler Dependenz finden. Diese Diskussion soll einer gesonderten Publikation vorbehalten bleiben (den Hinweis auf den potentiellen Konflikt meines Modells mit dem Nahwirkungsprinzip der Physik verdanke ich Helmut Schwegler).

[33] Vgl. hierzu Whitehead (1929), S. 121, 518.

versalsystem verschließt sozusagen alle wirksamen Relationen in sich, ein Elementarprozeß legt alles offen. Es gibt genau so viele Elementarprozesse im Universalsystem, wie es unhintergehbare wechselwirkende Unterschiede (Elementarrelationen) in der Welt gibt. Die Anzahl u der Elementarprozesse $E_i(t)$ entspricht der *Mannigfaltigkeit* des Raums; alle Unterschiede drücken sich in den u Elementarrelationen zwischen einem $E_i(t)$ und den u antezedenten Elementarprozessen $E_j(t\text{-}dt)$ aus.

Alle Elementarrelationen lassen sich miteinander vergleichen und mit dem gleichen Maßstab messen, d.h. alle Elementarrelationen sind durch die gleichen Parameter zu charakterisieren und unterscheiden sich nur quantitativ, und zwar durch die Werte, die die Parameter jeweils annehmen. Nur so kann jede Elementarrelation eines Elementarprozesses Funktion aller antezedenten Elementarrelationen sein. Die Anzahl qualitativ verschiedener Parameter, die nötig sind, um eine Elementarrelation erschöpfend zu charakterisieren, wird als *Dimensionalität* d des Universums bezeichnet. Mit anderen Worten: Elementarrelationen müssen formal als d-Tupel, als Listen (oder Vektoren) von d Parametern, eingeführt werden. Ein Universum, in dem sich die Elementarrelationen völlig durch Angabe dreier Raumkoordinaten charakterisieren ließen, wäre demnach dreidimensional (unsere Welt ist aber sicher höherdimensional, da die relational gedeuteten Phänomene Ladung, Masse etc. berücksichtigt werden müssen).

Ein Elementarprozeß darf nicht statisch vorgestellt werden. Jeder Elementarprozeß ist, wie die Bezeichnung ja zum Ausdruck bringt, ein Prozeß[34]. Versuchte ich einen Elementarprozeß zu einem Zeitpunkt exakt zu beschreiben, so müßte ich die Relationen angeben, in denen er zu allen Elementarprozessen eines früheren Zeitpunktes steht. Die Welt würde sich aber nicht wandeln, wenn das schon alles wäre. Das Gefüge von Elementarrelationen, das einen Elementarprozeß ausmacht, verändert sich beständig, und zwar so, daß jede Elementarrelation des Sukzessors eines Elementarprozesses (einer späteren statischen Abstraktion des Elementarprozesses) von allen Elementarrelationen des Elementarprozesses abhängt, mit anderen Worten: Alle Elementarprozesse *interagieren*! Die Regel, nach der sich Elementarrelationen verändern, wird - wie schon dargelegt - durch die *Kausalfunktion* beschrieben[35]. Die Kausal-

[34] Unsere Welt ist ein Prozeß und "der Prozeß [ist] das Werden von wirklichen Einzelwesen ... Daher sind wirkliche Einzelwesen Geschöpfe; sie werden auch als 'wirkliche Ereignisse' bezeichnet." Whitehead (1929), S. 64. Die Betonung des prozessualen Charakters von Welt findet sich z.B. in Whitehead (1925), S. 74, 175 und (1929), S. 29, 64. Den elementaren Prozeß, den jedes "wirkliche Einzelwesen" - oder wie ich lieber sagen möchte: jeder Elementarprozeß - eigentlich verkörpert, beschreibt Whitehead auch als Konkretisierungsprozeß ("concrescence") (s.o.). Vgl. hierzu Whitehead (1929), S. 63, 92, 173, 396.

[35] Wie schon mehrmals betont, können wir Systemanalyse betreiben und die Welt in immer einfachere, d.h. "eigenschaftslosere" Systeme analysieren, ohne daß uns die zugrundeliegende Prozeßregel bekannt sein muß. Dies gilt natürlich auch für die Kausalfunktion des universalen Wirkungszusammenhangs. Der "Glaube" an die Existenz der Kausalfunktion ist eine regulative Idee, die unsere Analyse in Richtung auf Elementarprozesse leitet, welche vollkommen eigenschaftslos und durch externe Relationen charakterisierbar sind. Wir nehmen an, daß die Veränderungen aller Relationen in Abhängigkeit voneinander im Prinzip durch eine einzige Regel wiedergegeben werden können, da alles von allem beeinflußt werden

funktion ist eine Funktion, die von ebensovielen Variablen abhängt, wie es Elementarrelationen gibt und daraus für jede Elementarrelation in Abhängigkeit von allen antezedenten Elementarrelationen einen neuen Wert errechnet[36].

Wieso kann es aber verschiedene Elementarprozesse geben, wenn doch jeder Elementarprozeß das ganze Universum widerspiegelt, da er ja mit allen antezedenten Elementarprozessen in Verbindung steht? Die Antwort darauf ist einfach: Jeder gleichzeitige Elementarprozeß ist ein Gefüge (formal: u-Tupel) von Elementarrelationen zu allen antezedenten Elementarprozessen, verschiedene gleichzeitige Elementarprozesse stellen aber verschiedene solcher Gefüge dar. Jeder Elementarprozeß "betrachtet" die gleiche antezedente Welt von einem unterschiedlichen Standpunkt aus. Elementarprozesse unterscheiden sich also durch ihre "Perspektive" voneinander. Kann es aber nicht zwei Elementarprozesse geben, die sich hinsichtlich keiner Elementarrelation voneinander unterscheiden? Diese Frage ist zu verneinen. Wäre dem so, so gäbe es keinen wirksamen Unterschied zwischen diesen beiden Elementarprozessen, beide hätten denselben Sukzessor. Jeder Elementarprozeß muß sich sogar von allen anderen in *allen* Elementarrelationen unterscheiden (vgl. Abb. 1)[37]. Brauchen wir aber eine Vielzahl von verschiedenen Elementarprozessen, wenn doch jeder Elementarprozeß das ganze Universalsystem widerspiegelt, wodurch das Universalsystem eine Einheit darstellt? Allerdings! Es handelt sich schließlich um eine unterschiedene, differenzierte Einheit. Von einer ununterschiedenen Einheit könnte man nicht einmal sagen, sie verändere sich. Wäre die Welt ein strukturloser Brei, so könnte überhaupt nicht über sie gesprochen werden. Wenn ein Elementarprozeß auch als eine Einheit aller antezedenten Elementarprozesse konzipiert werden muß, um der "Solidarität des Universums" (Whitehead 1929; S. 121) Rechnung zu tragen, so ist damit ja keineswegs gesagt, er sei von all diesen in gleichem Maße abhängig. Im Gegenteil: Ein elementarer Prozeß - seine durch die Kausalfunktion beschriebene Veränderung - wird oft hauptsächlich von nur wenigen *relevanten* Elementarrelationen abhängen, alle anderen Elementarrelationen können einen geringen und daher zu vernach-

---

kann. Es ist für die hier angestellten Betrachtungen aber vollkommen gleichgültig, welche konkrete Form die Kausalfunktion in unserer Welt annimmt. Daher ist die Allgemeine Systemtheorie unabhängig vom aktuellen Stand der physikalischen Gesetzeswissenschaft.

36 Die Indizierung der Kausalfunktion mit der Zeitvariablen t im Anhang zu Schlosser (1990), S. 261 ist mißverständlich, worauf mich Helmut Schwegler aufmerksam machte. Ich wollte damit nur die implizite Zeitabhängigkeit (Abhängigkeit von den zu einem Zeitpunkt t auftretenden Werten der Funktionsvariablen) der Kausalfunktion zum Ausdruck bringen, keinesfalls unterstellen, die Kausalfunktion sei explizit zeitabhängig (die Verknüpfungsregel zwischen zwei ungleichzeitigen Räumen ändere sich mit der Zeit); in diesem Fall löste sich der Begriff der Verknüpfungs"regel" ja selbst auf.

37 Die Einheit der Perspektive ist unteilbar: Ein Elementarprozeß $E_1(t)$ kann unmöglich bezüglich einiger antezedenter Elementarprozesse $E_j(t-dt)$ die gleichen Elementarrelationen R_{ij} aufweisen wie $E_2(t)$ - so daß gilt: R_{1j} gleich R_{2j} -, hinsichtlich anderer $E_k(t-dt)$ aber nicht (R_{1k} ungleich R_{2k}), so wie es einer Person A unmöglich ist, den Schrank in einem Zimmer aus der Perspektive von B zu sehen, den Tisch aber nicht. Entweder A sieht beides aus der Perspektive von B (und ist dann mit B identisch) oder keines von beiden.

lässigenden Einfluß ausüben. Die verschiedenen Elementarprozesse unterscheiden sich dadurch, welche antezedenten Elementarprozesse die für ihre Veränderung relevantesten sind. Wenn auch strenggenommen alle Elementarprozesse beständig miteinander interagieren (s.o.), so sprechen wir von *Interaktion* zweier oder mehrerer Elementarprozesse E_i, E_j, E_k, ... im engeren Sinne nur dann, wenn diese füreinander jeweils hochgradig relevant sind (wo hierbei die Grenze für hochgradige Relevanz gezogen werden soll, muß gesondert festgelegt werden). Die Elementarrelationen R_{xi}, R_{xj}, R_{xk}, ... (für alle x von 1 bis u) ändern sich dann weitgehend in Abhängigkeit voneinander, d.h. in *gekoppelter* Weise.

Alle in der Welt ablaufenden Prozesse stehen im "Einklang des Werdens" (Whitehead (1929), S. 238): Die Welt wahrt ihre Einheit, während sie sich verändert. Daraus folgt für Elementarprozesse, daß es eine *Transformationsfunktion* $f_{T(j)}$ geben muß, die u Transformationen (für j = 1, 2, ..., i, ..., u) beschreibt. Durch $f_{T(j)}$ läßt sich jede Elementarrelation eines Elementarprozesses $E_i(t)$ in je genau eine korrespondierende Elementarrelation jedes anderen gleichzeitigen Elementarprozesses $E_j(t)$ einschließlich seiner selbst (für j = i) transformieren. Jeder Elementarprozeß kann durch die Transformationsfunktion auf jeden anderen gleichzeitigen Elementarprozeß abgebildet werden. Die "Transformationsfunktion" drückt nichts anderes aus, als daß jeder Elementarprozeß nur eine andere *Perspektive* derselben antezedenten Elementarprozesse darstellt. Die Transformation von einem Elementarprozeß in einen anderen entspricht einem Standortwechsel. Transformationsfunktion $f_{T(j)}$ und Kausalfunktion f_K sind kommutativ: Ein durch die Anwendung von f_K auf einen Elementarprozeß $E_i(t)$ generierter Elementarprozeß $E_i(t+dt)$ kann durch $f_{T(j)}$ in den gleichzeitigen Elementarprozeß $E_j(t+dt)$ transformiert werden. Derselbe Elementarprozeß $E_j(t+dt)$ kann aber auch durch Transformation von $E_i(t)$ in $E_j(t)$ mittels $f_{T(j)}$ und anschließender Anwendung von f_K erzeugt werden[38]. Gäbe es keine Transformationsfunktion, so würden sich $E_i(t)$ und $E_j(t)$ jeweils in Abhängigkeit von allen früheren Elementarprozessen ändern, die jeweiligen Änderungen stünden aber beziehungslos nebeneinander. Es ließe sich dann keine Grundlage für die kohärente Einheit der Welt mehr finden, es ließe sich auch nicht mehr sinnvoll sagen, jeder Elementarprozeß hänge von *denselben* antezedenten Elementarprozessen ab (vgl. auch hierzu Abb. 1, an der sich das Gesagte geometrisch veranschaulichen läßt)[39].

---

[38] Vgl. hierzu den Anhang zu Schlosser (1990), S. 261.

[39] Das vorgestellte ganzheitliche Modell des Universums läßt sich gut mit einigen erstaunlichen Konsequenzen der Quantentheorie vereinbaren, insbesondere den nicht-lokalen Korrelationen (Einstein-Podolsky-Rosen-Korrelationen) zwischen verschiedenen Systemen. Die Paradoxien der Quantentheorie resultieren daraus, daß das Universum eigentlich als ein "verschränktes System" betrachtet werden muß, in dem es keine isolierten "Objekte" gibt: "quantum theory strictly speaking admits of no isolated objects." Scheibe (1989), S. 119. Wir gehen aber in unserer Weltbetrachtung - z.B. im physikalischen Experiment - immer von isolierten Objekten aus und vernachlässigen somit unweigerlich einige der ganzheitlichen EPR-Korrelationen, was u.U. zu paradoxen Konsequenzen führen kann. Vgl. hierzu vor allem Primas (1985), S. 114 f und S. 118, sowie Bohm (1987).

Die "Elementarprozesse", wie sie hier als Grundlage der Allgemeinen Systemtheorie konstruiert wurden, lassen sich mit den "wirklichen Einzelwesen" oder "wirklichen Ereignissen" vergleichen, die in Whiteheads Philosophie eine zentrale Rolle spielen; diese wiederum haben in Leibniz' "Monaden" ihre Vorläufer[40]. Whiteheads "wirkliche Ereignisse" stehen - wie Elementarprozesse - alle untereinander in Verbindung. Sie erhalten ihre individuelle Identität ausnahmslos aus dem Gefüge von Relationen, in dem sie mit anderen stehen, dieses Relationengefüge ist also für sie konstitutiv[41]. Und sie sind Prozesse, Verkörperungen des Werdens, keine statischen Gebilde[42]. Hier ist nicht Raum genug für eine ausführliche Whitehead-Exegese, die Elementarprozesse mit wirklichen Einzelwesen en détail vergleichen müßte. Ich möchte aber wenigstens kurz auf einige gravierende Unterschiede zwischen beiden Konzeptionen aufmerksam machen.

Whitehead deutet sein wirkliches Einzelwesen (unter anderem) subjektivistisch: Der Konkretisierungsprozeß, in dem sich ein wirkliches Einzelwesen "verwirklicht", entspricht der Synthese aller Relationen (die als Wahrnehmungsrelationen - "prehensions" - verstanden werden müssen) zur "subjektiven" Einheit. Wie Whiteheads Theorie der "prehensions" zeigt[43], kann sein wirkliches Einzelwesen als Subjekt durchaus einem "transzendentalen Subjekt" im Sinne des Idealismus, dem unhintergehbaren "letzten Beobachter" der Welt gleichgestellt werden (auch wenn Whitehead sich über Kategorien ausschweigt und von "prehensions" als dem jeweils in der Wahrnehmung Gegebenen ausgeht)[44]. Die Welt läßt sich sozusagen nur aus der

---

[40] Im Original "actual entity", "actual occasion", ursprünglich auch einfach "event". Vgl. z.B. Whitehead (1925), S. 72 ff, 171, 175, (1929), S. 57 ff, 66, 150 sowie Leibniz (1720).

[41] Whitehead spricht daher von "internal relatedness": "The position here maintained is that the relationships of an event are internal, so far as concerns the event itself; that is to say, that they are constitutive of what the event is in itself." (1925), S. 106 (vgl. auch S. 125 f).

[42] Ich habe bereits mehrmals auf den "Konkretisierungsprozeß" ("concrescence") hingewiesen, der für das Werden eines wirklichen Einzelwesens steht. Die Sukzession von Konkretisierungsprozessen stellt den makroskopischen Prozeß des Werdens der Welt dar, der Ausdruck einer zugrundeliegenden Aktivität ("creativity") ist (Siehe z.B. Whitehead (1929), S. 79, 173). In neuerer Zeit wurde von Bohm (1987) die Whitehead sehr nahe kommende Philosophie der "impliziten Ordnung" entwickelt, in der sich die Idee eines universalen Wirkungszusammenhangs mit einem strikten Determinismus verbindet. Whiteheads "creativity" wird bei Bohm zu einem "Notwendigkeitsdruck" (S. 264).

[43] Whitehead (1929), S. 401 ff.

[44] Vgl. etwa Whitehead (1929), S. 93, 95. Whitehead (1929) spricht in Zusammenhang mit dem Konkretisierungsprozeß des wirklichen Einzelwesens auch von "subjektivem Ziel" (S. 69, 73), "Streben" (S. 80) und "Zweckursachen" (S. 173, 202 ff, 282) und kann daher leicht teleologisch mißverstanden werden. Auf der anderen Seite betont Whitehead die "innere Determiniertheit" des Weltprozesses durch die "Wirkverursachung" ((1929), S. 104, 282). Auf den ersten Blick widersprüchlich, lassen sich beide Vorstellungen bei genauerem Hinsehen vereinbaren, wenn man "Zweckverursachung" als einen komplementären Aspekt der "Wirkverursachung" auffaßt und nicht als eine davon unterschiedene entelechiale "causa finalis" (vgl. Whitehead (1929), S. 282, 395, 504; Vlastos (1937), S. 161; ähnlich schon Leibniz (1720), S. 32). Einige Passagen in Whiteheads Werk lassen sich aber beim besten Willen nicht anders als teleologisch verstehen (z.B. Whitehead (1929), S. 206), seine ganze Theorie lebender Systeme

Perspektive eines wirklichen Einzelwesens betrachten (und das wirkliche Einzelwesen ist, so gesehen, selbst nicht weltimmanent, ist in *seiner* Welt nicht präsent). Andererseits geht Whitehead aber von einer Vielzahl gleichzeitiger wirklicher Einzelwesen aus, die wechselseitig aufeinander durch "prehensions" bezogen sind. Beides läßt sich jedoch nicht gleichzeitig vertreten. Ist ein wirkliches Einzelwesen dem "letzten Beobachter" zu vergleichen, so kann es nur *ein* gleichzeitiges wirkliches Einzelwesen geben, auf das die ganze Welt relational bezogen ist. Das aber ist trivial. Faßt man ein wirkliches Einzelwesen so auf, so kann es nicht als weltimmanent gelten und wir können nichts darüber aussagen.

Whitehead hat aber offensichtlich mit seinen wirklichen Einzelwesen Ähnliches im Sinn wie ich mit den Elementarprozessen: Er möchte einen theoretischen Ausdruck für die Tatsache finden, daß alle weltimmanenten Systeme in wechselseitiger Dependenz stehen. Daher spricht er von einer Vielzahl wirklicher Einzelwesen; die wirklichen Einzelwesen werden zudem als Konstituenten der uns in der Welt begegnenden Systeme angesprochen[45]. Diesen Aspekt der Whiteheadschen wirklichen Einzelwesen greife ich mit den Elementarprozessen auf, Whiteheads subjektivistische Deutung, die damit nicht konsistent ist, lasse ich beiseite: Alle Elementarprozesse kommen in unserer (immanent-realistischen) Welt vor und sind in dieser zugänglichen Welt aufeinander relational bezogen[46].

Ich möchte zum Schluß dieses Abschnitts nicht versäumen, darauf hinzuweisen, daß der hier vorgestellte universale Wirkungszusammenhang von Elementarprozessen ein stark idealisiertes theoretisches Modell darstellt. Es wird aus *prinzipiellen* Gründen niemals gelingen, den unserer Welt zugrundeliegenden universalen Wirkungszusammenhang *exakt* zu modellieren (approximative Beschreibungen sind gleichwohl möglich). Es ist nämlich unmöglich, jemals *alle* gleichzeitigen Elementarrelationen im Universum zu beschreiben, da im Prozeß dieser (innerweltlichen) Beschreibung der Zustand des Universums verändert wird. Keine Aussage über den universalen Wirkungszusammenhang kann also exakt nachgeprüft werden. Auf die unvermeidliche Selbstbezüglichkeit jeder Beschreibung eines universalen Wirkungszusammenhangs (Selbstbezüglichkeit durch Beobachterpartizipation) wird in Kapitel 7.2 im Zusammmenhang mit den Problemen der Prognostizierbarkeit näher eingegangen[47].

(Whitehead (1929), S. 199 ff) krankt daran.

45 So sagt er etwa: "jedes Elektron ist eine Gesellschaft von elektronischen Ereignissen, und jedes Proton ist eine Gesellschaft von protonischen Ereignissen." Whitehead (1929), S. 180. Whiteheads "Gesellschaft" entspricht in etwa meinem "System".

46 Ein Elementarprozeß läßt sich vielleicht eher mit Whiteheads Begriff des "Standpunkts" ("standpoint") gleichsetzen, der einem von subjektivistischen Zutaten "gereinigten" wirklichen Einzelwesen entspricht (Whitehead (1929), S. 513 ff).

47 Das heißt auch, daß die Physik niemals die Kausalfunktion des universalen Wirkungszusammenhangs beschreiben wird. Jeder solche Versuch scheitert schon am berühmten "Dreikörperproblem": Ein exakter Algorithmus für die Prognose der gleichzeitigen Wechselwirkungen zwischen mehr als zwei Systemen ist - mathematisch beweisbar - nicht geschlossen, sondern nur numerisch, und das heißt approximativ lösbar. Die ideale Kausalfunktion des universalen Wirkungszusammenhangs soll aber alle Elementarrelationen

4.4 Mögliche Einwände.

Die systemanalytische Explikation von "Eigenschaften" im Hinblick auf den universalen Wirkungszusammenhang von Elementarprozessen (die "Externalisierung" dieser Eigenschaften in Gefüge von Elementarrelationen) geht von der Gültigkeit der leitenden Vorstellungen von Einheit und Intelligibilität der Welt aus - insbesondere von der Existenz einer einfachen Kausalfunktion, die alle Relationen miteinander wechselwirken läßt und so die Einheit in der Mannigfaltigkeit des Universums herstellt. Nur das "Reintegrierbare" ist externalisierbar, ein einheitliches System kann nur in zusammenhängende, interagierende einfachere Systeme analysiert werden. Läßt sich an diesen Voraussetzungen wissenschaftlicher Systemanalyse, läßt sich an Einheit und Einfachheit der Welt berechtigt zweifeln?

Etwas schlechthin Unbezweifelbares gibt es natürlich nicht (vgl. Kap. 3). Es scheint mir aber schwierig zu sein, einem Zweifel an der Einheit der Wirkungswelt einen verständlichen Sinn zu geben. Übt etwas keine Wirkung auf anderes aus, wie läßt sich dann sagen, es existiere in derselben Welt? Jeder Elementarprozeß sollte demnach alle anderen Elementarprozesse beeinflussen können. Es könnte allenfalls Schwellenwerte für die Wirksamkeit von Elementarrelationen geben, so daß Elementarrelationen erst wirksam würden, wenn ihre Werte eine bestimmte *Effektivitätsschwelle* überschritten. In einem solchen Fall könnten wir von einem *durchbrochenen Wirkungszusammenhang* sprechen. Die Existenz solcher Effektivitätsschwellen ist schwer zu widerlegen. Es bleibt aber zu beachten, daß eine Elementarrelation erst dann zu der einen Welt gehört, mit der wir umgehen, wenn sie die Effektivitätsschwelle überschritten hat; ineffektive Elementarrelationen sind nicht weltimmanent. Effektivitätsschwellen könnten daher die Basis für den "realen Zufall" in der Welt sein, sofern man von einer nichtdeterministischen, probabilistischen Welt ausgeht[48]. Einige vitalistische Theoretiker, vor allem aber Autoren, die an eine Entwicklung der Welt aus

des Universums gleichzeitig als Variablen berücksichtigen. Eine solche Funktion wäre demnach nicht eindeutig lösbar und deshalb auch nicht eindeutig überprüfbar, selbst wenn alle Elementarrelationen zu einem Zeitpunkt bekannt wären. Letztere Voraussetzung ist zudem aufgrund der Beobachterpartizipation (vgl. Kap. 7.2) prinzipiell unerfüllbar.

48 Poppers (1977) "Propensitätsinterpretation" von Wahrscheinlichkeit (S. 48 ff) kann als ein Versuch verstanden werden, "realen Zufall" durch Effektivitätsschwellen zu "erklären", was vor allem daran deutlich wird, wie Popper neue, emergente Systemeigenschaften unter Verwendung seines Propensitätsbegriffs interpretiert. Popper (1977) behauptet: "nicht nur die Bewegung jedes einzelnen Atoms [beeinflußt] die Bewegungen der angrenzenden Atome, sondern die *Durchschnitts*geschwindigkeit einer Atom*gruppe* beeinflußt auch die *Durchschnitts*geschwindigkeit der angrenzenden Atom*gruppen*. Dadurch beeinflußt sie die Geschwindigkeit vieler einzelner Atome in der Gruppe ..." (S. 60). Eine solche globale Beeinflussung ist möglich, weil die "Propensität" von Systemen, in einen bestimmten Zustand überzugehen, von der Umgebung beeinflußt wird. Hat aber die Umgebung einen globalen Einfluß auf den zukünftigen Zustand eines Systems, der über die Einflüsse aller ihrer Elementarprozesse hinausgeht, so überschreiten in diesem zusätzlichen globalen Einfluß bislang unwirksame Relationen die Effektivitätsschwelle.

sich heraus nicht glauben und meinen, eine gezielte göttliche Lenkung der Welt fordern zu müssen, nehmen wenigstens implizit einen solchen durchbrochenen Wirkungszusammenhang an. Im zeitweiligen Überschreiten der Effektivitätsschwelle von normalerweise ineffektiven Relationen sehen sie ein Refugium für die lenkenden Einflüsse Gottes[49].

Postulieren wir Effektivitätsschwellen, so verzichten wir damit darauf, ein System zu verstehen und es wissenschaftlich zu analysieren. Effektivitätsschwellen - als asylum ignorantiae - sollten also die letzte Zuflucht sein, wenn alle Erklärungsversuche, alle Versuche, etwas in einen Wirkungszusammenhang zu stellen, gescheitert sind[50]. Das Projekt Wissenschaft besteht nun einmal in dem Versuch, zu verstehen. Wissenschaft *muß* daher von der Intelligibilität der Welt ausgehen. Ob dieses Projekt durchführbar ist, kann sich nur am Erfolg der Wissenschaft zeigen, wie immer man diesen letztlich definieren mag.

Weitere Zweifel könnten an der postulierten Einfachheit der Kausalfunktion angebracht werden. Sind wirklich alle Elementarrelationen in gleicher Weise von allen antezedenten Elementarrelationen abhängig? Oder gibt es *konfigurationale Gesetze*, d.h. Gesetze, die nur für bestimmte Gefüge (u-Tupel) von Elementarrelationen, für bestimmte "Konfigurationen" von Elementarprozessen gelten und für *systemspezifische* Eigenschaften und Prozesse verantwortlich gemacht werden können? (Etwas präziser lassen sich konfigurationale Gesetze als solche Gesetze definieren, die nur dann gelten, wenn die u Elementarrelationen eines Elementarprozesses in bestimmte, eingeschränkte Wertebereiche fallen, während für andere Wertebereiche andere Gesetze gelten.) In diesem Fall gäbe es zwar einen einheitlichen Wirkungszusammenhang, aber kein wirklich einfaches universelles Kausalgesetz[51]. Eine solche Position, sup-

---

49 Auf diese Art und Weise versucht eine "geläuterte" - nicht streng schriftgläubige - Version des Kreationismus, die Anpassung und Zweckmäßigkeit lebender Organismen im Gegensatz zur Selektionstheorie zu "erklären". Vgl. etwa Wilder-Smith (1982), z.B. S. 11, 54. Wilder-Smith spricht nicht explizit von "göttlicher" Lenkung, fordert aber eine intelligente Instruktion ("Logos"), die mit den Naturgesetzen nicht beschrieben werden kann.

50 Deshalb sträubten sich viele Physiker jahrelang gegen die Quantenmechanik, die mit der deterministischen Tradition der Physik bricht, weil alle Versuche für bestimmte Quantenphänomene deterministische Deutungen zu finden, gescheitert waren. Die Unzufriedenheit mit diesem Verstehensverzicht der Quantenmechanik kommt in Einsteins berühmtem Diktum "Gott würfelt nicht" zum Ausdruck. Auch Bohm (1987) versucht mit seiner Theorie der "verborgenen Variablen" die Quantenmechanik deterministisch umzudeuten. (Der Indeterminismus der Quantentheorie braucht allerdings nicht unbedingt mit echten Effektivitätsschwellen zu tun zu haben, könnte vielmehr auch aus der Selbstbezüglichkeit aufgrund Beobachterpartizipation resultieren.)

51 Whitehead sieht die Möglichkeit solcher konfigurationalen Gesetze, hält sie aber für überflüssig: "The prompt self-preservative actions of living bodies, and our experience of the physical actions of our bodies following the determinations of will, suggest the modification of molecules in the body as the result of the total pattern. It seems possible that there may be physical laws expressing the modification of the ultimate basic organisms with adequate compactness of pattern. It would, however, be entirely in consonance with the empirically observed actions of environments, if the direct effects of aspects as between the whole body and its parts were negligible." (1925), S. 150 - "basic organisms" entsprechen den Elementarprozes-

plementiert mit der Vorstellung von Zukunftskausalität (die Konfiguration der sukzessorischen, nicht der antezedenten Elementarprozesse ist wirksam), wird - wenn auch nicht explizit in der hier rekonstruierten Form - traditionell vom Vitalismus vertreten, aber auch von Wissenschaftlern, die beteuern, sie seien keine Vitalisten[52]. Drieschs (1908) "Entelechie", beispielsweise, ist ein "elementarer Naturfaktor" (S. 411), der "nicht energetisch" (S. 426) ist und von den verschiedenen Möglichkeiten, die die Gesetze der Physik offenlassen, alle bis auf eine - die dann realisiert wird - "suspendiert" (S. 435). Dabei bleibt aber das "Prinzip der eindeutigen Bestimmtheit" (S. 413) gewahrt: "Entelechie" bezeichnet einen regelhaften Vorgang, d.h. - in meiner Terminologie - ein konfigurationales Gesetz:

> "Wenn bestimmte materielle Bedingungen und wenn eine bestimmte Entelechie in einem bestimmten Zustand ihrer Entfaltung gegeben sind, dann wird immer nur *ein* spezifischer Zustand, *ein* spezifisches Ereignis statthaben und kein anderes." Driesch (1908), S. 413.

Eine moderne Konzeption entelechialer, konfigurationaler Gesetze, die nicht auf lebende Systeme beschränkt sein sollen, wurde von Sheldrake (1981) publiziert. Seine Theorie der "formbildenden Verursachung" weist aber auffällige Parallelen zu Drieschs Vorstellungen auf[53]. Nur wenige Theoretiker, Bergson etwa, gehen noch weiter und leugnen, daß komplexe, insbesondere lebendige Systeme überhaupt auf wissenschaftliche Weise verstanden werden können. Für Bergson (1907) verkörpert Leben das geistige, schöpferische Prinzip. Die "Lebensschwungkraft" (der "élan vital"; S. 93) sei ein gegen den beständigen materiellen Zerfall der Welt anarbeitendes Prinzip (S. 249), das nur intuitiv erfaßt werden könne (S. 271) und der Wissenschaft unzugänglich sei[54].

Alle Annahmen konfigurationaler Gesetze fallen dem Ockhamschen Rasiermesser

---

sen. Vgl. zum Thema "konfigurationale Gesetze" auch die Diskussion in Kap. 2.1.1.

52 So spricht z.B. der frühe Bertalanffy (1930/31), S. 390 von einem "spezifisch vitalen, an das Ganze des organischen Systems gebundenen (also nicht 'vitalistischen') Formfaktor" und läßt offen, ob die "Formbildungsgesetze des Lebens" jemals "physikochemisch auflösbar" sein werden (S. 397 f). Elsasser (1958) spricht von "biotonic laws" (S. 19), die organisationsspezifisch und nicht universell (S. 172), aber mit den physikalischen Gesetzen kompatibel sein sollen (S. 146).

53 Auch Sheldrake (1981) geht bei der Formbildung unbelebter (Kristallisation) und belebter Systeme (Morphogenese) von einer nichtenergetischen Verursachung (S. 69) aus (was einer contradictio in adjecto gleichkommt) und davon, daß die Gesetze der Physik mehrere Möglichkeiten offenlassen, aus denen durch "morphische Resonanz" mit einem "morphogenetischen Feld", welches die virtuelle Form eines Systems enthält, eine Möglichkeit ausgewählt wird. Die morphogenetischen Felder würden ihrerseits durch die Formbildung modifiziert (S. 72, 88, 91). Sheldrakes Behauptung, seine Theorie sei im Gegensatz zu Drieschs testbar (S. 100), ist fadenscheinig, da sich seine "Theorie" beliebig durch zusätzliche ad-hoc-Hypothesen immunisieren läßt.

54 Ein weiterer, etwas anders gelagerter denkbarer Einwand gegen ein einfaches Kausalgesetz wäre: Die Naturgesetze (die Kausalfunktion) selbst könnten sich permanent verändern (explizit zeitabhängig sein). Wie Nagel (1961), S. 380 betont, ist diese Auffassung unhaltbar: "the assumption that all laws are simultaneously involved in a process of change is self-annihilating, for since the past would then be completely inaccessible to knowledge we would be unable to produce any evidence for that assumption." (Vgl. auch Fußnote 36.)

der Wissenschaft zum Opfer: Solange sich die unifikationistische Annahme, daß alles Geschehen in einem ausnahmslos einfachen, einheitlichen Wirkungszusammenhang steht, nicht als ausgesprochen unfruchtbar und erfolglos herausstellt, besteht kein Grund, konfigurationale Gesetze anzunehmen. Diese stellen, wie die "Effektivitätsschwellen", von denen oben die Rede war, nichts anderes dar als einen *Verstehensverzicht* - eine Weigerung, an die Analysierbarkeit bestimmter Systeme zu glauben. Geht man von vorneherein von konfigurationalen Gesetzen aus, so gibt man eine Bankrotterklärung systemanalytischer Wissenschaft ab, bevor man das Unternehmen überhaupt startet. Sofern wir also Wissenschaft betreiben *wollen*, *dürfen* wir von der unifikationistischen Leitidee ausgehen. Ob sich diese Leitidee als fruchtbar erweist - ob wir das damit erreichen, wozu wir Wissenschaft betreiben -, müssen wir am Erfolg der Wissenschaft entscheiden. Wann wir Wissenschaft als erfolgreich erfahren, hängt von unseren Maßstäben für wissenschaftlichen Erfolg ab. Diese sollen aber nicht Gegenstand dieser Arbeit sein.

Ich fasse kurz zusammen: Betreiben wir wissenschaftliche Systemanalyse, so explizieren wir die regelhaften Veränderungen der in einer konjungierten Prozeßregel beschriebenen "Eigenschaften" von Systemen, mit denen wir je schon in unserer Welt umgehen, indem wir versuchen, sie in einen einheitlichen Wirkungszusammenhang zu stellen. Wir betrachten Systeme nicht mehr isoliert, sondern als relational miteinander verbunden, wobei sich alle Relationen in wechselseitiger Dependenz nach einer einfacheren Regel ändern. In verschiedenen Stufen der Analyse können wir immer mehr "Eigenschaften" der betrachteten Systeme als Gefüge wechselwirkender Relationen interpretieren, die in immer umfassenderen, aber jeweils noch eingeschränkten Wirkungszusammenhängen stehen, bis schließlich ein universaler Wirkungszusammenhang als letzter "Explikationshorizont" erreicht ist. Diesen Explikationshorizont einer Wissenschaft, die sich an der unifikationistischen Leitidee von Einheit und Einfachheit der Welt orientiert, habe ich versucht als relationalen Zusammenhang von Elementarprozessen - der sich ständig in einer durch die einfache Kausalfunktion beschreibbaren interdependenten Weise ändert - theoretisch zu modellieren.

Interpretieren wir die Veränderungen von "Eigenschaften" eines Prozeßsystems als Veränderungen von Relationengefügen immer umfassenderer Wirkungszusammenhänge, so bleiben die verschiedenen Ebenen unserer Analyse durch *Bedeutungszusammenhänge* miteinander verknüpft. Wir können daher auch von *semantischen Ebenen* sprechen (ich greife hier bereits der Diskussion in Kap. 6.3 vor). Schließlich müssen wir im Auge behalten, was wir eigentlich erklären, indem wir es analysieren. Wollen wir die Eigenschaften flüssigen Wassers (Viskosität etc.) molekular erklären, so müssen die Veränderungen der molekularen Relationengefüge, die zur Erklärung herangezogen werden, mit dem zu erklärenden makroskopischen Verhalten von Wasser identifiziert werden können. Systemanalyse versucht also, auf einer niedrigeren, expliziteren semantischen Ebene hinreichende und notwendige Bedingungen für die

Aufrechterhaltung systemdefinierender Eigenschaften bzw. Relationen eines Prozeßsystems anzugeben. Sie versucht anzugeben, welche Relationen der "niedrigeren" semantischen Ebene (also des Wirkungszusammenhangs, auf den hin expliziert wird) im Kontext welcher anderen Relationen eine Rolle für die systemdefinierenden Eigenschaften (Relationen), die sie analysiert, spielen. Solche für die systemdefinierenden Eigenschaften bedeutungsvollen Relationen einer niedrigeren semantischen Ebene sollen von nun ab *systemkonstitutive Relationen* heißen. Nach systemkonstitutiven Relationen dauerhafter Prozeßsysteme zu fragen heißt, nach der räumlichen und zeitlichen *Organisation* von Prozeßsystemen zu fragen, die ihre Dauerhaftigkeit ermöglicht. Es sind nicht die Naturgesetze (d.h. letztlich die einfache Kausalfunktion), sondern es ist die Organisation von Prozeßsystemen, die sie zu einem dauerhaften Ganzen macht. Dauer resultiert aus der zeitlichen Entwicklung *solcher* spezifischer Relationengefüge, die - der Kausalfunktion unterworfen - mehr oder weniger stabil und in einem systemdefinierenden Bereich bleiben, während andere Relationengefüge - obwohl sie der gleichen Kausalfunktion gehorchen - in weit größerem Maße schwanken[55]. Systemanalytische Wissenschaft hat sich zum Ziel gesetzt, die Organisation von Prozeßsystemen zu ergründen. Eine einfache Kausalfunktion wird dabei zwar als "regulative Idee" vorausgesetzt, aber selbst nicht zum Gegenstand der Untersuchung gemacht, wie in gesetzesanalytischen Wissenschaften (in der Physik). Eine vollständige Analyse von Prozeßsystemen, selbst wenn sie möglich wäre, wäre für die meisten systemanalytischen Fragestellungen weder notwendig noch sinnvoll. Je weiter die Analyse fortschreitet, desto mehr Relationen müssen berücksichtigt werden und desto unüberblickbarer werden die Zusammenhänge (vgl. hierzu Kap. 8).

Ich habe in diesem Kapitel ein theoretisches Modell des Explikationshorizontes systemanalytischer Wissenschaft - den universalen Wirkungszusammenhang von Elementarprozessen - entworfen und in Abschnitt 4.1 einen mengentheoretischen Systembegriff bereits in Andeutungen vorgestellt. Auf dieser Grundlage möchte ich im nächsten Kapitel eine Allgemeine Systemtheorie aufbauen und in den zwei folgenden Kapiteln erweitern, um an gängige systemtheoretische Diskussionen anzuknüpfen. Hierzu gilt es insbesondere, die möglichen Organisationsformen *dauerhafter* Systeme (Prozeßsysteme) darzustellen, indem allgemeine Bedingungen für die zeitliche Entwicklung systemkonstitutiver Relationengefüge angegeben werden, die zu einer relativen Beständigkeit systemdefinierender Relationen führen. Daß die vorgeschlagene Systemtheorie tatsächlich auf Prozeßsysteme anwendbar ist, die uns in unserer Welt begegnen, hoffe ich, durch Beispiele belegen zu können

---

[55] Waddington (1961), S. 40 ff., Bertalanffy (1968), S. 47, Wartofsky (1968), S. 357 und Maturana (1975), S. 139, um nur exemplarisch einige Namen anzuführen, heben ausdrücklich hervor, daß die Aufklärung der *Organisation* eines Systems für unser Verständnis der Systemeigenschaften vordringlich ist.

5 Aufbau einer Allgemeinen Systemtheorie.

Sagt man der *Tiger*, so sagt man zugleich die Tiger, die ihn zeugten, die Rehe und Schildkröten, die er verschlang, die Weide, von der die Rehe sich nährten, die Erde, deren Mutterschoß die Weide hervorbrachte, der Himmel, der der Erde Licht spendete.
- Jorge Luis Borges (1949)

Jedes Atom ist ein System aller Dinge.
- Alfred North Whitehead (1929)

Die Allgemeine Systemtheorie baut auf zwei fundamentalen Voraussetzungen auf: erstens, einem universalen Wirkungszusammenhang von Elementarprozessen und zweitens, einer mengentheoretischen Definition von "System". Auf die Gefahr hin, den Leser durch Wiederholungen zu ermüden, möchte ich zunächst einige Grundbegriffe der Allgemeinen Systemtheorie in vorläufig unpräzisen Formulierungen vorstellen, um die anschließenden - notgedrungen etwas technischen - Erläuterungen in Kapitel 5.1 für den mit diesem Vorverständnis gerüsteten Leser ein wenig leichter verdaulich zu machen[1].

Systeme werden als Mengen von Relationengefügen zwischen Elementarprozessen konzipiert. Die ein System definierenden "Eigenschaften" legen *implizit* Wertebereiche für ein Gefüge systemkonstitutiver Elementarrelationen fest, d.h. sie umgrenzen die *Identitätsmenge* eines Systems. Transzendieren die Elementarrelationen des systemkonstitutiven Gefüges im Prozeß ihrer Veränderung die für ein definiertes System vom Typ K spezifischen Wertebereiche, so fällt das veränderte Relationengefüge nicht länger in die Identitätsmenge von K: Das System K verliert seine Identität.

Die Extension der Identitätsmenge eines Systems ist durch all diejenigen präsenten - vergangenen und gegenwärtigen - Relationengefüge gegeben, die in den abgegrenzten Wertebereich systemkonstitutiver Elementarrelationen fallen. Ich mache also einen immanent-realistischen Ansatz: Ein System ist eine nichtleere Menge *wirklicher* Relationengefüge. Wirklich ist *alles*, was in der Welt vorkommt[2]. Elemente der Identi-

---

[1] Der interessierte Leser sei erneut auf den Anhang zu Schlosser (1990) verwiesen, der einen vorläufigen Versuch darstellt, die hier exponierte Systemtheorie zu formalisieren (eine überarbeitete Version ist in Vorbereitung).

[2] Wie steht es mit der Unterscheidung zwischen "vorgestellten" und "wirklichen" (sensu stricto) Systemen? Das hängt von der Weite der Systemdefinition ab. Ein vorgestelltes Zebra muß mit einem wirklichen Zebra etwas gemeinsam haben, sonst könnten wir nicht beide als Zebra klassifizieren. Es läßt sich also eine Identitätsmenge definieren, die beide als Elemente enthält. Daß die Übergänge zwischen "Vorgestelltem" und "Wirklichem" fließend sind, zeigen uns Phänomeme wie Träume oder Halluzinationen. Im allgemeinen glauben wir aber, die Systemdefinition so eingrenzen, spezifizieren zu können, daß sie nurmehr auf "wirkliche", nicht mehr auf "vorgestellte" Systeme zutrifft. Was dabei als "wirklich" gelten darf, hängt vom intersubjektiven Konsens über "Wirkliches" ab (vgl. Kap. 3). Der "immanente Realismus" behauptet nicht, alle Wirklichkeit sei "wirklich" (sensu stricto) (er darf also keinesfalls als Sensualismus

tätsmenge sind, vorläufig etwas unpräzise ausgedrückt, Gefüge gleichzeitiger Elementarrelationen, diese Elemente sollen *Momentansysteme* oder *momentane Prozeßsysteme* (auch *Stadien* oder *Situationen*) heißen. Die Systeme, die uns in der Welt begegnen, sind aber nicht diese momentanen, singulären Entitäten, die wie Blitze kurz aufzucken. Momentansysteme begegnen uns sozusagen nur als Fälle einer mehr oder weniger genau umgrenzten, nicht immer exakt definierten Identitätsmenge eines identifizierbaren definierten Systems vom spezifischen Typ K. Jedes *definierte System* K stellt eine Menge von Momentansystemen dar. Im allgemeinen begegnen uns nur *konkrete Prozeßsysteme* K_{Pi} (oder schlicht *Prozeßsysteme*) einer gewissen Mindestdauer (P steht hierbei für "Prozeß", i ist ein laufender Parameter; vgl Kap. 4.1). Dabei ist ein System K_i *konkret*, wenn es sich von anderen der gleichen Art K unterscheiden und als Einheit auffassen läßt, d.h. wenn es sich als eine solche Teilmenge der Identitätsmenge eines definierten Systems K auffassen läßt, die höchstens ein Momentansystem für jeden Zeitpunkt t umfaßt. *Prozeßsystem* K_{Pi} heißt ein konkretes System, wenn zumindest partielle historische Kontinuität (s.u.) zwischen allen in der Menge enthaltenen Gefügen von Elementarrelationen (Momentansystemen) besteht. Momentansysteme $<K_{Pi}>$ sind sozusagen Standbilder aus einem Film, der das Prozeßsystem K_{Pi} zeigt. Auch ein Prozeßsystem soll als eine Menge aufgefaßt werden, die aber durch Identitäts- *und* Kontinuitätskriterien festgelegt ist. Die Identitätsmenge jedes definierten Systems K läßt sich auch als Menge all seiner Prozeßsysteme K_{Pi} auffassen. Soll diese Auffassung der Identitätsmenge betont werden, spreche ich von den *k-definierten Prozeßsystemen* K_P[3].

---

mißverstanden werden).

[3] In Schlosser (1990) wurde eine andere Terminologie (" ") verwendet, die aber exakt mit der hier gebrauchten korrespondiert: Statt von "Elementarsystemen" spreche ich nun von *Elementarprozessen*. *Definierte Systeme* K entsprechen den "wirklichen Systemen", *Momentansysteme* $<K_{Pi}>$ entsprechen "individuellen Systemen", *Prozeßsysteme* K_{Pi} treten an die Stelle von "konkreten wirklichen dauerhaften Systemen" und *K-definierte Prozeßsysteme* K_P ersetzen "wirkliche dauerhafte Systeme". Die vorgestellten Systembegriffe lassen sich mit einigen Whiteheadschen Begriffen parallelisieren. Whiteheads allgemeinster Terminus für Systeme ist "nexus" (Whitehead (1929), z.B. S. 67, 84), manchmal auch "Organismus" ("organism") (z.B. Whitehead (1925), S. 105). Ein Nexus ist eine Gruppe relational aufeinander bezogener "wirklicher Einzelwesen". Ein Nexus, der nur transitorisch besteht, wäre also einem Momentanystem gleichzusetzen. Einen Nexus mit "sozialer Ordnung", d.h. mit einem "abgrenzenden Charakteristikum" nennt Whitehead "Gesellschaft" ("society") (Whitehead (1929), S. 84); diese entspricht einem definierten System. Eine in der Zeit dauernde Gesellschaft, deren zu verschiedenen Zeitpunkten aktualisierte nexus durch "genetische Beziehungen" verbunden sind, nennt Whitehead "dauerhaften Gegenstand" ("enduring object") (Whitehead (1929), S. 84), dieser entspricht einem Prozeßsystem: "endurance requires a succession of durations, each exhibiting the pattern" (Whitehead (1925), S. 127). Allerdings spielen Nexus, Gesellschaften und dauerhafte Gegenstände in Whiteheads Philosophie eher eine marginale Rolle und nur wirkliche Einzelwesen werden als "eigentlich" wirkliche Entitäten angesprochen. Diese Vernachlässigung wurde Whitehead oftmals vorgeworfen (Vlastos (1937); Leclerc (1981), S. 132 f). Auch Schwegler (1992) definiert ein System als ein "Netz von Relatoren", beschränkt sich aber nicht auf wirksame Relationen (Schweglers Relatoren können neben Wirkungs- auch Bedeutungszusammenhänge herstellen); sein Ansatz ist daher nur eingeschränkt mit meinem zu

Die vorgestellten Begriffe, die bald genauer charakterisiert werden, seien kurz an einem Beispiel erläutert: Das zu betrachtende System sei ein Zebra. Ein *Momentansystem* wäre ein augenblicklicher Zustand, ein Stadium, ein gleichzeitiges Gefüge von Elementarrelationen eines einzelnen Zebras - eine "Momentaufnahme" eines Zebras. Das *definierte System* "Zebra" - seine Identitätsmenge - ist die Menge all der Gefüge von Elementarrelationen, die wir als jeweils augenblickliche Zustände von Zebras interpretieren. *Konkrete Systeme* wären die Identitätsmengen, die Zebra "Theo" beziehungsweise Zebra "Berta" entsprechen. Das Zebra "Theo", so wie es vor uns steht, ist ein (*konkretes*) *Prozeßsystem*, ein zeitlich erstrecktes, beständiges Wesen, eine Menge von Momentansystemen, die zeitlich kontinuierlich ineinander übergehen. Das definierte System "Zebra", die Identitätsmenge, läßt sich auch als Menge der *"Zebra"-definierten Prozeßsysteme*, als Menge aller einzelnen Zebras auffassen, die in Vergangenheit und Gegenwart jemals existierten.

Die Identitätskriterien[4] und Kontinuitätskriterien, welche es uns erlauben, die Systeme, die uns in der Welt begegnen, zu identifizieren (ihre Identitätsmenge festzulegen) und als Prozeßsysteme zu interpretieren (ihre Elemente als aufeinanderfolgende Stadien *eines* Prozesses zu deuten) werden in der Allgemeinen Systemtheorie nicht thematisiert (Identitäts- und Kontinuitätskriterium können in etwa mit dem "Begriff" der philosophischen Tradition verglichen werden). Die Allgemeine Systemtheorie geht einfach von den "gegebenen", *irgendwie* definierten Identitätsmengen bzw. Mengen von Prozeßsystemen aus[5].

5.1 Elementarprozesse, Momentansysteme, Prozeßsysteme.

Doch fangen wir mit Elementarprozessen an. Jeder Elementarprozeß repräsentiert ein Gefüge von Elementarrelationen zu allen antezedenten Elementarprozessen. Je-

---

vergleichen.

4 Whiteheads "Wert" ("value") (1925, S. 95) und sein "abgrenzendes Charakteristikum" (Whitehead (1929), S. 84) für "Gesellschaften" - diese entsprechen meinen definierten Systemen - lassen sich als ein solches Identitätskriterium interpretieren.

5 Auch Maturana betont an einigen Stellen, daß die Operation eines Beobachters - hier kann nur der "letzte Beobachter" gemeint sein - für die Abgrenzung eines Systems entscheidend ist: Die Operation eines Beobachters ist eine "Operation der Unterscheidung, d.h. der Aufweis einer Einheit dadurch, daß eine Handlung ausgeführt wird, die ihre Grenzen definiert und sie von einer Umgebung abgrenzt ... er unterstellt dieser Einheit durch diese seine Beobachtung eine Organisation ... " Maturana (1975), S. 149; vgl. auch Maturana (1970), S. 36 und Maturana (1978), S. 100. Maturana (1978; S. 100) behauptet allerdings: "aber die Unterscheidungsoperation charakterisiert nicht die implizierte Organisation ... Wenn daher ein Beobachter eine Einheit unterscheidet, dann hat er nicht notwendigerweise Zugang zu dem Medium, in dem diese als Einheit operiert". Wenn damit gesagt werden soll, daß die "eigentliche" Organisation eines Systems für den Beobachter unerforschlich ist, weil der Beobachter die Organisation sozusagen nur von seiner verzerrenden externen Perspektive betrachten kann, so ist diese Position aus immanent-realistischer Sicht unhaltbar (vgl. Fußnote 6, Kap. 3.1; siehe auch Kap. 5.3.2).

der Elementarprozeß hängt also, wie im letzten Kapitel ausführlich begründet wurde, vom Zustand der gesamten Welt zu einem früheren Zeitpunkt ab. Trotzdem unterscheiden sich die Elementarprozesse voneinander, sie betrachten die antezedente Welt sozusagen von verschiedenen Standpunkten aus. Ein Elementarprozeß wird nur von wenigen antezedenten Elementarprozessen stark beeinflußt, der Einfluß aller anderer Elementarprozesse kann so gering sein, daß er praktisch vernachlässigt werden kann. Verschiedene Elementarprozesse, so läßt sich auch sagen, unterscheiden sich darin, welche der antezedenten Elementarprozesse für sie jeweils die *relevantesten* sind (vgl. hierzu auch Kap. 4.3). Das Gefüge von Elementarrelationen, das einen Elementarprozeß konstituiert, weist eine spezifische *Relevanzordnung*[6] auf. Das zukünftige Werden eines Elementarprozesses könnte approximativ durch Anwendung der Kausalfunktion auf die relevantesten Elementarrelationen ermittelt werden. Die Welt läßt sich in jedem Augenblick in "Gruppen" interagierender Elementarprozesse gliedern, die innerhalb der Gruppe jeweils hohe Relevanz füreinander besitzen (d.h. durch hochrelevante Elementarrelationen miteinander verbunden sind, die sich weitgehend in Abhängigkeit voneinander - gekoppelt - ändern), während sie zeitweilig von den übrigen Gruppen weitgehend - aber nie vollkommen - unabhängig sind. Da sich die Welt beständig verändert, verändern sich auch die Relevanzordnungen der Elementarprozesse füreinander ständig, und bislang wenig relevante Elementarrelationen bzw. deren Sukzessoren können an Relevanz gewinnen, bislang hochrelevante Elementarrelationen an Relevanz einbüßen.

Eine "Gruppe", eine "Zusammenstellung", eine Liste von n gleichzeitigen Elementarprozessen (ein n-Tupel) nenne ich ein *momentanes System* (*Momentansystem, Stadium, Situation*). Anders formuliert: n gleichzeitige Elementarprozesse sind zu einem Momentansystem *vereint* (vgl. Abbildung 1). Ein momentanes System läßt sich auch als ein ausgewähltes "Bündel" aus dem jeweiligen Gesamtgefüge der jeden seiner Elementarprozesse konstituierenden Elementarrelationen auffassen (ein solches Bündel von n Elementarrelationen läßt sich mittels der Transformationsfunktion in die n Bündel der anderen, im momentanen System vereinten Elementarprozesse abbilden; vgl. Kap. 4.3) und kann deshalb selbst als Relationengefüge bezeichnet werden. Jedes momentane System läßt sich in *Teilsysteme* gliedern, die nur solche (aber nicht alle) Elementarprozesse vereinen, die auch Bestandteile des momentanen Systems sind. *Integralsysteme* eines momentanen Systems vereinen mindestens all diejenigen Elementarprozesse, die auch Bestandteile des momentanen Systems sind. Zu jedem momentanen System gibt es ein *komplementäres* System, die *Umgebung* des momentanen Systems, in dem alle übrigen (u-n) gleichzeitigen Elementarprozesse

---

6 Der Begriff der "Relevanz" geht ebenfalls auf Whitehead (1929) zurück (S. 79, 278), wird bei ihm aber subjektivistisch gedeutet und bezieht sich auf das mehr oder weniger intensive Erfassen ("prehension") zeitloser Gegenstände ("eternal objects"). Die formale Definition der Relevanz im Anhang zu Schlosser (1990), S. 261 enthält einen Kategorienfehler - dort werden zwei Vektoren dividiert -, worauf mich Helmut Schwegler aufmerksam machte. Dieser Fehler läßt sich aber leicht beheben; ich möchte das hier der Übersichtlichkeit halber nicht näher ausführen.

vereint sind[7]. Die gleichzeitige Welt, das momentane Universalsystem, resultiert aus der Vereinigung jedes momentanen Systems mit seiner Umgebung. Ein momentanes System ist ein augenblickliches Ereignis, eine Momentaufnahme eines Ausschnitts der werdenden Welt, nichts Dauerhaftes.

Dauerhafte *Prozeßsysteme* sollen als geordnete Mengen momentaner Systeme einander folgender Zeitpunkte konstruiert werden. Der ideale Fall eines beständigen Prozeßsystems wäre eine Menge momentaner Systeme, die eine "Kette" zeitlich völlig unveränderter Sukzessoren enthielte, was dann einträte, wenn die Elementarrelationen zwischen den im momentanen System vereinten Elementarprozessen im Zeitverlauf völlig unverändert blieben. Das wäre jedoch nur möglich, wenn das momentane System von seiner Umgebung vollkommen unabhängig wäre, alle relevanten Einflüsse für den Sukzessor jedes ihm zugehörigen Elementarprozesses ausschließlich durch die Elementarrelationen zu den in ihm vereinten Elementarprozessen gegeben wären und sich diese Elementarrelationen in wechselseitiger Dependenz mittels der Kausalfunktion unverändert re-produzierten. Wegen des universalen Wirkungszusammenhangs der in ständigem Wandel begriffenen Welt kann es solche idealisierten Systeme nicht geben: Solange sich auch nur ein Elementarprozeß der Welt im Zeitverlauf ändert, solange ändern sich alle Elementarprozesse und alle Elementarrelationen.

Um Prozeßsysteme überhaupt sinnvoll konzipieren zu können, muß daher zunächst der Systembegriff erweitert werden (vgl. hierzu Abbildung 2). Ein *definiertes System* vom Typ K wird als eine Menge voneinander unterscheidbarer Momentansysteme (Situationen, Stadien) bestimmt, indem die zulässigen Wertebereiche für die Elementarrelationen der in ihnen vereinten Elementarprozesse *beschränkt* werden. Wegen der universellen Wechselwirkung aller Elementarrelationen impliziert jedes definierte System jeweils (mehr oder weniger stark) eingeschränkte Wertebereiche für alle u Elementarrelationen eines Elementarprozesses (über die Transformationsfunktion sind damit automatisch die Wertebereiche für *alle* u Elementarprozesse fixiert), legt also immer zunächst eine Menge von *momentanen Universalsystemen* fest. Diese soll als *universale Identitätsmenge* von K bezeichnet werden. Nun läßt sich das Konzept von Dauer einbringen. Jedes dauerhafte System, ob es uns nun statisch erscheint (wie z.B. ein Stein, ein Tisch usw.) oder nicht (wie z.B. ein Fluß, ein Organismus usw.) soll Prozeßsystem genannt werden. Ein *Prozeßsystem* der Art K kann zunächst - die modifizierte endgültige Definition läßt sich erst weiter unten geben - als eine geordnete Menge von *historisch kontinuierlichen* (zeitlich aufeinanderfolgenden) universalen Momentansystemen bestimmt werden, die allesamt in die universale Identitätsmenge von K fallen.

Die von der Systemdefinition für K implizierten Wertebereiche sämtlicher Elemen-

---

[7] Die Komplementarität von System und Umgebung wird schon von Whitehead (1929) betont, wenn er sagt, "daß der Charakter eines Organismus auf dem seiner Umgebung beruht. Aber der Charakter einer Umgebung ist die Summe der Wesensmerkmale der verschiedenen Gesellschaften von wirklichen Einzelwesen, die seine Umgebung gemeinsam konstituieren" (S. 213/214). Mit "Organismus" ist dabei an alle, nicht nur an lebendige Systeme gedacht.

tarrelationen werden allerdings nicht alle in gleichem Ausmaße restringiert sein: Für einige Elementarrelationen mag der implizierte Wertebereich sehr groß sein - d.h. diese dürfen in großem Maße schwanken - für andere mag er sehr eng sein. Eine durch einen eingeschränkten Wertebereich festgelegte Menge von Elementarrelationen soll nur dann als *konstitutiv* für das definierte System K (K-konstitutiv) bezeichnet werden, sofern es erstens für die Aufrechterhaltung eines Prozeßsystems der Art K (sofern also der Sukzessor eines K zugerechneten Momentansystems weiterhin K zugerechnet werden kann) notwendig ist, daß Elementarrelationen wenigstens zeitweilig in diesen Wertebereich fallen und zweitens die Schwankungsbreite des Wertebereichs eine bestimmte *Schwelle* nicht überschreitet. Beide Bedingungen sollen nun etwas näher beleuchtet werden. Ich werde dabei der Einfachheit halber von konstitutiven Elementarrelationen reden, wenn es um die Menge konstitutiver Elementarrelationen geht.

Die erste Bedingung für K-Konstitutivität (Notwendigkeit für K) ist erfüllt, wenn im Rahmen des empirisch Möglichen gezeigt werden kann, daß immer dann, wenn keine Elementarrelation den fraglichen Wertebereich einnimmt, Prozeßsysteme der Art K unbeständig sind. Dabei mag der jeweils "notwendig einzuhaltende" Wertebereich einer konstitutiven Elementarrelation von den jeweils eingenommenen Wertebereichen anderer konstitutiver Elementarrelationen abhängen. Mit anderen Worten: In bestimmter Weise eingeschränkte Wertebereiche müssen für verschiedene konstitutive Elementarrelationen gleichzeitig realisiert sein - ein K-konstitutives *Gefüge* von Wertebereichen muß realisiert sein -, um zu gewährleisten, daß der Sukzessor des K zugerechneten Momentansystems wieder K zugerechnet wird, das Prozeßsystem der Art K also beständig bleibt[8]. Diese Interdependenz der konstitutiven Wertebereiche deutet darauf hin, daß konstitutiv eingeschränkte Wertebereiche nur durch spezifische Interaktionen zwischen Elementarprozessen aufrechterhalten werden können. Mengen von Elementarprozessen heißen deshalb *K-konstitutiv gekoppelt*, wenn Interaktionen zwischen Elementen der verschiedenen Mengen zu einer Re-Produktion K-konstitutiver Wertebereiche führt, genauer: wenn die Sukzessoren der interagierenden Elementarprozesse durch Elementarrelationen bestimmt sind, die ein K-konstitutives Gefüge von Wertebereichen darstellen. Wenn K-konstitutiv gekoppelte Elementarprozesse interagieren, können wir von einer *K-konstitutiven Interaktion* sprechen. Der Einfachheit der Formulierung halber, werde ich von nun ab von konstitutiv gekoppelten bzw. einfach von konstitutiven Elementarprozessen sprechen, wenn ich mich auf konstitutiv gekoppelte Mengen von Elementarprozessen beziehe.

Die zweite Bedingung für Konstitutivität schränkt ein, daß nur solche (Mengen von)

---

[8] Wenn hier behauptet wird, die Definition eines Systems impliziere eine Menge von Gefügen von *Elementar*relationen, so heißt das nicht, daß wir bei der wissenschaftlichen Systemanalyse unmittelbar in den universalen Wirkungszusammenhang explizieren. Vielmehr gelingen uns für die allermeisten Systeme höchstens Explikationen in eingeschränkte Wirkungszusammenhänge, in denen sich uns ein System schon als Relationengefüge zwischen Konstituenten, wenngleich nicht als Gefüge von Elementarrelationen zwischen Elementarprozessen darstellt.

Elementarrelationen als konstitutiv bezeichnet werden sollen, deren für die Beständigkeit von K notwendig einzuhaltender Wertebereich wenigstens zeitweilig eine bestimmte Schwankungsbreite nicht überschreitet. Die Schwelle der erlaubten Schwankungsbreite wird durch *Konstitutivitätskriterien* explizit oder implizit festgelegt. Die Einführung dieser zweiten Bedingung mag zunächst etwas willkürlich erscheinen und bedarf daher einer gesonderten Begründung. Gäben wir keine Schwelle der erlaubten Schwankungsbreite vor, so würden auch Elementarrelationen als K-konstitutiv bezeichnet, die in fast beliebigem Maße schwanken dürfen und nur einen sehr kleinen, engumschränkten Wertebereich *nicht* einnehmen dürfen, da sonst K zerstört wird. Solche Elementarrelationen lassen sich einfacher durch die Angabe des engeren nicht erlaubten Wertebereichs und somit negativ bestimmen. Sie sollen daher nicht als positiv notwendig (K-konstitutiv), sondern als *K-neutral* bezeichnet werden. K-neutrale und K-konstitutive Elementarrelationen können als *K-permissive* Elementarrelationen zusammengefaßt werden. Solange ein Prozeßsystem K beständig ist, sind alle Elementarrelationen permissiv. Fallen Elementarrelationen in den erwähnten engen nicht erlaubten Wertebereich, so wird das Prozeßsystem der Art K zerstört, d.h. der Sukzessor eines K zugerechneten Momentansystems wird nicht mehr K zugerechnet. Solche Elementarrelationen mögen *K-restriktiv* heißen. Entsprechend heißen Elementarprozesse (genauer: Mengen von Elementarprozessen) K-neutral bzw. K-restriktiv, wenn sich in deren Interaktionen mit K-konstitutiv-gekoppelten Elementarprozessen die K-konstitutiven Elementarrelationen mit K-neutralen bzw. K-restriktiven Elementarrelationen gekoppelt verändern (K-neutrale bzw. K-restriktive Interaktionen; zur Definition von Interaktion vgl. Kap. 4.3).

Um das Gesagte an einem kurzen Beispiel zu illustrieren: Wir würden einen Stein, der im Garten liegt, kaum als konstitutiv für die Glasscheibe unseres Küchenfensters bezeichnen, obwohl die Dauerhaftigkeit der Glasscheibe davon abhängt, daß etwa die Entfernung zwischen Stein und Scheibe einen bestimmten Wert nicht unterschreitet (der Stein darf nicht durchs Fenster geworfen werden!), daß also zwar viele, aber durchaus nicht alle Entfernungswerte zwischen Stein und Fenster für das System "Glasscheibe" erlaubt sind. Während der im Garten liegende Stein auf neutrale Weise mit der Glasscheibe interagiert (man denke an entfernungsabhängige Interaktionen, wie etwa gravitative und elektromagnetische Wechselwirkung), kommt es beim geworfenen Stein zu Interaktionen mit der Glasscheibe, die für diese restriktiv sind.

Welche Konstitutivitätskriterien wir den uns in der Welt begegnenden Systemen jeweils zugrundelegen (wie eng der einzuhaltende Wertebereich sein muß , damit eine Relation als notwendig erachtet wird), soll hier nicht zur Diskussion stehen. Liegen aber Konstitutivitätskriterien fest, so können für die in den momentanen Universalsystemen eines definierten System K vereinten Elementarprozesse je n_k von u Elementarrelationen als konstitutiv ausgezeichnet werden und zwar solche, welche wenigstens zeitweilig einen engumschränkten Wertebereich einnehmen müssen. Somit liegen (über die Transformationsfunktion) n_k konstitutive Elementarprozesse fest. Das definierte System K kann nun als die den Identitätskriterien von K genügende Menge von Momentansystemen (Gefügen von Elementarrelationen) des Umfangs n_k (n_k-Tupel) charakterisiert werden (*Identitätsmenge* von K). Wenn im Folgenden von einem definierten System K, bzw. seiner Identitätsmenge die Rede ist, so beziehe ich mich, falls nicht ausdrücklich anders vermerkt, stets auf ein System vom Umfang n_k, nicht auf die universale Identitätsmenge vom Umfang u. Elementarprozesse, deren Elementarrelationen Werte innerhalb der systemkonstitutiven Wertebereiche für ein System K einnehmen, sind zu Momentansystemen vereint, die Element der Identitätsmenge des Systems K sind. Die *Organisation* eines definierten Systems der Art K wird also durch *relative* - nicht absolute - *Invarianz* von n_k systemkonstitutiven Elementarrelationen definiert[9]. Definierte Systeme mit dem Umfang n_k können unter Umständen mehr als nur ein Momentansystem pro Zeitpunkt enthalten und natürlich Momentansysteme verschiedener Zeitpunkte. *Konkrete* definierte Systeme heißen die Teilmengen K_i der Identitätsmenge K, die nur *ein* Element - ein momentanes System - pro Zeitpunkt enthalten.

Es sollte bei alledem nicht vergessen werden, daß wir im immanenten Realismus nur über Systeme der zugänglichen Welt sprechen. Wir gehen somit davon aus, daß es keine leeren Identitätsmengen gibt. Mit anderen Worten: Alles Identifizierbare ist wirklich (Bestandteil der Welt), ohne damit ein "außenweltlich-gegenständliches" Sein zu implizieren. Insofern "gibt es" im immanenten Realismus Einhörner und andere "Phantasiegebilde" ebenso wie Pferde und andere "außenweltliche Gegenstände", nur daß erstere in anderen Zusammenhängen (etwa im Rahmen menschlicher Kommunikation) wirksam werden als letztere. Wir können sowohl über Pferde als auch über Einhörner sprechen, auf Pferden können wir außerdem reiten, auf Einhörnern jedoch nicht.

Nachdem wir die Identitätsmenge definierter Systeme näher bestimmt haben, können wir auch die Definition eines Prozeßsystems präzisieren: Ein *konkretes Prozeßsystem* (oder einfach *Prozeßsystem*) K_{Pi} ist eine Menge von Momentansystemen $<K_{Pi}>$, die allesamt in die Identitätsmenge von K (und K_i) fallen und untereinander wenigstens *partielle historische Kontinuität* der in ihnen vereinten Elementarprozesse aufweisen (vgl. Abbildung 2)[10]. Was ist damit gemeint? Der erweiterte Systembegriff für de-

---

9 Der Unterschied zwischen einem definierten System und einem momentanen System entspricht Maturanas Unterscheidung von "Organisation" und "Struktur": Organisation "bezeichnet die Relationen zwischen den Bestandteilen eines Systems, die dieses System als eine Einheit definieren, es verweist somit auf die funktionale Rolle der Bestandteile bei der Konstitution der Einheit. Um also ein System als eine Einheit zu definieren, ist es notwendig und hinreichend, seine Organisation darzustellen. Vom kognitiven Standpunkt bestimmt die Organisation einer Einheit den Begriff, der die Klasse von Einheiten definiert, zu der die Einheit gehört." Struktur hingegen "bezeichnet die konkret gegebenen Bestandteile sowie die Relationen, die diese Bestandteile in ihrer Mitwirkung an der Konstitution einer gegebenen Einheit erfüllen müssen." Maturana (1975), S. 139/140. Vgl. auch Maturana und Varela (1975), S. 183, (1987), S. 42 ff.

10 Mit dieser mengentheoretischen Konzeption dauerhafter Prozeßsysteme entgehe ich auch Sellars' (1941) Kritik an Whitehead. Sellars versucht den Substanzbegriff gegen die Whiteheadsche Kritik zu

finierte Systeme K läßt zum einen den Austausch von Elementarprozessen ohne Identitätsverlust zu: Ein Elementarprozeß kann den systemkonstitutiven Wertebereich von K verlassen, während ein anderer in ihn eintritt. Zum anderen läßt sie die Möglichkeit offen, daß es mehrere gleichzeitige Momentansysteme von der Art K gibt. Beides zusammen aber bringt eine entscheidende Schwierigkeit mit sich, die an einem Beispiel erläutert sei. Hier stehe ein Tisch T_{P1}, dort ein anderer Tisch T_{P2}. Beides sind voneinander unterscheidbare Prozeßsysteme der Art T (Tisch). Ein Tisch ist ein relativ stabiles Prozeßsystem. Wir haben also zwei konkrete Prozeßsysteme, Tisch T_{P1} und Tisch T_{P2}, vor uns. Woher wissen wir, daß wir nach Verlauf einer Stunde immer noch an Tisch T_{P1} sitzen und sich uns nicht unbemerkt Tisch T_{P2} "untergeschoben" hat? Nun, wir gingen ja davon aus, daß sich Tisch T_{P1} und T_{P2} voneinander unterscheiden, können also feststellen, daß der Tisch, an dem wir sitzen, Tisch T_{P1} ist. Was aber, wenn nach und nach die Teile beider Tische ausgetauscht werden, während wir an Tisch T_{P1} arbeiten? Zuerst das linke vordere Tischbein, dann das linke hintere usw., bis schließlich nach einer Stunde alle Tischteile ersetzt sind. Würden wir jemals sagen, wir arbeiteten an einem anderen Tisch? Das hängt von unseren Kontinuitätskriterien ab, die von Fall zu Fall verschieden sein können. Trage ich Tisch T_{P1} von hier nach dort, bringe Tisch T_{P2} hierher und arbeite an diesem weiter, so würde ich wohl urteilen, daß ich jetzt an einem anderen Tisch arbeite. Es gibt keinerlei historische Kontinuität irgendwelcher Elementarprozesse des Tischs, an dem ich jetzt arbeite, mit Elementarprozessen von Tisch T_{P1}, dafür aber vollständige historische Kontinuität aller Elementarprozesse mit denen von Tisch T_{P2} (alle Elementarprozesse des Tisches, an dem ich jetzt arbeite, sind Sukzessoren von Elementarprozessen, die Tisch T_{P2} zu einem früheren Zeitpunkt konstituierten). Ersetze ich aber Teil für Teil, so hängt es offenbar von der Größe der pro Zeiteinheit ausgetauschten Teile, der Anzahl ausgetauschter Elementarprozesse ab, welchen Tisch ich vernünftigerweise als Nachfolger von Tisch T_{P1} bzw. Tisch T_{P2} anspreche. Tausche ich nur kleine Teile der beiden Tische aus, so stehen die meisten der Elementarprozesse des Tisches, an dem ich arbeite, in Kontinuität mit Elementarprozessen des Tisches, an dem ich eine Zeiteinheit vorher arbeitete und ich kann behaupten, ich arbeitete nach wie vor am selben Tisch. Diese partielle historische Kontinuität (partiell kann in diesem Fall etwa "mehr als 50 % der konstitutiven Teile betreffend" bedeuten) ist somit ein notwendiges Kriterium, um ein konkretes Prozeßsystem festzulegen und von anderen Prozeßsystemen der gleichen Art zu unterscheiden.

Damit ein konkretes System K_i als ein *Prozeßsystem* K_{Pi} bezeichnet werden kann,

---

verteidigen, obwohl er dessen relationalen Ansatz akzeptiert: "What we always have is a field, a relational complex, elements in their domain, something coexistential, dynamic and productive of change. But such change is an alteration of constitution and not a loss of endurance ... change is adjectival, that is it must be conceived as applying not to the constituents but to their constitution ... To me this means that duration is intrinsic to nature." (S. 426). Sellars muß sich fragen lassen, was er mit seinem ominösen "intrinsic to nature" meint. Faßt man Systeme als Mengen auf, so erledigt sich das Problem der dauerhaften Substanz (vgl. auch Kap. 4.1 und Ashby (1956), S. 200).

muß also zumindestens *partielle* historische Kontinuität der in der Menge K_i zusammengefaßten momentanen Systeme herrschen. Ein späteres momentanes System, das zu der Menge K_{Pi} eines Prozeßsystems gehören soll, muß also zumindestens einige Sukzessoren von Elementarprozessen in sich vereinen, die Bestandteile eines früheren zu K_i gehörigen momentanen Systems waren. Vollständige historische Kontinuität muß indes nicht gefordert werden, denn der Austausch einiger Elementarprozesse ist möglich. Welches Kontinuitätskriterium wir in einzelnen Fällen anwenden, darüber kann und will die Allgemeine Systemtheorie nichts aussagen.

Alle Prozeßsysteme K_{Pi} der Art K lassen sich zur Menge der *K-definierten Prozeßsysteme* K_P zusammenfassen. Die Tische T_{P1} und T_{P2} aus dem obigen Beispiel lassen sich also mit allen anderen konkreten Tischen zur Menge aller Tische zusammenfassen. Diese Menge T_P ist koextensiv mit der Identitätsmenge T "Tisch" - sie enthält dieselben momentanen Systeme (alle bislang dagewesenen "Momentaufnahmen" von Tischen). Sie ist aber als Menge konzipiert, deren Elemente Tische als Prozeßsysteme sind, während die Identitätsmenge momentane Tischsysteme als Elemente enthält.

Nachdem wir Prozeßsysteme genauer bestimmt haben, sind wir nun in der Lage, zu präzisieren, was unter Relation und Interaktion - Begriffe, die bisher ausschließlich für Elementarprozesse definiert waren - von Prozeßsystemen zu verstehen ist. Eine (nicht-elementare) *Relation* zwischen zwei Prozeßsystemen A und B wird als Gefüge oder Liste (x-Tupel, wobei x = 2, 3, 4, ...) von gleichzeitigen Elementarrelationen mit mindestens einer A-konstitutiven und mindestens einer B-konstitutiven Elementarrelation definiert. Von der *Interaktion* zweier oder mehrerer Prozeßsysteme A, B, C, ... sprechen wir dann, wenn jeweils mindestens ein gleichzeitiger A-, B-, C-, ...-konstitutiver Elementarprozeß untereinander interagieren, sich also je mindestens eine A-, B-, C-, ...-konstitutive Elementarrelation gekoppelt verändern. Sind die beteiligten A-, B-, C-, ...-konstitutiven Elementarrelationen hierbei K-konstitutiv gekoppelt (s.o.), heißen auch A, B, C, ... K-konstitutiv gekoppelt, die Interaktionen der Prozeßsysteme A, B, C, ... K-konstitutiv. Analog lassen sich K-neutrale und K-restriktive Interaktionen von Prozeßsystemen definieren.

Uns begegnen nur solche Systeme in der Welt, die eine bestimmte Dauer haben und sich daher fest-stellen lassen, definierte Systeme einer gewissen Mindestdauer also und keine momentanen Systeme[11]. Momentane Systeme sind lediglich eine nützliche Abstraktion vom ständigen Werden der Welt, die das theoretische Fundament unserer Systemdefinitionen bilden können. In unserer wirklichen, erfahrbaren Welt kommen sie nicht vor. Für uns gibt es nur dauerhafte Prozeßsysteme, die sich aber hinsichtlich ihrer jeweiligen Beständigkeit enorm unterscheiden können. Es stellt sich daher die Frage, welche allgemeinen Bedingungen Relationengefüge erfüllen müssen,

---

11 "Importance depends on endurance. Endurance is the retention through time of an achievement of value. What endures is identity of pattern, self-inherited. Endurance requires the favourable environment. The whole of science revolves around this question of enduring organisms." Whitehead (1925), S. 193.

damit sie im Zeitverlauf relativ invariant bleiben und so überhaupt erst zu systemkonstitutiven Relationen von Prozeßsystemen werden können. Ich habe die Antwort auf diese Frage weiter oben schon angedeutet: Die systemkonstitutiven Elementarrelationen müssen sich selbst "re-produzieren"; d.h. die Elementarprozesse, die ein momentanes System konstituieren, welches Element eines Prozeßsystems K_{P_i} vom Typ K ist, müssen K-konstitutiv gekoppelt sein, also so miteinander wechselwirken, daß die aus ihrer Wechselwirkung resultierenden Sukzessoren Bestandteile eines momentanen Systems sind, das seinerseits Element von K ist[12]. Dazu müssen die durch das K-konstitutive Relationengefüge verknüpften Elementarprozesse füreinander die jeweils relevantesten Einflüsse darstellen, Interaktionen mit nicht-konstitutiven Elementarprozessen hingegen weitgehend vernachlässigbar sein, sonst würden ständig störende Einflüsse den Zusammenhalt der Elementarrelationen gefährden[13].

---

[12] Systeme, wie sie hier vorgestellt wurden, sind allgemeiner definiert als Systeme in einigen älteren Systemtheorien. So bezeichnet Weiss (1969) ein Kollektiv nur dann als ein System, wenn "the variance of the features of the whole collective is significantly less than the sum of variances of its constituents." (S. 12). Diese Systemdefinition geht auf die Bertalanffysche Systemdefinition zurück (1968, S. 54 ff). In Weiss' Definition werden indirekt die Bedingungen ("Re-Produktion") zum Ausdruck gebracht, die ich soeben als notwendig für ein dauerhaftes Prozeßsystem angeführt habe. Weiss unterstellt aber, es gäbe auch Kollektive, die keine Systeme sind. Da sich verschiedene Systeme hinsichtlich ihrer Dauer unterscheiden, ist Weiss' Definition dehnbar (was ist "signifikant"?). Dann ist aber nicht mehr einzusehen, warum bestimmte "Kollektive" nicht als System bezeichnet werden sollen. Nur ein allgemeiner Systembegriff, wie ich ihn vorgeschlagen habe, vermeidet es, artifizielle Grenzen zu ziehen und kann die fließenden Übergänge zwischen verschiedenen Systemen in unserer werdenden Welt verständlich machen. Ähnlich allgemeine mengentheoretische Systemdefinitionen (die aber nicht von einem universalen Wirkungszusammenhang ausgehen) finden sich in Ashby (1956), S. 69, 200, Klir (1969), S. 50 ff. und Mesarovic and Takahara (1975), S. 6 ff.. Einen Überblick über verschiedene Systemdefinitionen gibt Klir (1969), S. 283 ff.

[13] In diesem Zusammenhang sei die Möglichkeit angedeutet, die Irreversibilität und Gerichtetheit des Weltgeschehens (in der Physik üblicherweise unter Verwendung von Begriffen wie "Energie" und "Entropie" gedeutet) in der Terminologie der Allgemeinen Systemtheorie neu zu interpretieren. Je relevanter eine Elementarrelation für einen Elementarprozeß, desto größer ist ihr relativer Einfluß auf das zukünftige Schicksal des Elementarprozesses. In einem dauerhaften Prozeßsystem bleiben konstitutive Elementarrelationen relativ invariant, da seine systemkonstitutiven Elementarrelationen wechselseitig füreinander die relevantesten Einflüsse darstellen, Interaktionen mit anderen Elementarprozessen der Umgebung demgegenüber vernachlässigbar klein und für das Überdauern des Systems zunächst irrelevant sind. Trotzdem ist ein Prozeßsystem im universalen Wirkungszusammenhang äußeren Einflüssen unterworfen und beeinflußt seinerseits andere Prozeßsysteme. Insofern ändert sich die Relevanzordnung der Elementarrelationen der einem Prozeßsystem zugerechneten Elementarprozesse ständig. Beschränken sich die relevanteren Wechselwirkungen auf wenige andere Elementarprozesse (Bestandteile anderer Prozeßsysteme) und sind diese anderen Elementarprozesse untereinander gekoppelt (stehen sie in wechselseitig sich re-produzierenden Relationen zueinander), so können die relevanten Wechselwirkungen lokalisiert bleiben und ihre Relevanzordnungen in Abhängigkeit voneinander re-produzieren (so z.B. die Interaktionen zwischen Erde und reibungsfreiem schwingenden Pendel). Bleiben die Wechselwirkungen mit anderen Elementarprozessen aber nicht lokalisiert, sondern stehen viele externe untereinander nicht gekoppelte (s.o.) Elementarprozesse mit den konstitutiven Elementarprozessen eines dauerhaften Prozeßsystems in einigermaßen relevanten Relationen, so werden externe Einflüsse wirksam und die Rele-

Es können *statische* und *dynamische* Prozeßsysteme voneinander unterschieden werden. Statische Prozeßsysteme "re-produzieren" sich ohne große Veränderung der systemkonstitutiven Relationen beständig selbst. Beispiele hierfür wären: Steine, Tische, Häuser usw. Dynamische Prozeßsysteme hingegen sind in ständigem Wandel begriffen. Ihre systemkonstitutiven Relationen verbleiben aber trotzdem in einem definierten Wertebereich. Dynamische Prozeßsysteme können zum einen chaotisch sein und trotzdem für befristete Zeit einen definierten Bereich nicht verlassen. Solche Systeme sind sozusagen die Trivialfälle der vorgeschlagenen Systemdefinition: Wähle ich die Identitäts- und Kontinuitätskriterien nur weit genug, so kann ich alles als ein System bezeichnen, beispielsweise auch eine explodierende Bombe. Chaotische dynamische Prozeßsysteme sollen uns hier nicht interessieren: Es gibt keine sie auszeichnende Organisation, die für ihren Zusammenhalt verantwortlich gemacht werden kann. Zum anderen kann es aber Prozeßsysteme geben, die dynamisch sind - die sich ständig ändern -, deren konstitutive Relationengefüge aber trotzdem in einem eng umschriebenen Bereich verbleiben, wobei es *gerade* ihre Dynamik, ihre *zeitliche* Organisation ist, die sie in dem definierten Bereich hält. Die Rede ist von *zyklischen dynamischen Systemen*, Systemen, die zyklische Zustandsabfolgen aufweisen (vgl. Abbildung 2). Zyklische dynamische Systeme finden wir in der unbelebten Natur (Elementarteilchen, Atome, Planetensystem) und natürlich in der belebten Natur (alle Lebewesen). "Belebte" und "unbelebte" zyklische Systeme unterscheiden sich in einigen Hinsichten radikal voneinander (s.u.). Vorerst soll es aber nur um ihr gemeinsames Merkmal, die Zyklizität gehen.

Die Elementarprozesse, die ein Momentansystem konstituieren, welches Element eines *zyklischen* Prozeßsystems C_{Pi} ist, wechselwirken so miteinander, daß ihre Sukzessoren ein momentanes System konstituieren, das deutlich von seinem Vorgänger unterschieden ist, aber trotzdem noch zur Identitätsmenge von C - wenn auch in eine andere Teilmenge (Zustandsmenge, s.u.) davon - gehört. Die Wechselwirkung der Sukzessoren untereinander führt zu einem wiederum deutlich unterschiedenen Momentansystem. Dieser Vorgang kann sich noch einige Male in analoger Weise fortsetzen, bis irgendwann die Sukzessoren der Elementarprozesse eines derart gewordenen Momentansystems so miteinander wechselwirken, daß aus dieser Wechselwirkung ein momentanes System resultiert, das zur gleichen Zustandsmenge wie unser Ausgangssystem zu rechnen ist. Dann hat sich ein Zyklus geschlossen und der Vorgang wiederholt sich solange, wie keine störenden äußeren Einflüsse auf das Prozeßsystem einwirken. Es ist der momentanen Konfiguration von Elementarprozessen, die einen Zustand eines solchen zyklischen Prozeßsystems repräsentieren, nicht "anzusehen", daß sie einen Abschnitt einer zyklischen Zustandsabfolge darstellen. Daß ein gegebenes

---

vanzordnungen der Elementarprozesse ändern sich nicht mehr vorwiegend in Abhängigkeit voneinander, Relevanz wird delokalisiert (so z.B. durch Reibung bei einem schwingenden Pendel). Auf die Verwandtschaft der Konzeption einer Delokalisierung von Relevanz mit der statistischen Interpretation des Entropiebegriffs (Entropiezunahme als Produktion von Unordnung) soll hier nur kurz hingewiesen werden.

momentanes System "Stadium" einer zyklischen Zustandsabfolge ist, kann - bestimmte Zustandsdefinitionen vorausgesetzt - nur empirisch oder (theoretisch, wenngleich nicht in praxi) durch die Berechnung des Schicksals des Momentansystems durch rekursive Anwendung der Kausalfunktion ermittelt werden (die Gleichungen, die komplexe Wechselwirkungszusammenhänge beschreiben, lassen im allgemeinen keine analytischen, sondern nur numerische Lösungen, d.h. Lösungen per Simulation zu)[14].

Die einander folgenden Zustände eines Zyklus mögen *diachrone* Zustände heißen. Von diesen zu unterscheiden sind *synchrone* Zustände. Verschiedene synchrone Zustände können simultan nebeneinander bestehen, während sich diachrone Zustände gegenseitig ausschließen, aber einander zeitlich ablösen. Ein *Zustand* eines definierten Systems kann als eine Teilmenge der Identitätsmenge des Systems definiert werden (vgl. Abbildung 2). Wie viele Zustände eines Systems man unterscheidet, hängt von der Wahl der Kriterien für die Definition der einzelnen Zustandsmengen ab[15]. Ein Prozeßsystem kann nach verschiedenen Gesichtspunkten in synchrone Zustände zerlegt werden, ein zyklisches Prozeßsystem kann daher durch soviele verschiedene zyklische Zustandssequenzen charakterisiert werden, wie synchrone Zustände unterschieden werden. Beispielsweise kann ich den momentanen Zustand eines Säugetierkörpers dadurch charakterisieren, daß ich angebe, in welcher Phase des Atmungszyklus sich das Tier gerade befindet. Oder ich kann angeben, in welcher Phase des Herzschlagzyklus sich das Tier befindet usw.. Zyklische Zustandssequenzen sind nur möglich, weil unter "Zustand" eine *Menge* momentaner Systeme verstanden wird; es muß also nach Ablauf eines Zyklus nicht *exakt* dasselbe Momentansystem, exakt dieselbe Konfiguration von Elementarprozessen wiederkehren - was nur möglich wäre, wenn das gesamte Universum zyklisch in sich kreiste -, sondern nur eine "ähnliche" Konfiguration, d.h. eine Konfiguration, die in die gleiche Zustandsmenge fällt. Jeder Zyklus ist daher ein Quasi-Zyklus, so wie jede Re-Produktion eine Quasi-Re-Produktion ist. Jedes Prozeßsystem verwandelt sich in seinem Bestehen.

Prozeßsysteme haben also nicht nur eine räumliche Organisation (s.u.), sondern auch eine bestimmte "Zeitgestalt"[16], sei diese nun statisch oder dynamisch. Nur wenn

---

[14] Vgl. hierzu z.B. Forrester (1972), S. 79 ff.

[15] Auch die Unterscheidung zwischen statischen und dynamischen Prozeßsystemen hängt von der Anzahl unterschiedener Systemzustände ab. Lassen sich nicht mehrere Zustände eines Systems unterscheiden, so hat man es per se mit einem statischen System zu tun. *Jedes* statische Prozeßsystem läßt sich aber bei "genauerem Hinsehen" als ein dynamisches Prozeßsystem betrachten. Ob Atome oder Elektronen, beispielsweise, als statische oder dynamische Prozeßsysteme betrachtet werden, hängt davon ab, wieviel Zustände des Atoms oder Elektrons man unterscheiden will. Beide Betrachtungsweisen sind legitim. Für andere Systeme, wie Steine, Tische usw. ist eine dynamische Betrachtungsweise zwar unüblich, aber keineswegs unsachgemäß.

[16] Dieser schöne Ausdruck stammt von Uexküll (1928), der sie allerdings nur auf lebende Systeme anwendet: "Ein Lebewesen besitzt grundsätzlich eine Zeitgestalt, und da auch das fertige Tier einem fortwährenden Umbau unterliegt, ist sein Leben nicht an eine beliebige Zeitspanne gebunden, die nur von äußeren Umständen abhängt, sondern besitzt grundsätzlich eine bestimmte Dauer..." (S. 90). Auch Maturana und Varela (1975), S. 185 betonen die zeitliche Organisation lebender Systeme.

systemkonstitutive Relationengefüge über die Zeit hinweg stabil sind, d.h. in einem definierten Bereich verbleiben, haben wir ja ein Prozeßsystem vor uns. Sprechen wir von der Organisation von Prozeßsystemen, so müssen wir insbesondere bei zyklischen dynamischen Prozeßsystemen ihre zeitliche Organisation, ihre zyklische Zustandssequenz beachten, ohne die sie nicht die dauerhaften Prozeßsysteme wären, die sie sind.

Die "räumliche Organisation"[17] eines Prozeßsystems ist durch die Relationengefüge zwischen den konstituierenden Elementarprozessen gegeben. *Konstituenten* von K_P heißen Prozeßsysteme, wenn die Menge von untereinander partiell historisch kontinuierlichen Momentansystemen, durch die sie definiert werden, folgende Bedingung erfüllt: Wenigstens einige der Momentansysteme dieser Menge müssen eine Auswahl (aber nicht alle) der für K-definierte Prozeßsysteme K_P konstitutiven Elementarprozesse vereinen. Ein Tischbein etwa ist Konstituent eines Tisches; Herz und Leber sind Konstituenten eines Tigers, ebenso wie die Beutetiere, die dieser fressen muß, um einen identitätserhaltenden Zustandszyklus zu vollenden.

Jedes Prozeßsystem läßt sich zudem (wie schon Momentansysteme) in Teilsysteme analysieren und seinerseits als Teilsystem in umfassendere Systeme integrieren. Nicht alle ihrer Konstituenten werden aber den K-definierten Prozeßsystemen K_P als Teilsysteme zugerechnet. Wir rechnen einem Tiger zwar seine Organe zu, nicht aber die Beutetiere, die er frißt. Ein *Teilsystem* eines Prozeßsystems K_{Pi} ist eine Menge momentaner Systeme, die eine Auswahl solcher konstitutiven Elementarprozesse vereinen, welche in K_{Pi} *enthalten* sind (zur Definition von "Enthaltensein" s.u.) und in partieller historischer Kontinuität miteinander stehen. Verschiedene Prozeßsysteme K_{Pi} der Art K (K-definierte Prozeßsysteme K_P) können ihrerseits als Teilsysteme von z.B. A-definierten Prozeßsystemen A_P oder als Teilsysteme von B-definierten Prozeßsystemen B_P auftreten - Kohlenstoffatome beispielsweise existieren als Bestandteile von Graphit oder als Bestandteile von Desoxyribonucleinsäure (DNA). Als Teilsysteme der Art K von A_P (Graphit) stellen sie allerdings eine *andere* Teilmenge der Identitätsmenge von K (Kohlenstoff) dar, als wenn sie als Teilsysteme der Art K von B_P (DNA) auftreten. In ihrer Identität als Teilsysteme sind Prozeßsysteme stets von der systeminternen Umgebung des übergeordneten Systems (Integralsystems, s.u.) abhängig. Nur in derjenigen Umgebung, die durch die *spezifische* Organisation des übergeordneten Systems (A_P bzw. B_P) bedingt ist (da sie durch dessen Identitätsmenge festgelegt wird), werden Prozeßsysteme der Art K in *dem* spezifischen Wertebereich vorgefunden, der sie als Teilsysteme von A_P bzw. B_P auszeichnet. Mit anderen Worten: Es gibt Teilmengen K_A (Graphit-Kohlenstoff) und K_B (DNA-Kohlenstoff) der Identitätsmenge K; Prozeßsysteme K_{AP} der Art K_A existieren nur als Teilsysteme von Prozeßsystemen der Art A, Prozeßsysteme K_{BP} der Art K_B nur als Teilsysteme von Prozeßsystemen der Art B. In diesem Sinne konstituiert das Ganze erst seine Teile (ausführliche Diskussion hierzu in Kap. 6).

Ein *Integralsystem* eines Prozeßsystems K_{Pi} ist eine Menge von momentanen Syste-

---

[17] Ich darf an den erweiterten Raumbegriff der Allgemeinen Systemtheorie erinnern (vgl. Kap. 4.1).

men, die mindestens all die Elementarprozesse vereinen, die in K_{Pi} enthalten sind. Die Prozeßsysteme A_P (Graphit) und B_P (DNA) im obigen Beispiel sind Integralsysteme von K_{AP} ("Graphitkohlenstoff") bzw. K_{BP} ("DNA-Kohlenstoff"). (Sind alle K_{Pi} Teilsysteme von A_{Pi} und haben alle A_{Pi} ein K_{Pi} zum Teilsystem , so können wir verkürzt sagen, das definierte System K (bzw. K_P) sei Teilsystem von A (bzw. A_P), das definierte System A (bzw. A_P) Integralsystem von K (bzw. K_P). In diesem Sinne ist ein Tischbein Teilsystem eines Tisches, ein Tisch Integralsystem eines Tischbeins.)

Der scheinbar so selbstverständliche Begriff des "Enthaltenseins" erweist sich bei näherem Hinsehen als ausgesprochen problematisch. Bislang haben wir ein Prozeßsystem von der Art K als eine Menge solcher Momentansysteme aufgefaßt, die alle n_k K-konstitutiven Elementarprozesse vereinen. Wollen wir eine adäquate Unterscheidung zwischen System und Umgebung treffen, so müssen wir diese Definition modifizieren: Nicht alle für K_P konstitutiven, nicht alle die Organisation von K_P bestimmenden Elementarprozesse werden nämlich als in K_P "enthalten" klassifiziert.

5.2 System und Umgebung.

Bevor der für momentane Systeme so einfach zu bestimmende Begriff der Umgebung auch für definierte Prozeßsysteme formuliert werden kann, muß eine Komplikation des mengentheoretischen Systembegriffs aus dem Weg geräumt werden, die ich bislang unter den Tisch gekehrt habe. Bevor die Frage geklärt werden kann, wann ein Konstituent einem definierten Prozeßsystem als Teilsystem und wann er der Umgebung dieses Systems zugerechnet wird, muß klargestellt werden, wann ein Elementarprozeß als in einem Prozeßsystem *enthalten* bezeichnet wird. Teilsysteme eines Prozeßsystems K_{Pi} wurden ja dadurch definiert, daß sie nur Elementarprozesse enthalten, die auch K_{Pi} enthält.

Wir bezeichneten nur solche Elementarrelationen als positiv notwendig für das System, als *systemkonstitutiv*, welche in relativ eng umschriebene Wertebereiche fallen, die wenigstens zeitweise eingehalten werden müssen, damit das Prozeßsystem K_{Pi} seine Identität erhält. Der Sukzessor eines K zugerechneten Momentansystems ist dann wiederum Element der Identitätsmenge K. Elementarrelationen, die in eng umschriebene Wertebereiche fallen, welche die Zerstörung des Systems zur Folge haben, hießen hingegen *systemrestriktiv*, alle anderen Elementarrelationen *systemneutral*. Systemkonstitutive und -neutrale Elementarrelationen wurden als *systempermissiv* zusammengefaßt (vgl. Kap. 5.1). Für zyklische dynamische Prozeßsysteme lassen sich aber konstitutive Gefüge von Wertebereichen für *jede* Aufrechterhaltung von Zuständen bzw. für *jeden* Zustandsübergang einer identitätserhaltenden Abfolge diachroner Zustände angeben. Das hat die interessante Konsequenz, daß es zwar relativ eng umschriebene, konstitutive Wertebereiche für die Aufrechterhaltung einzelner Zustände bzw. den Übergang zu Folgezuständen geben kann und somit die Elementarprozesse, deren Elementarrelationen im Verlauf des betreffenden Zustandes bzw. Zustandsübergangs in diese Wertebereiche fallen, zweifellos konstitutiv für diese Zustände (Zustandsübergänge) und somit für die Aufrechterhaltung des gesamten System sind. Die Elementarrelationen der *Sukzessoren* solcher Elementarprozesse in den nachfolgenden Zuständen der zyklischen Zustandsabfolge dürfen jedoch gegebenenfalls in einem hohem Maße schwanken und sind dann für diese nachfolgenden Zustände *nicht* konstitutiv. Ein Tiger beispielsweise muß nur zeitweise, nicht pausenlos Beute machen, um seinen Hunger zu stillen. Im allgemeinen werden aber nur solche Prozeßsysteme als Teilsysteme eines Prozeßsystems bezeichnet, deren Sukzessorenkette von Elementarprozessen *permanent* in einem relativ invarianten Bereich von Elementarrelationen zu den Elementarprozessen anderer Teilsysteme steht. Das heißt: Nicht alle Elementarprozesse, die für ein Prozeßsystem konstitutiv sind, werden unbedingt auch als Bestandteile dieses Systems, bzw. seiner Teilsysteme interpretiert. Für einen Tiger ist es zweifellos überlebensnotwendig, von Zeit zu Zeit Beute zu machen; Beutetiere zu fressen gehört zu seinen konstitutiven Interaktionen. Trotzdem bezeichnen wir das Beutetier nicht als Teilsystem eines Tigers.

Wir müssen also eine Unterscheidung treffen zwischen den für ein Prozeßsystem *konstitutiven* Elementarprozessen und den in ihm *enthaltenen* Elementarprozessen. Nur solche (eine Auswahl n_l von n_k) für ein Prozeßsystem K_{Pi} konstitutive Elementarprozesse, deren Relationen zu anderen konstitutiven Elementarprozessen und deren Sukzessoren permanent einen bestimmten eng umschriebenen Wertebereich (einen Ausschnitt des systemkonstitutiven Wertebereichs) nicht verlassen, werden als in Prozeßsystem K_{Pi} *enthalten* bezeichnet. Die in einem Prozeßsystem K_{Pi} enthaltenen konstitutiven Elementarprozesse sollen *autokonstitutiv*, die übrigen konstitutiven Elementarprozesse *allokonstitutiv* heißen. Alle gleichzeitigen Elementarprozesse, die in einem Prozeßsystem enthalten sind, bilden zusammen ein momentanes System. Momentansysteme, die nur in K_{Pi} enthaltene Elementarprozesse in sich vereinen, sollen ebenfalls "in K_{Pi} enthalten" heißen. Alle Momentansysteme, die *sämtliche* simultanen in einem Prozeßsystem K_{Pi} enthaltenen Elementarprozesse vereinen, nennen wir in K_{Pi} *erfüllend* enthalten. Sie lassen sich zur Menge des *limitierten Prozeßsystems* zusammenfassen. Durch diese Bestimmung wird nämlich eine Grenze zwischen einem Prozeßsystem und seiner *Umgebung* gezogen. Limitierte Prozeßsysteme ($n = n_l$) will ich der Einfachkeit halber hier genauso notieren (K_{Pi} bzw. K_P) wie deren Integral-Prozeßsysteme, denen alle konstitutiven Elementarprozesse ($n = n_k$) zugerechnet werden. Aus dem Zusammenhang wird sich jeweils ergeben, wovon die Rede ist. Mit "Umgebung eines Prozeßsystems K_P" etwa ist immer die Umgebung des *limitierten* Prozeßsystems K_P gemeint.

Teilsysteme eines Prozeßsystems K_{Pi} können jetzt näher als *Autokonstituenten* (z.B. das Herz des Tigers) charakterisiert werden. Sie enthalten erfüllend nur Momentansysteme, die einige der in K_{Pi} enthaltenen, autokonstitutiven Elementarprozesse vereinen, können also selbst "in K_{Pi} enthalten" heißen. Diejenigen Teilsysteme der *Umge-*

bung eines Prozeßsystems, die Momentansysteme erfüllend enthalten, welche wenigstens einige der allokonstitutiven Elementarprozesse vereinen, heißen dagegen *Allokonstituenten* oder *Umweltsysteme* (z.B. die Beute des Tigers)[18]. Autokonstituenten sind somit diejenigen Konstituenten von K_{Pi}, die in K_{Pi} enthalten sind, Allokonstituenten diejenigen, die nicht in K_{Pi} enthalten sind. Während Autokonstituenten eine partiell historisch kontinuierliche Abfolge von Momentansystemen enthalten, die jeweils für K_{Pi} konstitutive Elementarprozesse vereinen und daher permanente Konstituenten von K_{Pi} darstellen, können Allokonstituenten temporäre Konstituenten sein. Sie enthalten dann eine partiell historisch kontinuierliche Abfolge von Momentansystemen, von denen nur einige wenige für K_{Pi} konstitutive Elementarprozesse vereinen, alle anderen ausschließlich neutrale Elementarprozesse.

Die Umgebung $U(K_{Pi})$ eines Prozeßsystems K_{Pi} ist die Menge aller momentanen Systeme, die komplementär zu den momentanen Systemen sind, welche in K_{Pi} erfüllend enthalten sind. Das heißt $U(K_{Pi})$ ist die Menge aller momentanen Umgebungen der in K_{Pi} erfüllend enthaltenen Momentansysteme (Momentansysteme vom Typ K)[19]. Zu jedem konkreten limitierten Prozeßsystem K_{Pi} gibt es daher eine *komplementäre* Umgebungsmenge $U(K_{Pi})$. Die Vereinigungsmenge aller komplementären Umgebungsmengen ergibt die den limitierten K-definierten Prozeßsystemen K_P *korrespondierende* Umgebungsmenge $U(K_P)$ Die Elementarprozesse, die für K_{Pi} konstitutiv sind, sind aufgrund dieser Komplementarität zugleich für $U(K_{Pi})$ konstitutiv. Durch die Festlegung der Menge K_{Pi} wird die Menge $U(K_{Pi})$ automatisch mit festgelegt. Der Einfachheit halber wollen wir alle Elementarprozesse, die nicht in K_{Pi} enthalten sind, in $U(K_{Pi})$ "enthalten" nennen[20]. *Benachbart* sollen solche gleichzeitigen Prozeßsysteme K_{Pi} heißen, die gegenseitig überschneidungsfrei, d.h. jeweils Bestandteil der Umgebung $U(K_{Pi})$ des anderen Prozeßsystems sind. Kein Elementarprozeß ist also simultan in verschiedenen benachbarten Prozeßsystemen enthalten. Ein Tiger (das limitierte

---

18 In Schlosser (1990) werden Autokonstituenten durchgehend als "Teilsysteme", Allokonstituenten als "Umweltfaktoren" bezeichnet.

19 Vgl. auch die Ausführungen im Anhang zu Schlosser (1990).

20 Es ist aber zu beachten, daß "Enthaltensein" in $U(K_{Pi})$ etwas anderes bedeutet als "Enthaltensein" in K_{Pi}. Zwischen einem Prozeßsystem und seiner komplementären Umgebung (die ja selbst auch ein Prozeßsystem darstellt, das zudem als zu K_{Pi} komplementäres Prozeßsystem durch dieselben Gefüge konstitutiver Relationen bestimmt wird) besteht eine wichtige Asymmetrie: Während die Momentansysteme, die Element des limitierten K_{Pi} sind - in K_{Pi} enthalten sind - nur Elementarprozesse vereinen, die für K_{Pi} konstitutiv sind *und* eine Zusatzbedingung erfüllen (permanente Konstitutivität, Autokonstitutivität), vereinen die Momentansysteme, die in $U(K_{Pi})$ enthalten sind, für K_{Pi} allokonstitutive, systemneutrale und unter Umständen systemrestriktive Elementarprozesse. Die Menge $U(K_{Pi})$ kann daher, da sie auch nichtkonstitutive Elementarprozesse enthält, nur negativ bestimmt werden - sie enthält, was K_{Pi} nicht enthält -, während K_{Pi} positiv bestimmt und in Teilsysteme analysiert werden kann. Anders ausgedrückt: Während K_{Pi} eine *Organisation* aufweist, die durch ein Beziehungsgefüge aller in ihm enthaltenen Teilsysteme (Autokonstituenten) und einiger Umgebungssysteme (und zwar der Allokonstituenten) ausgedrückt werden kann, kann dem komplementären Prozeßsystem $U(K_{Pi})$ keine vergleichbare Organisation unterstellt werden (da längst nicht alle der in ihm "enthaltenen" Elementarprozesse bzw. Teilsysteme konstitutiv sind).

Prozeßsystem Tiger) ist dem Zebra, das er angreift, benachbart, nicht aber seinem (des Tigers) Herz oder seiner Lunge. Tigerherz und Tigerlunge sind einander benachbart aber nicht dem Tiger, dessen Autokonstituenten sie sind.

Wir können jetzt zwischen permissiven Umgebungen und restriktiven Umgebungen eines Prozeßsystems unterscheiden. Als komplementäre *permissive Umgebung* oder *Umwelt* $pU(K_{Pi})$ eines Prozeßsystems K_{Pi} soll die Menge momentaner Umgebungen der Momentansysteme vom Typ K bezeichnet werden, deren Sukzessoren wiederum momentane Umgebungen eines Momentansystems vom Typ K (bzw. K_i) sind (d.h. K_{Pi} verliert nicht seine Identität). Die Vereinigungsmenge der komplementären Umwelten aller K-definierten Prozeßsysteme K_{Pi} vom Typ K ist die den K-definierten Prozeßsystemen K_P korrespondierende Umwelt $pU(K_P)$. In der Umwelt eines Prozeßsystems kommen keine restriktiven Umgebungssysteme (s.u.) vor, sondern nur Umgebungssysteme, die zusammengenommen alle für K_{Pi} jeweils momentan konstitutiven und neutrale Elementarprozesse enthalten (und die daher mit K_P konstitutiv oder neutral interagieren). Ein *Umweltsystem* oder *Allokonstituent* K-definierter Prozeßsysteme ist jedes Prozeßsystem, das zu Umgebungen von Prozeßsystemen K_{Pi} gehört (Teilsystem dieser Umgebungen ist) und wenigstens einige der für K_{Pi} konstitutiven Elementarprozesse enthält. Allokonstituenten sind also für K-definierte Prozeßsysteme K_P temporär notwendige Bestandteile der Umwelt. Limitierte Prozeßsysteme treten wenigstens vorübergehend in konstitutive Interaktionen mit Allokonstituenten ein, sie sind an ihre Allokonstituenten zumindest *temporär gekoppelt*[21]. Allgemein spricht man von *Kopplung* eines Prozeßsystems u_{Pi} an ein anderes K_{Pi} dann, wenn letzteres wenigstens temporär in konstitutiven Relationen zu ersterem steht (für dieses konstitutive Elementarprozesse enthält), d.h. wenn u_{Pi} und K_{Pi} K-konstitutiv gekoppelt sind. Von *strenger Kopplung* an einen Allokonstituenten u_{Pi} ist dann die Rede, wenn u_{Pi} nicht durch einen alternativen Allokonstituenten v_{Pi} vertreten werden kann. Auch temporäre Kopplung kann streng sein. Je mehr Alternativen gleicher relativer Häu-

---

[21] Vor allem Uexküll hat immer wieder auf die wechselseitige Beziehung von lebenden Systemen und ihrer Umwelt hingewiesen. Von Uexküll stammt auch die Unterscheidung zwischen Umgebung und Umwelt eines Systems. Er betont, "daß die Natur und das Tier, nicht wie es den Anschein hat, zwei getrennte Dinge sind, sondern daß sie zusammen einen höheren Organismus bilden. Die Umgebung, die wir um das Tier ausgebreitet sehen, ist selbstverständlich ein anderes Ding als die Tiere; aber dafür ist sie auch nicht ihre Umwelt sondern unsere. Die Umwelt ... ist immer ein Teil des Tiers selbst, durch seine Organisation aufgebaut und verarbeitet zu einem unauflöslichen Ganzen mit dem Tiere selbst ... " Uexküll ("Umwelt und Innenwelt der Tiere", 1909), zit. nach Uexküll (1980), S. 236. Uexkülls Begriffe von Umwelt und Umgebung decken sich nicht mit den gleichnamigen Begriffen der Allgemeinen Systemtheorie: Der "Umwelt" Uexkülls entsprechen die "Umweltsysteme" der Allgemeinen Systemtheorie, seiner "Umgebung" entspricht die "Umwelt" der Allgemeinen Systemtheorie. Außerdem werden diese Begriffe in der Allgemeinen Systemtheorie nicht auf lebende Systeme beschränkt. Auch Maturanas Umweltbegriff bezieht sich nur auf lebende Systeme. Die Umwelt solcher Systeme wird als "kognitiver Bereich" oder "Interaktionsbereich" gekennzeichnet, die abiotische Umwelt auch als "Medium" bezeichnet (Maturana (1970), S. 37; (1978), S. 100, 114). Zur Kritik an Maturanas Konzeption von Umwelt s.u. Zum Thema Kopplung vgl. auch Ashby (1956), S. 355, Maturana (1975), S. 150.

figkeit es zu u_{Pi} gibt, desto weniger streng ist die Kopplung (d.h. es gibt Grade der Strengheit einer Kopplung). Ist ein limitiertes Prozeßsystem an ein benachbartes limitiertes Prozeßsystem gekoppelt, so ist es Bestandteil von dessen Organisation (d.h. die *Organisationen* sind einander *nicht* benachbart, sondern überlappen sich). Sind zwei benachbarte Prozeßsysteme wechselseitig Allokonstituenten füreinander, kann man von *reziproker Kopplung* sprechen (so z.B. die verschiedenen Organe eines Organismus). Allokonstituenten müssen, wie gesagt, im allgemeinen nur zeitweilig "verfügbar" sein, d.h. in eng umschriebener Weise mit dem Prozeßsystem K_{Pi} interagieren. Sonne, Wasser und Boden sind Allokonstituenten für Pflanzen, denn sie enthalten für Pflanzen konstitutive Elementarprozesse, die nicht als Teilsysteme der Pflanzen klassifiziert werden und somit allokonstitutiv sind. Prozeßsysteme der Umwelt, die weder konstitutive noch restriktive Elementarprozesse enthalten, mögen *neutrale Umgebungssysteme* heißen.

Die K-definierten Prozeßsystemen K_P korrespondierende *restriktive Umgebung* $rU(K_P)$ ist die Menge aller momentanen Umgebungen der Momentansysteme vom Typ K, die nicht sämtliche der jeweils konstitutiven oder gar restriktive Elementarprozesse enthalten. In einer restriktiven Umgebung kann ein Prozeßsystem K_{Pi} nicht länger überdauern und zerfällt. Die komplementäre Menge $rU(K_{Pi})$ der restriktiven Umgebungen jedes *konkreten* einzelnen Prozeßsystems K_{Pi} läßt sich nur für zugrundegegangene K_{Pi} identifizieren und enthält genau ein Element, nämlich die momentane Umgebung, in der das System zugrundegegangen ist. Als *restriktives Umgebungssystem* von K_P wollen wir jedes Prozeßsystem bezeichnen, das zu Umgebungen von K-definierten Prozeßsystemen K_{Pi} gehört (Teilsystem dieser Umgebungen ist) und mit K_{Pi} in K-restriktiver Weise interagiert. Ein vom Garten durchs Fenster ins Haus fliegender Stein war für die Glasscheibe dieses Fensters ein restriktives Umgebungssystem. Alle Gegenstände, durch die jemals Glasscheiben zu Bruch gingen bilden die Menge restriktiver Umgebungssysteme (Teilsysteme restriktiver Umgebungen) für Prozeßsysteme der Art "Glasscheibe". Ein Löwe, der ein Zebra reißt, ist für dieses Zebra ein restriktives Umgebungssystem usw.

Welche konstitutiven Elementarprozesse als allo- und welche als autokonstitutiv klassifiziert werden, hängt von den Kriterien für "Enthaltensein" (*Limitationskriterien*) ab. Diese können sich von den Kriterien für "*Konstitutivität*" (vgl. Kap. 5.1) unterscheiden, sonst würde sich diese umständliche Diskussion ja erübrigen. Im allgemeinen werden, wie bereits ausgeführt, nur solche Gefüge konstitutiver Elementarprozesse als Teilsysteme (Autokonstituenten) klassifiziert, deren Relationen zu anderen Konstituenten (Gefügen konstitutiver Elementarprozesse) während der gesamten Dauer des Prozeßsystems relativ invariant bleiben, etwa die Organe eines Organismus. Gefüge konstitutiver Elementarprozesse, die nur für einen bestimmten Zustandsübergang eines zyklischen Prozeßsystems notwendig sind, können als "externe" Umweltsysteme (Allokonstituenten) klassifiziert werden. Für einen Organismus stellt etwa Nahrung ein Umweltsystem dar. Ist Nahrung nicht verfügbar, kann der Organismus nicht überleben. Nahrung, ein Beutetier beispielsweise, muß aber nur *zeitweilig* in greifbare Nähe des Organismus rücken und kann die übrige Zeit in wechselnden Beziehungen zu ihm stehen. Verleibt sich der Organismus Nahrung ein, so überführt er die im "Umweltsystem" enthaltenen Elementarprozesse in Bestandteile seiner "Teilsysteme": Der Sukzessor eines allokonstitutiven Elementarprozesses kann ein autokonstitutiver Elementarprozeß sein.

Wollte man per definitionem nur solche Prozeßsysteme zulassen, die alle ihre konstitutiven Elementarprozesse enthalten, so ließen sich die Grenzen, die wir zwischen einem Prozeßsystem und seiner Umgebung de facto machen, nicht systemtheoretisch rekonstruieren. Ein Prozeßsystem "Tiger" müßte dann seine Beutetiere enthalten, die Beutetiere müßten das Gras, das sie fressen, das Gras die Sonne, deren Energie es sich einverleibt enthalten usw.. Ein solcher Systembegriff wäre eine Vergewaltigung unseres tatsächlichen Umgangs mit den Prozeßsystemen dieser Welt, denn offensichtlich ziehen wir in der Praxis eine Grenze zwischen Tiger und Beutetier, Beutetier und Gras, Gras und Sonne. Es bleibt aber festzuhalten, daß sich zu jedem limitierten Prozeßsystem ein Integralsystem angeben läßt, welches *alle* systemkonstitutiven Elementarprozesse enthält[22].

Es sei noch kurz angemerkt, daß sich für Autokonstituenten eines Prozeßsystems *systeminterne* und *systemexterne* Umgebung bzw. Umwelt unterscheiden lassen[23]. Das betrachtete Prozeßsystem sei wieder ein Tiger. Die systeminterne Umwelt eines Organs, etwa der Leber eines Tigers, stellen alle anderen Organe des Tigers (Herz, Lunge, Gehirn ...) in ihren spezifischen Wirkungsbeziehungen zueinander und zur Leber dar, während die Beutetiere, das Trinkwasser usw. des Tieres Allokonstituenten der systemexternen Umwelt, der Felsen im Dschungel und das vorüberfliegende Flugzeug des Buschpiloten neutrale Umgebungssysteme der systemexternen Umwelt sind.

Ein Prozeßsystem K_{Pi} und seine Umgebung $U(K_{Pi})$ repräsentieren Abstraktionen vom universalen Wirkungszusammenhang. Prozeßsysteme und ihre Umgebung stehen in ständiger Wechselwirkung miteinander und können nicht unabhängig voneinander betrachtet werden. Einem Prozeßsystem K_{Pi} benachbarte Umgebungssysteme können ihren Einfluß auf Auto- und Allokonstituenten von K_{Pi} allmählich ändern. Umgebungssysteme, die bislang in neutralen oder gar konstitutiven Relationen zu den Auto- und Allokonstituenten von K_{Pi} standen, können dann zu einem restriktiven Umgebungssystem für K_P werden und das System K_{Pi} zerstören, wenn ihre Relationen zu K_{Pi} im Zeitverlauf einen veränderten, restriktiven Wertebereich einnehmen (ob ein Umgebungssystem restriktiv, neutral oder konstitutiv für K_{Pi} ist, stellt ja keine isolierbare, unveränderliche "Eigenschaft" des Umgebungssystems dar, sondern hängt davon ab, ob die Relationen zwischen Prozeßsystem K_{Pi} und Umgebungssystem bestimmte

[22] Schon Ashby (1956), S. 354 f. hebt hervor, daß es viele gleichwertige Möglichkeiten geben kann, ein System von seiner Umgebung abzugrenzen.

[23] "Eine strukturierte Gesellschaft stellt eine günstige Umgebung für die untergeordneten Gesellschaften bereit, die sie in sich beherbergt. Auch muß die ganze Gesellschaft in einer weiteren Umgebung angesiedelt sein, die ihre Fortdauer erlaubt." Whitehead (1929), S. 193/194.

Werte einnehmen, beide Systeme also in bestimmter Weise interagieren). Der Fels im Dschungel ist solange neutrales Umgebungssystem eines Tigers, wie er ihm nicht auf den Kopf fällt und ihm den Schädel zertrümmert; ein Stein ist solange neutrales Umgebungssystem einer Glasscheibe, wie er nicht durch diese hindurchgeworfen wird. Analog gilt selbstverständlich für Umgebungssysteme, die Umweltsysteme für K_P sind, daß sie wenigstens zeitweise mit einem limitierten Prozeßsystem K_{Pi} konstitutiv interagieren, d.h. in einer eng definierten Relation zu K_{Pi} stehen müssen, damit dieses nicht zugrundegeht. Werden alle potentiellen Beutetiere eines Tigers im Dschungel erschossen, so wird der Tiger verhungern; läßt der Regen lange auf sich warten, vertrocknen die Pflanzen.

Jedes Prozeßsystem ist also von seiner Umgebung abhängig und kann nur in einer permissiven Umgebung (Umwelt) existieren[24]: Ein Prozeßsystem K_{Pi} ist nur dauerhaft, wenn einerseits alle für einen Zustandsübergang nötigen Konstituenten einschließlich Allokonstituenten präsent sind und *außerdem* keine restriktiven Umgebungssysteme auftreten. Die Dauer eines Prozeßsystems hängt daher von der Dauer permissiver Umgebungen dieses Systems ab (die alle jeweils momentan konstitutiven Allokonstituenten und keine restriktiven Umgebungssysteme enthalten). Wir können dies als die *Umweltbedingung* für Prozeßsysteme bezeichnen. Selbst wenn einem Prozeßsystem alle Konstituenten als Autokonstituenten zugerechnet werden, hängt seine Dauerhaftigkeit davon ab, daß die Umweltbedingung erfüllt bleibt und keine restriktiven Umgebungssysteme wirksam werden.

Verschiedene Prozeßsysteme unterscheiden sich hinsichtlich ihrer Dauer voneinander. Protonen und Elektronen sind Prozeßsysteme extrem langer Dauer - den Zerfall auch nur eines Protons hat man noch nicht beobachten können. Gebirge und Flüsse sind sehr lang dauernde Prozeßsysteme; auch viele Organismen sind relativ dauerhaft, werden aber irgendwann sterben; eine Welle am Strand ist von kurzer Dauer; ein Blitz ist ein Prozeßsystem von so kurzer Dauer, daß wir schon fast - obschon ungerechtfertigt - zögern, ihn als ein "dauerhaftes" Prozeßsystem zu bezeichnen. Um die Dauer verschiedener Prozeßsysteme vergleichen zu können, müssen wir einen gemeinsamen Maßstab definieren. Ich werde diesen die Beständigkeit B nennen. Die Beständigkeit B eines Prozeßsystems K_{Pi} sei der Zeitraum, in dem dieses System dauert, pro Standardzeitraum. Die Beständigkeit K-definierter Prozeßsysteme K_P kann dann als die durchschnittliche Beständigkeit aller Prozeßsysteme K_{Pi} der Art K definiert werden. Wählt man als Standardzeitraum 100 Jahre, so wäre die Beständigkeit B der Prozeßsysteme "Mensch" etwa 75, die Beständigkeit B der Prozeßsysteme "Hund" etwa 15 usw. Die Beständigkeit eines Prozeßsystems ist ein indirektes Maß für die re-

---

[24] "... a favourable environment is essential to the maintenance of a physical object." Whitehead (1925), S. 111 (vgl. auch S. 96). "Es gibt aber keine isolierte Gesellschaft. Jede Gesellschaft muß mit ihrem Hintergrund einer weiteren Umgebung von wirklichen Einzelwesen betrachtet werden ... Daher müssen die gegebenen Beiträge der Umgebung zumindest die Selbstständigkeit der Gesellschaft zulassen." Whitehead (1929), S. 178. Auch Jantsch (1979) hebt die wechselseitige Abhängigkeit und Koevolution von Systemen und ihren Umgebungen an vielen Stellen seines Buches hervor (z.B. S. 117 ff).

lative Frequenz permissiver Umgebungen für dieses Prozeßsystem in der Welt.

Ich möchte noch einen anderen Vergleichsmaßstab einführen, den *Autonomiegrad* A eines Prozeßsystems. Dieser ist nur für die Menge K_P aller Prozeßsysteme K_{Pi} der Art K bestimmbar, nicht hingegen für ein einzelnes Prozeßsystem K_{Pi}. Der Autonomiegrad A K-definierter Prozeßsysteme K_P wird als der Quotient der Mächtigkeit der Menge permissiver Umgebungen (Umweltmenge) von K_P durch die Mächtigkeit der Menge aller (permissiver und restriktiver) Umgebungen von K_P definiert. Unter der Mächtigkeit einer Menge ist dabei die Anzahl der Teilmengen - der unterscheidbaren Umgebungen - zu verstehen, in die sie sich untergliedern läßt. Unterscheidbare Umgebungen von K_{Pi} zeichnen sich durch verschiedene Relevanzordnungen der Wirkungsbeziehungen (Elementarrelationen) zwischen wenigstens einigen der in $U(K_{Pi})$ enthaltenen Prozeßsysteme (Elementarprozesse) untereinander oder zwischen diesen und den in K_{Pi} enthaltenen aus. Die Mächtigkeit der Umgebungsmengen (und somit der ermittelte Autonomiegrad) hängt allerdings - ähnlich wie bei der Unterscheidung verschiedener Systemzustände - von den Unterscheidungskriterien ab, die wir anlegen, ist bei festgelegten Kriterien aber eindeutig determinierbar. Je größer die Zahl untereinander unabhängiger Allokonstituenten ist, von denen ein Prozeßsystem in seiner Beständigkeit abhängt (an je mehr untereinander ungekoppelte Umweltsysteme es streng gekoppelt ist), desto geringer ist sein Autonomiegrad. Umgekehrt ist der Autonomiegrad umso höher, je weniger Relationen für Konstituenten konstitutiv sind, die nicht zwischen Konstituenten bestehen, d.h. je intensiver alle Konstituenten untereinander reziprok gekoppelt sind. Der so definierte Autonomiegrad wird benötigt, um zwischen verschiedenen Typen von Prozeßsystemen gleicher Beständigkeit zu unterscheiden. Prozeßsysteme, die nur in speziellen, sehr selten anzutreffenden Umgebungen beständig sind, dort aber lange dauern können, haben einen geringen Autonomiegrad bei hoher Beständigkeit (Anwendungsbeispiele in Kap. 5.3).

5.3 Autogenetische und heterogenetische Systeme.

Nachdem ich die Grundbegriffe der Allgemeinen Systemtheorie definiert und ausführlich erläutert habe, möchte ich nun unter Verwendung dieser Begriffe zwei Typen von Prozeßsystemen, *autogenetische Systeme* und *heterogenetische Systeme*, unterscheiden und die Grundzüge ihrer jeweiligen räumlichen und zeitlichen Organisation darstellen[25].

---

[25] In Schlosser (1990) werden autogenetische Systeme noch als "selbstperpetuierende Systeme", heterogenetische Systeme als "funktionale Systeme" bezeichnet.

5.3.1 Autogenetische Systeme.

Autogenetische Systeme - die keinesfalls mit den "autopoietischen Systemen" Maturanas verwechselt werden dürfen (diese rechne ich zu den heterogenetischen Systemen; s.u.) - sind Prozeßsysteme, deren *limitierte* Mengen alle systemkonstitutiven Elementarprozesse selbst enthalten. Ein limitiertes autogenetisches Prozeßsystem kann einem autogenetischen Prozeßsystem gleichgesetzt werden ($n_l = n_k$). Mit anderen Worten: Wir grenzen autogenetische Prozeßsysteme so von ihrer Umgebung ab, daß die korrespondierende Umgebung keine Allokonstituenten enthält. Die einem autogenetischen System korrespondierende Umwelt enthält ausschließlich systemneutrale Umgebungssysteme. Es dürfte einleuchten, warum solche Prozeßsysteme "autogenetisch" heißen, sie sind sozusagen für ihre permanente Re-Produktion, ihre Dauer, die relative Stabilität und Invarianz ihrer systemkonstitutiven Relationen "selbst verantwortlich" und nicht auf externe Einflüsse (Allokonstituenten) angewiesen. *Autogenese* meint *selbständige* (von Umweltsystemen unabhängige) *Beständigkeit* (durch zyklische Re-Produktion) *eines Gefüges wirksamer Relationen.* Autogenetische Systeme sind "selbstgenügsam", was ihre Dauerhaftigkeit betrifft. Trotzdem muß natürlich die Umweltbedingung erfüllt sein: Die Umgebung eines autogenetischen Systems darf keine restriktiven Umgebungssysteme enthalten, die dieses Prozeßsystem zerstören würden. Insofern sind auch autogenetische Systeme von ihrer Umgebung abhängig und keine isolierten, eigenständigen Wesen[26]!

Wir können statische und (zyklische) dynamische autogenetische Systeme voneinander unterscheiden. Als statische autogenetische Systeme lassen sich beispielsweise Steine und Tische, als dynamische autogenetische Systeme lassen sich z.B. Elektronen, Atome, Planetensysteme usw. betrachten[27]. Die Dynamik autogenetischer

---

[26] Die folgende Erläuterung Whiteheads zu seinem Begriff der "Gesellschaft" (passender wäre hier: "dauerhafter Gegenstand"), entspricht der Definition eines autogenetischen Systems: "Die Elemente der Gesellschaft gleichen sich, weil sie aufgrund ihrer gemeinsamen Eigenschaften anderen Elementen der Gesellschaft die Bedingungen auferlegen, die zu dieser Ähnlichkeit führen. Diese Ähnlichkeit besteht in der Tatsache, daß (i) ein gewisses 'Form'- Element enthalten ist, das zur individuellen Erfüllung jedes Elements der Gesellschaft beiträgt; und daß (ii) der Beitrag, den dieses Element zu der Objektivierung jedes einzelnen Elements der Gesellschaft für das Erfassen durch andere Elemente leistet, seine entsprechende Reproduktion in den Erfüllungen dieser anderen Elemente fördert." (1929), S. 177. Zur Definition der Begriffe "Gesellschaft" und "dauerhafter Gegenstand" siehe Whitehead (1929), S. 84 ff (vgl. Fußnote 3). Unter einer "korpuskularen Gesellschaft" versteht Whitehead (1929), S. 86 eine Gesellschaft, die sich in "Stränge dauerhafter Gegenstände" analysieren läßt. Eine Gesellschaft ist also dann korpuskular, wenn nicht nur sie selbst, sondern auch ihre Teilsysteme autogenetische Systeme sind, ein Kristall, beispielsweise, wäre eine "korpuskulare Gesellschaft" von Atomen.

[27] Welche Systeme als statisch, welche als dynamisch klassifiziert werden, hängt davon ab, wieviele Zustände eines Systems wir unterscheiden wollen. Alle Prozeßsysteme lassen sich bei entsprechend "genauem Hinsehen" als dynamische Systeme interpretieren (vgl. Fußnote 15). Daß auch Atome und Elementarteilchen als dynamische Prozeßsysteme, nicht als unwandelbare "Teilchen" aufgefaßt werden können, haben Whitehead (1925, S. 37 f, 133) und Bohm (1987, S. 30 f) betont. Whitehead spricht von der

Systeme ist eine interne Dynamik (im Gegensatz zu den noch zu besprechenden heterogenetischen Systemen), die in der zyklischen Veränderung von Interaktionen zwischen Autokonstituenten zum Ausdruck kommt. Die um die Sonne kreisenden Planeten hängen in ihrer Bewegung um die Sonne im wesentlichen nur von der gravitativen Wechselwirkung mit dem Zentralgestirn und mit den anderen Planeten des Sonnensystems ab.

Etwas problematischer liegen die Dinge im Falle eines idealen reibungsfreien Pendels (das es aber, wie das Epitheton sagt, nicht gegenständlich-wirklich gibt). Grenzen wir das Pendel zusammen mit seiner Aufhängung als ein Prozeßsystem ab, haben wir es dann mit einem autogenetischen dynamischen System zu tun? Nehmen wir obige Definition wörtlich, dann sicher nicht: Das zyklische Hin- und Herschwingen des Pendels hängt von der gravitativen Wechselwirkung mit, sagen wir, der Erde ab; die Erde ist also konstitutiv, ist ein Allokonstituent für das Prozeßsystem "schwingendes Pendel". Wäre ein Pendel demnach kein dynamisches autogenetisches System, sondern etwa ein heterogenetisches System, das in zyklischer Weise von Allokonstituenten abhängt (s.u.)? Das hieße, den Begriff eines heterogenetischen Systems überzustrapazieren. Heterogenetische Systeme sind, wie weiter unten erörtert wird, an einen Allokonstituentenzyklus gekoppelt, der keine triviale Konsequenz der zyklischen Zustandssequenz der im Prozeßsystem enthaltenen Autokonstituenten ist. Ein schwingendes Pendel hingegen hängt von einem Allokonstituenten - der Erde - ab, der *permanent* in eng umschriebener Weise als Umweltsystem mit dem Pendel interagiert, wobei die zyklische Veränderung der Interaktionen zwischen Prozeßsystem (Pendel) und Allokonstituent (Erde) lediglich ein anderer Aspekt der zyklischen Zustandssequenz des Pendels selbst ist, da ja dessen Zyklizität (Schwingung) gerade durch die Interaktionszyklen mit diesem einen Allokonstituenten bedingt ist (vgl. Fußnote 35). Solche zyklischen dynamischen Prozeßsysteme mit "permanenten" Allokonstituenten könnten als *allogenetische Systeme* bezeichnet werden, sie sollen hier den autogenetischen Systemen zugerechnet werden.

Autogenetische Systeme hängen insofern von ihrer Umgebung ab, als diese während der Dauer des Prozeßsystems keine restriktiven Umgebungssysteme enthalten darf. So gesehen, gibt es keine abgeschlossenen Systeme, *alle Systeme sind offen*[28]! Kein Prozeßsystem erfreut sich unbegrenzter Dauer. Die Beständigkeit B eines konkreten autogenetischen Prozeßsystems K_{Pi} ist umso größer, je später zerstörerische restriktive Umgebungssysteme in seiner komplementären Umgebung auftreten. Der Autonomiegrad A K-definierter autogenetischer Prozeßsysteme K_P ist hoch, wenn es viele unterscheidbare Umgebungen gibt, in denen Prozeßsysteme der Art K bestehen können, ohne zerstört zu werden. Der Autonomiegrad autogenetischer Systeme K_P korreliert im allgemeinen mit der durchschnittlichen Dauer (Beständigkeit) aller K_{Pi}.

"vibratory existence of enduring matter", Bohm vergleicht Elementarteilchen mit Strudeln auf der Wasseroberfläche eines Flusses.

28 Vgl. Weiss (1969), S. 17.

Ein Regenbogen beispielsweise kommt nur unter ganz bestimmten Bedingungen vor, ist von geringer Dauer und wenig autonom, weil die relative Mächtigkeit der permissiven Umgebungsmenge klein ist, weil es eben nur selten vorkommt, daß es regnet und gleichzeitig die Sonne scheint. Die Beständigkeit einzelner Regenbögen kann sich trotzdem stark voneinander unterscheiden, je nachdem, wie lange die permissive komplementäre Umgebung im einzelnen Fall besteht. Die Beständigkeit und der Autonomiegrad von Atomen ist ungleich höher. Spätestens seit Hiroshima haben wir uns aber darüber belehren lassen müssen, daß auch Atome gespalten, d.h. zerstört werden können. Eine absolute Autonomie nicht-universaler Prozeßsysteme kann es nach den Voraussetzungen der Allgemeinen Systemtheorie auch nicht geben[29].

5.3.2 Heterogenetische Systeme.

Der zweite Typus von Prozeßsystemen, der den weitaus interessanteren Fall darstellt (nicht zuletzt, weil wir uns selbst ihm zurechnen) ist der Typus des *heterogenetischen Systems*. Heterogenetische Systeme sind ausnahmslos zyklische dynamische Prozeßsysteme, deren *limitierte* Mengen *nicht* alle systemkonstitutiven Elementarprozesse enthalten[30]:

> "In einem echten System folgen aber nicht alle makroskopischen Eigenschaften aus Komponenteneigenschaften und ihren Kombinationen. Sie ergeben sich oft nicht aus statischen Strukturen, sondern aus den dynamischen Wechselwirkungen, die innerhalb des Systems ebenso wie zwischen dem System und seiner Umwelt spielen." Jantsch (1979), S. 55.

Heterogenetische Systeme hängen also zeitweilig von Allokonstituenten ab. Sie können nur überdauern, wenn sie mit Prozeßsystemen in ihrer Umgebung von Zeit zu Zeit konstitutiv interagieren, d.h. wenn die Relationen zwischen dem limitierten heterogenetischen System und bestimmten Prozeßsystemen der Umgebung, zeitweilig in einen bestimmten, eng umschriebenen, konstitutiven Wertebereich fallen. Ein Umweltsystem oder Allokonstituent, dies sei kurz wiederholt, ist ein Prozeßsystem der Umgebung eines Prozeßsystems K_{Pi}, das für dieses konstitutive Elementarprozesse enthält. Umweltsysteme müssen aber nur temporär - für bestimmte Zustandsüber-

---

[29] Whitehead (1929, S. 179) betont den transitorischen Charakter aller "Gesellschaften", die aus Unordnung hervorgehen und nach einer gewissen Zeit wieder in Unordnung zerfallen. Bohm (1987) hebt hervor, daß nur der Totalität des Universums absolute Autonomie zukommt. "Teilchen", wie Atome, die zu diesem Universum gehören, sind ständig externen Einflüssen unterworfen und daher niemals absolut autonom. Bohm spricht daher vom "Prinzip der relativen Autonomie von Sub-Totalitäten." (S. 246).

[30] Pattees (1970) Unterscheidung zwischen "structural hierarchies" und "functional hierarchies" entspricht in etwa der Unterscheidung zwischen autogenetischen und heterogenetischen Systemen. Pattee hebt die Bedeutung der zeitlichen Organisation - der "time-dependent boundary conditions" - heterogenetischer Systeme (bzw. "funktionaler Hierarchien", wie er sagt) hervor (S. 127, 133). Allerdings ist sein Ausdruck "Hierarchie" irreführend; außerdem sieht er die Möglichkeit dynamischer autogenetischer Systeme nicht.

gänge während der zyklischen Zustandssequenz - für ein limitiertes heterogenetisches System konstitutiv werden und können sonst in wechselnden Relationen zu ihm stehen. Der zyklischen Zustandssequenz des limitierten heterogenetischen Systems korrespondiert somit eine nicht-triviale (s.u.) zyklische Abfolge der Relationen bzw. Interaktionen zwischen diesem Prozeßsystem und seinen Umweltsystemen. *Die* heterogenetischen Systeme schlechthin sind lebende Systeme. Autokatalytische chemische Reaktionssysteme, wie die Belousov-Zhabotinsky-Reaktion und andere oszillierende chemische Reaktionen sowie Maschinen und Computer können aber gleichfalls als heterogenetische Systeme, wenn auch sehr geringen Autonomiegrades, betrachtet werden.

Heterogenetische Systeme, so wie sie hier konzipiert wurden, werden gemeinhin auch als "selbstreferentielle Systeme"[31] bezeichnet. Sie weisen viele Parallelen, aber auch einige entscheidende Unterschiede (s.u.) zu den "autopoietischen Systemen" (oder "autopoietischen Maschinen") von Maturana und Varela auf[32]. Autopoietische Systeme sind dynamische Prozeßsysteme, die sich (im Unterschied zu autogenetischen Systemen) trotz störender Umwelteinflüsse dauernd selbst hervorbringen:

> "Eine autopoietische Maschine ist ... ein homöostatisches (oder besser, ein relationsstatisches) System, das seine eigene Organisation (d.h. das sie definierende relationale Netzwerk) als die grundlegende Variable konstant hält." Maturana und Varela (1975), S. 185.

> "Die autopoietische Organisation wird als eine Einheit definiert durch ein Netzwerk der Produktion von Bestandteilen, die 1. rekursiv an demselben Netzwerk der Produktion von Bestandteilen mitwirken, das auch diese Bestandteile produziert, und die 2. das Netzwerk der Produktion als eine Einheit in dem Raum verwirklichen, in dem die Bestandteile sich befinden." Varela, Maturana und Uribe (1974), S. 158.

Der zweiten Teil dieser Definition autopoietischer Organisation, der eine Identität zwischen "operationaler" und "topographischer" Einheit eines Prozeßsystems zum Ausdruck bringen soll, ist für heterogenetische Systeme unzutreffend und für lebende Systeme inadäquat. Meine Aufgabe wird es sein, zu zeigen, inwiefern die hier vorgestellte Konzeption heterogenetischer Systeme nicht nur allgemeiner ist als die eines "autopoietischen Systems", sondern auch eine wesentlich adäquatere und konsistente Beschreibung der Organisation lebender Systeme liefern kann[33].

---

[31] Siehe z.B. Maturana (1970), S. 36; Jantsch (1979), S. 66; Luhmann (1987), S. 57 ff; Roth (1987), S. 283. Der Begriff der "Selbstreferentialität" wird selten exakt definiert und von verschiedenen Autoren in verschiedenen Zusammenhängen gebraucht (häufig etwa für heterogenetische Systeme mit hohem Autonomiegrad reserviert; Maschinen und Computer wären in diesem Fall nicht "selbstreferentiell"), so daß ich im Folgenden weitgehend auf ihn verzichten möchte.

[32] Das Konzept der "Autopoiese", das sich als ausgesprochen anregend für die systemtheoretische Diskussion erwiesen hat, wurde - ausgehend von Maturanas (1970, S. 37) Begriff der "basalen Zirkularität" lebender Systeme - von Varela, Maturana und Uribe (1974) an einem Modell entwickelt und von Maturana und Varela (1975) ausführlich dargestellt. Vgl. auch Maturana (1975), S. 141 ff, Maturana and Varela (1987), S. 33 ff, sowie Roth (1987).

[33] Die zyklische Organisation lebender heterogenetischer Systeme mag mit der Theorie der Autopoiese erstmals in eine begrifflich strukturierte Form gebracht worden sein, sie wurde aber von vielen früheren

Zu jedem limitierten heterogenetischen System läßt sich ein Integralsystem bestimmen, das alle seine Konstituenten (konstitutiven Elementarprozesse) enthält (s.o.) und mit der Identitätsmenge des entsprechenden heterogenetischen Systems zusammenfällt[34]. Im folgenden soll, um eine Inflation von Adjektiven zu vermeiden, mit "heterogenetischem System" K_{P_i} (K_P) immer das limitierte heterogenetische System gemeint sein; das Integralsystem von K_{P_i} (K_P), welches alle seine Konstituenten (konstitutiven Elementarprozesse) inklusive der Allokonstituenten des limitierten heterogenetischen Systems enthält, wird als "autogenetisches Integralsystem des heterogenetischen Systems" angesprochen. Wollen wir die *Organisation* eines Prozeßsystems erforschen, so müssen wir sein autogenetisches Integralsystem erforschen, da erst in diesem alle Konstituenten enthalten sind.

Die Trennung zwischen heterogenetischen und autogenetischen Systemen beruht nicht auf irgendwelchen "essentiellen" Unterschieden zwischen den so oder so charakterisierten Prozeßsystemen. Heterogenetische und autogenetische Systeme lassen sich unterscheiden, weil es wahlweise verschiedene Möglichkeiten gibt, ein Prozeßsystem von seiner Umgebung abzugrenzen. Jede Abgrenzung ist aber nur *eine* Form der Abstraktion vom universalen Wirkungszusammenhang aller Elementarprozesse. Eine theoretische Unterscheidung zwischen diesen zwei Typen von Prozeßsystemen erübrigte sich, würden wir nicht de facto eine solche Unterscheidung im Alltag und in der Wissenschaft vollziehen. Wir rechnen einem Kristall alle konstitutiven Atome als Autokonstituenten zu, deren Interaktionen er seine Gestalt und Beständigkeit verdankt;

Autoren bereits erkannt. Bergson (1907) etwa spricht vom "vielgliedrige[n], einen geregelten Kreis von Umbildungen durchlaufende[n] Organismus." (S. 43, vgl. auch S. 19). Uexkülls Lehre von den "Funktionskreisen" geht gleichfalls von einer zyklischen Natur des Lebendigen aus: "Für jedes einzelne Tier aber bilden seine Funktionskreise eine Welt für sich, in der es völlig abgeschlossen sein Dasein führt." Uexküll (1928), S. 150. In diese Welt ist allerdings die Umwelt eingeschlossen: ein Organismus und seine "Umwelt bilden ... ein Ganzes. Darin ist jeder Teil auf dieses Ganze ausgerichtet. Die biologische Gliederung der Subjekt-Umwelt-Monade erfolgt nach den Funktionskreisen ..." Uexküll (1934), zit. n. (1980), S. 140. Plessner (1928) - von Uexküll beeinflußt - entwirft unter der Überschrift "Positionalität" (S. 127 ff.) Prozeßsysteme, die den hier vorgestellten heterogenetischen Systemen sehr nahe kommen. Plessners Unterscheidung zwischen "Organismus" und "Lebenskreis" entspricht meiner Unterscheidung von limitiertem heterogenetischen System und dessen autogenetischem Integralsystem, das alle Konstituenten enthält (vgl. Plessner (1928), S. 192 ff.). Auch die Gestaltpsychologen wollten den in der Wahrnehmungspsychologie gewonnenen Gestaltbegriff nur auf bestimmte Prozeßsysteme anwenden, und zwar auf solche "extended events which distribute and regulate themselves as functional wholes." (Köhler (1947), S. 105). Piaget (1967) hat die Idee der heterogenetischen Organisation bereits vollkommen klar gesehen: "Funktion und Organisation lassen sich dadurch definieren, daß sie über kontinuierlich aufeinanderfolgende Transformationen hinweg, deren Inhalt sich im Austausch mit der Außenwelt fortwährend erneuert, die Form eines Interaktionssystems erhalten." (S. 152). So "scheint der Begriff einer zyklischen Ordnung für die Konstanz des offenen Systems unentbehrlich zu sein, weil diese Konstanz sonst nicht auf (...) Regelmechanismen beruhen könnte, sondern auf ein nicht mehr für die Organisation spezifisches Gleichgewicht gegensätzlicher Kräfte beschränkt bliebe." (S. 159).

[34] Im Extremfall ist das Universum ein solches Integralsystem. Welches Prozeßsystem "autogenetisches Integralsystem" ist, hängt vom Kriterium für die "Konstitutivität" eines Wertebereichs ab (vgl. Kap. 5.1).

einem Tiger rechnen wir seine Beutetiere, seine Atemluft und das Wasser, das er trinkt, aber *nicht* als Autokonstituenten zu, obwohl er ohne sie nicht bestehen kann. Ein Tiger und ein Pferd, das seine Beute ausmacht, sowie das Gras, das dieses frißt, werden von uns jeweils als benachbarte limitierte heterogenetische Systeme betrachtet und nicht als autogenetische Systeme, deren Grenzen einander "überlappen" (die Elementarprozesse, die im Prozeßsystem "Pferd" enthalten sind, sind ja gleichfalls im autogenetischen Integralsystem des heterogenetischen Systems "Tiger" enthalten).

Heterogenetische Systeme sind samt und sonders zyklische dynamische Prozeßsysteme. Sie erhalten ihre Identität, indem sie sich verändern und in andere Zustände übergehen, aber im Laufe ihrer Veränderung einen ursprünglichen Zustand wiederherstellen; indem sie also eine zyklische Zustandssequenz durchlaufen, die mehr oder weniger komplex sein kann (s.u.). Nur durch die Re-Produktion eines Zustandes kann ein Prozeßsystem sich beständig verändern und trotzdem es selbst - d.h.: innerhalb seines definierten Identitätsbereichs - bleiben. Nicht alle zyklischen dynamischen Prozeßsysteme sind aber heterogenetisch. Im Gegensatz zu autogenetischen zyklischen Prozeßsystemen sind heterogenetische zyklische Prozeßsysteme von Umweltsystemen (Allokonstituenten) abhängig. Ein heterogenetischer Zyklus kann nur geschlossen werden, wenn zur rechten Zeit die rechten Umweltsysteme am rechten Ort sind, wenn also die *Interaktionen* zwischen limitiertem Prozeßsystem und Umweltsystemen zyklisch rekurrieren. Im Interaktionszyklus von Prozeßsystem und Umgebung finden für K_{Pi} konstitutive Interaktionen zwischen den in K_{Pi} enthaltenen Autokonstituenten (bzw. Elementarprozessen) und den in $U(K_{Pi})$ enthaltenen Allokonstituenten (bzw. Elementarprozessen), es findet somit eine *gekoppelte Änderung* von Auto- und Allokonstituenten statt. Allokonstituenten (Umweltsysteme) u_{Pi} sind aber meist solche Prozeßsysteme, die nur zeitweilig mit K_{Pi} konstitutiv interagieren, den übrigen Teil der Zeit hingegen mit einer Vielzahl von benachbarten (für u_{Pi} neutralen oder konstitutiven) Prozeßsystemen relevant interagieren. Ist es notwendig für die regelmäßige Re-Produktion konstitutiver Interaktionen zwischen u_{Pi} und K_{Pi}, daß die Interaktionen zwischen u_{Pi} und *seinen* Umgebungssystemen zeitweilig in einen eng umgrenzten Wertebereich fallen müssen, so müssen natürlich auch letztere als, wenn auch indirekt, K-konstitutiv angesehen werden. Bezeichnen wir die konstitutiven Interaktionen zwischen u_{Pi} und K_{Pi} als K-allokonstitutiv ersten Grades, so können letztere als K-allokonstitutiv zweiten Grades bezeichnet werden. In analoger Weise lassen sich K-allokonstitutive Interaktionen dritten und höheren Grades definieren. Interaktionen zwischen den Autokonstituenten sollen autokonstitutiv heißen.

Aufgrund dieser relevanten Interaktionen der Allokonstituenten mit ihrer jeweiligen Umgebung werden allokonstitutive Interaktionen ersten Grades zwischen einem heterogenetischen System und seinen Umweltsystemen nicht ausschließlich durch die Dynamik autokonstitutiver Interaktionen und allokonstitutiver Interaktionen ersten Grades re-produziert. Heterogenetische Systeme können daher nur in einer solchen Umwelt bestehen, in der die Interaktionen mit Umweltsystemen in zyklischer Weise im Rahmen des für den Fortbestand des Prozeßsystems notwendigen, eng umschriebenen konstitutiven Wertebereich stattfinden. Ein heterogenetisches System ist daher an eine bestimmte *regelmäßige* - und das heißt: zyklisch sich wandelnde - Umwelt in *nicht reziproker* Weise gekoppelt. Seine zyklische Zustandssequenz hängt von einer zyklischen Sequenz von Interaktionen mit Umweltsystemen, diese wiederum hängt von einem *Allokonstituentenzyklus* ab[35]. Mit "Allokonstituentenzyklus" bezeichne ich den Zyklus von Relationengefügen, welcher den zyklisch rekurrierenden konstitutiven Interaktionen höheren Grades zugrundeliegt, die das zyklische Eintreten aller für einen Interaktionszyklus und somit für eine zyklische Zustandssequenz nötigen Allokonstituenten in konstitutive Interaktionen ersten Grades zur rechten Zeit bedingen. *Heterogenese* meint *unselbständige* (von Allokonstituentenzyklen abhängige) *Beständigkeit* (durch zyklische Re-Produktion) *eines Gefüges wirksamer Relationen*. Ein Tiger - bleiben wir bei diesem Beispiel - kann nur überleben, wenn ihm von Zeit zu Zeit Nahrung zur Verfügung steht, wenn Beutetiere, die sich für den Rest der Zeit in beliebiger Entfernung aufhalten dürfen, kurzzeitig in greifbare Nähe rücken und verschlungen werden können. Dabei trägt der Tiger durch sein Verhalten zwar dazu bei, daß Beutetiere zyklisch in seine Nähe rücken, er geht ja auf Nahrungssuche, wenn er

---

[35] Das hin und herschwingende Pendel kann, wie gesagt (vgl. Kap. 5.3.1), als ein zyklisches autogenetisches System klassifiziert werden, obwohl es von einem Allokonstituenten (der Erde) abhängt und sich die Relationen zwischen Erde und Pendel in zyklischer Weise ändern. Die Zyklizität der Interaktionen zwischen Erde und Pendel ist nämlich in trivialer Weise korreliert mit der Zyklizität der Zustände des Pendels, beide Zyklen bedingen einander unmittelbar. Anders bei heterogenetischen Systemen: Dort ist die Zyklizität der Systemzustände nur möglich, wenn Allokonstituenten zyklisch verfügbar sind, wobei deren zyklische Verfügbarkeit nicht automatisch mit der (autokonstitutiven und allokonstitutiven ersten Grades) zyklischen Dynamik des heterogenetischen Systems gegeben ist. Vielmehr kann die zyklische Zustandssequenz des heterogenetischen Systems nur durchlaufen werden, wenn die Umwelt die nötigen Umweltsysteme in zyklischer Weise "bereitstellt". In den Begriffen von "lokalisierter" bzw. "delokalisierter" Relevanz formuliert (vgl. Fußnote 13): Dynamische Systeme stehen in ständig wechselnden Beziehungen zu ihrer Umgebung. Ist die Wechselwirkung lokalisiert, wie bei der gravitativen Wechselwirkung von Erde und Pendel, so können sich die relevanten Relationen in zyklischer Weise ändern. Sobald aber Relationen zu solchen Prozeßsystemen (bzw. Elementarprozessen) relevant werden, die nicht in die zyklisch sich selbststabilisierenden Interaktionen einbezogen sind (Reibungsverluste durch Interaktion mit den Atomen der Pendelaufhängung) wird Relevanz delokalisiert, bis das Pendel zur Ruhe gekommen ist. Heterogenetische Systeme sind nicht einfach wie das Pendel reziprok mit anderen Prozeßsystemen (Erde) ihrer Umgebung gekoppelt, so daß Relevanz zyklisch lokalisiert bleibt. Sie sind vielmehr in mannigfaltige delokalisierende Interaktionen mit dieser Umgebung verwickelt und verfallen daher ständig. Trotzdem sind sie dauerhaft und können die Relationen zwischen ihren Teilsystemen relativ invariant halten, weil sie durch diese Interaktionen sich dauerhafte Umweltsysteme (verfügbares Sonnenlicht, Wasser, Nahrung) zyklisch "einverleiben". Ihre regelmäßige, zyklische Organisation "verdanken" sie der Regelmäßigkeit der Umwelt (die nicht wie beim schwingenden Pendel eine triviale Funktion eigener Zyklizität ist). Ihre Zyklizität ist an die Regelmäßigkeit der Umwelt gekoppelt. Die in System-Umwelt-Interaktionen aus dem Prozeßsystem delokalisierte Relevanz muß sozusagen aus der Umwelt heraus erneuert werden. In der Thermodynamik spricht man daher auch von dissipativen Systemen, die ihren geordneten Zustand durch beständige Entropieproduktion (Ordnung durch Zerfall, Relokalisierung von Relevanz durch Delokalisierung von Relevanz) aufrechterhalten können (vgl. Fußnote 37).

hungrig ist. Trotzdem ist die wiederkehrende Greifbarkeit der Beute nicht durch die Zyklizität dieses Verhaltens determiniert, sondern hängt außerdem von externen Einflüssen ab: die Schnelligkeit der fliehenden Beutetiere, beispielsweise, kann von der Häufigkeit ihrer Nahrungspflanzen, der Anzahl und Angriffsstrategie anderer Raubtiere desselben Lebensraums, dem Auftreten von Krankheitserregern usw. beeinflußt werden. Gelingt es allen Beutetieren, rechtzeitig zu fliehen, so muß der Tiger verhungern. In diesem Sinne hängt die Zyklizität eines heterogenetischen Systems in einem nicht-trivialen Sinne von einem Allokonstituentenzyklus (der regelmäßigen Verfügbarkeit von Umweltsystemen) ab, der allein die identitätserhaltende Zyklizität von System-Umwelt-Interaktionen ermöglicht[36].

Heterogenetische Systeme durchlaufen also zyklische Zustandssequenzen, die an eine regelmäßige Umwelt - an Allokonstituentenzyklen - gekoppelt sind. Regelmäßige Interaktionen mit der Umwelt sind für die Erhaltung der Identität heterogenetischer Systeme entscheidend. Heterogenetische Systeme werden daher manchmal auch als offene Systeme im "Fließgleichgewicht" bezeichnet, die Stoff- und Energiewechsel mit ihrer Umwelt betreiben und ihre geordnete Struktur - die relative Invarianz der Relationen zwischen ihren Autokonstituenten - nur durch ständige "Entropieproduktion" aufrechterhalten können. Etwas pointiert könnte man sagen: Heterogenetische Systeme stellen sich dauernd verfallend wieder her, heterogenetische Systeme re-produzieren beständigen Verfall[37].

---

[36] Schon Piaget (1967) hat nicht nur die Bedeutung der zyklischen Ordnung für die Organisation lebender Systeme erkannt, sondern auch, daß es sich hierbei um einen Zyklus von System-Umwelt-Interaktionen handelt (S. 158). Auch für Uexküll sind Umwelt und Organismus auf vielfältige Weise miteinander verflochten: "In der Umwelt eines jeden Tieres gibt es nur Dinge, die diesem Tier ausschließlich angehören." (1909, zit.n. 1980), S. 281 (es ist daran zu erinnern, daß Uexkülls "Umwelt" den Umweltsystemen der Allgemeinen Systemtheorie entspricht). Uexkülls "Funktionskreise" der Aktivitäten eines Organismus lassen sich nur schließen, wenn in der Umwelt ein "Gegengefüge" (Umweltsystem) vorhanden ist: "Die Funktionskreise bilden, sobald sie in Tätigkeit treten, stets einen in sich geschlossenen Mechanismus, der das Gegengefüge einschließt." (1909), zit. n. (1980), S. 281 (siehe auch Fußnote 33).

[37] Den heterogenetischen Systemen entsprechen die "dissipativen Strukturen" Prigogines (vgl. Prigogine und Stengers (1980), S. 148 ff; Jantsch (1979), S. 62 ff). Dissipative Strukturen sind Strukturen mit "zyklischer Prozeßorganisation" (Jantsch, S. 64), die folgende Bedingungen erfüllen: Die konstitutiven Prozesse laufen fern vom (energetischen) Gleichgewicht ab, sind offen für Stoff- und Energiewechsel und sind positiv rückgekoppelt, stellen also auto- oder crosskatalytische Prozesse dar. Autokatalytische Prozesse lassen sich durch nichtlineare mathematische Gleichungen beschreiben, weshalb oft von der "Nichtlinearität" solcher Prozesse die Rede ist (die zu Strukturbildung aber auch zu Chaos führen können; vgl. Schuster (1989)). Dissipative Strukturen sind dauerhaft, aber nicht unwandelbar. Fluktuationen, die immer wieder auftreten, können neue zyklische Prozeßorganisationen zur Folge haben, deren konkrete Ausprägung von minimalen Unterschieden der Ausgangsbedingungen abhängt. Winzige Fluktuationen können so zu Auslösern von "Symmetriebrüchen" oder "Bifurkationen" werden ("Ordnung durch Fluktuation"; vgl. Prigogine und Stengers (1980), S. 176 ff; Jantsch (1979) S. 77 ff). Dissipative Strukturen werden auch als "selbstorganisierend" beschrieben. Wird von der "Selbstorganisation" von Systemen gesprochen, so sind praktisch immer heterogenetische Systeme gemeint (vgl. zum Überblick Jantsch (1979), S. 49 ff und Haken (1976, 1981, 1985)).

Die neuere systemtheoretische Diskussion krankt daran, keine brauchbare Bestimmung der "Grenze" eines Systems anzugeben und deshalb ein verzerrtes Bild von den System-Umwelt-Beziehungen heterogenetischer Systeme zu vermitteln. So werden die Grenzen der operativen Einheit (Organisation) eines Systems (der Zyklizität konstitutiver Interaktionen) fast immer mit den topographischen Grenzen gleichgesetzt. Ein Unterschied zwischen Limitation und Konstitutivität wird nicht gemacht, Prozeßsysteme und limitierte Prozeßsysteme werden sozusagen a priori als äquivalent betrachtet[38]. Auf diese Art und Weise kann weder das Bezogensein eines Prozeßsystems auf seine Umwelt, noch der Unterschied zwischen autogenetischen und heterogenetischen Systemen adäquat bestimmt werden. Am deutlichsten zeigt sich dies an der Theorie "autopoietischer Systeme" Maturanas und Varelas. Ein autopoietisches System wird einerseits als eine topographisch abgegrenzte Einheit (ein limitiertes heterogenetisches System), andererseits als eine operationale Einheit (ein autogenetisches Inte-

---

[38] So unterstellt z.B. auch Luhmann (1987, S. 35, 52), eine Grenze sei etwas durch die Organisation des Systems bestimmtes und habe die Funktion der Stabilisierung eines Gefälles (S. 53). In der mengentheoretischen Allgemeinen Systemtheorie hingegen wird die Limitation eines Prozeßsystems durch Festlegung von Kriterien für das "Enthaltensein" geleistet, die enger sind als die Kriterien für Konstitutivität und im allgemeinen nicht mit letzteren zusammenfallen. Es läßt sich deshalb nicht behaupten, die Organisation eines Systems lege dessen Grenze zur Umgebung fest. Die Organisation eines heterogenetischen Systems, zu der die regelmäßige Interaktion mit Allokonstituenten gehört, legt fest, daß bestimmte konstitutive Relationen des Prozeßsystems in definierten Wertebereichen verbleiben, solange das Prozeßsystem dauert, nicht aber, welche Schwankungsbreite konstitutiver Relationen ein Elementarprozeß einhalten muß, damit er noch als im Prozeßsystem "enthalten" bezeichnet wird. Letzteres muß durch Limitationskriterien festgelegt werden, die nicht aus der Organisation des Systems "folgen", sondern ein Maßstab sind, der an diese angelegt wird. Allgemein gesprochen: Die Organisation von Prozeßsystemen macht diese zu *abgrenzbaren* Systemen der Welt, ohne festzulegen, *wo* die Grenze zwischen Prozeßsystem und Umwelt gezogen werden muß. Luhmanns Behauptung, Ökosysteme seien keine Systeme, weil sie keine Grenze hätten (S. 55), impliziert, nur Systeme (Prozeßsysteme) mit eindeutig feststellbaren Grenzen seien "eigentlich" Systeme. Mir scheint hierin eine recht artifizielle Einengung des Systembegriffs zu liegen, worin soll denn das eindeutige Grenzkriterium bestehen? Auch die Forderung von An der Heiden, Roth und Schwegler (1985), S. 333, ein "autonomer Rand", der einen Reaktionsbereich abgrenzt, aber Stoffwechsel mit der Umgebung ermöglicht, sei als Grenze für heterogenetische ("selbstherstellende") Systeme nötig, scheint mir unnötig einschränkend zu sein. Für lebende Systeme ist in der Tat eine Membran nötig, die einen Reaktionsraum für diffusible chemische Reaktanten umgrenzt, sonst könnten die Relationen zwischen diesen Reaktanten nicht invariant gehalten werden und die zyklische Organisation des Lebens würde zerfallen. Die Beständigkeit von Prozeßsystemen ist aber nicht notwendig mit dem Errichten von Diffusionsbarrieren verknüpft. Autokonstituenten könnten etwa auch in einem "Gerüst" stabiler räumlicher Relationen zueinander stehen, das durch die heterogenetische Organisation des Prozeßsystems erhalten wird. Was ein Prozeßsystem allgemein auszeichnet, ist eben nur die relative Invarianz konstitutiver Relationen; solche Prozeßsysteme lassen sich dann von einer Umgebung abgrenzen. Die "Form" der gezogenen Grenze ist aber nicht für die Dauer des Systems "verantwortlich". Die Grenzdefinition Schweglers (1992) erscheint mir problematisch, da sie es auch zuläßt von einer Grenze zwischen zwei Prozeßsystemen zu sprechen, wenn diese nicht benachbart sind, sondern sich überschneiden: Schweglers "Grenze" verläuft nicht zwischen komplementären Prozeßsystemen (K_{Pi} und $U(K_{Pi})$) des einen universalen Wirkungszusammenhangs.

gralsystem eines limitierten heterogenetischen Systems) bestimmt. Maturana und Varela behaupten nun, beide Einheiten koinzidierten:

> "Der Organismus endet an der Grenze, die seine selbstreferentielle Organisation für die Erhaltung seiner Identität definiert." Maturana (1970), S. 45.

Eine biologische Zelle wird von Varela, Maturana und Uribe (1974) als "natürliche Einheit, die topographisch und operational von ihrer Umgebung abtrennbar ist" (S. 158) bestimmt[39].

> "Autopoietische Maschinen haben weder Input noch Output ... ihre Operationen erzeugen ihre eigenen Grenzen im Prozeß ihrer Selbsterzeugung." Maturana und Varela (1975), S. 187.

In die Sprache der Allgemeinen Systemtheorie übersetzt, scheinen Maturana und Varela zu behaupten, ein limitiertes heterogenetisches System, so wie wir es "topographisch" von seiner Umgebung abgrenzen, lasse sich als zyklische Zustandssequenz auffassen, in deren Verlauf sich das Prozeßsystem selbst re-produziert, also seine Relationen in interdependenten eingeschränkten Wertebereichen hält (in obenstehender Definition autopoietischer Systeme wird ja von einem "relationsstatischen" System gesprochen). Diese Zyklizität soll sich aber, in der Sicht der beiden Autoren, auf Relationen zwischen Teilsystemen (Autokonstituenten) des Systems beschränken und nicht etwa Relationen zu Umweltsystemen (Allokonstituenten) mit einschließen. Ein autopoietisches System, so Maturana und Varela, sei "operational abgeschlossen"[40]. Umwelteinflüsse könnten das autopoietische System zwar "perturbieren", seien aber für die autopoietische Organisation nicht konstitutiv. Die Organisation des autopoietischen Systems, die durch die zyklische Abfolge von Interaktionen zwischen den Teilsystemen des autopoietischen Systems charakterisiert wird, soll außerdem mit der umgrenzten "topographischen Einheit" des Prozeßsystems zusammenfallen. Beide Forderungen lassen sich nicht zugleich einlösen, wenn lebende Systeme adäquat durch den Begriff des "autopoietischen Systems" beschrieben werden sollen. Entweder bezieht sich der Begriff "autopoietische Organisation" auf die zyklische Abfolge von Interaktionen zwischen allen Konstituenten eines heterogenetischen Systems einschließlich der Allokonstituenten: Von der so bestimmten autopoietischen Organisation läßt sich mit Recht behaupten, sie sei operational abgeschlossen, da es keine Al-

---

[39] Vgl. auch Maturana und Varela (1975); S. 199; Maturana and Varela (1987), S. 40 ff und Maturana (1975): "Ein autopoietisches System ist eine zustandsdeterminierte zusammengesetzte dynamische Einheit. Auch wenn daher die Bestimmung eines autopoietischen Systems keine Aussagen über die Eigenschaften des Mediums erfordert, in dem die Autopoiese verwirklicht wird, erfordert die tatsächliche Verwirklichung eines autopoietischen Systems im physikalischen Raum ein Medium, das die Prozesse der Produktion seiner Bestandteile erlauben. Dieses Medium umfaßt alles, was operational von der autopoietischen Einheit verschieden ist, d.h. alles was evtl. auf diese einwirken kann..." (S. 143). In diesem Zitat gesteht Maturana in einem Atemzug die Abhängigkeit eines autopoietischen Systems von seiner Umwelt ein und leugnet, daß diese für seine Organisation, seine "operationale Einheit", eine Rolle spielt.

[40] Vgl. z.B. Maturana (1975), S. 143, Maturana und Varela (1987), S. 89, 164. Die folgende Kritik an der Verwendung der Begriffe "operationale Abgeschlossenheit" und "Perturbation" bei Maturana und Varela findet sich in ähnlicher Form bei Roth (1987), S. 271 ff.

lokonstituenten (allokonstitutiven Elementarprozesse) für sie gibt. Ein Prozeßsystem, das durch eine derart bestimmte autopoietische Organisation ausgezeichnet ist, entspräche dem autogenetischen Integralsystem eines limitierten heterogenetischen Systems. "Topographische" und "operationale" Einheit fallen in diesem Fall nicht mehr zusammen, es läßt sich aber sagen, die operationale Einheit (autogenetisches Integralsystem) sei für die Abgrenzbarkeit der topographischen Einheit (limitiertes heterogenetisches System) "verantwortlich". Oder "autopoietische Organisation" bezieht sich nur auf die zyklische Abfolge von Interaktionen zwischen den Teilsystemen (Autokonstituenten) eines limitierten heterogenetischen Systems; dann ist ein autopoietisches System zwar eine "topographische Einheit" aber nicht operational abgeschlossen. Es ist auch nicht vollständig auto-poietisch. Um sich selbst in seiner Identität und somit auch seiner Abgrenzbarkeit zu erhalten, ist es auf Interaktionen mit Umweltsystemen (Allokonstituenten) angewiesen. Autopoietische Organisation bezeichnet also entweder eine operative Einheit (nur diese darf eigentlich "autopoietisch" genannt werden) oder eine topographische Einheit; beide Einheiten fallen indes nicht zusammen. Die in sich unschlüssige und in der Anwendung auf lebende Systeme inadäquate Bestimmung autopoietischer Systeme findet darin ihren Grund, daß Maturana und Varela die wichtige Unterscheidung zwischen einem Prozeßsystem (- seiner Organisation -) und einem limitierten Prozeßsystem nicht treffen, und somit keinen Unterschied zwischen "Konstitutivität" und "Enthaltensein" sehen. Mit den Unklarheiten der Definition von "Autopoiese" hängt auch Maturanas und Varelas Unvermögen zusammen, einen fließenden Übergang zwischen autopoietischen Systemen und anders organisierten Systemen zu sehen:

> "Die Herstellung eines autopoietischen Systems kann kein gradueller Prozeß sein. Ein System ist entweder ein autopoietisches System oder es ist keines." Maturana und Varela (1975), S. 198.

Die einzigen autopoietischen Systeme, die es ihrer Meinung nach gibt, sind lebende Systeme. Wie sollen diese aber entstanden sein, wenn es angeblich keinen fließenden Übergang zwischen autopoietischen und nicht-autopoietischen Systemen gibt? Und wie wird die angebliche Einzigartigkeit lebender Systeme begründet? Warum sind beispielsweise autokatalytische oszillierende chemische Reaktionen keine autopoietischen Systeme?

> "Autokatalytische Prozesse stellen keine autopoietischen Systeme dar, da sie ihre Topologie nicht selbst bestimmen. Ihre Topologie wird durch einen Behälter determiniert, der Teil der Bestimmung des Systems aber von der Operation der Autokatalyse unabhängig ist ... Bei einem autopoietischen System konstituiert seine Autopoiese die Operation der Unterscheidung, die es definiert, sein Ursprung fällt daher mit der Erzeugung dieser Operation zusammen." Maturana und Varela (1975), S. 199.

Offenbar geben sich Maturana und Varela der Illusion hin, ein lebendes System sei, was seine topographische Abgrenzung betrifft, vollkommen autonom und von Umweltsystemen unabhängig. Ein autokatalytisches oszillierendes chemisches Reaktionssystem hingegen sei, was seine topographische Abgrenzung betrifft, vollkommen von der Umgebung - dem Behälter - abhängig; aus diesem Grund seien beide Prozeßsysteme grundverschieden und autopoietische Organisation käme ausschließlich dem lebenden System zu. Aus der Perspektive der Allgemeinen Systemtheorie, gibt es keine derart prinzipiellen Unterschiede. Beide Prozeßsysteme halten in einer zyklischen Zustandssequenz bestimmte Relationen in einem eingeschränkten Wertebereich und sind daher von einer Umgebung abgrenzbar. Beide Prozeßsysteme sind jedoch zur Aufrechterhaltung der Relationen zwischen ihren Autokonstituenten auf temporäre Interaktionen mit Allokonstituenten angewiesen, benötigen etwa Nahrung bzw. Zufluß von Reaktionspartnern. Beide Prozeßsysteme enthalten also nicht alle ihre Konstituenten (bzw. für sie konstitutiven Elementarprozesse). Anders ausgedrückt: Nur solche Prozeßsysteme beider Art können dauerhaft existieren, deren Umgebung in zyklischer Weise Allokonstituenten "verfügbar" macht. Worin sich beide Systeme allerdings gravierend unterscheiden, ist ihr Autonomiegrad. Während ein lebendes Prozeßsystem in einer Vielzahl unterschiedlicher Umgebungen dauerhaft existieren kann, da es aufgrund seiner Komplexität viele alternative Zustandssequenzen durchlaufen kann (s.u.), ist ein autokatalytisches Reaktionssystem auf eine ganz spezifische Umgebung als Umwelt angewiesen: einen Reaktionsbehälter, in den vom Experimentator ständig neue Reaktanten zugegeben werden, damit die Reaktion nicht abbricht. In dieser spezifischen Umwelt kann es aber unter Umständen eine hohe Beständigkeit erlangen. Der Unterschied im Autonomiegrad beider Prozeßsysteme mag gewaltig sein, einen prinzipiellen Unterschied vermag ich darin nicht zu erblicken. Es ist nicht einzusehen, warum der Autonomiegrad heterogenetischer Systeme nicht graduell - durch allmähliche Komplexitätszunahme solcher Prozeßsysteme - anwachsen können soll[41].

Unter welchen Bedingungen sind heterogenetische Systeme beständig, wann sind heterogenetische Systeme autonom? Um diese Fragen zu beantworten, müssen wir die intime Verflechtung von heterogenetischen Systemen mit ihren Allokonstituenten berücksichtigen. Heterogenetische Systeme können nur beständig sein, wenn die Umweltsysteme - ich sagte es bereits - zur rechten Zeit am rechten Ort sind, wenn die Umgebung des Tieres also entsprechend regelmäßig ist und eine bestimmte zyklische Veränderung der Interaktionen mit den Umweltsystemen zuläßt, indem sie Allokon-

---

41 Auch Roth (1987), S. 263 betont, daß die Autonomie von Organismen nur relativ, nicht absolut ist und nichts gegen eine allmähliche Entwicklung von wenig autonomen zu immer autonomeren "autopoietischen" Systemen spricht. An der Heiden, Roth und Schwegler (1985) unterscheiden zwischen "Selbstherstellung" und "Selbsterhaltung" (S. 334 f). Selbstherstellende Systeme entsprechen in etwa den heterogenetischen Systemen - sieht man einmal von der Forderung nach einem "autonomen Rand" ab. Selbsterhaltende Systeme sind selbstherstellende Systeme hohen Autonomiegrades, die in vielfältigen Umgebungen imstande sind, zu überdauern, da sie u.a. sich selbst reparieren und "störende" Umgebungseinflüsse ausgleichen können. Das einzig bekannte selbsterhaltende System, so die Autoren, sei der "Lebensprozeß" (S. 336), d.h. die genealogische Kontinuität aller lebenden Systeme von der Entstehung des Lebens bis heute. Die Organismen hingegen, die in den Lebensprozeß eingebettet und dessen Träger sind, seien vergänglich und daher "nur" "selbstherstellende Systeme".

stituentenzyklen aufweist. Die Beständigkeit B eines heterogenetischen Systems hängt von der zyklischen Verfügbarkeit der Umweltsysteme ab und ist in unterschiedlichen Umgebungen verschieden.

Gehen wir zunächst von einem einfachen heterogenetischen System aus, das von *einem* ganz spezifischen Allokonstituentenzyklus abhängt. Solche heterogenetischen Systeme sollten umso autonomer sein, d.h. in umso mehr verschiedenen Umgebungen existieren können, je weniger voneinander unabhängige (untereinander nicht gekoppelte) Allokonstituenten in ihren Allokonstituentenzyklen vorkommen. Denn je mehr ungekoppelte Umweltsysteme regelmäßig verfügbar sein müssen, desto unwahrscheinlicher ist es, daß in einer Umgebung alle Umweltsysteme in der für den Allokonstituentenzyklus notwendigen regelmäßigen Weise vorkommen. Oszillierende chemische Reaktionen, beispielsweise, sind in der unbelebten Natur so rar, weil die entscheidenden Umweltsysteme - ein von einer Diffusionsbarriere umgebener Reaktionsraum und zyklische Zufuhr von Ausgangsstoffen für die chemischen Reaktionen - in der Natur nur extrem selten in der nötigen raumzeitlichen Konstellation auftreten. Befindet sich aber ein experimentierender Chemiker in der Umgebung, der ein Reagenzglas und die benötigten Reaktanten regelmäßig zur Verfügung stellt, so können solche Prozeßsysteme, wie die Belousov-Zhabotinsky-Reaktion, große Beständigkeit erlangen.

In einer Umgebung, die alle Umweltsysteme seines Allokonstituentenzyklus in der benötigten Regelmäßigkeit zur Verfügung stellt, kann das heterogenetische System wie ein autogenetisches System zwar weitgehend autonom sein, d.h. in einer Vielfalt unterscheidbarer Umwelten, einer Vielzahl von Konfigurationen systemneutraler Umgebungssysteme existieren. Die Autonomie eines einfachen heterogenetischen Systems bleibt jedoch an die Existenz *eines bestimmten* Allokonstituentenzyklus *streng gekoppelt*[42]. Mit anderen Worten: Der Autonomiegrad A ist gleich Null in jeder Umgebung, die diesen spezifischen Allokonstituentenzyklus nicht darbietet. Als ein *nicht-autonomes Teilsystem* (einen nicht-autonomen Autokonstituenten) eines heterogenetischen Systems können wir daher ein solches Teilsystem bezeichnen, das als Prozeßsystem vom Typ t_n auf eine oder wenige spezifische zyklische Abfolgen von Interaktionen mit system*internen* Umweltsystemen (anderen Teilsystemen des heterogenetischen Systems) angewiesen, d.h. an einen oder einige wenige systeminternen Allokonstituentenzyklen relativ streng gekoppelt ist. So sind Organe nicht-autonome Teilsysteme von Organismen; sie bleiben nur solange dauerhafte Prozeßsysteme, solange sie sich im Organismus, in der systeminternen Umgebung aller anderen Organe, befinden. Weder ist ein herausoperiertes Herz allein lebensfähig, noch können die restlichen Organe des Organismus (Leber, Gehirn etc.) überdauern, wenn das Herz ent-

---

42 Maturana spricht in diesem Zusammenhang von "struktureller Kopplung" (z.B. Maturana (1975), S. 150). Im wesentlichen wird der Begriff der "strukturellen Kopplung" aber für die Wechselwirkungen zwischen autopoietischen Systemen reserviert (vgl. Maturana und Varela (1975), S. 211 ff). Vgl. auch den Anhang zu Schlosser (1990), S. 276.

nommen wurde. *Autonome Teilsysteme* (autonome Autokonstituenten) heterogenetischer Systeme (z.B. die konstitutiven Atome) können auch in anderen Umgebungen als Prozeßsysteme überdauern und sind insofern als Prozeßsysteme vom Typ t_a nicht streng an die systeminterne Umgebung gekoppelt.

Bislang habe ich so getan, als wäre jedes heterogenetische System von *einem* ganz spezifischen Allokonstituentenzyklus abhängig und an dessen Vorkommen streng gekoppelt. Für einfache heterogenetische Systeme, wie es oszillierende chemische Reaktionen sind, trifft diese Annahme auch zu. Nicht jedoch für lebende Systeme. Diese erreichen eine hohe Beständigkeit in hochgradig wechselvollen Umgebungen, in denen sich oft keine einfachen regelmäßig wiederkehrende Sequenzen von Interaktionen mit Umweltsystemen beobachten lassen. Wie aber kann sich ein heterogenetisches System in einer solchen Umgebung erhalten? Offenbar muß es die Möglichkeit haben, auf vielen alternativen Wegen es selbst zu bleiben. Kann ein heterogenetisches System in vielen *alternativen zyklischen Zustandssequenzen* seine Identität erhalten - seine Relationen in den interdependenten konstitutiven Wertebereichen relativ invariant halten - so soll es ein *komplexes heterogenetisches System* oder *selbstregulierendes System* heißen[43]. Da jede zyklische Zustandsabfolge bei heterogenetischen Systemen von einer anderen zyklischen Interaktionssequenz mit Umweltsystemen abhängt, sind komplexe heterogenetische Systeme an viele *alternative Allokonstituentenzyklen* gekoppelt, ohne an einen davon streng gekoppelt zu sein. Die Komplexität eines heterogenetischen Systems ist der Anzahl alternativer zyklischer Zustandssequenzen und somit der Anzahl alternativer Allokonstituentenzyklen proportional. Da komplexe heterogenetische Systeme sich nicht kovariant mit einem oder wenigen *bestimmten* Allokonstituentenzyklen verändern, werden sie oft auch als "selbstorganisierend" beschrieben, im Gegensatz zu "fremdorganisierten" heterogenetischen Systemen, die streng an einen oder an wenige alternative Allokonstituentenzyklen gekoppelt sind[44]. Bekanntlich ist es schwierig, "Komplexität" befriedigend zu definieren. Hier soll die *Komplexität* C versuchsweise - analog zum Autonomiegrad - als Quotient aus der Anzahl alternativer zyklischer Zustandssequenzen und der Anzahl unterscheidbarer komplementärer (bzw. korrespondierender) Umgebungszyklen eines Prozeßsystems K_{P_i} (bzw. K_P) bestimmt werden. Für heterogenetische Systeme kann in dieser allgemeingültigen Definition "Anzahl alternativer zyklischer Zustandssequenzen" auch durch "Anzahl alternativer Allokonstituentenzyklen" ersetzt werden[45].

---

[43] Das Phänomen der Selbstregulation wird in Kap. 6.1 noch ausführlich erörtert werden.

[44] Vgl. hierzu Haken (1976), S. 211 ff.

[45] Dabei hängt die Komplexität, wie schon der Autonomiegrad, von den Kriterien ab, mit denen wir verschiedene Umgebungszyklen bzw. Zustands- oder Allokonstituentenzyklen unterscheiden (s.o.); liegen die Diskriminierungskriterien fest, so läßt sich aber die Komplexität verschiedener Prozeßsysteme miteinander vergleichen. Der hier bestimmte Komplexitätsbegriff unterscheidet sich vom Komplexitätsbegriff der algorithmischen Komplexitätstheorie (vgl. etwa Küppers (1986), S. 145 ff., Vollmer (1988)), in der ein System (Prozeßsystem) als umso komplexer definiert wird, je länger die erforderliche Minimalbeschreibung des Systems ist. Was eine Minimalbeschreibung, also eine redundanzfreie Beschreibung ist,

Komplexität mißt also für heterogenetische Systeme den Grad ihrer Emanzipation von einer starr regelmäßigen Umwelt. Je komplexer ein heterogenetisches System ist, auf desto mehr Alternativen sind seine Abhängigkeiten von Umweltsystemen verteilt. Die Komplexität eines heterogenetischen Systems besteht in *distribuierter Dependenz*. Komplexe heterogenetische Systeme können daher in einer komplexen Umgebung überdauern, in der es keine einfache regelmäßige Abfolge von Umweltsystemen gibt. Lebende Systeme sind komplexe heterogenetische Systeme par excellence. Sie können in einer stark schwankenden Umwelt überleben, können beispielsweise Temperaturunterschiede ausgleichen, können je nach Nahrungsangebot dieses oder jenes fressen, können ihren sich nähernden Feinden ausweichen, ihren davonstiebenden Beutetieren nachjagen, können Wunden verheilen lassen und so fort[46] (vgl. Kap. 6).

Komplexe heterogenetische Systeme können in einer komplexen Umgebung den gleichen Autonomiegrad erreichen, wie einfache heterogenetische Systeme in einer einfachen Umgebung: Heterogenetische Systeme verschiedener Komplexität "passen" jeweils in verschieden komplexe Umgebungen (vgl. Kap. 7). Der Autonomiegrad eines heterogenetischen Systems, das in einer komplexen Umgebung existiert, ist im wesentlichen durch seine Komplexität bestimmt: Je komplexer das System ist, desto mehr trägt die Anzahl unterscheidbarer Allokonstituentenzyklen zur Anzahl unterscheidbarer permissiver Umgebungen bei[47]. Auch komplexe heterogenetische Systeme bleiben von Allokonstituentenzyklen abhängig, ihre Autonomie ist aber nicht mehr an *einen* spezifischen Allokonstituentenzyklus gekoppelt. Organismen, die im gleichen Lebensraum leben, können in verschieden komplexen Umgebungen existieren (es darf nicht vergessen werden, daß die Prozeßumgebung das zu einem limitierten Prozeßsystem *komplementäre* Prozeßsystem ist; jedes konkrete limitierte Prozeßsystem existiert also in einer anderen Umgebung). Parasiten können beispielsweise wesentlich weniger komplex sein als ihre Wirte und im Extremfall wie nicht-autonome Teilsysteme an das heterogenetische System des Wirtes streng gekoppelt sein. Parasi-

---

kann aber nur bestimmt werden, wenn auf einen semantischen und nicht, wie üblich, auf den Shannon-Weaverschen syntaktischen Informationsbegriff Bezug genommen wird. Ein brauchbarer semantischer Informationsbegriff ist meines Wissens bisher nicht entwickelt worden, kann aber unter Verwendung der von mir vorgeschlagenen Komplexitätsdefinition konzipiert werden (siehe Kap. 6). Der hier definierte Komplexitätsbegriff ist zunächst nur auf zyklisch dynamische Prozeßsysteme anwendbar. Jedes statische Prozeßsystem, läßt sich aber "bei genauerem Hinsehen" als dynamisches Prozeßsystem auffassen (vgl. Fußnote 27), so daß seine Komplexität ermittelt werden kann.

[46] Lebende Systeme sind also primär durch ihre Komplexität, nicht so sehr durch ihre Autonomie ausgezeichnete heterogenetische Systeme. Hohe Autonomiegrade und große Beständigkeit können nämlich auch autogenetische und einfache heterogenetische Systeme erreichen. Der Unterschied zwischen einfachen und komplexen heterogenetischen Systemen läßt sich in etwa mit An der Heidens, Roths und Schweglers (1987) Unterscheidung von "selbstherstellenden" und "selbsterhaltenden" Systemen gleichsetzen.

[47] Letztere wird außerdem noch durch die Anzahl unterscheidbarer Konfigurationen systemneutraler Umgebungssysteme bestimmt, bei einfachen heterogenetischen Systemen und bei autogenetischen Systemen sogar ausschließlich.

ten leben also in einer weniger komplexen Umgebung wie ihre Wirte (d.h. sie sind von einem bzw. wenigen spezifischen Allokonstituentenzyklen, die den Wirt unverzichtbar enthalten, abhängig), haben aber denselben Autonomiegrad (der von der Vielzahl verschiedener "Situationen" abhängt, die wir im Lebensraum von Wirt und Parasit unterscheiden können)[48]. Nicht-autonome Autokonstituenten eines komplexen heterogenetischen Systems (z.B. die Organe eines Organismus) sind deshalb weniger komplex (und bestehen in einer weniger komplexen Umwelt) als der Organismus, an dessen systeminterne Umwelt sie gekoppelt sind, weil sich für die limitierte Identitätsmenge dieser Teilsysteme erheblich weniger alternative Zustandszyklen (bzw. alternative Allokonstituentenzyklen) unterscheiden lassen, als für die limitierte Identitätsmenge des Organismus (obwohl die systemexterne Umwelt der Autokonstituenten, also die Umwelt des Organismus für diesen hochgradig komplex ist)[49].

In diesem Kapitel habe ich versucht, ausgehend vom Postulat des universalen Wirkungszusammenhanges und einer mengentheoretischen Definition von Systemen, die Grundlagen einer Allgemeinen Systemtheorie zu entwickeln. Die Systemtheorie thematisiert die Konsequenzen, die aus dem postulierten universalen Wirkungszusammenhang für solche Systeme erwachsen, die eine gewisse Dauer haben (Prozeßsysteme). Zwei Typen von Prozeßsystemen wurden unterschieden: autogenetische und heterogenetische Systeme. Beide Typen können nur in einer permissiven Umgebung (Umwelt), die keine restriktiven Umgebungssysteme enthält, bestehen (Umweltbedingung). Beide Typen unterscheiden sich aber bezüglich ihrer Abgrenzung von ihrer korrespondierenden Umwelt. Heterogenetische Systeme enthalten - im Gegensatz zu autogenetischen Systemen - nicht alle ihre Konstituenten (bzw. für sie konstitutiven Elementarprozesse), sondern sind von Allokonstituentenzyklen abhängig. Komplexe

---

48 Aufgrund der Komplementarität von Prozeßsystem K_{Pi} und Umgebung $U(K_{Pi})$ stellt es auch keinen Widerspruch dar, wenn von zwei benachbarten Prozeßsystemen gesagt wird, sie lebten in verschieden komplexen Umgebungen. Ein Bodenbakterium im Dschungel lebt in einer erheblich einfacheren Umgebung als ein Tiger, der denselben Dschungel durchstreift. Obwohl natürlich beide Prozeßsysteme aufgrund des universalen Wirkungszusammenhangs durch Relationen zu allen benachbarten Prozeßsystemen bestimmt sind, kann sich die Dynamik der Veränderung von *Relevanz*ordnungen für benachbarte Prozeßsysteme unterscheiden. Während für das Bakterium nur relativ wenige Umweltsysteme ihre Relevanz in Allokonstituentenzyklen zyklisch verändern (das Bakterium an nur wenige alternative Allokonstituentenzyklen gekoppelt ist), sind es für das komplexere Prozeßsystem Tiger ungleich viel mehr (die starke Dynamik der temporär hochrelevanten Relationen für den Tiger spiegelt sich dabei in einer schwachen Dynamik niedrigrelevanter Relationen für das Bakterium wider). Gleiches gilt für das Parasit-Wirt-Beispiel.

49 Unterscheidbarkeit ist dabei kriterienrelativ. Wir sprechen aber i.a. nur dann von unterscheidbaren Situationen, wenn sich die Relevanzordnung der Elementarrelationen (Wirkungsbeziehungen) zwischen *einigen* - nicht notwendig allen - der enthaltenen Elementarprozesse (Teilsysteme) ändert. Diese Definition impliziert, daß sich erheblich mehr unterschiedliche zyklische Zustandssequenzen eines weitgehend autonomen komplexen heterogenetischen Systems K_{Pi} unterscheiden lassen, als Zustandszyklen seiner autonomen oder nicht-autonomen Teilsysteme unterscheidbar sind. Die Komplexität von K_{Pi} ist daher ungleich höher als die Komplexität seiner Autokonstituenten.

heterogenetische Systeme können trotzdem weitgehend von ihrer Umwelt emanzipiert sein, da sie "wahlweise" von vielen verschiedenen Allokonstituentenzyklen abhängen. Meine Aufgabe wird es nun sein, die Beziehung komplexer heterogenetischer Systeme zu ihrer Umgebung etwas näher zu charakterisieren, ihre semantischen Aspekte zu beleuchten und das Ergebnis dieser Untersuchungen in eine kritische Diskussion des Partitionismus einfließen zu lassen (Kap. 6). Anschließend sollen die Implikationen der hier entwickelten Systemtheorie für historische und evolutionäre Betrachtungen dargelegt und auf kognitions- und kommunikationstheoretische Konsequenzen hingewiesen werden (Kap. 7).

6 Komplexe heterogenetische Systeme - ihre zeitliche und räumliche Organisation.

Was war also das Leben? Es war Wärme, das Wärmeprodukt formerhaltender Bestandlosigkeit, ein Fieber der Materie, von welchem der Prozeß unaufhörlicher Zersetzung und Wiederherstellung unhaltbar verwickelt, unhaltbar kunstreich aufgebauter Eiweißmolekel begleitet war. Es war das Sein des eigentlich Nicht-sein-könnenden, des nur in diesem verschränkten Prozeß von Zerfall und Erneuerung mit süß-schmerzlich-genauer Not auf dem Punkte des Seins Balancierenden. Es war nicht materiell, und es war nicht Geist. Es war etwas zwischen beidem, ein Phänomen, getragen von Materie, gleich dem Regenbogen auf dem Wasserfall und gleich der Flamme.
- Thomas Mann (1924)

In jedem lebendigen Wesen sind das, was wir Teile nennen, dergestalt unzertrennlich vom Ganzen, daß sie nur in und mit demselben begriffen werden können, und es können weder die Teile zum Maß des Ganzen noch das Ganze zum Maß der Teile angewendet werden ...
- Johann Wolfgang von Goethe

6.1 Komplexität und Antizipation.

Komplexe heterogenetische Systeme stellen sich beständig selbst her indem sie sich aus ihrer Umwelt nähren und sich Umweltsysteme einverleiben. Um ihre eigene Identität dynamisch zu erhalten, müssen sie sich in einer zyklischen Abfolge von Zuständen verändern. Um von einem Zustand einer zyklischen Zustandssequenz in den Folgezustand dieser Sequenz überzugehen, sind sie auf die dynamischen Interaktionen zwischen ihren Teilsystemen (Autokonstituenten) untereinander und mit Umweltsystemen (Allokonstituenten) angewiesen. Sie sind daher in ihrer Zyklizität an einen Allokonstituentenzyklus gekoppelt. Trotz dieser Abhängigkeit von externen Umweltsystemen, können komplexe heterogenetische Systeme in einer ständig sich wandelnden, mannigfaltigen und unbeständigen Welt überdauern, weil sie sich auf verschiedenen Wegen wieder selbst herstellen können und ihre alternativen zyklischen Zustandssequenzen an alternative Allokonstituentenzyklen gekoppelt sind. Eine momentane Umgebung ist für ein konkretes heterogenetisches System K_{Pi} nur dann *restriktiv* (einziges Element von $rU(K_{Pi})$), wenn sie restriktiv für den augenblicklichen Zustand $K_{Pi}(1)$ einer zyklischen Zustandssequenz ist und keinen der alternativen diachronen Folgezustände $K_{Pi}(2)$, $K_{Pi}(2')$, $K_{Pi}(2'')$ ... zuläßt. Eine restriktive Umgebung enthält keine Allokonstituenten, deren Interaktionen mit den in für den Zustand $K_{Pi}(1)$ charakteristischer Weise interagierenden Autokonstituenten von K_{Pi} zu $K_{Pi}(2)$ oder einem alternativen diachronen Folgezustand einer zyklischen Zustandssequenz führen. Eine momentane Umgebung hingegen, die Allokonstituenten enthält, so daß die Wechselwirkung der Allokonstituenten mit den für $K_{Pi}(1)$ charakteristischen Konfigurationen interagierender Autokonstituenten von K_{Pi} zu einem der diachronen Folgezustände $K_{Pi}(2)$, $K_{Pi}(2')$, $K_{Pi}(2'')$ ... führt, stellt eine *permissive* Umgebung (Element von $pU(K_{Pi})$) dar. Es sind also umso mehr verschiedene Umgebungen für einen bestimmten Zustand $K_P(z)$ - wir können diesen auch einfach "K(z)" notieren - K-definierter heterogenetischer Systeme K_P permissiv, je mehr alternative diachrone Folgezustände von K(z) es gibt, die jeweils Zustände einer zyklischen Zustandssequenz sind. Nicht jedes konkrete Prozeßsystem K_{Pi} durchläuft während seines Bestehens notwendig alle identitätserhaltenden alternativen Zustandszyklen K-definierter Prozeßsysteme K_P: Die Komplexität C von K_P ist daher höher als die Komplexität einzelner konkreter K-definierter Prozeßsysteme K_{Pi}. Ebenso gilt, daß ein konkretes Prozeßsystem U_{Pa}, das für ein konkretes Prozeßsystem K_{Pa} vom Typ K Allokonstituent ist, Element einer Menge U-definierter Prozeßsysteme U_P ist, deren Elemente (konkrete Prozeßsysteme U_{Pi}) nicht sämtlich Allokonstituenten konkreter K-definierter Prozeßsysteme zu sein brauchen. Wenn wir also im folgenden schreiben U_P sei für K_P konstitutiv, bzw. K_P sei an U_P gekoppelt, so heißt das genaugenommen nur: Es gibt konkrete Prozeßsysteme U_{Pa} und konkrete Prozeßsysteme K_{Pa}, für die gilt: U_{Pa} ist Allokonstituent für K_{Pa}.

Je mehr zu zyklischen Zustandssequenzen verkettete Alternativzustände ein heterogenetisches System einnehmen kann, in desto komplexeren, unregelmäßigeren, unvorhersagbareren Umgebungen kann es dauerhaft existieren, obwohl es von Allokonstituenten abhängig bleibt. In Abhängigkeit von den tatsächlich in Interaktionen eintretenden Allokonstituenten kann ein komplexes heterogenetisches System in verschiedene Folgezustände eines Zustandes übergehen. Gäbe es nur eine solche *Divergenz* von Zuständen, so wäre nicht zu erklären, wie das Prozeßsystem trotz der Vielfalt seiner Interaktionsmöglichkeiten seine Identität erhält. In komplexen heterogenetischen Systemen muß es daher auch *konvergierende* Zustände geben. Ein komplexes heterogenetisches System kann aus verschiedenen seiner Zustände unter Interaktion mit bestimmten Allokonstituenten in einen *gemeinsamen* Folgezustand übergehen. In diesem Zusammenspiel von Divergenz und Konvergenz verschiedener zyklischer Zustandssequenzen wird aus der zyklischen Organisation heterogenetischer Systeme ein verschlungenes Knäuel, ein geschlossenes Netzwerk einander folgender Zustände (vgl. hierzu Abbildung 3)[1].

---

[1] Hier ist auf Ashbys "Gesetz der erforderlichen Vielfalt" hinzuweisen (Ashby 1956, S. 298 ff.). Es besagt, daß eine Vielfalt von Interaktionen eines Systems mit seiner Umwelt nötig ist, um die Vielfalt der verschiedenen Umweltbedingungen auf die (geringere) Vielfalt erlaubter Systemzustände zu reduzieren ("nur Vielfalt kann Vielfalt zerstören"). Je weniger Systemzustände erlaubt sind, desto vielfältigere Möglichkeiten muß es für die Interaktion eines Systems mit seiner Umwelt geben. In der Terminologie der Allgemeinen Systemtheorie: je weniger diachrone Systemzustände eines heterogenetischen Systems unterscheidbar sind, desto mehr alternative Zustandsübergänge (Divergenz und Konvergenz) muß es

Komplexe heterogenetische Systeme verteilen zum einen ihre positive Abhängigkeit von Umweltsystemen (Allokonstituenten) auf mehrere Alternativen - man denke etwa an die Vielzahl verschiedener Beutetiere, von denen ein Tiger sich ernähren kann - zum anderen verkleinern sie ihre negative Abhängigkeit von restriktiven Umgebungssystemen, indem ihnen diese oder deren antezedente Korrelate - das mag sich zunächst paradox anhören - als Allokonstituenten angehören und somit vermieden werden können. Der Hirsch, der den Tiger nahen sieht und zum Anlaß einer rechtzeitigen Flucht nimmt, vergrößert seinen permissiven Umgebungsbereich und kann in einer komplexeren Umwelt überleben, als der Hirsch, der beim Nahen eines Tigers ungestört weiterfrißt. Dieser Punkt verdient nähere Erläuterung. Werden restriktive Umgebungssysteme von einem heterogenetischen System *vermieden*, so resultiert dies in einer Verkleinerung der restriktiven Umgebungsmenge und einer Erhöhung des Autonomiegrades des heterogenetischen Systems. Ein für ein heterogenetisches System K_P restriktives Umgebungssystem U_{rP} wird dann vermieden, wenn U_{rP}, das restriktiv für einen der Folgezustände, sagen wir K(2), des Systemzustandes K(1) ist oder ein antezedentes Korrelat von U_{rP} (das diesem regelmäßig vorausgeht) zum "Auslöser" für einen solchen Folgezustand K(2') von K(1) wird, für den U_{rP} nicht restriktiv ist. Das heißt aber: Das für K(2) restriktive Umgebungssystem U_{rP} oder dessen antezedentes Korrelat wird zu einem *Umweltsystem* (Allokonstituenten), dessen Interaktion mit den Autokonstituenten, die in dem für K(1) charakteristischen Relationengefüge stehen, notwendig ist, damit K(1) in K(2') statt in K(2) übergeht und nur deshalb seine zyklische Zustandssequenz in der bestehenden Umgebung vollenden kann. Für einen grasenden Hirsch K(2) ist der angreifende Tiger ein restriktives Umgebungssystem, für einen schnell laufenden Hirsch K(2') indes nicht. Wenn der Hirsch einen herannahenden Tiger als antezedentes Korrelat eines angreifenden Tigers wahrnehmen kann und zum Anlaß nimmt, die Flucht zu ergreifen, wird er in einer komplexen Umwelt, die unter anderem Tiger enthält, überleben können.

In analoger Weise lassen sich die selbstregulatorischen Mechanismen deuten, die die "Homöostase" (treffender wäre "Homöodynamik") des "inneren Milieus" eines Organismus bewirken, wie z.B. die Mechanismen zur Konstanthaltung der Körpertemperatur, des CO_2-Spiegels im Blut usw. Ist die Umgebungstemperatur langfristig zu niedrig, so kann dies für einen Organismus einen restriktiven Umgebungseinfluß (der in diesem Fall nicht zu einem eigenständigen Umgebungs*system* gruppiert wird) darstellen. Er ist dann nicht mehr fähig, seine zyklische Zustandssequenz zu durchlaufen und stirbt - es sei denn, das Absinken der Umgebungstemperatur stellt einen Auslöser (Allokonstituenten) für einen alternativen Systemzustand dar - z.B. Muskelzittern -, der es dem Organismus erlaubt, seine zyklische Zustandssequenz weiter zu durchlaufen.

---

geben, um sich an die gleiche Anzahl verschiedener Allokonstituentenzyklen der Umwelt durch alternative zyklische Zustandssequenzen ankoppeln zu können, d.h. die gleiche Komplexität C zu erreichen.

Das Verhalten komplexer heterogenetischer Systeme hat demnach antizipatorischen Charakter. Bislang habe ich das nur an der Vermeidung restriktiver Umgebungssysteme illustriert. Für die positive Abhängigkeit von Umweltsystemen gilt aber natürlich das gleiche. Nur indem antezedente Korrelate von Umweltsystemen, die im Kontext bestimmter Zustände des heterogenetischen Systems notwendig sind, damit die zyklische Zustandssequenz geschlossen werden kann, selbst zu Umweltsystemen für *vorangehende* Zustände der zyklischen Zustandssequenz werden, kann sich das System an faktische Umgebungssystemzyklen seiner Umwelt ankoppeln und diese zu Allokonstituentenzyklen machen. Die Umgebungen heterogenetischer Systeme sind kein Schlaraffenland, die Trauben wachsen nicht von selbst in den Mund. Um die erforderliche Nahrung aufnehmen zu können, müssen Tiere auf Nahrungssuche gehen und dabei durch zustandsmodifizierende Interaktion mit den antezedenten Korrelaten ihrer potentiellen Beutetiere (z.B. deren Anblick, das Riechen ihrer Ausdünstungen usw.) diese zu den leitenden "Hinweisen" ihres Suchverhaltens machen[2].

Komplexe heterogenetische Systeme sind *antizipatorische Prozeßsysteme*[3]. Antizipatorisch können sie nur sein, weil sie dauerhafte Prozeßsysteme sind, die sich in einer *zyklischen Zustandssequenz* selbst herstellen. Zyklizität ist die unabdingbare Voraussetzung für Antizipation. Denn nur von dauerhaften dynamischen Prozeßsystemen läßt sich sinnvoll sagen, sie antizipierten etwas, und nur dynamische Prozeßsysteme, die eine zyklische Zustandssequenz durchlaufen, sind dauerhaft. In einem trivialen Sinne könnten alle zyklischen dynamischen Prozeßsysteme als antizipatorisch gelten, wenn nämlich mit Antizipation nichts anderes gemeint wäre als die Vorwegnahme eines Zustandes durch den vorangegangenen Zustand der zyklischen Zustandssequenz. Sprechen wir von "Antizipation", so gehen wir aber immer von potentiell verschiedenen Nachfolgezuständen eines Zustandes aus, aus denen "gezielt ausgewählt" wird. "Gezielt ausgewählt" wird ein Nachfolgezustand (drückt man sich weniger teleologisch und in der Sprache der Allgemeinen Systemtheorie aus), wenn in diesen Zustand überzugehen bedeutet, daß das Prozeßsystem K_P in seiner konkreten Umgebung dauerhaft ist, d.h. einen identitätserhaltenden Zyklus diachroner Zustände vollenden kann, daß dies aber nicht der Fall wäre, wenn es in einen der alternativen Nachfolgezustände überginge. Sei U_{1P} ein antezedentes Korrelat eines Umgebungssystems U_{1P}', das für einige der Nachfolgezustände (K(2), K(2")) eines Systemzustandes K(1) ein restriktives Umgebungssystem darstellt. Dann können wir von einer antizipatorischen Organisation des Prozeßsystems K_P sprechen, wenn gilt: U_{1P} ist ein Umweltsystem (Allokonstituent) für den Zustand K(1) des heterogenetischen Systems und die Interaktion von U_{1P} mit den Autokonstituenten, die in dem für Zustand K(1) kenn-

---

2 Die Komplexität der Reaktionsmöglichkeiten heterogenetischer Systeme wird bei Tieren vor allem durch das Nervensystem bestimmt, das geradezu als Organ der Komplexität bezeichnet werden kann. Vgl. hierzu Kap. 7.4.2.

3 Vgl. hierzu z.B. Piagets (1967) Darstellung "organischer Antizipation" (S. 199), die er mit der kognitiven Antizipation parallelisiert (S. 194 ff) und auf die zyklische Organisation lebender und kognitiver Systeme zurückführt.

zeichnenden Relationengefüge stehen, bewirkt den Übergang von K(1) in einen solchen Nachfolgezustand K(2'), für den U_{1P}' gerade kein restriktives Umgebungssystem darstellt. Für den Übergang von K(1) in einen der zu K(2') alternativen Nachfolgezustände sind jeweils andere Umweltsysteme konstitutiv. Diese Definition läßt sich auf die Antizipation von Umweltsystemen für Nachfolgezustände erweitern: Sei U_{2P} ein antezedentes Korrelat eines Umgebungssystems U_{2P}', das für einen der Nachfolgezustände, etwa K(2'), von K(1) ein Umweltsystem (einen Allokonstituenten) darstellt. Wenn nun U_{2P} ein Umweltsystem für K(1) ist, dessen Interaktion mit den Autokonstituenten, die in dem für Zustand K(1) kennzeichnenden Relationengefüge stehen, einen Übergang von K(1) in K(2') bewirkt, so haben wir es mit einem antizipatorisch organisierten Prozeßsystem zu tun (vgl. auch Abbildung 3.).

Das komplexe heterogenetische System ist damit an alternative Allokonstituentenzyklen gekoppelt. Komplexität als distribuierte Abhängigkeit (und somit weitgehende *Unabhängigkeit* von *eindeutig* festgelegten Umweltbedingungen), kann nur durch die Erweiterung des Bereichs möglicher Umweltsysteme erreicht werden, durch die Schaffung neuer Abhängigkeiten. Je komplexer ein heterogenetisches System, desto stärker ist seine Organisation in seine Umwelt "verstrickt", desto mehr verdankt es seine Autonomie der wechselnden Abhängigkeit von einer Vielzahl von Umweltsystemen, der Integration von Umgebungssystemen in seine Organisation.

Gerade die Komplexität lebender Systeme und der erstaunlich antizipatorische Charakter ihres Verhaltens hat immer wieder zu teleologischen Spekulationen Anlaß gegeben. Es ist aber zu beachten, daß die hier entwickelte Deutung des antizipatorischen Charakters keinerlei teleologische Annahmen macht, vielmehr ausschließlich auf dem Prinzip der Selbststabilisierung (Re-Produktion) beruht. In stark variablen, veränderlichen und wenig regelmäßigen Umgebungen sind eben per se nur solche heterogenetischen Systeme dauerhaft, die in einer komplexen Umwelt existieren, also sich an alternative Allokonstituentenzyklen ankoppeln können, d.h. antizipatorischen Charakter haben. Irgendein dirigistisches Prinzip, welches die "Anpassung" eines Prozeßsystems an seine Umgebung steuert und die "Zweckmäßigkeit" seines Verhaltens begründet, braucht dabei nicht angenommen zu werden. Die vermeintliche Vorwegnahme der Zukunft durch antizipatorisches Systemverhalten resultiert aus der zyklischen Ordnung heterogenetischer Systeme und nicht aus "Ursachen", die in der Zukunft liegen. Die zyklische Organisation von Prozeßsystemen ist aber, wie im letzten Kapitel gezeigt wurde, aus einem universalen Wirkungszusammenhang heraus, der sich ständig nach einer ausnahmslos einfachen Kausalfunktion *regelhaft* verändert, verstehbar. Um die nicht-teleologische Interpretation antizipatorischer Organisation zu betonen, wird oft von "teleonomen" Prozessen gesprochen[4]. Teleonome Prozeßsysteme, d.h. komplexe heterogenetische Systeme, werden oft als "angepaßte" oder "wissende" Systeme beschrieben; die evolutive Komplexitätszunahme heterogeneti-

---

4 Dieser Ausdruck wurde von Pittendrigh (1958) in Anlehnung an die Unterscheidung "Astronomie" - "Astrologie" geprägt (zit. n. Vollmer (1983), S. 18).

scher Systeme wird als "Erwerb von Wissen" über die Umgebung bezeichnet. Evolution, so hört man allenthalben, sei ein "erkenntnisgewinnender Prozeß"[5]. Was es damit auf sich hat und inwiefern diese Behauptungen nach dem Gesagten gerechtfertigt werden können, will ich aber erst im folgenden Kapitel untersuchen, nachdem ich einige systemtheoretische Konsequenzen für geschichtliche Betrachtungen dargelegt habe.

Komplexe heterogenetische Systeme können auch als selbstregulierende Systeme bezeichnet werden (vgl. hierzu Abbildungen 2b und 3). Indem sie sich zyklisch verändern, kehren sie immer wieder zu den gleichen Zuständen zurück. Insofern zeigen sie "zielgerichtetes Verhalten". Selbstregulierende Systeme mit zielgerichtetem Verhalten verleiten zu teleologischen Deutungen, sind aber mit einem kausalen Weltbild vollkommen verträglich, wie uns die Kybernetik gelehrt hat. "Zielgerichtete Prozesse" sind in kybernetischer Sicht durch zwei wesentliche Merkmale ausgezeichnet:

> "One feature is the *plasticity* of such processes - that is, the goal of such processes can generally be reached by the system following alternate paths or starting from different initial positions. The second feature is the *persistence* of such processes - that is, the continued maintenance of the system in its goal-directed behavior, by changes occurring in the system that compensate for any disturbances taking place (provided these are not great) either within or external to the system." Nagel (1979 b), S. 286.

Damit sinnvoll von "zielgerichteten Prozessen" die Rede sein kann und nicht etwa Prozeßsysteme wie ein schwingendes Pendel unter die Definition "zielgerichteter Prozesse" fallen, darf außerdem die Wiederherstellung des Ausgangszustandes keine triviale unmittelbare Konsequenz des Störeinflusses sein, sondern muß durch die spezifische Organisation des Prozeßsystems bedingt sein[6].

Aus kybernetischer Sicht wären beispielsweise regulatorische Phänomene, wie die Aufrechterhaltung einer konstanten Körpertemperatur in einem Organismus zielgerichtete Prozesse. Solche Prozesse sind nicht auf Lebewesen beschränkt, sondern finden auch in Maschinen statt - ein Thermostat etwa vermag ebenfalls, die Temperatur konstantzuhalten. Zielgerichtete Prozesse lassen sich in der Sprache der Kybernetik, frei von jeglichem Teleologieverdacht, als "Regelkreise mit negativer Rückkopplung (negativem feedback)" beschreiben[7]. Die Väter der Kybernetik glaubten, damit das Problem der "Zweckmäßigkeit" und "Zielgerichtetheit" lebender Systeme gelöst zu

---

[5] Vgl. z.B. Lorenz (1941; 1973), Ayala (1974), Riedl (1979), Kaspar (1980).

[6] "Störeinfluss" und "restaurierender Prozeß" des Prozeßsystems als die zwei beteiligten "Kontrollvariablen" zielgerichteter Prozesse müssen primär voneinander unabhängig sein ("orthogonality of variables", Nagel (1979 b), S. 289), erst die Organisation des Prozeßsystems bewirkt ihre Kopplung. Ausführliche Diskussionen einer nicht-teleologischen Deutung zielgerichteter Prozesse, die in der hier präsentierten Form auf Sommerhoff (1950; zit.n. Nagel (1979 b)) zurückgeht, finden sich in Nagel (1961), S. 410 ff, Nagel (1979 b), S. 278 ff, Beckner (1967 b), S. 89 und Stegmüller (1969), S. 585 ff.

[7] Ausführliche Darstellungen des kybernetischen Regelkreismodells in Wiener (1948), Hassenstein (1973) und Flechtner (1970). Zur Dynamik negativer und positiver feedback-Systeme vgl. auch Forrester (1972), S. 23 ff.

haben:

> "All purposeful behavior may be considered to require negative feedback. If a goal is to be attained, some signals from the goal are necessary at some time to direct the behavior." Rosenblueth, Wiener and Bigelow (1943), S. 19.

Mit der "Lösung" des Teleologieproblems schien die Maschinentheorie des Lebens gerettet, schienen die Unterschiede zwischen Lebewesen und Maschinen aus der Welt geschafft (s.u.). Diese Sicht der Dinge ist aber deshalb problematisch, weil sie nicht hinterfragt, welche Organisation ein Prozeßsystem haben muß, damit es einen "Sollwert" durch negatives feedback konstant halten kann beziehungsweise was den "Sollwert" festlegt, den ein Prozeßsystem konstant hält. Ich möchte das als das *Sollwertproblem* der Kybernetik bezeichnen.

Wodurch wird bestimmt, welcher Zustand ("Sollwert") eines Prozeßsystems aufrechterhalten wird? Dies geschieht durch die spezifische Organisation dieses Prozeßsystems in seiner permissiven Umgebung. Zielgerichtete Prozesse kommen nur als Komponenten der zyklischen Zustandssequenzen komplexer heterogenetischer Systeme vor, solange sich diese in einer permissiven Umgebung befinden. Dynamische autogenetische Systeme wie das schwingende Pendel sollen ja gerade nicht als zielgerichtet beschrieben werden. Der Sollwert, den ein Regelkreis aufrechterhält, ist durch die Organisation des heterogenetischen Systems bestimmt, dessen Zustand er beschreibt. Er ist Ausdruck der Beständigkeit eines spezifischen komplexen heterogenetischen Systems in einer spezifischen Umgebung. Ein heterogenetisches System läßt sich aber nicht vollständig beschreiben und in der Komplexität seiner Umweltinteraktionen begreifen, solange so getan wird, als wäre seine heterogenetische Organisation selbst als "negative Rückkopplung" charakterisierbar. Das Konzept von "negativer" Rückkopplung läßt sich auf die verschiedensten Prozeßsysteme mit den verschiedensten "Sollwerten" anwenden und ist vollkommen ungeeignet, die spezifische Organisation spezifischer Prozeßsysteme K_p zu erklären, kann also auch nicht verständlich machen, warum gerade *diese* Prozeßsysteme, die *diesen* "Sollwert" konstant halten, in *ihrer* spezifischen Umwelt dauerhaft sind.

Ein Beispiel möge zur Erläuterung dienen. Warmblütige Wirbeltiere halten ihre Körpertemperatur konstant. Ist die Umgebung zu kalt, zittern sie, ist die Umgebung zu warm, fangen sie an zu schwitzen. Sie halten durch diese Mechanismen ihre Körpertemperatur auf einem gleichmäßigen Wert von z.B. 37 +/- 1 ^{0}C. Dieses regulatorische Verhalten läßt sich als negativer feedback-Mechanismus mit einem Sollwert von 37 ^{0}C in der Sprache der Kybernetik beschreiben, verstanden haben wir es damit nicht. Verstehen können wir es erst, wenn wir erklären können, warum dieser Wert aufrechterhalten wird. Eine solche Erklärung muß aber die Funktionalität des Sollwertes herleiten, also zeigen, wie eine identitätserhaltende zyklische Zustandssequenz des Prozeßsystems in seiner Umgebung durch Interaktion mit Umweltsystemen zustandekommt und welche Rolle die Interaktionen zwischen Autokonstituenten, die sich etwa in einer dauerhaften Körpertemperatur von 37 +/- 1 ^{0}C widerspiegeln, für diese identitätserhaltende Organisation spielen. Wird durch einen experimentellen Eingriff (Nervendurchtrennung) das Zittern des Tieres bei sinkender Umgebungstemperatur verhindert, so wird das Tier nur noch zu langsamen Bewegungen fähig und wahrscheinlich nicht mehr imstande sein, schnell fliehende Beute zu erjagen. Unter diesen Umständen kann das Tier in einer Umgebung, in der ausschließlich schnelle Beutetiere leben, keine zyklische Zustandssequenz mehr durchlaufen und geht zugrunde.

Damit in einem Prozeßsystem negative Rückkopplungsphänomene beschrieben werden können, muß es sich demnach um ein komplexes heterogenetisches System handeln, ein Prozeßsystem das seine eigene Identität in alternativen zyklischen Zustandssequenzen erhält, und das daher auch als *selbstreferentiell* oder *positiv* rückgekoppelt bezeichnet werden kann. "Zielgerichtetes Verhalten" setzt Funktionalität, nämlich das interaktive Zusammenwirken von Auto- und Allokonstituenten in der zyklischen Identitätserhaltung heterogenetischer Systeme, voraus, nicht umgekehrt[8]. Der Sollwert, den jedes heterogenetische System per definitionem erhält, ist seine eigene Identität[9]. Der "Sollwert" eines in einem heterogenetischen System beschreibbaren negativen Regelkreises spiegelt einen Aspekt dieser Identität, die relative Invarianz einiger seiner konstitutiver Relationen wider. Nicht alle Aspekte der Identität zyklisch organisierter Prozeßsysteme lassen sich hingegen als permanent konstant gehaltene "Sollwerte" beschreiben. Je komplexer ein heterogenetisches System, desto verschiedenartigere Zustände kann es einnehmen, ohne seine Identität zu verlieren. Die für die Identität eines komplexen heterogenetischen Systems konstitutive Organisation ist ein verwickelt rekurrierender Prozeß von Interaktionen zwischen Auto- und Allokonstituenten des Prozeßsystems.

An dieser Stelle stellt sich die Frage nach den Gemeinsamkeiten und Unterschieden von Maschinen und Lebewesen. Sind nach dem bisher Vorgetragenen, nicht auch Maschinen als heterogenetische Systeme ansprechbar und Lebewesen somit nichts als

---

[8] Die Begriffe "Funktion" und "Funktionalität" - die für heterogenetische Systeme reserviert sind - werden erst in Kap. 6.3 näher bestimmt. Vorerst genügt es, darauf hinzuweisen, daß alle Auto- und Allokonstituenten für ein heterogenetisches System "funktional" (für die Aufrechterhaltung seiner Identität notwendig) sind. Heterogenetische Systeme sind daher Prozeßsysteme funktionaler Konstituenten oder "funktionale Systeme". Beckner (1967 b), S. 88 und Nagel (1979 b), S. 276 unterscheiden zwischen zielgerichteten und funktionalen Prozessen, ohne zu sehen, daß zielgerichtete Prozesse ein nur in funktionalen (heterogenetischen) Systemen auftretendes Phänomen sind. Nagel versucht gar die Funktionalität eines Teilsystems oder -prozesses an ihrem Beitrag zu einem oder mehreren zielgerichteten Prozessen festzumachen ("goal supporting view" von Funktion): "function must contribute to a goal, but it can be *one of* several goals" (S. 312). Mit dieser Deutung wird aber das Sollwertproblem nicht gelöst, die Organisation funktionaler (heterogenetischer) Systeme wird einfach hingenommen, aber selbst nicht erklärt. Flechtner (1970), S. 43 ff schreibt, der "Sollwert" lebender Systeme werde durch "Anpassung" eingestellt. Dieser Begriff drückt aber kaum mehr aus, als daß Prozeßsysteme in der Umgebung überdauern, in der sie existieren, ohne die charakteristische Organisation heterogenetischer Systeme hervorzuheben.

[9] Vgl. hierzu auch Maturana und Varela (1975), S. 185.

Maschinen[10]? Ersteres in der Tat, letzteres keineswegs. Maschinen sind Prozeßsysteme, die - wie Lebewesen - zyklische Zustandssequenzen durchlaufen und dabei von einem Allokonstituentenzyklus abhängen (z.B. Zufuhr von Brennstoff oder elektrischem Strom). Trotzdem besteht ein entscheidender Unterschied zwischen Lebewesen und Maschinen im jeweiligen Autonomiegrad.

Lebewesen sind komplexe heterogenetische Systeme, die in einer Vielfalt verschiedener Umwelten überdauern können und sich permanent selbst produzieren und reparieren, wobei sie sich mit den für "Bau und Betrieb" notwendigen Allokonstituenten selbst versorgen, ohne in ihrer Autonomie an ein anderes heterogenetisches System streng gekoppelt zu sein. Und mögen auch einzelne Organismen nicht unbegrenzt dauern und irgendwann sterben, der "Lebensprozeß" als Ganzer[11] - die genealogische Kontinuität aller jemals existenten Lebewesen - dauert nun, soweit wir wissen, schon seit etwa dreieinhalb Milliarden Jahren an. Ganz anders Maschinen. Diese erbauen sich nicht selbst, reparieren sich nicht selbst, versorgen sich nicht selbst mit Treibstoff und warten sich nicht selbst. Maschinen sind in ihrer Autonomie als heterogenetische Systeme strikt von bestimmten Verhaltensweisen des komplexen heterogenetischen Systems "Mensch" abhängig und somit an Menschen streng gekoppelt[12]. In einer Umgebung, die den konstruierenden, reparierenden und "fürsorglichen" Menschen als Umweltsystem nicht enthielte, stünden sie schnell still, verrosteten und wären nicht in der Lage, sich selbst wieder herzustellen. Daher wird man

> "ohne beiden Begriffen Gewalt anzutun, die Maschinen als unvollkommene Organismen ansprechen können, weil alle prinzipiellen Eigenschaften der Maschine sich bei den Organismen wiederfinden. Dagegen ist es unmöglich, die Organismen ohne weiteres als Maschinen zu bezeichnen." Uexküll (1909; zit.n. 1980), S. 153.

> "Die übermaschinellen Fähigkeiten aller Lebewesen bestehen darin, daß sie die an den Maschinen von den Menschen ausgeübten Tätigkeiten mit einschließen. Sie erbauen ihre Körpermaschine selbst, sie leiten ihren Betrieb selbst, und sie nehmen selbst Reparaturen vor." Uexküll (1928), S. 146.

> "Die Organisation einer vom Menschen gemachten Maschine im physikalischen Bereich, etwa eines Autos, ist in der Verkettung von Prozessen gegeben, doch diese Prozesse sind nicht Prozesse der Erzeugung der Bestandteile, die das Auto als eine Einheit definieren, da die Bestandteile eines Autos alle durch andere Prozesse erzeugt werden, die unabhängig von der Organisation des Autos und sei-

---

10 Einige Protagonisten der Kybernetik waren dieser Auffassung: "The broad classes of behavior are the same in machines and in living organisms:" Rosenblueth, Wiener and Bigelow (1943), S. 22. Vgl. auch Wiener (1948), S. 43.

11 Der Ausdruck "Lebensprozeß" für den umfassenden, genealogisch kontinuierlichen Prozeß aller Lebewesen seit der Entstehung des Lebens wurde von An der Heiden, Roth und Schwegler (1985), S. 332 geprägt.

12 Woodger (1929) unterscheidet daher zwischen der "internal teleology" von Organismen und der "external teleology" von Maschinen (zit. n. Wartofsky (1968), S. 353). Als natürliche maschinenähnliche Gebilde, die an andere Lebewesen als an Menschen gekoppelt sein können, sind am ehesten Viren anzusprechen. Deren Autonomie ist strikt an die Autonomie von lebenden Zellen gekoppelt. Der entscheidende Unterschied zu Maschinen/Artefakten ist natürlich, daß Viren den permissiven Umgebungsbereich ihrer Wirte einschränken statt erweitern.

ner Arbeitsweise sind." Maturana und Varela (1975), S. 185.

Maschinen stehen, wie alle Artefakte, im Dienst der Funktionalität des Menschen und sind Ausdruck der Komplexität von dessen Umweltinteraktionen. Die Sollwerte technischer Maschinen sind somit Ausdruck der Identität, der komplexen heterogenetischen Organisation des Menschen. Weder heterogenetische Maschinen, noch autogenetische Artefakte, wie etwa ein Hammer oder eine Axt, kommen in Umgebungen vor, die den technisch aktiven Menschen nicht enthalten. Autogenetische Artefakte sind uns aus nicht-menschlichen Umgebungen zwar nicht bekannt, können aber auch ohne menschliches Zutun eine begrenzte Zeit in solchen Umgebungen überdauern - wenn auch nicht so lange, wie in einer "menschlichen" Umgebung, in der sie repariert werden, wenn sie beschädigt sind. Die spezifischen Interaktionen mit Umgebungssystemen, die sie in einer "menschlichen" Umgebung eingehen - wodurch sie die Komplexität menschlicher Umweltinteraktionen erhöhen und überhaupt erst ihren funktionalen Charakter (s.u.) erhalten - können sie aber *nicht* von sich aus herstellen, hinsichtlich der Re-Produktion dieser Interaktionen sind sie nicht autogenetisch. Ein Hammer schlägt nicht von alleine einen Nagel in die Wand!

"Die Leistungen der Gegenstände sind niemals selbständige Leistungen, sondern durchweg nur 'Gegenleistungen' unserer menschlichen Leistungen, die sie in irgendeiner Weise unterstützen, verfeinern oder erweitern." Uexküll (1928), S. 134.

6.2 Integrative Hierarchien.

Bisher habe ich mich auf die Umweltbeziehungen komplexer heterogenetischer Systeme konzentriert und die Rolle von Umweltsystemen (Allokonstituenten) für die *zeitliche* Organisation, für die zyklische Selbsterhaltung des Prozeßsystems im Prozeß seiner Verwirklichung untersucht. Indem ich aber eine Grenze zwischen einem heterogenetischen System und seiner Umgebung gezogen habe, bin ich schon einen ersten Schritt in der Analyse der *strukturellen* oder, wenn man will, "räumlichen" Organisation solcher Prozeßsysteme gegangen[13]: Ich habe das limitierte heterogenetische System als Teilsystem seines autogenetischen Integralsystems konzipiert, wobei letzteres auch alle allokonstitutiven Elementarprozesse, zu Umweltsystemen organisiert, enthält. Es lassen sich natürlich andere, eingeschränktere Integralsysteme definieren, die nur einen Teil der Umweltsysteme enthalten, oder aber umfassendere Integralsysteme, die auch neutrale (oder gar - falls eine restriktive Umgebung vorliegt - restrik-

[13] Selbstverständlich gibt es nur *eine* Organisation eines Prozeßsystems und nicht zwei, eine räumliche und eine zeitliche. Von zeitlicher respektive räumlicher oder struktureller Organisation zu sprechen, heißt nur das Augenmerk bevorzugt auf den prozessualen oder bevorzugt auf den differenzierten Aspekt der Organisation eines Prozeßsystems zu lenken. Kein Aspekt ist aber vom anderen abtrennbar. Ohne Differenzierung gibt es keine prozessuale Veränderung, ohne Veränderung keine dauerhafte Differenzierung (vgl. Kap. 4).

tive) Umgebungssysteme enthalten. Das umfassendste Integralsystem eines Prozeßsystems ist das Universum, das alle momentanen Universalsysteme enthält. Analog läßt sich ein limitiertes heterogenetisches System selbst als Integralsystem all der (limitierten) Teilsysteme auffassen, die in ihm enthalten sind, beispielsweise all seiner Organe. Diese lassen sich wiederum in Teilsysteme untergliedern, z. B. die ein Organ aufbauenden Zellen, und so fort.

Auf diese Art und Weise läßt sich eine *integrative Hierarchie* von Prozeßsystemen aufstellen[14]. Integrative Hierarchien müssen von subordinativen Hierarchien unterschieden werden, wie sie etwa durch eine Rangordnungsfolge beim Militär oder in der Politik (Bundeskanzler - Innenminister - Polizeichef - Polizist) repräsentiert wird. Subordinative Hierarchien sind exklusiv, die hierarchisch höhere Ebene schließt die hierarchisch niedrigere Ebene nicht ein. Integrative Hierarchien hingegen sind inklusiv (Universum - Ökosystem "Dschungel" - Tiger - Tigerherz - Herzzelle - Zellorganell einer Herzzelle - Moleküle, die dieses Zellorganell aufbauen - Atome, aus denen diese Moleküle bestehen - Elementarteilchen, aus denen diese Atome sich zusammensetzen ...).

Dabei ist zu beachten, daß bei integrativen Hierarchien ein Wirkungszusammenhang nur zwischen nicht-überlappenden, benachbarten Prozeßsystemen derselben hierarchischen Ebene etablierbar ist (d.h. zwischen Prozeßsystemen, die jeweils verschiedene Elementarprozesse enthalten, z.B. zwischen den einzelnen Auto- und Allokonstituenten eines Prozeßsystems), nicht aber zwischen überlappenden Prozeßsystemen verschiedener Ebenen, also etwa zwischen einem Prozeßsystem und einem seiner Autokonstituenten. In den Identitätsmengen der Autokonstituenten sind nämlich nur solche Elementarprozesse enthalten, die auch in der Identitätsmenge des Prozeßsystems enthalten sind. Interaktionen werden ja in der Allgemeinen Systemtheorie als gekoppelte Veränderungen verschiedener Relationen zwischen benachbarten Prozeßsystemen und damit letztlich verschiedener Elementarrelationen aufgefaßt. Wirkungen eines Ganzen auf seine Teile, die durch unanalysierbare konfigurationale Gesetze beschrieben werden müßten, brauchen nicht angenommen zu werden (vgl. Kap. 4.4). Tigerherz, Tigerleber und das Pferd in der Umwelt des Tigers sind benachbart und können miteinander interagieren, nicht aber Tigerherz und Tiger. Es macht keinen Sinn zu sagen, ein Prozeßsystem einer höheren Ebene "wirke" auf ein Prozeßsystem einer niedrigeren Ebene ein. Leider wird dieser Punkt in der systemtheoretischen Diskussion oft mißverständlich dargestellt[15]. Lloyd Morgans (1923) Unterscheidung

---

[14] Pattee (1970), S. 124 spricht von einer "autonomous hierarchy", Whitehead (1929), S. 193 ff von einer "strukturierten Gesellschaft". Vgl. auch Oppenheims and Putnams (1958) "reductive levels" (S. 9).

[15] Polanyi (1968) rückt zwar zu Recht die konkreten "boundary conditions" eines Systems (Prozeßsystems) als entscheidend für das Verständnis seiner Organisation in den Vordergrund, seine Rede von der "dual control" eines Systems durch erstens Naturgesetze, und zweitens die von einer *höheren* hierarchischen Ebene auferlegten "boundary conditions" ("The principles of each level operate under the control of the next higher level.", S. 1311) ist aber in zweifacher Hinsicht irreführend: Zum einen wird dadurch eine Wirkung von einer höheren auf eine niedrigere Ebene unterstellt, ein Wirkungszusammen-

zwischen "internal" und "external relations", die die philosophische Diskussion über hierarchische Ebenen nachhaltig beeinflußt hat, basiert auf seiner unhaltbaren Unterscheidung zwischen "effektiven" und "nichteffektiven" Relationen. Eine interne Relation "makes a difference in the terms that are related" (S. 76), während externe Relationen Systeme in Beziehung setzen, ohne daß das einen Einfluß auf das "Wesen" der so verbundenen Systeme hat. Ich habe an anderer Stelle argumentiert (Kap. 4), warum eine solche Unterscheidung unsinnig ist, wenn wir von einem universalen Wirkungszusammenhang ausgehen. Nur weil Lloyd Morgan (1923) verschiedene Typen von Relationen unterscheidet, kann er behaupten, es könne unanalysierbare "new kinds of relations" auf hierarchisch höheren Ebenen von Systemen geben (S. 64), von denen die Systeme der niedrigeren Ebene "abhängig" seien (S. 15)[16].

Die irreführende Redeweise von der "Wirkung" einer höheren Ebene auf die niedrigere kann vermieden werden - ohne ihren wahren Kern in partitionistischer Manier zu verkennen - wenn die konstitutive Rolle von Umweltsystemen für ein heterogenetisches System gebührend berücksichtigt wird. Wie schon mehrmals betont: Um die Organisation eines heterogenetischen Systems zu verstehen, um erklären zu können, wie ein heterogenetisches System in dynamischer Veränderung sich selbst erhält, müssen wir die Interaktionen des heterogenetischen Systems mit seiner Umwelt in die Betrachtung einbeziehen. Umweltsysteme sind *konstitutive* Bestandteile (Allokonstituenten) der Organisation eines jeden heterogenetischen Systems, selbst wenn sie dem *limitierten* heterogenetischen System nicht zugerechnet werden. Das gilt selbstverständlich auch für systeminterne und -externe Umweltsysteme der heterogenetischen Autokonstituenten (Teilsysteme) eines heterogenetischen Systems, insbesondere der *nicht-autonomen Autokonstituenten* heterogenetischer Systeme.

---

hang ist aber nur zwischen benachbarten Systemen (Systemen der gleichen Ebene) etablierbar; zum zweiten wird suggeriert, es existiere eine Kontrollhierarchie in integrativ hierarchisch organisierten Prozeßsystemen, was nicht der Fall ist, wie noch zu zeigen sein wird. Ähnlich verwirrend drückt sich Pattee (1970) aus: "I shall limit my definition of hierarchical control to those rules or *constraints* which arise within a *collection* of elements, but which affect *individual* elements of the collection." (S. 124). Weiss (1969) behauptet, "that the integral systems operation ... deals with the molecules not directly, but only through the agency of intermediate subordinate sub-systems, ranged in a hierarchical scale of orders of magnitude." (S. 14). Weiss meint aber das richtige: An anderer Stelle (S. 28) spricht er lediglich, weniger mißverständlich, vom Auftreten neuer Invarianzen auf einer höheren Ebene ("determinism stratified"). Allerdings übersieht er die konstitutive Rolle, die die Umweltsysteme für die Organisation eines Prozeßsystems spielen können: "the system and its parts are co-extensive and congruous" (S. 16). Selbst in neuesten Publikationen (z.B. Mayr (1988), S. 15) findet man mißverständlichen Aussagen über die Beziehungen hierarchischer Ebenen zueinander.

[16] Die Beziehungen zwischen verschiedenen hierarchischen Ebenen werden von Lloyd Morgan (1923) als "involution" (der Teile im Ganzen) und "dependence" (der Teile vom Ganzen) gekennzeichnet (S. 15). Zur Diskussion um "internal relations" vgl. auch Wartofsky (1968), S. 354. Whitehead (1925, S. 106, 126) unterscheidet zwar ebenfalls interne und externe Relationen, doch hat diese Unterscheidung nichts mit der gleichlautenden von LLoyd Morgan (1923) zu tun, entspricht vielmehr eher dessen Differenzierung zwischen "intrinsic" und "extrinsic relations", die in etwa mit der Dichotomie "Enthaltensein" und "Nichtenthaltensein" der Allgemeinen Systemtheorie zu parallelisieren ist.

Nicht-autonome Autokonstituenten K-definierter heterogenetischer Systeme K_P sind solche, deren Autonomie streng an die systeminterne Umwelt des heterogenetischen Systems gekoppelt ist, die also nicht selbständig in der externen Umwelt des Systems überdauern könnten, sondern in ihrer Beständigkeit auf Interaktionen mit systeminternen Umweltsystemen (anderen Autokonstituenten von K_P) angewiesen sind (vgl. Kap. 5.3.2)[17]. Die Organe eines Organismus sind nicht-autonome Teilsysteme des Organismus. Die verschiedenen Organe lassen sich zwar als nichtüberlappende Teilsysteme des heterogenetischen Systems voneinander abgrenzen, diese Limitation zeichnet aber nicht die Grenzen ihrer konstitutiven Organisation nach. In ihrer Funktionalität wie in ihrer Kapazität zu identischer Selbsterhaltung sind die einzelnen Organe auf Interaktionen mit allen anderen Organen des Organismus und dessen Allokonstituenten angewiesen. Zwar können Organe in diversen Umgebungen, in denen sie nicht an die systeminterne Umwelt gekoppelt sind (z.B. in künstlichen Nährmedien), über beschränkte Zeiträume dauerhaft existieren. In der komplexen externen Umwelt des heterogenetischen Systems werden sie hingegen nur dann über lange Zeiträume hinweg beständig sein, wenn sie an die systeminterne Umwelt des Systems gekoppelt sind. Weitere Beispiele für nicht-autonome Teilsysteme wären etwa die Zellen eines Organismus, die isoliert in einem Kulturmedium mit einigen wenigen Nährstoffen gehalten werden können, aber in einer Umwelt vergleichbarer Komplexität wie der des Organismus, dem sie entnommen wurden, nicht isoliert lebensfähig sind. Auch Biomoleküle (DNA, Proteine usw.) fallen in diese Kategorie.

Für autonome Teilsysteme t_P K-definierter heterogenetischer Systeme K_P scheint das Gesagte hingegen zunächst nicht zuzutreffen, insbesondere dann nicht, wenn sie zu autonomen autogenetischen Systemen wie Atomen oder Elementarteilchen zählen. Diese erhalten ihre Identität t auch in radikal anderen Umwelten als der systeminternen Umwelt beispielsweise von Organismen (Umwelten, in denen sie keine Teilsysteme des betreffenden Systems K_P sind) und werden in der Tat ständig zwischen Organismen und ihrer Umwelt ausgetauscht. Es darf aber nicht übersehen werden, daß die Relationengefüge autonomer Teilsysteme der Art t von heterogenetischen Systemen K_P in diesen heterogenetischen Systemen nicht alle Werte ihres ihre Identität definierenden konstitutiven Wertebereichs einnehmen, sondern nur in einer *spezifisch eingeschränkten Teilmenge* t_{KP} ihrer Identitätsmenge t_P vorkommen[18]. *Als Teilsysteme* t_{KP} (t_{Pi} der Menge t_{KP}) heterogenetischer Systeme K_P (einiger K_{Pi} der Menge K_P) sind

[17] Vgl. Whitehead (1929): "Es kann aber in einer strukturierten Gesellschaft noch andere Nexus geben, die, abgesehen von den allgemeinen systematischen Charakteristika der äußeren Umgebung keine Merkmale aufweisen, welche sich ohne die spezielle Umgebung, die diese strukturierte Umgebung mit sich bringt, genetisch durchhalten könnten" (S. 194).

[18] Hier werden exemplarisch heterogenetische Systeme untersucht, das Gesagte gilt aber selbstverständlich auch für Teilsysteme autogenetischer Systeme. Vgl. hierzu Roth and Schwegler (1990), S. 39: "it is true that the properties of the sodium chloride molecule are by no means detectable at the level of the components; this is impossible because the molecule does not really consist of the elements sodium and chlorine, but of transformed states of these atoms."

sie nur durch die Aufrechterhaltung dieses spezifisch eingeschränkten Wertebereichs besagter Teilmenge qualifiziert (vgl. Kap. 5.1). Zur Aufrechterhaltung der spezifisch eingeschränkten Teilmenge t_{KP} sind sie aber auf Interaktionen mit der spezifischen internen (andere Autokonstituenten von K_P) und externen (Allokonstituenten von K_P) Umwelt der heterogenetischen Systeme K_P angewiesen, deren Teilsystem sie sind und sind insofern *als* t_{KP} heterogenetische Systeme, obwohl sie *als* t_P autogenetische Systeme sind:

> "the molecules may blindly run in accordance with the general laws, but the molecules differ in their intrinsic characters according to the general organic plans of the situations in which they find themselves." Whitehead (1925), S. 81.

Hierin liegt der wahre Kern des Ausspruchs, das Ganze sei mehr als die Summe seiner Teile. Ein Eisenatom beispielsweise kommt in der unbelebten Natur in einer Fülle von Relationen zu anderen Atomen vor. In all diesen Relationen erhält es seine Identität als Eisenatom. Als Teilsystem (Autokonstituent) von Organismen steht ein Eisenatom in ganz spezifischen Relationen; es findet sich beispielsweise als zentrales Atom der Hämgruppe im Hämoglobin. In diesen spezifischen Relationen interagiert es mit anderen atomaren Teilsystemen (Autokonstituenten) und Umweltsystemen (Allokonstituenten) des Organismus im Prozeß der Erhaltung der Identität von dessen heterogenetischer Organisation. Die Aufrechterhaltung dieser spezifischen Relationen des Eisenatoms, die es als Autokonstituent eines bestimmten Organismus qualifiziert, ist aber abhängig von der spezifischen systeminternen Umwelt und den spezifischen Umweltsystemen (dem Beziehungsgefüge zwischen den übrigen Auto- und Allokonstituenten) dieses Organismus.

Unter diesem Gesichtspunkt erscheint die Behauptung, das Ganze "wirke" auf seine Teile, in einem neuen und weniger mystischen Licht. Zwar gibt es keine Wirkung einer höheren hierarchischen Ebene auf eine niedrigere Ebene (eines Prozeßsystems auf seine Autokonstituenten), es ist also nicht das "Ganze", was auf seine Teilsysteme wirkt. Wohl aber spielt die einem Teilsystem jeweils korrespondierende systeminterne und -externe Umwelt (die anderen Teilsysteme und Umweltsysteme des betrachteten Prozeßsystems in ihren spezifischen Relationen) eine entscheidende Rolle, um ein Teilsystem in seiner Identität *als* Teilsystem, in seinem spezifischen Sosein, seinen spezifischen Relationen, in denen es als Autokonstituent des betrachteten Prozeßsystems überdauert, zu erhalten. Campbells vielzitiertes und etwas undurchsichtiges Diktum von der "downward causation", der "Verursachung nach unten" von einer höheren auf niedrigere hierarchische Ebenen, findet somit eine unmißverständliche, vollkommen mit der Idee eines universalen Wirkungszusammenhanges kompatible Interpretation, für die keinerlei Wirkung des Ganzen auf die Teile, die irgendwelchen unanalysierbaren konfigurationalen Gesetzen folgen müßte, postuliert werden muß[19].

---

[19] Campbell (1974) selbst drückt sich sehr vieldeutig aus, wenn er "downward causation" zu definieren versucht : "the laws of the higher-level selective system determine in part the distribution of lower-level events and substances." (S. 182). Er glaubt, es gäbe spezifische "Gesetze" selektiver Systeme auf einer hö-

Die integrative Hierarchie eines Prozeßsystems (und das gilt für heterogenetische wie autogenetische Systeme) kann als eine *Hierarchie semantischer Ebenen* aufgefaßt werden (der Begriff der "semantischen Ebene" wird weiter unten gründlicher beleuchtet). Ein Abstieg zu niedrigeren Ebenen entspricht einer Analyse des Prozeßsystems in zunehmend explizite, zyklisch sich wandelnde Relationengefüge zwischen Konstituenten. Die "Eigenschaften" eines Prozeßsystems werden auf einer niedrigeren Ebene aus dem zeitlich organisierten Zusammenhang der Relationen zwischen seinen Teil- *und* Umweltsystemen, Auto- *und* Allokonstituenten verständlich.

Die Hierarchie semantischer Ebenen läßt sich nur bedingt als eine "strukturelle" Hierarchie auffassen, da die Auto- und Allokonstituenten des analysierten Prozeßsystems selbst dauerhafte, d.h. zeitlich organisierte Prozeßsysteme sind[20]. Ein Organismus ist z.B. in sich zyklisch wandelnde Relationengefüge zwischen Zellen analysierbar. Eine Zelle ist aber kein statisches Gefüge ihrer Autokonstituenten, sondern ihrerseits ein heterogenetisches System mit zyklischer Zustandssequenz in Abhängigkeit von Allokonstituenten.

Heterogenetische Systeme, wie auch autogenetische Systeme, lassen sich also als integrative Hierarchien, als Hierarchien semantischer Ebenen beschreiben. Ist damit auch eine Kontrollhierarchie verbunden? Ich habe gezeigt, warum wir nicht von der "Wirkung" einer höheren semantischen Ebene auf eine niedrigere semantische Ebene sprechen können, sofern wir konfigurationale Gestze nicht zulassen wollen. Gibt es aber keine Wirkung zwischen verschiedenen semantischen Ebenen, so kann auch nicht sinnvoll davon die Rede sein, die Prozeßsysteme der niedrigeren Ebene würden durch die Prozeßsysteme der höheren Ebene *kontrolliert*[21]. Eine Kontrollhierarchie

---

heren Ebene (S. 183), wobei unklar bleibt, worin denn nun die Auszeichnung dieser "Gesetze" bestehen soll. Es leitet sicher weniger in die Irre, wenn man von organisationsbedingten Einschränkungen eines Teilsystems durch seine ihm korrespondierende Umwelt auf der gleichen hierarchischen Ebene spricht, anstelle von "Gesetzen einer höheren Ebene", die schwer mit der Vorstellung eines universalen Wirkungszusammenhangs vereinbar sind. Medawar (1974) hebt hervor, daß es die spezifischen Einschränkungen möglicher Wechselwirkungen sind, die den Gegenstandsbereich der Biologie gegenüber dem der Physik auszeichnen ("only a limited class of all the possible interactions between molecules constitutes the subject matter of biology.", S. 62), ohne aber näher auf die Bedeutung der systemspezifischen Organisation für die Beständigkeit eingeschränkter Wertebereiche von Relationen einzugehen.

20 Ich möchte an dieser Stelle einem naheliegenden Mißverständnis vorbeugen: Eine Hierarchie semantischer Ebenen ist keine "Teilmengenhierarchie". Es wäre falsch, ein limitiertes Teilsystem als eine Teilmenge des analysierten limitierten Prozeßsystems aufzufassen. Prozeßsysteme wurden ja als Mengen momentaner Systeme definiert, nicht als Mengen von Elementarprozessen. Ein limitiertes Teilsystem t_{Pi} eines limitierten Prozeßsystems K_{Pi} ist also eine Menge von Momentansystemen, die einen geringeren Umfang haben als die Momentansysteme, die Elemente des limitierten Prozeßsystems K_{Pi} sind. In Organismen enthaltene Eisenatome sind zwar eine Teilmenge der Menge aller Eisenatome, nicht aber eine Teilmenge der Menge aller Organismen.

21 "Der wichtigste Aspekt dieser vielschichtigen dynamischen Koppelung in der Welt des Lebendigen ist vielleicht die Wahrung einer gewissen Autonomie auf allen hierarchischen Ebenen. Vielschichtige Autopoiese darf nicht mit einer Kontrollhierarchie verwechselt werden, in welcher Information nach oben und Befehle nach unten fließen." Jantsch (1979), S. 328.

kann es in einem Prozeßsystem nur dann geben, wenn es eine subordinative Hierarchie (s.o.) zwischen seinen auf *einer* semantischen Ebene benachbarten und daher in einem Wirkungszusammenhang stehenden Konstituenten gibt. Dazu muß einer der benachbarten limitierten Konstituenten an den anderen in *nicht reziproker* Weise streng gekoppelt sein, letzterer muß also Bestandteil der Organisation des ersten sein.

Jedes heterogenetische System erhält sich selbst, indem es eine zyklische Zustandssequenz durchläuft und ist daher selbstreferentiell. Dieser zyklische Charakter bedingt die Beständigkeit des Prozeßsystems in seiner Umgebung. In einem solchen Prozeßsystem gibt es natürlich keine "Einbahnstraße" der Kontrolle zwischen denjenigen Autokonstituenten, die in ihrer Autonomie an ihre jeweilige systeminterne und -externe Umwelt streng reziprok gekoppelt sind, die ihr jeweiliges beständiges Sosein überhaupt erst der spezifischen identitätserhaltenden Zyklizität des Systems verdanken. Es lassen sich also nicht einzelne der streng reziprok gekoppelten Autokonstituenten als "Steuermänner" für den Kurs des Systems verantwortlich machen; jeder vermeintliche "Steuermann" wird seinerseits von anderen "Steuermännern" (und von externen Faktoren) beeinflußt, diese wiederum von anderen usw. Der Kurs des Prozeßsystems wird durch die vielfältigen Interaktionen aller interagierenden Einheiten, von denen keine *der* "Steuermann" ist, bestimmt.

Da sich zwischen reziprok gekoppelten Konstituenten keine Kontrollhierarchie feststellen läßt, ist es wenig sinnvoll, um das kritische Potential des Gesagten an einem aktuellen Beispiel aus der Biologie zu illustrieren, DNA-Sequenzen - "Gene" - als die den Organismus steuernden oder determinierenden Teilsysteme des Organismus anzusehen, wie es immer noch von manchen Genetikern und Molekularbiologen behauptet wird:

> "The nucleus of a fertilized egg contains a vast amount of genetic information - the genome - that specifies the nature of each of the phenotypic traits, which together constitute the functional organism." Browder (1984), S. 73.

> "There is no substance as important as DNA. Because it carries within its structure the hereditary information that determines the structure of proteins, it is the prime molecule of life. ... From DNA issue the commands that regulate the nature and number of virtually every type of cellular molecule ..." Watson, Tooze and Kurtz (1983), S. 1.

Gene lassen sich zwar in Proteine "übersetzen", die aufgrund ihrer Interaktionen miteinander und mit Umweltsystemen (z.B. Nährstoffen) die Lebensprozesse in Gang halten und die charakteristischen Strukturen lebender Organismen aufbauen[22]. Die für den Organismus konstitutiven Gen-vermittelten Interaktionen hängen aber ihrerseits vom interaktiven Kontext ihrer zellinternen und -externen Umgebung ab. Insbesondere sind Gene für ihre Replikation, Reparatur und reguläre Expression auf Wechselwirkungen mit Proteinen angewiesen. Aus ihrer spezifischen zellulären Um-

---

[22] Diese komplizierten Wechselwirkungsprozesse, die von den Genen nur initiiert werden, werden im allgemeinen als "epigenetische" Prozesse bezeichnet, ein Terminus den C.H. Waddington geprägt hat (zit. z.B. in Jantsch (1979), S. 159).

gebung isolierte Gene können zwar in vitro - fügt man einige wenige Proteine hinzu - repliziert (verdoppelt), repariert und exprimiert (in Proteine "übersetzt") werden, damit aber im Organismus die richtigen Gene zur richtigen Zeit am richtigen Ort exprimiert werden - nur dann kann der Organismus seine komplexe heterogenetische Organisation aufrechterhalten und entwickeln -, müssen sie auf spezifische Weise mit ihrer spezifischen Umgebung interagieren. Welche Proteine wann und wo exprimiert werden, hängt also nicht allein von den Genen ab, sondern von allen Auto- und Allokonstituenten, die das komplexe heterogenetische System "Organismus" konstituieren:

> "... the conflict vanishes with the realisation that genes, highly organized in themselves, do not impart higher order upon an orderless milieu by ordainment, but that they themselves are part and parcel of an ordered system, in which they are enclosed and with the patterned dynamics of which they interact." Weiss (1969), S. 37.

Es ist deshalb auch irreführend - Stent (1981, 1985) hat das kürzlich hervorgehoben -, von einem "genetischen Programm" zu reden. Einzelne Gene lassen sich nicht in eindeutiger Weise mit irgendwelchen Strukturen und Prozessen eines lebenden Systems korrelieren und als deren "Pläne" identifizieren, sondern werden als interagierende Teilsysteme eines heterogenetischen, zyklischen Systems in ihren Interaktionen ihrerseits von den Prozeßsystemen ihrer systeminternen und -externen Umwelt bestimmt. Um die Organisation von Organismen zu verstehen, genügt es daher nicht, die Aufmerksamkeit auf die Gene als den vermeintlichen "Steuermännern" des Lebens zu richten:

> "The horizon of [the] epigenetic approach ... extends far beyond the genes and must encompass the universe of nonprogrammatic, contextually governed intra- and intercellular interactions that underlie the historical phenomenon of metazoan ontogeny." Stent (1981), S. 190.
>
> "Hence instead of searching for an illusory genetic program, developmental biologists must try to fathom the complex network of causal relations to which the sequence of developmental events owes its regularity." Stent (1985), S. 1[23].

Komplexe heterogenetische Systeme werden nicht verstanden, solange man sie als subordinative Hierarchien ihrer Autokonstituenten auffaßt und glaubt, es genüge, die "Befehlshaber" genau zu studieren. Es kommt vielmehr darauf an, ihre zyklische Or-

---

23 Eine ähnliche Position bezieht Brenner (zit. in Lewin (1984),S. 1327 f). Vgl. auch Wilkins (1986), S. 486 und Alberts et al.(1983), S. 127: "If a cell were dissociated into its component macromolecules, essential information would probably irretrievably lost, since the components of these organelles are unlikely to be capable of reassembling on their own. In this sense therefore it may not be accurate to say that *all* of the information needed to make a cell is contained in its DNA." Da jedes komplexe heterogenetische System seine spezifische Organisation aufweist und in einer spezifischen Umwelt überdauert, ist es nicht weiter verwunderlich, daß es keine "Logik der Mechanismen" lebender Systeme gibt und jedes lebende System *in seiner Spezifität* aus seinem spezifischen heterogenetischen Zyklus heraus verstanden werden muß, was insbesondere im Zusammenhang mit entwicklungsbiologischen Fragestellungen bedeutsam ist: "there is hardly a shorter way of giving a rule for what goes on than just describing what there is." Brenner, zit.n. Lewin (1984), S. 1328. Lawrence (1985) steht allerdings, wie viele Molekularbiologen, nach wie vor auf dem Standpunkt, es gäbe solche universalen Mechanismen.

ganisation aufzuklären, in der es keine Rangfolge befehlender und ausführender Autokonstituenten (und Allokonstituenten) gibt. Nicht-subordinative Prozeßsysteme lassen sich nicht beliebig steuern und in ihrem Verhalten manipulieren. Die Auswirkung, welche die Manipulation eines Auto- oder Allokonstituenten hat, hängt vom Kontext ab, in dem diese Manipulation stattfindet, d.h. vom augenblicklichen relationalen Beziehungsgefüge aller anderen Auto- und Allokonstituenten des Systems[24].

Befindet sich ein komplexes heterogenetisches System in einem seiner Zustände K(1) und gibt es zu diesem Zustand verschiedene alternative Nachfolgezustände, die jeweils Bestandteil einer identitätserhaltenden zyklischen Zustandssequenz sind, so ist es insofern zu beeinflussen, als das System durch Manipulation der Interaktionen zwischen seinen Autokonstituenten und/oder zwischen diesen und Allokonstituenten in wahlweise diesen oder jenen Nachfolgezustand überführt werden kann, ohne es dabei zu zerstören. Steuerung kann nur eine Entscheidung zwischen den verschiedenen alternativ möglichen Zustandssequenzen der komplexen Organisation herbeiführen, ohne dabei je die Identität des Systems zu transzendieren. Komplexe heterogenetische (selbstregulierende) Systeme sind vor allem dort nicht extern, also durch Manipulation von Allokonstituenten steuerbar, wo alternative Zustandszyklen auf gemeinsame Zustände konvergieren. Gezielte Steuerung setzt voraus, daß die Rolle, die einzelne Umweltsysteme oder Teilsysteme im interaktiven Kontext ihrer für K(1) charakteristischen Umwelt spielen, bekannt ist (wenn nicht explizit, so wenigstens durch in früheren Beobachtungen festgestellten Korrelationen). Das gilt für Maschinen wie für Lebewesen. Maschinen sind aber wesentlich weniger komplex und daher leichter durchschaubar und steuerbar[25]. Prozeßsysteme, die *prinzipiell* nicht extern gesteuert werden

---

[24] Hinzu kommt, daß schon sehr einfache zyklisch organisierte, nichtlineare Prozeßsysteme (z.B. durch einfache mathematische Gleichungen beschreibbare Modellsysteme wie Prigogines "Brüsselator") überraschende Eigenschaften haben können (die sich im Modell nur durch iterative numerische Berechnung feststellen lassen): Sehr ähnliche zyklische, positiv rückgekoppelte Prozeßsysteme mit nur geringfügigen Unterschieden in den konstitutiven Relationengefügen können radikal verschiedene Strukturen ausbilden (vgl. hierzu Jantsch (1979), S. 68 ff, Prigogine und Stengers (1980), S. 165 ff). Die Auswirkungen minimaler Schwankungen der konstitutiven Relationen auf das Verhalten eines zyklischen Prozeßsystems können oft nicht aus der bekannten Reaktion vergleichbarer zyklischer Prozeßsysteme auf Relationsschwankungen ähnlich starken Ausmaßes extrapoliert werden. Die überraschenden Wandlungen zyklischer Prozeßsysteme haben damit zu tun, daß sie eine *Verstärkung* minimaler Unterschiede bewirken, weil "ein kausaler Kreislauf im Prinzip eine nicht zufällige Reaktion auf ein zufälliges Ereignis *an der Stelle in dem Kreislauf* hervorbringen [wird], *an welcher das zufällige Ereignis auftrat.*" Bateson (1967), S. 521. Das Verhalten komplexer heterogenetischer Systeme wäre nur dann zu prognostizieren, wenn alle konstitutiven Relationen zu einem Zeitpunkt absolut exakt bekannt wären, was aber prinzipiell unmöglich ist (vgl. Kap. 7.2).

[25] Es ist daher irreführend, wenn Maturana von der "Zustandsdeterminiertheit" oder "Strukturdeterminiertheit" autopoietischer Systeme spricht, als wäre das ein irgendwelche Prozeßsysteme vor anderen auszeichnendes Prinzip (z.B. Maturana 1975, S. 140 ff). Diese Begriffe sind vor allem deshalb problematisch, weil Maturana, wie im 5. Kap. dargestellt, geflissentlich die für die Organisation heterogenetischer (bzw. "autopoietischer") Systeme konstitutive Rolle von Umweltsystemen übersieht und unterstellt, Umwelteinflüsse hätten für autopoietische Systeme nur "perturbierenden" Charakter (vgl.

können, sind die autogenetischen Integralsysteme heterogenetischer Systeme, da es für diese nur neutrale und restriktive Umgebungssysteme gibt, externe Steuerung aber allenfalls durch Manipulation von Allokonstituenten erzielt werden kann. Durch Manipulation von Umgebungssystemen bleiben solche Systeme daher entweder in ihrem Zustand unberührt oder sie werden zerstört. Dasselbe trifft für alle autogenetischen Systeme zu.

6.3 Bedeutung und Funktion.

Ich möchte nun, nachdem ich den integrativ-hierarchischen Aufbau von Prozeßsystemen und insbesondere komplexer heterogenetischer Systeme beschrieben habe, etwas ausführlicher auf die *semantischen* Aspekte der Allgemeinen Systemtheorie zu sprechen kommen. Die Beziehungen *zwischen* den verschiedenen Ebenen eines integrativ-hierarchischen Prozeßsystems lassen sich, wie gezeigt, nicht als wirksame Relationen deuten. Jede Ebene eines hierarchisch strukturierbaren Prozeßsystems entspricht einer anderen Betrachtungsweise desselben Wirkungszusammenhangs,

> "what the 'level' we are speaking of signifies, is really the level of attention of an observer whose interest has been attracted by certain regularities of pattern prevailing at that level, as he scans across the range of orders of magnitude." Weiss (1969), S. 16[26].

In der Terminologie der Allgemeinen Systemtheorie ausgedrückt heißt das: Jede Ebene läßt sich als ein Gefüge von benachbarten, überschneidungsfreien Prozeßsystemen charakterisieren (Prozeßsysteme, die jeweils verschiedene Elementarprozesse enthalten), die miteinander interagieren. Verschiedene Ebenen entsprechen verschiedenen Kategorisierungen desselben Wirkungszusammenhanges. Eine Ebene ist dann niedriger als eine andere, wenn sie enger umgrenzte Prozeßsysteme zueinander in Beziehung setzt und wenn einige dieser Prozeßsysteme als Autokonstituenten von Prozeßsystemen der höheren Ebene interpretierbar sind, d.h. nur solche Elementarprozesse enthalten, die auch in den Prozeßsystemen der höheren Ebene enthalten sind. Die verschiedenen Betrachtungsebenen desselben Wirkungszusammenhanges sollen *semantische Ebenen* heißen (s.u.).

Je niedriger die semantische Ebene, desto mehr Relationen sind explizit, d.h. desto mehr Relationen bestehen *zwischen* den Prozeßsystemen der betreffenden Ebene und

---

hierzu etwa Maturana (1975), S. 144; Maturana and Varela (1987), S. 95 ff). Der Perturbationsbegriff ist aber nicht-diskriminativ, da sich, wenn man will, alle Umgebungseinflüsse auf alle Prozeßsysteme (also auch die menschlichen Einwirkungen auf Maschinen) so charakterisieren lassen, wie schon Roth (1987), S. 272 betont. Roth (1987) stellt auch klar, daß die verglichen mit Maschinen größere Nichtsteuerbarkeit lebender Systeme mit der enormen Komplexität lebender Systeme zu tun hat (S. 274) und insbesondere mit ihrer Flexibilität, da sie sich als lernfähige Prozeßsysteme mit jedem Umweltkontakt ändern (S. 274). Für eine ausführlichere Diskussion des letzten Punktes verweise ich auf Kap. 7.4.2. Zur Frage der Steuerbarkeit komplexer Systeme vgl. auch Roth und Schwegler (1992).

26 Vgl. hierzu auch Primas (1985), S. 118 f und S. 163.

desto weniger unanalysierte "Eigenschaften" von Prozeßsystemen gibt es. Die expliziteste Ebene ist die Ebene der Elementarprozesse, in denen alle Relationen Elementarrelationen eines universalen Wirkungszusammenhangs darstellen (vgl. Kap. 4.3). Ein Elementarprozeß ist eigenschaftslos und läßt sich vollkommen durch die Angabe all der externen Elementarrelationen charakterisieren, durch die er mit anderen Elementarprozessen in Beziehung steht. Unter Umständen lassen sich auch nicht-elementare Relationen zwischen einigen Prozeßsystemen einer höheren semantischen Ebene als unmittelbarer Ausdruck eines Wirkungszusammenhanges interpretieren, in dem sich Relationen in regelmäßiger Abhängigkeit voneinander ändern, und zwar dann, wenn diese Prozeßsysteme in einem relativ abgeschlossenen eingeschränkten Wirkungszusammenhang stehen (vgl. Kap. 4.2). Eingeschränkte Wirkungszusammenhänge lassen sich nur beschreiben, wenn sich die (nicht-elementaren) Relationen zwischen Prozeßsystemen im wesentlichen in Abhängigkeit von Relationen der gleichen Art ändern. Für einen lebenden Organismus, auf zellulärer Ebene betrachtet, ist ein solcher eingeschränkter Wirkungszusammenhang unter Vorbehalt zu etablieren: Zelluläre Interaktionen erfolgen in Abhängigkeit von anderen zellulären Interaktionen. Es darf aber nicht vergessen werden, daß zelluläre Interaktionen auch durch Umweltsysteme des Organismus (Nährstoffe, Sonnenlicht, Wasser usw.) beeinflußt werden, wobei sich diese Einflüsse nur in einem umfassenderen Wirkungszusammenhang verstehen lassen. Es gibt allerdings Prozeßsysteme, die dem Ideal eines abgeschlossenen eingeschränkten Wirkungszusammenhangs zwischen ihren Autokonstituenten recht nahe kommen. Hier ist vor allem das Nervensystem zu nennen. Die Erregungszustände der Nervenzellen ändern sich im wesentlichen in Abhängigkeit von den Erregungszuständen benachbarter Nervenzellen. Doch auch das Nervensystem ist natürlich ein - wenn auch extrem komplexer - heterogenetischer Autokonstituent des Organismus und daher nicht vollkommen "operational abgeschlossen", sonst könnte es seine Funktion als Organ im Organismus gar nicht erfüllen[27].

Die verschiedenen semantischen Ebenen einer integrativen Hierarchie sind zwar untereinander nicht durch Wirkungszusammenhänge verbunden, verhalten sich aber auch nicht beziehungslos zueinander, sondern stehen in einem *Bedeutungszusammen-*

---

[27] Maturana verwendet den Begriff der "operationalen Abgeschlossenheit" für das Nervensystem wie auch für "autopoietische" (lebende) Systeme im allgemeinen (vgl. z.B. Maturana and Varela (1987), S. 89, 164). Roth (1987), S. 266 ff will demgegenüber den Begriff nur für solche selbstreferentiellen (heterogenetischen) Systeme reservieren, die eine Vielzahl von Zuständen einnehmen können, wie beispielsweise das Nervensystem. Ich stimme mit Roth überein, möchte aber zusätzlich vorschlagen, den Begriff nur da anzuwenden, wo sich Relationen zwischen Prozeßsystemen so charakterisieren lassen, daß sie sich im wesentlichen in Abhängigkeit voneinander regelhaft ändern und andersartige Relationen, deren Wirkung nur in einem umfassenderen Wirkungszusammenhang interpretierbar sind, nur einen sehr geringen Einfluß auf die Veränderung dieser Relationen haben. Die klassischen Fälle solcher eingeschränkter Wirkungszusammenhänge von Relationen sind die sprachlichen Interaktionen der menschlichen Kommunikationsgemeinschaft und die Erregungsinteraktionen zwischen den Nervenzellen eines Nervensystems. Vgl. auch die Ausführungen in Kap. 4.2 (insb. Fußnote 26) und Schwegler (1992).

hang. Daher auch die Bezeichnung "*semantische* Ebenen"[28]. Etwas(1) hat *Bedeutung* im Kontext von etwas(2) für etwas(3). Ein Prozeßsystem einer niedrigeren semantischen Ebene (1) hat im Kontext der Interaktionen mit anderen Prozeßsystemen dieser Ebene (2) Bedeutung für ein Prozeßsystem der höheren semantischen Ebene (3). Was aber ist der Maßstab für die Bedeutsamkeit eines Systems, wann kann man mit Fug und Recht von einem spezifischen Prozeßsystem der niedrigeren semantischen Ebene behaupten, es habe Bedeutung für ein bestimmtes Prozeßsystem der höheren Ebene? Der einzige Maßstab für Bedeutsamkeit, der in einer allgemeinen Systemtheorie für die dauerhaften Prozeßsysteme gefunden werden kann, muß sich an der Identitätserhaltung, dem Dauern eines Prozeßsystems selbst (dem Verbleiben des fraglichen Prozeßsystems in seiner Identitätsmenge) orientieren. Wir können Bedeutung zunächst als das Verhältnis von *Zuständen* (Teilmengen der Identitätsmenge) zur Identitätsmenge eines Prozeßsystems K_P bestimmen. Ein Zustand K(z) von K-definierten Prozeßsystemen K_P hat *Bedeutung* (ist bedeutsam) für K_P wenn er notwendiger Bestandteil einer ihrer alternativen identitätserhaltenden zyklischen Zustandssequenzen ist. Der Begriff der Bedeutung kann nur für Mengen K_P, nicht hingegen für konkrete Prozeßsysteme K_{Pi} sinnvoll definiert werden, da sich Notwendigkeit für singuläre Phänomene nicht etablieren läßt. Wir können, dem allgemeinen Sprachgebrauch folgend, aber sagen, $K_i(z)$ sei für K_{Pi} dann bedeutsam, wenn K(z) für K_P bedeutsam ist. Nicht alle konkreten Prozeßsysteme K_{Pi} durchlaufen sämtliche alternativen Zustandssequenzen von K_P; daher werden nicht alle Zustände, die für K_P bedeutsam sind, auch von jedem konkreten Prozeßsystem K_{Pi} durchlaufen. Da spezifizierte Zustände durch spezifizierte Relationengefüge zwischen Autokonstituenten (K_P als Menge limitierter Prozeßsysteme aufgefaßt) bzw. zwischen Auto- und Allokonstituenten (K_P als Organisation, d.h. als Menge autogenetischer Integralsysteme aufgefaßt) definiert sind, kommt auch den *Konstituenten* in je spezifizierten Kontexten von Interaktionen Bedeutung zu. Ein Prozeßsystem t_P hat dann Bedeutung für K-definierte Prozeßsysteme K_P einer höheren semantischen Ebene, wenn es konstitutiv für deren Dauerhaftigkeit ist, wenn es also Bestandteil ihrer konstituierenden Organisation - Auto- oder Allokonstituent wenigstens einiger K_{Pi} von K_P - ist. Es trägt somit in bestimmten Kontexten notwendig zum Fortbestand K-spezifischen Soseins bei. Da nur in bestimmten Kontexten von Interaktionen stehende Prozeßsysteme der Art t konstitutiv sind, ist genaugenommen nicht t_P konstitutiv, sondern die Teilmenge t_{KP}, die alle t_{Pi} umfaßt, die in diesen bestimmten Kontexten stehen (s.o.). Wir können hier - wie bei Zuständen - t_{Pi} bedeutsam für K_{Pi} dann nennen, wenn t_P (genauer: t_{KP}) für K_P bedeutsam ist.

Ich möchte *Bedeutung* als den für alle Prozeßsysteme anwendbaren Überbegriff ver-

---

[28] Polanyi (1968) kennzeichnet die Beziehungen zwischen den verschiedenen Ebenen einer integrativen Hierarchie gleichfalls als semantische Beziehungen (S. 1311): "The higher comprehends the workings of the lower and thus forms the meaning of the lower." Er unterscheidet zwischen dem "from knowledge", das nur die Beziehungen zwischen den Prozeßsystemen einer Ebene thematisiert und dem "from at knowledge", das verschiedene Ebenen in einen Bedeutungszusammenhang zueinander stellt (S. 1311). Jantsch (1979) spricht gleichfalls von semantischen Ebenen (z.B. S. 298).

standen wissen, den Begriff der *Funktion*, seinem üblichen Gebrauch folgend, für die Bedeutung von Zuständen bzw. von Auto- und Allokonstituenten für ein *heterogenetisches* System reservieren[29]. Auto- und Allokonstituenten eines heterogenetischen Systems sind per definitionem für dessen Identitätserhaltung in bestimmten Kontexten notwendig und somit funktional (bedeutsam). Wir können heterogenetische Systeme daher auch als funktionale Systeme bezeichnen. In heterogenetischen Systemen offenbart sich Bedeutung nur in der Dynamik des Prozeßsystems, der semantische und "pragmatische" Aspekt sind untrennbar miteinander verwoben. Wenn wir von Funktion sprechen, setzen wir daher (meist implizit) eine zyklische "Zeitgestalt" eines Systems voraus. Als die Funktion eines Teilsystems oder Umweltsystems t_P (genauer: t_{KP}) im engeren Sinn kann derjenige Nachfolgezustand K(2) bezeichnet werden, in den ein heterogenetisches System K_P (alle K_{Pi} der Menge K_P, die überhaupt die betreffende Zustandssequenz aufweisen) aus dem Zustand K(1) nur dann übergeht, wenn t_P mit den übrigen Auto- und Allokonstituenten, die in dem für Zustand K(1) kennzeichnenden Relationengefüge stehen, interagiert. Die durch t_P vermittelten Interaktionen sind also notwendige Bedingungen für den Übergang von K(1) nach K(2) (was nicht impliziert, daß alle K_{Pi} diesen Zustandsübergang aufweisen müssen). Der Nachfolgezustand K(2) muß außerdem Bestandteil einer für das Prozeßsystem spezifischen identitätserhaltenden zyklischen Zustandssequenz sein. Die Funktion eines Teilsystems oder Umweltsystems wird im allgemeinen in Form eines "um-zu"-Satzes angegeben: "Die Lunge ist notwendig, *um* das Gewebe mit Sauerstoff zu versorgen."; "Der Tiger reißt seine Beute, *um* sich zu ernähren."; "Die Pflanze besitzt Chlorophyll, *um* Photosynthese zu betreiben.". In verschiedenen Kontexten von Interaktionen kann derselbe Konstituent verschiedene Funktionen erfüllen (s.u.).

Die Bedeutungsbeziehungen zwischen verschiedenen semantischen Ebenen wurden wohl erstmals in extenso von Uexküll diskutiert. Bedeutungs- und Funktionsbeziehungen stellen die "Grundbausteine" seiner "Umweltlehre" dar. Allerdings verwendet er den Bedeutungsbegriff in eingeschränkter Weise und bezeichnet im allgemeinen nur Umweltsysteme als "bedeutsam" für einen Organismus:

> "So prägt jede Handlung, die aus Merken und Wirken besteht, dem bedeutungslosen Objekt ihre Bedeutung auf und macht es dadurch zum subjektbezogenen Bedeutungsträger in der jeweiligen Umwelt." Uexküll (1940), S. 113.

> "Die Lebensaufgabe von Tier und Pflanze besteht darin, die Bedeutungsträger bzw. Bedeutungsfaktoren gemäß ihrem subjektiven Bauplan zu verwerten." Uexküll (1940), S. 118[30].

---

[29] Diese Bestimmung von Funktion entspricht weitgehend der Funktionsdefinition Piagets (1967, S. 143 f). Für ihn "ist die Funktion die vom Funktionieren einer Substruktur auf das Funktionieren einer Gesamtstruktur ausgeübte Wirkung ..." (S. 143), wobei "Funktionieren" schlicht die Aktivität einer Struktur bezeichnet. Allerdings "entspricht die Wirkung des Funktionierens einer Substruktur nur dann einer Funktion, wenn dieses Wirken 'normal' ist, d.h. der Bewahrung oder Erhaltung der Struktur dient, von der die Substruktur ein Teil ist." (S. 143). Der Funktionsbegriff kann daher "nur in einem Organisationszusammenhang einen Sinn haben." (S. 144).

[30] Vgl. auch Uexküll (1940), S. 142; Uexküll und Kriszat (1934); S. 15, Uexküll (1928), S. 131.

Jedem Lebewesen, das hat Uexküll klar erkannt, entsprechen in seiner Umwelt ihm zugeordnete Umweltsysteme, die für die Erhaltung seiner Organisation konstitutiv und insofern "bedeutsam" sind. Uexküll spricht auch von den "Gegenleistungen" und "Leistungstönen" der Gegenstände in der Umwelt von Lebewesen[31]. Er will damit unter anderem zum Ausdruck bringen, daß das gleiche von uns identifizierbare Prozeßsystem u_P für verschiedene Organismen (heterogenetische Systeme) Umweltsystem mit jeweils verschiedener Bedeutung sein kann. Die Bedeutung von u_P für das jeweilige heterogenetische System hängt von der übrigen Organisation des Systems ab, von den Handlungen ("Leistungen"), die u_P jeweils unterstützt bzw., wie wir auch sagen können, von den Zustandssequenzen für die u_P konstitutiver Faktor ist:

> "so viele Leistungen ein Tier ausführen kann, so viele Gegenstände vermag es in seiner Umwelt zu unterscheiden." Uexküll und Kriszat (1934), S. 61.

> "Wenn wir uns in unserer Wohnung umsehen, so sind wir nicht von neutralen Objekten ... umgeben, sondern von Gegenständen, die uns alle zu einer bestimmten Leistung induzieren. Der Leistungsplan eines Gegenstands umfaßt nicht bloß seine Gestalt, sondern auch seine Gegenleistung, die unsere Leistung erst ermöglicht und zu ihrer Ausführung auffordert. Unsere Gebrauchsgegenstände stellen immer 'gefrorene Handlungen des Menschen' dar ..." Uexküll (1931), zit. n. (1980), S. 323.

Uexküll bezeichnet Bedeutungszusammenhänge als "immateriell", und in der Tat besteht ja zwischen verschiedenen semantischen Ebenen kein Wirkungszusammenhang (s.o.)[32]. Daraus folgt aber nicht, wie Uexküll glaubt, Bedeutungszusammenhänge seien unerklärlich und müßten einfach hingenommen werden. Im Gegenteil resultiert die hierarchische Strukturierung eines Prozeßsystems ja gerade aus der *analytischen* Betrachtung eines Systems im Hinblick auf Einheit und Einfachheit der Welt (vgl. Kap. 4). Maturana (1982) hat daher zwar recht, wenn er Bedeutung und Funktion als

---

[31] Vgl. vor allem Uexküll (1928), S. 134; Uexküll und Kriszat (1934), S. 56 ff; Uexküll (1940), S. 156. Hier sei auch auf die überraschende Übereinstimmung Uexküllscher Gedankengänge - die in ihren Grundzügen schon 1909 publiziert waren - mit Heideggers Überlegungen in "Sein und Zeit" (1926) (S. 66 ff.) hingewiesen. Vor allem Heideggers Konzeptionen von "Zeug", "Verweisung", "Zuhandenheit", "Bewandtnis", sowie die "Weltlichkeit von Welt" erinnern stark an Uexküll.

[32] "Wer ... die Beziehungen der Teile innerhalb eines materiell gegebenen Körpers zu untersuchen unternimmt, forscht bereits nach einem immateriellen Faktor. Denn die Beziehung selbst ist niemals materiell vorhanden, sondern ist nur ein immaterielles Band, das die materiellen Teile zu einem Ganzen verbindet." Uexküll (1931), zit. n. (1980), S. 325 (vgl. auch Uexküll (1940), S. 140 ff). Meine Hauptkritik am Ansatz von Schwegler (1992), dem ich sonst in vieler Beziehung zustimme, besteht darin, daß seine Konzeption von "Relatoren" es nicht einmal theoretisch möglich macht, zwischen Wirkungs- und Bedeutungszusammenhängen zu unterscheiden (Schwegler führt neben wirksamen Relatoren, die meinen wirksamen Relationen vergleichbar sind, auch Relatoren - wie etwa den Komponentenrelator - ein, die nicht wirksam sind). Meine Unterscheidung von Wirkungs- und Bedeutungszusammenhängen scheint zunächst meiner eigenen These zu widersprechen, daß alle Beziehungen als Wirkungsbeziehungen gedeutet werden müssen (vgl. Kap. 4.1). Dieser Widerspruch läßt sich aber auflösen: Bedeutungsbeziehungen sind zwar keine wirksamen Relationen zwischen dem Prozeßsystem K_{Pi} und seinen Konstituenten (z.B. t_{Pi}), lassen sich aber als wirksame Unterschiede in menschlicher Kommunikation über solche Prozeßsysteme bzw. deren Konstituenten konstruieren. Nicht K_{Pi} und t_{Pi} sind wirksam aufeinander bezogen, sondern die Gespräche über K_{Pi} und die Gespräche über t_{Pi} sind es!

Merkmale der Beschreibung eines Beobachters charakterisiert (S. 21); daraus aber die Wertlosigkeit funktionaler Beschreibungen abzuleiten (S. 14), erscheint unsinnig. Denn ohne solche Beschreibungen wären wir zu einem systemanalytischen Vorgehen gar nicht befähigt. Wir dürfen allerdings, hier stimme ich Maturana zu, Bedeutungszusammenhänge nicht mit Wirkungszusammenhängen verwechseln:

> "Die Einheit, das Ganze, ist das Ergebnis der Interaktionen der Bestandteile aufgrund der Verwirklichung der sie definierenden Organisation, sie ist kein an der Interaktion der sie erzeugenden Bestandteile mitwirkender Faktor." Maturana (1975), S. 149.

Bedeutung und Funktion kennzeichnen die Beziehungen zwischen den verschiedenen Ebenen, zwischen den verschiedenen Kategorisierungen desselben Wirkungszusammenhangs. Daher hat Bedeutung eine "referentielle" Komponente - wenn auch in einem ganz anderen Sinn als in repräsentationistischen "referentiellen" Bedeutungstheorien (s.u.). Stellt man die Bedeutung eines Prozeßsystems t_P (genauer: t_{KP}) fest, so bezieht man es auf ein Prozeßsystem K_P einer höheren semantischen Ebene, dessen Identität es im interaktiven Kontext mit anderen Prozeßsystemen der niedrigeren semantischen Ebene konstituiert (die überschneidungsfreien Prozeßsysteme derselben semantischen Ebene heißen einander *benachbart*; vgl. Kap. 5.2). Die "referentielle" Komponente von Bedeutung, wie sie hier verstanden wird, bezieht sich also nicht auf "isomorphe Prozeßsysteme" irgendwo anders - wie das "Abbildtheorien" der Bedeutung sprachlicher Begriffe behaupten - sondern drückt Konstitutivitätsbeziehungen zwischen semantischen Ebenen aus. Die Bedeutsamkeit bzw. Funktionalität eines Prozeßsystems t_P oder u_P für ein Prozeßsystem K_P einer höheren semantischen Ebene kann festgestellt werden, wenn Kriterien für die Identifikation der in Beziehung zu setzenden Prozeßsysteme existieren und die Interaktionen zwischen benachbarten Prozeßsystemen manipulierbar sind. Weiß ich, was ein "Zebra", ein "Herz" und eine "Leber" ist, so kann ich die konstitutive Rolle von Herz und Leber für ein Zebra feststellen: Operiere ich das Herz heraus, manipuliere ich also unter anderem die Interaktionen die zwischen Herz und Leber (und natürlich allen übrigen Organen und Allokonstituenten) stattfinden, so stirbt das Zebra, d.h es verliert seine Identität[33].

Die Bedeutung oder Funktion eines Prozeßsystems t_P einer niedrigeren semantischen Ebene für ein Prozeßsystem K_P einer höheren semantischen Ebene läßt sich niemals für ein Prozeßsystem t_P isoliert ermitteln, sondern ist entschieden *kontextabhängig*. Bedeutung bzw. Funktion beschreibt ja zunächst das Verhältnis eines Zustands K(z) (einer Teilmenge von K) zur Menge K_P, jeder Zustand wird aber nur durch ein Relationengefüge zwischen allen Konstituenten spezifiziert. Bedeutung hat deshalb eine "kontextuelle" Komponente. Nur wenn ein Prozeßsystem t_P der niedrigeren semantischen Ebene in *bestimmten* Relationen zu benachbarten Prozeßsystemen dieser Ebene steht, in bestimmte Interaktionen mit diesen eintritt - also zu einer Teilmenge t_{KP} von t_P gehört - hat es Bedeutung für das Prozeßsystem K_P der höheren

---

[33] Im 8. Kap. werde ich hierauf näher eingehen und auch das Problem der "theoretischen Entitäten" (Prozeßsysteme, die erst im Zuge der Analyse postuliert werden) ansprechen.

semantischen Ebene und kann als Konstituent von K_P angesprochen werden. Der *Kontext*, in dem das Prozeßsystem t_P bedeutsam oder funktional für das Prozeßsystem K_P ist, wird durch die Relationen von t_P zu all den übrigen für die Organisation des Prozeßsystems K_P konstitutiven Umweltsystemen und Teilsystemen von K_P repräsentiert, die t_P benachbart sind. Je nachdem in welchem Kontext sich ein Prozeßsystem t_P befindet, d.h. in welchen Relationen es zu anderen Auto- und Allokonstituenten in einem bestimmten Zustand K(z) des Prozeßsystems K_P steht - in welcher Weise es mit diesen interagiert, zu welcher Teilmenge $t_{K(z)P}$ von t_P es gehört -, kann es verschiedene Funktionen erfüllen bzw. für einige Kontexte auch funktionslos sein:

> "Je nachdem in welchem Bezugsraum sich ein Objekt befindet, wandeln sich seine Eigenschaften." Uexküll (1933), zit. n. (1980), S. 125[34].

Läßt sich für ein Prozeßsystem t_P keinerlei Kontext finden, in dem es für die Identität von K_P funktional notwendig ist, so ist es nicht Bestandteil der Organisation von K_P, also weder Auto- noch Allokonstituent von K_P. Komplexe heterogenetische Systeme können aus einem Zustand in mehrere alternative Folgezustände übergehen (s.o.). Welcher Übergang tatsächlich realisiert wird, hängt von den faktischen Interaktionen der Umweltsysteme mit den Teilsystemen ab, die in zustandstypischen Relationengefügen interagieren. Umweltsysteme, die in diesem zustandsspezifischen Kontext den Übergang in einen spezifischen Nachfolgezustand bewirken ("auslösen"), sind im Kontext dieses Zustandes funktional. Entsprechendes gilt für die Teilsysteme: Diejenigen Teilsysteme, die durch Interaktionen mit anderen in zustandstypischen Relationengefügen stehenden Teilsystemen und Umweltsystemen für den Übergang in einen der Nachfolgezustände unverzichtbar sind, sind funktional.

Ich habe, um die Diskussion nicht unnötig zu komplizieren, bislang stets angenommen, verschiedene semantische Ebenen seien sauber zu trennen; die auf einer Ebene beschreibbaren Prozeßsysteme seien überschneidungsfrei und überlappten sich nicht (für die Ebenen Atome - Moleküle - Zellen - Organismen ... trifft das mehr oder weniger zu). Diese Annahme mag sich für viele limitierte Prozeßsysteme als fruchtbare Vereinfachung bewähren, ist aber für die Beschreibung anderer Prozeßsysteme völlig inadäquat. Faßt man beispielsweise die *Zustände* eines Prozeßsystems K_P selbst als Prozeßsysteme auf - sie stellen ja definierte Mengen von Relationengefügen dar - so

---

34 Vgl. auch Uexküll und Kriszat (1934), S. 56 ff: Das gleiche Umweltsystem kann je nach dem Zustand eines heterogenetischen Systems, je nach dem Kontext in dem es wirkt, eine unterschiedliche Zustandssequenz auslösen, also verschiedene Funktion haben. Uexküll illustriert das am Beispiel des heterogenetischen Systems "Einsiedlerkrebs" und seines Umweltsystems "Seerose". Beraubt man einen Einsiedlerkrebs der Seerosen, die er auf der von ihm bewohnten Schneckenschale mit sich herumträgt, so pflanzt er neue Seerosen auf, wenn er sie antrifft (Uexküll spricht von einem "Schutzton", den die Seerose in diesem Fall für den Krebs hat). I ïßt man den Krebs aber längere Zeit hungern und bietet ihm dann eine Seerose dar, so frißt er sie auf, sie hat dann einen "Freßton". Das gleiche Umweltsystem hat in verschiedenen Kontexten eine verschiedene Funktion. Für viele Teilsysteme eines Organismus gilt dasselbe, die Leber beispielsweise ist ein extrem multifunktionales Organ, das u.a. der Harnproduktion, Entgiftung, Gallenproduktion, Glykogenspeicherung usw. dient.

ist diese Annahme unzutreffend. Jedes konkrete Prozeßsystem läßt sich ja synchron als in vielen Zuständen befindlich charakterisieren. Unterscheide ich beispielsweise einerseits verschiedene Atmungszustände (Einatmen-Ausatmen) und andererseits verschiedene Zustände des Herzschlags (Systole-Diastole) so befindet sich jeder Organismus synchron in einem der Atmungs- und in einem der Herzrhythmuszustände. Die entsprechenden Mengen sind also nicht überlappungsfrei, sondern können die gleichen Elemente enthalten. Insofern ist die Beschreibung des augenblicklichen "Zustandes" eines Prozeßsystems durch Angabe mehrerer synchroner Zustände partiell redundant. *Redundanz* stellt ein Maß für den Überlappungsgrad von Mengen dar, ein Maß für die Überschneidung verschiedener Kategorisierungen desselben Wirkungszusammenhangs. Es wäre interessant, diesen Punkt im Hinblick auf sprachliche Bedeutungstheorien weiter auszubauen und den Redundanzbegriff zu präzisieren. Dies würde aber den Rahmen dieses Buches sprengen. Ich beschränke mich daher auf wenige Andeutungen, wie die vorgeschlagene mengentheoretische Konzeption von Systemen für die Analyse sprachlicher Systeme ("Begriffe") fruchtbar gemacht werden kann.

Eine Unzahl von Bedeutungstheorien für sprachliche Begriffe ist vorgeschlagen worden[35]. Sie lassen sich ganz grob in referentielle (referentielle i.e.S. und intentionale) und kontextuelle Theorien einteilen. Kontextuelle Theorien wollen die Bedeutung eines Begriffs aus dem Kontext anderer Begriffe verständlich machen, in dem er gebraucht wird. Da Bedeutung stets kontextabhängig ist, bestimmt in der Tat der Kontext, welche von vielen möglichen Bedeutungen einem (begrifflichen) System in einer bestimmten Situation zukommt. Die Bedeutsamkeit (von t_{KP} für K_P) schlechthin, der Verweisungscharakter von Bedeutung bleibt aber in einer kontextuellen Theorie unverständlich und erfordert eine "referentielle" Erklärung. Referentielle Bedeutungstheorien gehen im allgemeinen von repräsentationistischen Vorstellungen aus, von einer Vergleichbarkeit von Begriffen mit den "wirklichen Objekten" einer von uns unabhängigen Welt, einer Vergleichbarkeit von sprachlichen Sätzen mit "wirklichen" Tatsachen[36]. Wie in Kap. 3.2 begründet wurde, sind solche Auffassungen nicht haltbar (vgl. auch Kap. 7.4.2). Gibt man den Repräsentationismus auf, so können Begriffe nicht länger als Entitäten verstanden werden, die auf "isomorphe" Dinge "da draußen" verweisen. Trotzdem meinen und intendieren wir natürlich etwas, wenn wir Begriffe benutzen. Die *Intentionalität* der Begriffe kann als deren Bedeutsamkeit für uns rekonstruiert werden. Fassen wir den Menschen als ein heterogenetisches System auf, so entspricht die Intentionalität der Begriffe deren "referentieller" Bedeutsamkeit - im Sinne der oben eingeführten systemtheoretischen Bestimmung - für ein Prozeßsystem einer höheren semantischen Ebene, für das heterogenetische System "Mensch".

Begriffe, als Systeme t (t_P) aufgefaßt, können versuchsweise und vorläufig als Men-

---

35 Zum Überblick vgl. etwa Alston (1967) und Stegmüller (1987).

36 Eine extreme Abbildtheorie wird etwa vom frühen Wittgenstein (1918) im "Tractatus" vertreten.

gen von Situationen kommunikativer Interaktionen zwischen Menschen aufgefaßt werden, wobei sich jede konkrete Situation der Verwendung eines Begriffs als Prozeßsystem t_{P_i} auffassen läßt[37]. Wir können, indem wir empirische Kommunikationsforschung betreiben, herauszufinden versuchen, welche Bedeutung (im "referentiellen", intentionalen Sinn) Begriffe für die Kommunikationspartner haben, können die Bedeutsamkeit von Sprache für den Menschen als sozialem Wesen untersuchen usw. (vgl. auch Kap. 7 und 8). Dabei bringt allerdings die Selbstbezüglichkeit der Sprache Probleme mit sich. Wir können zwar *über* Begriffe, *über* Sprache, *über* Kommunikation reden und uns über deren Bedeutsamkeit für die kommunizierenden Menschen, *über* die wir reden, verständigen. Indem wir uns so verständigen, machen wir aber immer schon von Sprache Gebrauch. Die "Bedeutsamkeit" der "Begriffe", *mit* denen wir kommunizieren, verweist auf die jeweiligen heterogenetischen Systeme (sofern wir uns als solche verstehen wollen) der Kommunizierenden, die aber als "letzte Beobachter" in ihrer jeweiligen Welt nicht vorkommen. Die ("referentielle", intentionale) Bedeutung der Begriffe, *über* die sich die Kommunizierenden unterhalten, kann demnach nicht die "Bedeutung" sein, die sie für sie als kommunizierende heterogenetische Systeme in der Erhaltung ihrer Identität hat. Wenn wir *selbst* als Kommunizierende heterogenetische Systeme sind (ob wir das sind, ist keine empirisch entscheidbare Frage mehr), so können wir nicht aus unseren komplexen zyklischen Zustandssequenzen heraustreten, uns von außen betrachten und die Bedeutungsbeziehungen einer niedrigeren semantischen Ebene - der Ebene der "Begriffe", die wir im kommunikativen Kontext unserer Interaktionen mit den Mitmenschen (als unseren Umweltsystemen) benutzen - für uns als heterogenetische Systeme analysieren. Der Analysator kann sich nicht selbst vollständig analysieren; aufgrund der unauflöslichen Selbstbezüglichkeit aller menschlicher Kommunikation über Kommunikation, alles Sprechens über Sprache sind alle Untersuchungen der Bedeutung eines Begriffs für unsere Kommunikationsgemeinschaft in unserer Kommunikationsgemeinschaft nicht abschließbar und können stets weiter hinterfragt werden (vgl. hierzu die ausführliche Diskussion in Kap. 7.2 und 8.2).

Wollen wir die Bedeutung von Begriffen in unserer Welt angeben, d.h. die Bedeutung von Begriffen, *über* die wir kommunizieren, klären, *indem* wir über sie kommunizieren, so setzen wir immer schon die Bedeutsamkeit der "Begriffe", *mit* denen wir

---

[37] Mit dieser Bestimmung knüpfe ich an pragmatistische Bedeutungstheorien an, die letztlich auf Peirce zurückgehen (vgl. Peirce (1878), S. 62 ff.) und von Austin, Searle (Sprechakttheorien) und Wittgenstein detaillierter entwickelt wurden (vgl. etwa Austin (1940) und Wittgenstein (1952)). Ein interessanter Ansatz neueren Datums, der über Austin hinausgeht, findet sich in Winograd and Flores (1986), S. 54 ff. ("meaning as commitment" im zwischenmenschlichen Diskurs). Es soll hier offenbleiben, ob es sinnvoller ist, die Bedeutung eines Begriffs (als Zustandsbeschreibung eines kommunizierenden Prozeßsystems) auf das soziale System (Kommunikationsgemeinschaft) - "Begriff" als Zustandsbeschreibung des Relationengefüges zwischen Autokonstituenten des sozialen Systems verstanden - oder auf einzelne Personen (lebende Menschen) - "Begriff" als Zustandsbeschreibung des Relationengefüges zwischen Auto- und Allokonstituenten des lebenden Systems verstanden - zu beziehen.

kommunizieren, voraus. Die Bedeutung eines Begriffs, *über* den wir kommunizieren, können wir deshalb angeben - ohne auf die Resultate empirischer Kommunikationsforschung angewiesen zu sein -, weil Begriffe hochgradig *redundant* sind. Wir können also unter Verwendung anderer Begriffe die Bedeutung eines Begriffs A - kontextuell - erklären, indem wir den zu erklärenden Begriff A als Schnittmenge der Mengen, die von den anderen Begriffen definiert werden beschreiben[38]. Dabei müssen wir immer schon irgendwelche Begriffe als bekannt voraussetzen. Diese straffe Diskussion vermag natürlich keineswegs alle sprachphilosophischen Probleme aus dem Weg zu räumen und müßte genauer auf ihre Implikationen untersucht werden, was ich aber an dieser Stelle unterlassen will. Meine kurzen Bemerkungen sind als Anregungen für eine nichttranszendentale, realistisch-immanente Bedeutungstheorie gedacht (ohne die "regulative Idee" transzendentaler Bedeutsamkeit - die freilich unzugänglich bleibt - verwerfen zu müssen).

Die vorgeschlagene Definition von Bedeutung und Funktion kann zur Grundlage eines *semantischen Informationsbegriffs* gemacht werden. Ein solcher ist für die Systemtheorie dringend nötig, da der klassische syntaktische Informationsbegriff von Shannon und Weaver[39] für viele Zwecke unbrauchbar ist. Die "syntaktische Information" eines Systems hängt, etwas vereinfacht dargestellt, von der Anzahl unterscheidbarer gleichwahrscheinlicher Alternativen - der Anzahl unterscheidbarer alternativer Relationengefüge zwischen den in ihm enthaltenen Teilsystemen -, die es zu diesem System gibt, ab. Sie wird in "bit" gemessen. Ein bit entspricht einer Auswahl aus zwei Alternativen, eine Informationsmenge von n bit der Auswahl aus 2^n Alternativen. Der syntaktische Informationsbegriff ist auf die mengentheoretische Systemdefinition der Allgemeinen Systemtheorie nur bedingt anwendbar und wird im allgemeinen auf statisch (quasi als Momentansysteme) aufgefaßte lineare "Zeichenketten" beschränkt (in denen jeweils nur zwei benachbarte Teilsysteme untereinander verknüpft sind). Der Informationsgehalt einer Zeichenkette läßt sich dann aus der Länge dieser Zeichenkette errechnen, wenn für jedes Teilsystem ("Zeichen") bekannt ist, wieviele unterscheidbare gleichwahrscheinliche Alternativen es zu ihm gibt. Auf diese Art und Weise läßt sich beispielsweise der syntaktische Informationsgehalt einer Buchstabenkette (jeder Buchstabe stellt eine "Auswahl" aus 26 Alternativen dar) oder eines DNA-Moleküls (jede Base stellt eine "Auswahl" aus 4 Alternativen dar) ermitteln[40].

---

38 Die "Intension" eines Begriffs wäre, so gesehen, seine Charakterisierung als Schnittmenge verschiedener anderer Begriffe. Unter "Extension" wäre die Charakterisierung eines Begriffes durch die Aufzählung von ihm als Teilmengen zugerechneten Begriffen zu verstehen. Die gleiche Extension kann u.U. auf verschiedene Weise intensional umschrieben werden.

39 Vgl. Shannon and Weaver (1949), S. 9, 32. Überblicke über den syntaktischen Informationsbegriff sind außerdem in Flechtner (1970), S. 73 ff, Hassenstein (1973), S. 56 ff und Küppers (1986), S. 61 ff. zu finden. Zur Kritik am syntaktischen Informationsbegriff vgl. E. v. Weizsäcker (1974), S. 88 ff. und Küppers (1986), S. 81 ff.

40 Tatsächlich haben die verschiedenen Buchstaben in einer Sprache (und somit auch verschiedene Sätze gleicher Länge) unterschiedliche Auftretenswahrscheinlichkeiten, wovon hier aber der Einfachheit halber

Der Begriff der "gleichwahrscheinlichen Alternative" benachbarter Systeme wird hierbei auf eine oft willkürlich vorgegebene Menge von Möglichkeiten bezogen. Der syntaktische Informationsgehalt eines Prozeßsystems t_P (bzw. t_{Pi}) sagt daher nichts darüber aus, wie "informativ" das System tatsächlich für ein übergeordnetes Prozeßsystem K_P (bzw. K_{Pi}) ist, also wie bedeutungsvoll oder sinnvoll es im Kontext benachbarter Prozeßsysteme für K_P (bzw. K_{Pi}) ist. Die Buchstabenfolge "joli fanto bambla o falli bambla."[41] hat die gleiche syntaktische Information wie die Buchstabenfolge "Gib mir doch bitte die Marmelade!", der semantische Gehalt für den Vater am Frühstückstisch unterscheidet sich gravierend. Entsprechend gibt es DNA-Abschnitte, die für wichtige Stoffwechselenzyme "codieren"; andere, mit dem gleichen syntaktischen Informationsgehalt, werden hingegen in keinerlei Proteine "übersetzt" und sind wahrscheinlich nur "Abstandhalter"[42]. Der syntaktische Informationsbegriff vermag also die Bedeutsamkeit eines Prozeßsystems t_P (genauer: t_{KP}) für ein Prozeßsystem K_P nicht anzugeben - einer Buchstabenfolge etwa für den Menschen, eines DNA-Abschnitts für einen Organismus.

Bemühungen, dieser Schwierigkeit abzuhelfen und einen semantischen Informationsbegriff zu konzipieren, sind bisher kaum unternommen worden[43]. Ich möchte daher selbst einen Vorschlag machen, der - zugegeben - für die praktische Anwendung zunächst etwas zu unbestimmt erscheint und einer anwendungsbezogenen Präzisierung bedarf, aber wenigstens konzeptuell befriedigend ist. Der *semantische* (bzw. pragmatische) Informationsgehalt eines Prozeßsystems t_{KP} bzw. t_{KPi} - beispielsweise einer Zeichenkette - für K_P bzw. K_{Pi} soll gleich dem Produkt aus der Komplexität C (bzw. des syntaktischen Informationsgehalts) von t_{KP} bzw. t_{KPi} und der *Informationsdichte* von t_{KP} sein. Die Informationsdichte soll ein Maß dafür sein, wie stark ein Teilsystem (oder ein Umweltsystem) t_{KP} von K_P zur Erhaltung der Identität von K_P in seiner Umgebung beiträgt; salopp ausgedrückt: wie gut K_P in seiner Umgebung ohne t_{KP} auskommen könnte bzw. wie schlecht es um K_P bestellt wäre, wenn t_{KP} nicht in bestimmten Relationen zu anderen Teilsystemen von K_P stünde (nicht in bestimmter

---

abgesehen werden soll. Um diesen Fall zu behandeln, muß lediglich auf eine allgemeinere Definition der syntaktischen Information I zurückgegriffen werden, die sich nicht auf den im Haupttext illustrierten einfachsten Fall beschränkt, bei dem eine Auswahl aus gleichwahrscheinlichen Alternativen erfolgt. Allgemein gilt: $I = ld(1/p_x)$, wobei p_x die Auftretenswahrscheinlichkeit der Nachricht x ist. Sind alle von insgesamt N Nachrichten gleichwahrscheinlich, so ist jedes $p_x = 1/N$ und somit gilt: $I = ldN$.

[41] Aus einem dadaistischen Lautgedicht von Hugo Ball - ich zitiere aus dem Gedächtnis.

[42] Das Problem der semantischen Information von Genen in einem Organismus wird in den beiden Aufsätzen von Stent (1981, 1985) und in Jantsch (1979), S. 208 diskutiert.

[43] Der einzige mir bekannte Versuch einen *pragmatischen* Informationsbegriff zu entwickeln - der einem semantischen Informationsbegriff für funktionale, heterogenetische Systeme gleichkommt - wurde von E. v. Weizsäcker (1974), S. 93 ff. unternommen (vgl. auch Jantsch (1979), S. 88 ff). Information setzt sich nach Weizsäcker aus den komplementären Aspekten von "Erstmaligkeit" und "Bestätigung" zusammen, während der Shannon-Weaversche Informationsbegriff nur Erstmaligkeit umfaßt. Auf diesen Versuch stützt sich auch Küppers (1986), S. 85 ff., ohne daraus aber eine Definition für semantische Information zu entwickeln.

Weise mit diesen interagierte). Es sei A' der Autonomiegrad eines modifizierten Prozeßsystems K_P', bei dem das Teilsystem t_{KP} aus seinen charakteristischen Relationen zu den übrigen Teilsystemen von K_P entfernt wurde, und A der Autonomiegrad des unmanipulierten Prozeßsystems K_P. Dann kann die Informationsdichte als 1 minus den Quotienten aus A' und A definiert werden. Die Informationsdichte und somit die semantische Information eines Teilsystems t_{KP} von K_P ist also umso höher, je kleiner der Quotient ist, d.h. in je weniger Umgebungen K_P noch überdauern kann, nachdem t_{KP} entfernt wurde (da die Definition der Informationsdichte auf dem Vergleich verschiedener Mengen konkreter Prozeßsysteme beruht, läßt sie sich nur für die Menge t_{KP}, nicht für ein konkretes t_{Pi} ermitteln). Statt A kann auch die Beständigkeit B und für komplexe heterogenetische Systeme - deren Autonomie weitgehend komplexitätsbestimmt ist - die Komplexität C eingesetzt werden.

Die semantische Information von t_P läßt sich immer nur für t_{KP}, d.h. relativ zu einem Prozeßsystem K_P der höheren Ebene bestimmen. Je nachdem welches Prozeßsystem K_P als Bezugssystem gewählt wird, kann ein- und dasselbe Prozeßsystem t_P einen verschiedenen semantischen Informationsgehalt haben. "How are you?" ist für einen der englischen Sprache mächtigen Kommunikationspartner ein bedeutungsvoller Satz, nicht aber für jemanden, der kein Englisch versteht. Die gleiche Basenabfolge der DNA t_P, die in einem Organismus A_P ein lebenswichtiges Enzym codiert, mag für einen anderen Organismus B_P fast bedeutungslos sein (die Informationsdichte von t_{AP} in A_P ist dann erheblich größer als von t_{BP} in B_P). Außerdem ist die semantische Information kontextabhängig; sie läßt sich nur für Prozeßsysteme t_P ermitteln, die in bestimmter Weise mit einer definierten Umgebung interagieren (diese wird von den übrigen konstitutiven Relationengefügen von K_P bestimmt). Der semantische Informationsgehalt eines Prozeßsystems t_{KP} kann sich für verschiedene Zustände und Konstellationen von Umweltsystemen von K_P unterscheiden. Er hängt von der Rolle ab, die t_{KP} beim Übergang von dem betreffenden Zustand in einen der Nachfolgezustände spielt.

6.4 Ganzheit und Emergenz.

In der ausführlichen Diskussion der Allgemeinen Systemtheorie und einiger ihrer Konsequenzen, wie ich sie bislang dargestellt habe, wurden bereits alle Argumente vorgetragen, die zur Verteidigung einer der zentralen Thesen dieses Buches nötig sind: Der *Partitionismus*, der die "Eigenschaften" von Prozeßsystemen ausschließlich aus den Wechselwirkungen zwischen ihren Teilsystemen (Autokonstituenten) heraus erklären will, ist - aus einer in sich konsistenten einheitlichen, unifikationistischen Weltsicht heraus beurteilt - falsch. Trotzdem halten einige Theoretiker hartnäckig an partitionistischen Gedanken fest. Einschlägige Zitate wurden in Kapitel 2.2 bereits angeführt. An dieser Stelle will ich einige weitere Beispiele aus modernen Lehrbüchern der Molekularbiologie hinzufügen, um zu demonstrieren, daß ich nicht gegen Phantome kämpfe:

"The sum total of all the chemical reactions occurring in a cell is referred to as the *metabolism* of the cell" Watson (1987), S. 28.

"The day has long passed when the question should be raised whether there is more than the laws of chemistry behind the functioning of the bacterial cell. We now see the bacterium as an extraordinarily sophisticated set of interrelated molecules that harmoniously work together in highly predictable ways to ensure the growth and selective survival of more of its kind. At the heart of these remarkable, almost clockwork-type machines are the DNA molecules ..." Watson (1987), S. 122.

"Now that we know the physical structure of the genetic material, we may state the aim of modern biology as defining the complexity of living organisms in terms of the properties of their constituents [hier sind Autokonstituenten gemeint]." Lewin (1987), S. 3[44].

Die Argumente, die meiner Ablehnung solcher partitionistischen Aussagen zugrundeliegen, sollen an dieser Stelle noch einmal zusammengefaßt werden:

Zum ersten sind Prozeßsysteme keine statischen Gebilde. Um die Dauerhaftigkeit bestimmter Prozeßsysteme in ihrer Identität zu verstehen, müssen wir ihre räumliche *und zeitliche* Organisation analysieren, die diese Identität aufrechterhält.

Zum zweiten spielen Umweltsysteme (Allokonstituenten) eine für die Organisation von heterogenetischen Systemen konstitutive Rolle. Nicht einmal autogenetische Systeme können aber als isolierte, von ihrer Umwelt unabhängige Prozeßsysteme betrachtet werden, da auch sie ihre Identität nur in einer Umgebung erhalten, die keine restriktiven Umgebungssysteme enthält (Umweltbedingung).

Zum dritten werden autonome Teilsysteme der Art t K-definierter Prozeßsysteme K_P durch zyklische Abfolgen systeminterner und -externer Interaktionen mit anderen Teilsystemen und Umweltsystemen des Prozeßsystems in einem eingeschränkten Bereich (einer Teilmenge) ihres Identitätsbereichs gehalten. Dieser eingeschränkte Identitätsbereich t_K, der für sie *als Teilsysteme* t_{KP} von K_P kennzeichnend ist, kann nur in Abhängigkeit von den Interaktionen mit ihrer Umgebung, nicht "aus eigener Kraft" aufrechterhalten werden, so daß die Teilsysteme t_{KP} strenggenommen als heterogenetische Systeme bezeichnet werden müssen, selbst wenn das autonome Teilsystem *als Prozeßsystem* t_P zu den autogenetischen Systemen gerechnet wird. Nicht-autonome Teilsysteme K-definierter Prozeßsysteme sind sogar an die systeminterne Umgebung von K_P streng gekoppelt und sind isoliert davon nicht dauerhaft (t_{KP} fällt hier mit t_P zusammen).

Es kann daher gar keine Rede davon sein, ein "Ganzes" werde durch seine "Teile" und deren Relationen untereinander bestimmt. Vielmehr ist es umgekehrt die räumli-

[44] Nicht alle Molekularbiologen drücken sich indes so undifferenziert aus, eine wohltuende Ausnahme stellt etwa Lehninger (1982), S. 3 ff dar: "Living Things are composed of lifeless molecules. When these molecules are isolated and examined individually, they conform to all the physical and chemical laws that describe the behavior of inanimate matter. Yet living organisms possess extraordinary attributes not shown by collections of inanimate molecules." (S. 3). Vgl. auch Alberts et al. (1983), S. 127 (zitiert in Fußnote 23).

che und zeitliche Organisation der spezifischen Relationengefüge, in deren Kontext sie eingebunden sind, die Prozeßsysteme der Art t zu Auto- oder Allokonstituenten eines Prozeßsystems K_P macht. Die "Systemeigenschaften" von K_P sind also nicht aus den generellen "Eigenschaften" ihrer Konstituenten t_P abzuleiten, sondern werden durch genau diejenigen spezifischen Relationen konstituiert, die alle Konstituenten t_{Pi} der Menge t_{KP} in den spezifischen Kontexten ihrer Interaktionen mit den anderen, t_{Pi} jeweils benachbarten Konstituenten der verschiedenen K_{Pi} der Menge K_P einnehmen. Der Trugschluß des Partitionismus resultiert aus der unhaltbaren Annahme, es könne isolierbare "Eigenschaften" von Prozeßsystemen t_P geben, die allen konkreten Prozeßsystemen t_{Pi} zukämen und die man nur in bestimmte Beziehungen zueinander zu setzen brauche, um die Systemeigenschaften von K_P zu verstehen. Es sind aber ausschließlich die spezifischen Relationen, in denen Prozeßsysteme t_{Pi} in einer K-spezifischen Umgebung stehen, die sie die "Eigenschaften" mitkonstituieren läßt, die wir einem Prozeßsystem der Identität K zuschreiben: Nur t_{Pi}, die Element von t_{KP} sind, sind Konstituenten von K_P! Ich habe ausführlich begründet, daß eine solche "holistische" oder besser integrationistische These (s.u.) ganz und gar nicht auf irgendwelchen mystischen Wirkungen eines "Ganzen" auf seine "Teile" beruht, sondern zwingende Konsequenz aus den Voraussetzungen des universalen Wirkungszusammenhangs und der mengentheoretischen Systemdefinition ist. Erstere wird wohl von partitionistischer Seite kaum in Frage gestellt werden, allenfalls könnte versucht werden die Angemessenheit der mengentheoretischen Konzeption zu bezweifeln und insbesondere die Existenz von Prozeßsystemen mit einer heterogenetischen Organisation - im Sinne der Allgemeinen Systemtheorie - in Abrede zu stellen. Ich habe aber, hoffe ich, genug Beispiele für die adäquate Anwendbarkeit des heterogenetischen Systembegriffs auf lebende Systeme, Maschinen usw. gegeben und die Unangemessenheit eines partitionistischen, isolationistischen Systembegriffs demonstriert. Letzterer wird der Fähigkeit eines Prozeßsystems, mit Prozeßsystemen in seiner Umwelt zu interagieren, nicht gerecht (das gilt natürlich auch für die Interaktion von Autokonstituenten von K_{Pi} mit den anderen Auto- und Allokonstituenten von K_{Pi} in ihrer Umwelt).

In meiner Kritik am Partitionismus weiß ich mich eins mit Holisten oder "Organizisten" wie Bertalanffy (1930/31, 1969), Waddington (1961), Polanyi (1968), Weiss (1969), Pattee (1970), Campbell (1974), Thorpe (1974) und Mayr (1982, S. 49 ff; 1988, S. 8 ff), die allesamt die Bedeutung der Organisation hervorheben, sich aber nicht immer klar genug von vitalistischen Positionen abgrenzen[45]. Einige "Holisten" drücken sich leider so aus, als wären komplexe heterogenetische Systeme unanalysier-

---

45 Dies kann man vor allem Bertalanffy vorwerfen: Bertalanffy (1930/31) kritisiert zwar den Vitalismus als ebenso "summativ" wie die "Maschinentheorie" des Lebens (S. 368) und spricht sich für eine "ganzheitliche" Systemtheorie des Lebens aus (S. 387), redet aber etwas geheimnisvoll von den "Gesetzen der Systemerhaltung" und organischen "Formfaktoren", die an das Ganze des Systems gebunden seien und vermutlich nicht auf physikochemische Gesetzmäßigkeiten zurückführbar seien (S. 389 f). Der späte Bertalanffy (1969) drückt sich vorsichtiger aus, spricht aber ebenfalls von "organizing forces" und "laws of organisation" (S. 68).

bar, und haben dadurch den Holismus fälschlich in Verruf gebracht. So etwa Thorpe:

> "... at each level of complexity entirely new properties appear, and the understanding of these new pieces of behavior requires research which is as fundamental as, or perhaps more fundamental than, anything undertaken by the elementary particle physicists ... At each level there are fundamental problems requiring intensive research which cannot be resolved by further microscopic analysis but need, as Anderson says, 'some combination of inspiration, analysis and synthesis'." Thorpe (1974), S. 114.

Auch Mayr trägt nicht gerade zu einer Entmystifizierung des Holismus bei, wenn er von den verschiedenen semantischen Ebenen als verschiedenen "Welten" spricht[46].

Das organisationsbedingte Auftreten neuer "Systemeigenschaften" auf höheren semantischen Ebenen wird traditionell als *Emergenz* bezeichnet. Dieser Begriff wurde durch Lloyd Morgans einflußreiches Buch "Emergent evolution" (1923) in die philosophische Diskussion eingeführt[47] und hat eine Flut kontroverser Schriften nach sich gezogen. Was mit "Emergenz" gemeint ist, darüber besteht nach wie vor keine Einigkeit. Der Begriff wird aber im wesentlichen zur Kennzeichnung zweier Phänomene verwendet[48]:

Erstens bezeichnet er das organisationsbedingte Auftreten neuer "Systemeigenschaften" auf höheren Ebenen einer integrativen Hierarchie. Mit dieser Position habe ich mich bereits in Kap. 6.2 ausführlich auseinandergesetzt. Sie ist dann unhaltbar - d.h. inkompatibel mit der Idee eines universalen Wirkungszusammenhanges -, wenn man (wie Lloyd Morgan, s.o.) unterstellt, ein Ganzes könne auf seine Teile "wirken". Interpretiert man die "Ebenen" einer integrativen Hierarchie aber als semantische Ebenen und sieht man nicht die "höhere Ebene", sondern die *Umweltbeziehungen* eines Prozeßsystems als konstitutiv für seine Identität an, so verliert diese These ihren mystischen Beigeschmack und erweist sich nicht nur als kompatibel mit der Leitidee eines universalen Wirkungszusammenhangs, sondern gar als deren zwingende Konsequenz.

---

46 In Mayr and Weinberg (1988), S. 475.

47 Der Begriff "Emergenz" geht aber schon auf Lewes (1874) zurück (zit. n. Lloyd Morgan (1923)). Lloyd Morgans Definition von "Emergenz" findet sich auf S. 15 f. seines Buches. Lorenz (1973), S. 47 spricht von "Fulguration" statt von "Emergenz"; dieser Begriff hat sich aber nicht eingebürgert.

48 Die Unterscheidung geht auf Nagel (1961), S. 366 zurück. Dort und in Goudge (1967) findet sich ein Überblick über die ältere Emergenzdiskussion. Einige Theoretiker ((Nagel (1961), S. 364, 368, 435; Meehl and Sellars (1959), S. 252) sehen das Emergenzproblem lediglich als eine Version des im ersten Teil diskutierten Problems der Unifizierbarkeit von Theorien an (Kommensurabilität von Theorien): Von emergenten "Eigenschaften" ließe sich nur dann sprechen, wenn sich Aussagen über diese, nicht auf Aussagen über die "Eigenschaften" der Konstituenten zurückführen ließen. Dies wiederum sei nur der Fall, wenn es "konfigurationale Gesetze" gäbe, die nicht aus den Gesetzen der Physik folgten (Meehl and Sellars (1959), S. 252). Diese Kritik am Emergenzbegriff geht m.E. am Kern des Problems vorbei, das kein wissenschaftstheoretisches sondern ein systemtheoretisches Problem ist und auch in einem unifikationistischen Weltbild auftaucht. Hempel and Oppenheim (1948) machen es sich ebenfalls etwas zu einfach, wenn sie Emergenz mit der Ignoranz des Wissenschaftlers gleichsetzen (S. 147) und behaupten, ein Phänomen würde dann als "emergent" bezeichnet, wenn wir es noch nicht aus einer Theorie über die Interaktion ihrer Bestandteile ("micro-theory") erkären könnten.

Zweitens beschreibt er das Auftreten neuer "Ebenen" mit prinzipiell unvorhersagbaren "Systemeigenschaften" im Laufe der Evolution. Evolution wird daher als "kreativ", schöpferisch und in ihrem Verlauf prinzipiell nicht antizipierbar bezeichnet. Mit dieser These muß ich mich, dem nächsten Kapitel vorgreifend, noch kurz auseinandersetzen. Auch diese Version der Emergenzthese läßt sich vertreten, wenn man einen universalen Wirkungszusammenhang zugrundelegt, ohne daß man bei vitalistischen konfigurationalen Gesetzen (oder einer historischen Wandelbarkeit der Naturgesetze) Zuflucht suchen muß.

Die Entstehung von nichtprognostizierbar Neuem hat mit den drei folgenden, prinzipiell unlösbaren Problemen der Prognostizierbarkeit in einer einheitlichen Welt zu tun. Zum ersten ist die Prognose dessen, was in Zukunft neu entstehen wird bzw. welches Bestehende sich wie verändern wird, in einem universalen Wirkungszusammenhang prinzipiell unmöglich, weil dazu der *gesamte* Wirkungszusammenhang berücksichtigt werden müßte. Zum zweiten ist - aus den gleichen Gründen - eine Stabilitätsprognose für ein Prozeßsystem nicht eindeutig durchführbar, da die Dauerhaftigkeit eines Prozeßsystems zumindest davon abhängt, daß die Umweltbedingung erfüllt bleibt und nicht etwa Umgebungssysteme in relevante restriktive Interaktionen eintreten. Ob dies in der Zukunft geschieht, kann man nur wissen, wenn man den gesamten zukünftigen Zustand des Universums kennt. Die angeführten ersten beiden Probleme der Prognostizierbarkeit sind Probleme der Prognostizierbarkeit von Wirkungszusammenhängen. Es lassen sich einige Argumente für die *prinzipielle* Unvorhersagbarkeit des Zustands des gesamten zukünftigen Universums anführen (ich will das im folgenden Kapitel versuchen). Daß eine solche Vorhersage de facto unmöglich ist, wird sowieso niemand bezweifeln. Hempel and Oppenheim (1948, S. 150) machen es sich sicher zu leicht, wenn sie auf erfolgreiche Vorhersagen von vormals unbekannten Phänomenen in der Physik verweisen. Komplexe Systeme, insbesondere komplexe heterogenetische Systeme, sind in ihrem Verhalten von dem gesamten konstitutiven Relationengefüge zwischen Auto- und Allokonstituenten abhängig. Minimale Unterschiede, kleinste Fluktuationen irgendwelcher konstitutiver Relationen können zu radikal verändertem Verhalten, zu einer neuen Identität des Prozeßsystems führen (vgl. Fußnote 24). Solche minimalen Fluktuationen können von allen Elementarprozessen des Universums bewirkt werden (man denke nur an die Auswirkungen strahlungsbedingter Mutationen in Organismen). Um die Zukunft eines komplexen heterogenetischen Systems zu prognostizieren, müßte daher der Zustand des gesamten Universums zu einem Zeitpunkt *exakt* erfaßt werden.

Das dritte Problem der Prognostizierbarkeit ist völlig anders gelagert und betrifft die Prognose von Kategorisierungen von Prozeßsystemen, d.h. von *Bedeutungszusammenhängen*. Selbst wenn Wirkungszusammenhänge eindeutig prognostizierbar wären, bliebe dieses Problem noch bestehen. Bedeutungszusammenhänge können prinzipiell nicht prognostiziert werden, denn dazu müßten wir prognostizieren, welche Identitätskriterien wir an zukünftige Prozeßsysteme anlegen, nach welchen Kriterien wir bislang noch nicht dagewesene Konstellationen von Elementarprozessen klassifizieren, wie wir sie benennen, von anderen Prozeßsystemen abheben, welche Eigenschaften wir ihnen zuschreiben werden usw. Diese Kriterien wären aber die in unserer Welt nicht vorkommenden Maßstäbe zur Beurteilung bzw. Werkzeuge zur Konstruktion eben dieser Welt (vgl. Kap. 5). Über solche transzendentalen "Entitäten" (zugegebenermaßen eine contradictio in adjecto) können wir nichts aussagen. Wir können uns nicht selbst in der Beurteilung einer zukünftigen Welt vorgreifen, denn diese Beurteilung mag wesentlich durch die Entwicklung der Welt in hermeneutisch zirkulärer Weise (vgl. Kap. 8) mitbestimmt sein. Wir können nur das im Vorverständnis "Gegebene" auslegen und dadurch unter anderem auch unser Vorverständnis modifizieren. Wir können aber nicht das Vorverständnis, mit dem wir in Zukunft an die veränderte Welt herangehen werden, antizipieren, ohne den Prozeß der Modifikation des Vorverständnisses durch Auslegung de facto zu durchlaufen. Die Selbstbezüglichkeit der Kommunikation über Kommunikation - und Kommunikation über Bedeutungszusammenhänge ist Kommunikation über Kommunikation (vgl. Fußnote 32) - macht die vollständige Beschreibung der augenblicklichen Kommunikationssituation (als conditio sine qua non für die Prognose zukünftiger Kommunikationsweisen) unmöglich.

Einige Behauptungen über die Emergenz von "Systemeigenschaften", lassen sich als Behauptungen über die Unmöglichkeit, Bedeutungszusammenhänge zu prognostizieren, rekonstruieren. So wird etwa die "Durchsichtigkeit" des Wassers oft als eine "emergente Eigenschaft" angeführt, die aus den "Eigenschaften" der Wassermoleküle nicht abgeleitet werden kann. Damit wird nichts anderes zum Ausdruck bebracht, als die Unvorhersagbarkeit von Bedeutungszusammenhängen, die aber der Leitidee eines universalen Wirkungszusammenhangs natürlich ebensowenig zuwiderläuft, wie der Prämisse der Analysierbarkeit von "Systemeigenschaften" (vgl. Kap. 4.2):

> "It is indeed impossible to deduce the properties of water (such as viscosity or translucency) from the properties of hydrogen alone (such as that it is in a gaseous state under certain conditions of pressure and temperature) or of oxygen alone, or of other compounds containing these elements as constituents (such as that hydrofluoric acid dissolves glass). But frequent claims to the contrary notwithstanding, it is also impossible to deduce the behavior of a clock merely from the properties and organization of its constituent parts. However, the deduction is impossible for the same reasons in both cases. It is not *properties*, but *statements* (or propositions) which can be deduced ... Thus a statement like 'Water is translucent' cannot indeed be deduced from any set of statements about hydrogen and oxygen which do not contain the expressions 'water' and 'translucent'." Nagel (1961), S. 368/369[49].

Ich habe in diesem Kapitel gezeigt, daß eine ganzheitliche, "holistische" Betrachtung der Organisation von Prozeßsystemen, insbesondere von komplexen heterogenetischen Systemen mit der unifikationistischen Leitidee von Einheit und Einfachheit der Welt, mit einem vorausgesetzten universalen Wirkungszusammenhang nicht nur verträglich ist, sondern sogar dessen zwingende Konsequenz darstellt.

---

[49] Vgl. auch Goudge (1967), S. 476.

Von "Mystizismus" kann also nicht die Rede sein. Demgegenüber hat sich die partitionistische, gemeinhin als "reduktionistisch" apostrophierte Betrachtungsweise als inadäquat erwiesen. Trotzdem möchte ich die durch die Allgemeine Systemtheorie vertretene Position nicht als "Holismus" kennzeichnen. Dieses Wort ist zu oft mißbraucht worden, um entweder die eigene Ignoranz zu kaschieren oder Barrieren zwischen verschiedenen Typen von Prozeßsystemen der Welt aufzubauen, die miteinander angeblich nichts zu tun haben. Seit einiger Zeit ist "Ganzheitlichkeit" zum Zauberwort der "New Age"-Bewegung geworden, mit dem alles vernebelt wird, worüber man sich weigert, nähere Erklärung abzugeben. "Ganzheitlichkeit" im Sinne des New Age wird in der Tat als Synonym zu Mystischem und Unanalysierbaren gebraucht und zum neuen Götzen einer in einer hyperrationalisierten Welt zunehmend desorientierten Generation erhoben[50]. Ich will hier - ohne mit dem Ausverkauf letzter erleuchtender Wahrheiten im "New Age" zu sympathisieren - keinesfalls den Wert mystischer oder religiöser Erfahrungen in Abrede stellen. Ich möchte allerdings hervorheben, daß es mir in dieser Arbeit ausdrücklich *nicht* darum geht, solche mystischen Erfahrungen zu untersuchen, sondern ausschließlich darum, die Konsequenzen aufzuzeigen, die aus der Konzeption von Wissenschaft als einer intersubjektiven Analyse von Systemen im Hinblick auf Einheit und Einfachheit der Welt resultieren.

Als ein erstes entscheidendes Ergebnis dieser Untersuchung kann die Widerlegung der partitionistischen These festgehalten werden. Um ein Prozeßsystem analysieren zu können, müssen wir den Bedeutungszusammenhang zwischen interagierenden Prozeßsystemen einer niedereren semantischen Ebene und dem zu analysierenden Prozeßsystem der höheren semantischen Ebene stets im Auge behalten. Sonst wissen wir nicht, was wir analysieren. Betreiben wir Systemanalyse, so explizieren wir ein Prozeßsystem, wir geben seine Organisation auf einer niedrigeren semantischen Ebene an (dieser Punkt wird in Kap. 8 noch ausführlich diskutiert). Dabei genügt es für heterogenetische Systeme nicht, die Wechselwirkung der Teilsysteme (Autokonstituenten) des analysierten Prozeßsystems untereinander zu berücksichtigen, wir müssen auch die Interaktionen mit konstitutiven Umweltsystemen (Allokonstituenten) in Betracht ziehen. Jedes heterogenetische System wird also nicht nur durch seine Teilsysteme, sondern auch durch seine Umweltsysteme konstituiert. Daher wird auch jedes der t-definierten *Teilsysteme* eines K-definierten auto- oder heterogenetischen Prozeßsystems K_P - da es sich ja, wie oben begründet, als heterogenetisches System t_{KP} auffassen läßt - durch seine systeminterne und -externe Umwelt mitkonstituiert. Nur weil das so ist, können wir überhaupt von einer *integrativen Hierarchie* von Prozeßsystemen sprechen. Es bietet sich daher an, die hier vertretene Position als *Integrationismus* zu

---

[50] So gibt Capra (1982) zwar zunächst (S. 265 ff.) eine recht überzeugende Darstellung systemtheoretischer Überlegungen, verliert sich aber ab S. 288 ff. und insbesondere S. 294 ff. in nebulösen nicht näher begründeten Behauptungen über die "Ganzheitlichkeit" des Bewußtseins und vagen Vergleichen mit mystischen Traditionen.

bezeichnen und dem Partitionismus entgegenzustellen. Das nächste Kapitel soll die Implikationen einer integrationistischen Systemtheorie für die Geschichtlichkeit von Prozeßsystemen aufzeigen, bevor dann im abschließenden Kapitel (Kap. 8) systemanalytisches Vorgehen aus integrationistischer Sicht neu dargestellt wird.

7 Geschichte und Evolution dauerhafter Prozeßsysteme.

Wo immer Leben ist, liegt auch ein Buch aus, dem die Zeit sich einschreibt.
- Henri Bergson (1907)

Caminante no hay camino,
se hace camino al andar.[1]
- Antonio Machado (1912)

7.1 Die Geschichtlichkeit des Dauerhaften.

Nur *konkrete* dauerhafte Prozeßsysteme K_{Pi} können sich verändern, können eine *Geschichte* haben. Nur was nach wie vor als es selbst identifizierbar ist, nur was seinen definierenden Identitätsbereich nicht verläßt und in partieller historischer Kontinuität mit seinem Vorläufer steht (vgl. Kap. 5), kann sich verwandeln. Bei dynamischen Prozeßsystemen können wir ihre Geschichte - die sie allmählich sich wandelnd in der Zeit durchlaufen - von ihrer zyklischen Dynamik unterscheiden. Geschichte beschreibt ein irreversibles gerichtetes Werden, das aber im Rahmen der Identitätsmenge verbleibt. Als *Entwicklung* soll, in Anlehnung an den Entwicklungsbegriff in der Biologie, eine von allen konkreten Prozeßsystemen K_{Pi} der Art K in ähnlicher, mehr oder weniger regulärer Weise durchlaufene Geschichte bezeichnet werden. Während sich die heterogenetische (funktionale) zyklische Dynamik beispielsweise eines lebenden Systems in Atmungszyklus, zyklischer Nahrungsaufnahme und dergleichen manifestiert, wird seine Geschichte durch die Herausbildung des adulten Organismus aus der befruchteten Eizelle erzählt. Insofern diese bei allen Organismen K_{Pi} der gleichen Art K mehr oder weniger invariant abläuft, spricht man von Entwicklung (Embryonal- und Frühentwicklung) von K_P. Die Erfahrung, die ein konkreter adulter Organismus im Umgang mit seiner Umwelt sammelt (sein "Lernen") verkörpert seine konkrete Geschichte, die sich von der Geschichte anderer K_{Pi} von K_P unterscheiden kann. Sprechen wir von der Geschichte K-definierter Prozeßsysteme K_P (der Menge aller *konkreten* Prozeßsysteme K_{Pi} der Art K), so sprechen wir von den Gemeinsamkeiten der Geschichten - also der Entwicklung - all der unter K_P subsumierten konkreten Prozeßsysteme K_{Pi}, sofern sich solche feststellen lassen. Die gemeinsame Entwicklung aller K_{Pi} vom Typ K kann zweierlei Gründe haben. Entweder teilen die verschiedenen K_{Pi} eine gemeinsame Geschichte und stammen von gekoppelten konkreten Vorgängern oder gar einem gemeinsamen konkreten Vorgänger J_{P1} ab (sind unterschiedene "Folgesysteme" von J_{P1}; s.u.), oder die verschiedenen K_{Pi} weisen lediglich Parallelen ihrer Geschichten auf (die vielleicht auf eine weit zurückliegende oder indirekte

[1] "Wanderer, es gibt keinen Weg, Weg entsteht im Gehen."

Kopplung verweisen, welche aber nicht unmittelbar "dingfest" gemacht werden kann). Die verschiedenen Individuen einer Tier- oder Pflanzenart haben eine gemeinsame Geschichte (Entwicklung) im ersten Sinn; verschiedene Eisenatome, Vulkanausbrüche und Gebirge eine gemeinsame Geschichte (Entwicklung) im zweiten Sinn.

Obwohl alle konkreten Prozeßsysteme eine Geschichte haben, sind nicht alle diese "Geschichten" auch interessant und erzählen uns etwas Neues. Die Geschichte eines konkreten Atoms oder eines konkreten Moleküls A_{Pi} zu erforschen, nicht als für alle A-definierten Prozeßsysteme A_P exemplarische, sondern als die Geschichte *dieses* Atoms oder Moleküls A_{Pi}, würde wenig zu unserem Verständnis der Welt beitragen. Über die Geschichte einzelner menschlicher Personen hingegen sind Regale von Biographien erschienen. Zwischen diesen beiden Extremen liegen autogenetische Systeme wie Gebirge und Seen, deren (konkrete und Entwicklungs-) Geschichten schon interessanter sind, und komplexe heterogenetische Systeme (Lebewesen), deren Geschichte und Evolution Gegenstand intensiver Forschung ist. Die Geschichte eines Prozeßsystems (die konkrete Geschichte eines K_{Pi} bzw. die Entwicklungsgeschichte aller K_{Pi} von K_P) ist umso aufschlußreicher, je einzigartiger ein solches Prozeßsystem (K_{Pi} bzw. K_P) ist, je mehr Unterschiede zu anderen benachbarten Prozeßsystemen sich angeben lassen, je eher man von einer "Individualität" des betreffenden Prozeßsystems sprechen kann. Insbesondere komplexe heterogenetische Systeme sind "einzigartig", da sie in vielfältigen Interaktionen mit ihrer Umwelt stehen, sich also auf vielfältige Art und Weise charakterisieren und von anderen Prozeßsystemen unterscheiden lassen. Insofern hängen Komplexität und "Individualität" zusammen. Beide sind umso größer, je mehr Interaktionsalternativen ein Prozeßsystem in seiner Umwelt hat. Nur solche "individualisierbaren", vorwiegend komplexen Prozeßsysteme, werden als "geschichtliche" Systeme im engeren Sinn angesprochen.

Als *Evolution* können wir eine partiell historisch kontinuierliche Abfolge konkreter Prozeßsysteme bezeichnen, die die systemdefinierenden Bereiche der Prozeßsysteme transzendiert (systemtranszendente Veränderung)[2], während *Geschichte* (i.e.S.) die gerichtete systemimmanente Veränderung beschreibt. In beiden Fällen von "Veränderung" folgen Momentansysteme in partieller historischer Kontinuität aufeinander (vgl. Kap. 5.1). Ob wir eine Veränderung als "geschichtlich" oder "evolutionär" bezeichnen, hängt nur von der Weite der Systemdefinitionen ab. Da auch Evolution eine kontinuierliche Veränderung von Prozeßsystemen (partielle historische Kontinuität des letzten Momentansystems des ursprünglichen konkreten Prozeßsystems K_{Pi} mit dem ersten Momentansystem des neuen konkreten Prozeßsystems L_{Pi}) voraussetzt - sonst könnten wir überhaupt nicht von "Veränderung" sprechen -, läßt sich jede Systemdefinition K so erweitern, daß sie das evolutionäre "Folgesystem" L_{Pi} eines Prozeßsystems K_{Pi} miteinschließt. Eine solche Erweiterung definiert *historische Integralsy-*

---

2 Jantsch (1979) bestimmt Evolution als "Selbsttranszendenz" von Prozeßsystemen: "Indem ein System in seiner Selbstorganisation die Grenzen seiner eigenen Identität überschreitet wirkt es schöpferisch." (S. 253).

steme konkreter Prozeßsysteme K_{Pi}. Wählen wir die Systemdefinitionen eng genug, so lassen sich Geschichte und Evolution eines Prozeßsystems unterscheiden. Evolution ist dann die Geschichte (i.w.S.) einer Abfolge von verschieden definierten Prozeßsystemen K_{Pi}, L_{Pi} ... unter Abstraktion von der jeweiligen Geschichte (i.e.S.) der einander folgenden konkreten Prozeßsysteme. Die biologische Evolutionstheorie geht beispielsweise davon aus, daß sich alle Lebewesen aus einem gemeinsamen Vorfahren entwickelt haben und die Diversität der Millionen heute existierender Organismenarten durch sukzessive Aufspaltung und Abwandlung einzelner Arten entstanden ist. Die Unterschiede, die wir heute zwischen verschiedenen Organismenarten sehen, erscheinen uns nur deshalb als scharfer Kontrast, weil wir heute keine Übergangsstadien mehr beobachten können, allenfalls einige fossile Dokumente solcher Stadien kennen. Prinzipiell sollten aber alle existierenden Organismen durch kontinuierliche historische Übergänge aus gemeinsamen historischen Vorgängern entstanden sein. Es sollte sich daher ein historisches Integralsystem definieren lassen, das alle Organismen umfaßt. Diesem könnte man den Namen "Lebensprozeß"[3] geben.

Indem wir nach der Evolution von heterogenetischen Systemen fragen, können wir erstens danach fragen, wie sich bestehende Funktionen von Auto- und Allokonstituenten eines heterogenetischen Systems verändern und neue Funktionen entstehen, ohne daß das heterogenetische System - genauer: sein historisches Integralsystem - seine Dauerhaftigkeit einbüßt, und zweitens, wie Funktionalität überhaupt, wie also ein stabiles, sich zyklisch re-produzierendes heterogenetisches (funktionales) System entsteht[4]. Die Möglichkeit, heterogenetische Systeme historisch zu befragen, liegt im vorausgesetzten universalen Wirkungszusammenhang begründet. Dieser ändert sich ja ständig in *regelhafter* Weise. Nur deshalb kann zu jedem konkreten Prozeßsystem ein Vorläufer und ein Nachfolger bestimmt werden. Wird ein konkretes Prozeßsystem zerstört, so werden die Sukzessoren seiner Elementarprozesse "in alle Winde zerstreut" und werden nicht mehr als Bestandteile eines Prozeßsystems klassifiziert. Wählten wir die Wertebereiche für systemkonstitutive Relationen aber weit genug, so könnten wir auch diese "zerstreuten" Elementarprozesse noch als Bestandteile eines Prozeßsystems ansehen. Die zerstreuten Teile einer explodierten Bombe, beispielsweise, rechnen wir im allgemeinen nicht mehr einem konkreten Prozeßsystem zu; ihre Schicksale haben sich sozusagen durch die Explosion getrennt. Wir brauchen aber nur die Systemdefinition während der Explosion ständig auszuweiten, um die zerstreuten Splitter, die ja in historischer Kontinuität mit der kompakten Bombe vor der Explosion stehen, *noch* als Bestandteile eines konkreten Prozeßsystems zu klassifizieren.

Der universale Wirkungszusammenhang "erlaubt" es konkreten Prozeßsystemen nicht nur, sich geschichtlich bzw. evolutiv zu verändern, er "*zwingt*" sie sogar dazu. Zy-

---

3 An der Heiden, Roth und Schwegler (1985), S. 332.

4 Ich beschäftige mich zwar hier im wesentlichen mit Geschichte und Evolution heterogenetischer Systeme, das Gesagte gilt aber natürlich in entsprechender Weise für die Geschichte und Evolution autogenetischer Systeme. So wird die historische Betrachtungsweise etwa bei geologischen und astronomischen Phänomenen sehr fruchtbar angewendet.

klische dynamische Prozeßsysteme, seien diese nun autogenetisch oder heterogenetisch, stellen ja, indem sie ihre zyklische Zustandssequenz durchlaufen, niemals exakt dasselbe momentane System wieder her, sondern ein anderes momentanes System aus derselben Zustands*menge*. Jeder Zyklus ist also ein *Quasi-Zyklus* und läßt sich, wählt man engere Kriterien für die Zustandsdefinition, auch als eine gerichtete Veränderung beschreiben. Will man beide Beschreibungen in einem Bild vereinigen, so kann die gerichtete zyklische Dynamik solcher Systeme auch als *schraubenförmige Zustandssequenz* visualisiert werden[5]. Wenn Funktionalität zeitliche Organisiertheit schon voraussetzt - heterogenetische Systeme werden ja als Prozeßsysteme nicht zuletzt durch ihre spezifische zeitliche Organisation charakterisiert -, dann ist nicht einzusehen, was noch gegen eine geschichtliche bzw. evolutionäre Betrachtung heterogenetischer Systeme einzuwenden wäre. Wir können solche Prozeßsysteme gar nicht nicht-geschichtlich betrachten. Heterogenetische Systeme machen schon Geschichte, indem sie nur sie selbst bleiben[6].

7.2 Die Geschichtsbestimmtheit der Geschichte.

Ich möchte im folgenden die Einschränkungen untersuchen, die ein beständiges Prozeßsystem seiner zukünftigen Geschichte auferlegt. Was läßt sich allgemein aus systemtheoretischer Perspektive über das "Veränderungspotential" eines beständigen Prozeßsystems aussagen? Wovon hängt dessen geschichtliche und evolutionäre Modifikation ab? Und: Läßt sich das zukünftige Schicksal eines konkreten Prozeßsystems prognostizieren?

Die letzte Frage soll zuerst, und zwar mit einem klaren *prinzipiellen* Nein beantwortet werden. Das zukünftige Schicksal eines Prozeßsystems, insbesondere eines komplexen heterogenetischen Systems, kann nicht vorhergesagt werden, indem man vereinzelte "Kausalketten" (z.B. der Wechselwirkung zwischen ausgewählten Autokonstituenten des Prozeßsystems) verfolgt. Wir müßten schon alle die Organisation des Prozeßsystems konstituierenden Auto *und* Allokonstituenten für unsere Prognose des

---

5 Die Mengen, die die Zustände der zyklischen Zustandssequenz repräsentieren, wären dann als um die Achse der Schraube angeordnete "Säulen", ihre Teilmengen, die die gerichtete Veränderung erfassen, als Längsabschnitte dieser Säulen zu denken. Vgl. hierzu schon Plessner (1928), S. 140.

6 Uexküll, der ansonsten die Organisation heterogenetischer Systeme so klar gesehen hat, ist in diesem Punkt anderer Auffassung. Die Funktionsmäßigkeit, die "Planmäßigkeit" der Natur war für ihn ein nicht durch historische Betrachtungen aufzulösendes Rätsel, war Resultat "sprunghafter Einpassung" (1928, S. 131, 259) (vgl. auch z.B. (1940), S. 165; (1980), S. 168, 325, 344). Der Grund dafür ist, wie mir scheint, vor allem in seiner Überzeugung zu suchen, Bedeutungszusammenhänge seien "immateriell" und nicht wissenschaftlich zu erforschen. Unterscheidet man aber zwischen Wirkungs- und Bedeutungszusammenhängen, so verschwindet das Problem: Auch wenn Bedeutungszusammenhänge nicht prognostizierbar sind, weil wir über die unseren Kategorisierungen zugrundeliegenden Identitätskriterien nichts sagen können, so können sich doch die durch sie definierten Systeme und deren funktionale Organisation in einem Wirkungszusammenhang historisch verändern.

Schicksals dieses Prozeßsystems berücksichtigen. Für heterogenetische Systeme heißt das: Wir müßten die wechselseitigen Interaktionen aller Autokonstituenten des autogenetischen Integralsystems des limitierten heterogenetischen Systems prognostizieren. Und nicht einmal das würde genügen, da in einem universalen Wirkungszusammenhang jede isolationistische Betrachtung scheitern muß. Denn für jedes künftige Prozeßsystem, das beständig sein soll, muß immer auch die Umweltbedingung erfüllt sein. Bei ständig wechselnden Relevanzordnungen der Elementarprozesse füreinander können aber Elementarprozesse, die bislang weitgehend irrelevant für das Schicksal eines Prozeßsystems und Bestandteile neutraler Umgebungssysteme waren, restriktiv (Bestandteile restriktiver Umgebungssysteme) werden und das Prozeßsystem zerstören oder in einen neuen Identitätsbereich überführen, der durch die zyklische Zustandssequenz anderer konstitutiver Relationen charakterisiert werden muß (ich erinnere nochmals an die Auswirkungen strahlungsinduzierter Mutationen auf Organismen). Nur wenn die Zukunft des gesamten Universums prognostiziert würde, könnte geprüft werden, ob die Umweltbedingung in Zukunft weiterhin erfüllt bleibt oder ob zerstörende bzw. identitätsmodifizierende Einflüsse wirksam werden. Eine sichere historische Prognose müßte also selbst in einem vollkommen deterministischen Universum mit bekannter Kausalfunktion auf der lückenlosen Kenntnis des gesamten Universums zu einem Zeitpunkt (eines momentanen Universalsystem) aufbauen, setzt sozusagen eine *simultane Illumination* des Universums voraus.

Hiergegen könnte eingewendet werden, es genüge ja, Korrelationen zu ähnlichen Prozeßsystemen herzustellen, deren geschichtlicher Wandel aus früheren Beobachtungen bereits bekannt ist, um die (Entwicklungs-) Geschichte eines konkreten Prozeßsystems vorherzusagen; Detailkenntnis über die exakten Konstellationen seiner interagierenden Auto- und Allokonstituenten sei dazu nicht nötig. Das "Korrelationsargument" läßt aber zum einen die Notwendigkeit der Umweltprognose unberücksichtigt und setzt zum anderen etwas voraus, was sich als unhaltbar erwiesen hat, nämlich ein "starkes Kausalitätsprinzip"[7], wonach aus ähnlichen Ursachen ähnliche Wirkungen folgen. Dieses Prinzip ist aber vor allem durch die Chaostheorie aufgeweicht worden und ist für viele Prozeßsysteme, insbesondere zyklische dynamische Prozeßsysteme nicht einmal approximativ richtig. Deren Schicksal hängt oft von minimalen Fluktuationen ihrer konstitutiven Relationen ab[8]. Selbst in einem deterministischen Universum ist daher das genaue zukünftige Schicksal von Prozeßsystemen

---

[7] Vollmer (1988) unterscheidet zwischen einem starken (ähnliche Ursache - ähnliche Wirkung) und einen schwachen (gleiche Ursache - gleiche Wirkung) Kausalitätsprinzip. Vgl. auch Vaas (1990).

[8] Vgl. hierzu Haken (1976), S. 341 ff., Jantsch (1979), S. 86 ff., Prigogine und Stengers (1981), S. 165 ff., Crutchfield et al. (1987) und Schuster (1989). Für dissipative Strukturen (heterogenetische Systeme) lassen sich sogenannte Bifurkationsdiagramme aufstellen: Minimale Schwankungen in den Ausgangsbedingungen können gegebenenfalls darüber entscheiden, in welchen von zwei energetisch gleichstabilen Zuständen diese übergehen. Interessanterweise lassen sich aber auch nicht-dissipative autogenetische Systeme wie etwa die Planetenbahnen - Paradepferde mechanistischer Weltanschauung - für längere Zeiträume wegen chaotischen Verhaltens nicht mehr prognostizieren (vgl. Vaas (1990)).

nicht vorherzusagen.

Warum ist eine simultane Illumination des universalen Wirkungszusammenhanges aber *prinzipiell* unmöglich? Die Antwort auf diese Frage hängt mit der Beobachterpartizipation im universalen Wirkungszusammenhang zusammen. Ein universaler Wirkungszusammenhang kann durch einen Beobachter, der in diesem Universum selbst wirkend agiert (dessen Wissen über die Welt sich in seinem Umgang mit ihr niederschlägt), nicht vollkommen beschrieben werden:

> "...it can easily be shown that knowledge of the universe, if this knowledge itself forms part of the universe, as it does, must be incompletable.
> Take a man who draws a detailed map of the room in which he is working. Let him try to include in his drawing the map which he is drawing. It is clear that he cannot complete the task, which includes an infinity of smaller maps within each map: every time he adds a new line to the map, he creates a new object to be drawn, but not yet drawn. The map which is supposed to contain a map of itself is incompletable." Popper (1974), S. 280[9].

Da Prognostizierbarkeit eine vollständige simultane Illumination, eine komplette und absolut exakte Beschreibung des Universums erforderte, diese aber prinzipiell nicht gegeben werden kann, ist auch eine Prognose des zukünftigen geschichtlichen und evolutiven Schicksals von Prozeßsystemen prinzipiell unmöglich. Allenfalls für einfache Prozeßsysteme sind approximative Prognosen unter dem Vorbehalt möglich, daß die Umweltbedingung erfüllt bleibt. Aus der Prognostizierbarkeit der Interaktionen einfacher Prozeßsysteme in wohldefinierten Umgebungen, wie sie etwa in physikalischen Experimenten realisiert sind, kann indes keinesfalls geschlossen werden, das Schicksal komplexer heterogenetischer Systeme sei in analoger Weise prognostizierbar (s.o.)[10].

Trotzdem ist die Zukunft eines Prozeßsystems natürlich nicht beliebig offen, sie wird in ihrer Potentialität durch das bereits Bestehende *eingeschränkt*. Jedes zukünftige konkrete Prozeßsystem L_{Pi}, das als ein Folgesystem eines jetzt bestehenden konkreten Prozeßsystems K_{Pi} angesprochen werden soll, muß mit diesem in (partieller)

---

9 Dieses Argument entspricht dem Gödelschen Unvollständigkeitsbeweis für jedes axiomatisch aufgebaute Aussagensystem und hat wie dieser mit einer unvermeidlichen Selbstbezüglichkeit zu tun. Vgl. hierzu Hofstadter (1979), S. 246 ff. und insbesondere S. 438 ff.

10 Es kommt noch hinzu, daß die Annahme eines deterministischen Universums - insbesondere seit der Entwicklung der Quantentheorie - zunehmend problematisch geworden ist. In einem probabilistischen Universum sind exakte Prognosen erst recht unmöglich. Vgl. hierzu Weizsäcker (1985) und auch Poppers Propensitätsinterpretation der Wahrscheinlichkeit in der Quantentheorie (1977, S. 56). Ein strikter Determinismus kann in der uns zugänglichen Welt schon wegen der Beobachterpartizipation (s.o.) nicht herrschen. Ich werde das in Kap. 8.2 noch näher erläutern. Allenfalls eine "Welt", in die der "letzte Beobachter" eingebettet ist und von der er nichts wissen kann, könnte von einer streng deterministische Kausalfunktion adäquat beschrieben werden. Es ist durchaus denkbar, daß es gerade (und ausschließlich ?) die Beobachterpartizipation ist, die letztlich für den unhintergehbar probabilistischen Charakter der Quantentheorie "verantwortlich" ist (Beobachterpartizipation und Indeterminismus der Welt hängen zwar notwendig zusammen, es kann allerdings nicht a priori ausgeschlossen werden, daß es noch andere "Quellen" des Indeterminismus gibt als die Beobachterpartizipation).

historischer Kontinuität stehen und muß in seiner Umgebung beständig sein. Die Möglichkeiten eines Prozeßsystems, sich zu verändern, werden also durch das bereits bestehende limitierte Prozeßsystem selbst und durch seine komplementäre Umwelt eingeschränkt. Das *Prinzip der Einschränkung* ist nichts anderes als das systemtheoretisch präzisierte *Selektionsprinzip* der Evolutionstheorie. Das Selektionsprinzip kann zunächst ganz allgemein wie folgt formuliert werden: Hat sich ein konkretes Prozeßsystem K_{Pi} lokal verändert (ein Organismus beispielsweise durch Mutation seiner Gene), so "entscheidet" sich in seiner Interaktion mit der Umgebung $U(K_{Pi}')$ - der Folgeumgebung von $U(K_{Pi})$ - (die u.a. andere Organismen der gleichen und anderer Arten enthält), ob das veränderte Prozeßsystem K_{Pi}' dauerhaft ist oder nicht. Nur wenn die Umweltbedingung erfüllt bleibt, wenn $U(K_{Pi}')$ also alle Allokonstituenten für K_{Pi}' bereitstellt und keine restriktiven Umgebungssysteme enthält, bleibt K_{Pi}' beständig. Kennt man die relevantesten Umgebungsinteraktionen von K_{Pi} und bleibt die Relevanzordnung der Interaktionen von K_{Pi}' gleich, bleiben insbesondere die weniger relevanten Umgebungseinflüsse vernachlässigbar klein, so läßt sich im Prinzip eine Stabilitätsprognose erstellen (für eine genauere Diskussion und Kritik einiger spezifisch biologischer Versionen dieses Prinzips siehe unten). Entsprechendes gilt, wenn das Prozeßsystem unverändert bleibt und sich nur die Umgebung lokal ändert. Ich möchte an dieser Stelle nicht versäumen, auf die Allgemeingültigkeit des Prinzips der Einschränkung hinzuweisen. Auch wenn das "Selektionsprinzip" zuerst für die Evolution lebender Systeme vorgeschlagen wurde, ist es in der hier präsentierten Deutung natürlich für *alle* Prozeßsysteme gültig.

Das Selektionsprinzip resultiert aus zwei Grundannahmen: Erstens der Voraussetzung des universalen Wirkungszusammenhangs, der sich nach einer Kausalfunktion *regelhaft* entwickelt, und zweitens der Voraussetzung der geschichtlichen *Kontinuität* evolvierender Prozeßsysteme. Die Stabilität eines veränderten Prozeßsystems in seiner Umgebung kann aber nur dann versuchsweise prognostiziert werden, wenn man außerdem die vereinfachende Annahme einer "*lokalisierbaren Veränderung*" machen kann, d.h. wenn man unterstellen darf, daß nur eine oder wenige unvorhersehbare Veränderungen (durch das unprognostizierbare Relevantwerden bislang irrelevanter Elementarprozesse des universalen Wirkungszusammenhangs) im Prozeßsystem (z.B. durch "Mutation") oder seiner Umgebung (z.B. durch die unvorhersehbare Zuwanderung neuartiger Raubtiere in einen Lebensraum) lokal auftreten, daß all diese Veränderungen bekannt sind, und daß schließlich alle anderen Einflüsse in ihrer Relevanz unverändert bleiben. Die Annahme lokalisierbarer Veränderung ist notwendig, um den oben erläuterten Problemen der Prognostizierbarkeit aus dem Weg zu gehen. Ob ein verändertes Prozeßsystem in seiner komplementären Umgebung dauerhaft sein wird, läßt sich nämlich ebensowenig exakt prognostizieren wie die Art der Veränderungen, die im Laufe der Zeit auftreten. Eine Stabilitätsprognose steht vor denselben Problemen wie eine Prognose von Veränderung. Nur wenn sich beispielsweise nicht auch die Umgebung eines veränderten konkreten Prozeßsystems simultan in unvorhergesehener Weise ändert, wird man die künftige Stabilität des Prozeßsystems in seiner Umgebung voraussagen können.

Es ist der Selektionstheorie oft vorgeworfen worden, sie sei gegen empirische Überprüfung immun. Nehmen wir an, wir wollten prognostizieren, welches von zwei um die gleiche Beute konkurrierenden Raubtieren A und B überleben werde - A sei durch Mutation (lokalisierbare Veränderung) aus B hervorgegangen. Wir erstellen die Prognose "A", indem wir die bislang relevantesten Umgebungseinflüsse berücksichtigen, die Geschwindigkeit, mit der die Raubtiere des Lebensraums ihrer Beute nachjagen können, die Auflösungsgrenze ihrer Sinnesorgane usw. Trotzdem erweist sich unsere Prognose als falsch. Unvorhergesehen ist ein weiteres Raubtier C aus dem benachbarten Wald aufgetaucht und hat alle A gefressen, weil diese sich z.B. farblich deutlicher von ihrer Umgebung abheben als B. Obwohl sich unsere Prognose als falsch erwiesen hat, werden wir nicht bereit sein, das Selektionsprinzip aufzugeben. Wir werden uns vielmehr damit herauszureden versuchen, wir hätten nicht alle relevanten Veränderungen in Betracht gezogen und z.B. das Umgebungssystem C und den Farbkontrast von A nicht genügend berücksichtigt. Hätten wir C und den Farbkontrast von A aber berücksichtigt, so wäre unsere Prognose richtig ausgefallen. Man kann sich leicht vorstellen, daß sich für jede fehlgeschlagene Prognose auf der Grundlage des Selektionsprinzips analoge "Ausreden" finden lassen. Wir verwerfen bereitwillig die Hilfsannahme der "lokalisierbaren Veränderung", die ja nur eingeführt wurde, um die Situation überschaubarer zu machen; wir sind aber nicht bereit, unsere Grundannahme aufzugeben, daß es die "Logik" der Veränderung des universalen Wirkungszusammenhangs war, die die Stabilität von B zur Folge hatte. Die Kritik, das Selektionsprinzip sei empirisch nicht zu widerlegen, ist meiner Meinung nach inhaltlich vollkommen richtig - nur: als Kritik geht sie fehl. Der gleiche "Vorwurf" kann gegen die aller Wissenschaft zugrundeliegende Idee des universalen Wirkungszusammenhanges vorgebracht werden. Auch diese ist nicht empirisch zu widerlegen. Das ist allerdings nicht weiter schlimm, denn Wissenschaft hat sich gar nicht zum Ziel gesteckt, herauszufinden, ob oder ob kein solcher Zusammenhang besteht. Vielmehr geht sie immer schon davon aus, *daß* er besteht und deutet im Hinblick darauf die Welt. Das Selektionsprinzip ist nichts anderes, als eine modifizierte Form des unifikationistischen Leitgedankens aller Wissenschaft. Es stellt keine Erklärung für die geschichtlichen und evolutiven Phänomene in unserer Welt bereit, sondern sollte als "Erklärbarkeitsbehauptung"[11] verstanden werden.

Ein zweiter Vorwurf stempelt das Selektionsprinzip zur Tautologie ab ("Das Überleben des Überlebenden"). Dieser Vorwurf geht meiner Ansicht nach am Kern der Sache vorbei. Denn wenn wir auch de facto immer erst im nachhinein feststellen können, welches Prozeßsystem überlebt hat und exakte Prognosen sogar prinzipiell unmöglich sind, so widerspricht dies nicht der regulativen Idee, daß es "Gründe" für das Überleben dieses und nicht jenes Prozeßsystems gegeben hat, daß im universalen

---

11 Dieser Ausdruck stammt von Stegmüller (1969), S. 128.

Wirkungszusammenhang dieses Prozeßsystem überleben und jenes zugrundegehen *mußte*, eine Idee, die unmittelbar aus der Voraussetzung einer sich nach einer einfachen Kausalfunktion regelhaft entwickelnden Welt folgt. Und in der Tat können wir *retrospektiv* solche Gründe sogar explizit angeben, ohne in Widerspruch mit physikalischen Theorien zu geraten.

Selbst wenn der universale Wirkungszusammenhang deterministisch evolvierte: Das Prinzip der Einschränkung (Selektionsprinzip) selbst ist kein deterministisches Prinzip, solange es auf die Hilfsannahme lokalisierbarer Veränderung angewiesen ist und auf die simultane Illumination des universalen Wirkungszusammenhangs verzichten muß. Es läßt mehrere Möglichkeiten für die Zukunft eines Prozeßsystems offen, da es offen läßt, welche "lokalisierbaren Veränderungen" in der Zukunft auftreten werden. Sind aber beispielsweise unvorhergesehene lokale Modifikationen der für die Organisation eines Prozeßsystems konstitutiven Relationen einmal aufgetreten, so entscheidet getreu dem Selektionsprinzip der bereits vorhandene (weitgehend unveränderte) Kontext des übrigen Relationengefüges des betreffenden Prozeßsystems und seiner Umgebung darüber, ob die modifizierte Relation dauerhaft ist oder nicht (genauer gesagt: ob das lokal modifizierte Relationengefüge wiederum eine sich zyklisch reproduzierende Zustandssequenz durchläuft). Mit anderen Worten: Durch das bestehende Relationengefüge eines Prozeßsystems *und* seiner komplementären Umgebung liegt bereits fest, welche lokalen Modifikationen (beispielsweise) der konstitutiven Relationen dauerhaft sein können und welche nicht, es liegt aber nicht fest, welche lokalen Modifikationen tatsächlich auftreten werden[12]. So gesehen, ist Geschichte nicht determiniert und steckt voller Überraschungen, wird aber in ihren Möglichkeiten durch das bereits Bestehende eingeschränkt oder kanalisiert:

> "Unbestimmtheit ist jene Freiheit, die sich auf jeder Ebene neu eröffnet, sich aber nicht über die Geschichte hinwegsetzen kann." Jantsch (1979), S. 313.

Das Bestehende selbst ist geschichtliches Resultat des vor ihm Bestehenden; somit wird Geschichte durch Vorgeschichte in einem nichtdeterminativen Sinne eingeschränkt. Ich möchte das als die *Geschichtsbestimmtheit der Geschichte* bezeichnen. Insofern Geschichte einzigartig ist und immer wieder durch unvorhersehbare lokale Veränderungen neu orientiert wird, kann es kein "Entwicklungsgesetz" der Geschichte geben[13]. Geschichte läßt sich also in ihrem exakten Verlauf nicht prognostizieren, auch wenn sie sich retrospektiv wegen ihrer Geschichtsbestimmtheit verstehen läßt. Es kann zwar Wiederholungen und Trends - eben wegen der Einschränkung des Wer-

---

[12] Bateson (1967), S. 515 weist auf die Parallele des "Prinzips der Einschränkung" mit der "reductio ad absurdum" in der Logik hin: Mit dem Prinzip der Einschränkung wird ein Möglichkeitsrahmen von Veränderungen abgesteckt; alle übrigen Veränderungen werden als inkompatibel mit den vorausgesetzten Einschränkungen "abgewiesen".

[13] Vgl. Popper (1957), S. 85. Popper warnt mit Recht vor einem Mißverständnis des Selektionsprinzips als eines "Entwicklungsgesetzes". Trends, auch hierin pflichte ich Popper bei, halten nur so lange an, wie die sie einschränkend bestimmenden Randbedingungen unverändert fortbestehen, diese Randbedingungen sind aber nicht vor unvorhersehbarer Veränderung gefeit (S. 100).

denden durch das bereits Bestehende - in der Geschichte geben, diese Trends folgen aber keinen verläßlichen, extrapolierbaren Gesetzen und können unerwartete Wendungen nehmen. Geschichte, auch die Geschichte von Menschen und menschlichen Gesellschaften, erhält ihre Faszination aus dieser engen, unauflösbaren Verflechtung von "Zufall" und "Notwendigkeit".

Die Kanalisierung des Werdenden[14] durch das Bestehende verdient eine etwas eingehendere Betrachtung. Wieviele "Möglichkeiten" hat ein bestehendes Prozeßsystem, sich zu verändern und wodurch werden seine Möglichkeiten vor allem beschränkt? Eine präzise Antwort können wir nicht geben, jede Antwort hängt ja davon ab, wieviele Alternativen wir überhaupt zu unterscheiden imstande sind. Trotzdem lassen sich einige ganz allgemeine Überlegungen hierzu anzustellen.

Zuerst muß aber das Prinzip der Einschränkung präzisiert werden. Mit diesem wird zunächst nichts anderes vorausgesetzt als die Kontinuität permissiver Umgebungen für ein verändertes konkretes Prozeßsystem. Die Umweltbedingung muß ständig erfüllt bleiben: Die Sukzessoren der mit K_{Pi} interagierenden Prozeßsysteme (Allokonstituenten und neutrale Umgebungssysteme) in seiner komplementären Umgebung $U(K_{Pi})$ dürfen für K_{Pi}' nicht restriktiv sein und müssen alle allokonstitutiven Interaktionen ermöglichen, sonst kann K_{Pi}' in seiner komplementären Umgebung $U(K_{Pi}')$ nicht überdauern. Die momentane Umgebung eines sich verändernden konkreten Prozeßsystems muß sozusagen Schnittmenge der Umweltmengen von Prozeßsystem K_{Pi} und Folgesystem K_{Pi}' sein. Anders formuliert: Die momentane Umgebung ist Element der Umweltmenge des historischen Integralsystems aus K_{Pi} und K_{Pi}' und nicht Element der Menge von dessen restriktiven Umgebungen.

Welche Faktoren tragen am stärksten zur Kanalisierung der Geschichte heterogenetischer Systeme, zur künftigen Erfüllung der Umweltbedingung bei? Aufgrund der historischen Kontinuität eines Prozeßsystems mit seinem Folgesystem bleibt die Organisation eines Prozeßsystems permanent erhalten. Handelt es sich um ein heterogenetisches System, so durchläuft es ununterbrochen eine zyklische Abfolge der Veränderung seines konstitutiven Relationengefüges, auch wenn sich die Zustandsmengen allmählich verlagern (funktionale Kontinuität). Jede dauerhafte Modifikation des Wertebereiches einer konstitutiven Relation muß daher im interaktiven kontextuellen Zusammenhang mit allen übrigen, für die Organisation konstitutiven Relationen reproduziert werden. Konstitutive Relationen bestehen dabei nicht nur zwischen Teilsystemen (Autokonstituenten), sondern auch zwischen Teilsystemen und Umweltsystemen (Allokonstituenten) eines heterogenetischen Systems. Die Re-Produktion der modifizierten Relation hängt also zumindest von dem Beziehungsgefüge der bisherigen Auto- und Allokonstituenten wesentlich ab. Wir dürfen aber nicht die Möglichkeit außer acht lassen, daß bislang neutrale Umgebungssysteme in die Organisation von K_{Pi}' einbezogen oder bislang konstitutive Umweltsysteme (oder gar Teilsysteme) zu neutralen Umgebungssystemen degradiert werden können.

---

[14] Vgl. hierzu auch Kaspar (1978), Riedl (1979) und Jantsch (1979), S. 253.

Die Aufrechterhaltung der Organisation eines heterogenetischen Systems - als wesentliche Voraussetzung für die künftige Erfüllung der Umweltbedingung - wird demnach sowohl durch das limitierte Prozeßsystem selbst als auch durch die Systemumgebung eingeschränkt. Betrachten wir zunächst die umgebungsbedingten Einschränkungen. Je weniger komplex das betrachtete Prozeßsystem ist, d.h. je stärker seine Autonomie an *bestimmte* Allokonstituentenzyklen gekoppelt ist, desto stärker ist auch die Re-Produktion der modifizierten Relation und somit die Stabilität des Folgesystems von K_{Pi} *umweltabhängig*. Aufgrund der Komplementarität von Prozeßsystem K_{Pi} und Umgebung $U(K_{Pi})$ verändern sich gleichzeitige Momentansysteme dieser Mengen kovariant; K_{Pi} und $U(K_{Pi})$ weisen kovariante komplementäre Geschichten auf. Ist das Prozeßsystem K_{Pi} an benachbarte Prozeßsysteme u_{Pi} seiner Umgebung gekoppelt, so spiegelt sich diese Kovarianz in einer Kovarianz der Geschichte beider Prozeßsysteme wider, die umso ausgeprägter ist, je strenger die Kopplung zwischen K_{Pi} und u_{Pi} ist - je unverzichtbarer u_{Pi} als Bestandteil von $U(K_{Pi})$ für K_{Pi} ist. Das wird vor allem für die nicht-autonomen Teilsysteme eines Prozeßsystems deutlich, wie etwa die Organe eines Organismus, die ja an ihre systeminterne Umwelt streng gekoppelt sind.

Je komplexer ein heterogenetisches System ist, desto mehr alternative Abhängigkeiten von Allokonstituenten hat es; es ist also nicht mehr an ganz spezifische Allokonstituentenzyklen gekoppelt. Die Stabilität des Folgesystems eines komplexen heterogenetischen Systems ist daher zwar zweifellos umweltabhängig - auch hier spielen Allokonstituenten eine "lebenswichtige" Rolle -, wegen der distribuierten Abhängigkeit komplexer heterogenetischer Systeme läßt sich aber die Einschränkung seines zukünftigen Schicksals viel weniger als bei einfachen heterogenetischen Systemen durch eine allgemeine Kennzeichnung seiner Umweltmenge bestimmen. Das Schicksal des veränderten Folgesystems eines komplexen heterogenetischen Systems hängt entscheidend von der spezifischen momentanen Umgebung zum Zeitpunkt der Veränderung ab. Das heißt, je nachdem in welche *Teilmenge* seiner Umweltmenge die momentane Umgebung zum Zeitpunkt der Veränderung fällt, je nachdem an welchen der vielen alternativen Allokonstituentenzyklen es gerade gekoppelt ist, ist das Folgesystem stabil oder nicht. Komplexe heterogenetische Systeme werden in ihrer Evolution also *weniger* stark durch ihre Umweltmenge kanalisiert als einfache heterogenetische Systeme: Durch Kennzeichnung ihrer Umwelt (der *gesamten Menge* aller momentanen permissiven Umgebungen) lassen sich weniger Einschränkungen bezüglich ihres zukünftigen Schicksals feststellen, als durch die Kennzeichnung der Umwelt einfacher heterogenetischer Systeme. Während man für einfache heterogenetische Systeme, die streng an bestimmte Umweltsysteme gekoppelt sind, noch behaupten kann, ihre Umwelt lege die grobe Richtung der zukünftigen Entwicklung fest, gilt dies für komplexe heterogenetische Systeme mit alternativen Abhängigkeiten nicht mehr. Ein kurzes Beispiel zur Erläuterung: Ein Nachkomme eines Tigerpaars, das in Dschungel und Steppe überleben kann, sich hier von Hirschen, dort von Tapiren ernährt, sei durch eine mutationsbedingte Farbenblindheit nicht mehr in der Lage, Tapire zu erkennen, während er fliehende Hirsche sogar besser zu erkennen vermag als zuvor. Eines seiner Geschwister sei durch eine Mutation unfähig, auf schnelle Bewegungen zu reagieren, sieht aber Farbkontraste besser. Ob diese Tiger imstande sein werden zu überleben, hängt davon ab, in welchem Teil der permissiven Umgebungen ihrer Eltern (Dschungel oder Steppe) sie sich jeweils aufhalten. Von einer "Anpassung" eines Prozeßsystems an seine Umwelt im Laufe geschichtlicher Veränderung kann also nur sehr bedingt die Rede sein. Es gibt viele verschiedene Möglichkeiten für Tiger, sich zu verändern und trotzdem in ihre jeweilige neue Umwelt zu "passen". Die Umweltmenge des bereits bestehenden Prozeßsystems "Tiger" schränkt zwar diese Möglichkeiten ein, doch sind diese Einschränkungen nicht in einem positiven Sinne determinativ. Sie legen nicht einmal die grobe Richtung der zukünftigen Entwicklung fest, sie verbieten nur bestimmte Wege (s.u.).

Nimmt man ein komplexes heterogenetisches System, etwa einen Organismus, als Beispiel, so resultiert aus dem Gesagten, daß die zukünftige Geschichte des Organismus im wesentlichen durch die konstitutiven Interaktionen zwischen seinen meist streng reziprok gekoppelten Autokonstituenten kanalisiert wird (diese stellen ja wechselseitig füreinander unverzichtbare Allokonstituenten dar, sind also vor allem an die system*interne* Umgebung streng gekoppelt), während es durch die Menge seiner Allokonstituentenzyklen, von denen es alternativ abhängig ist, zwar eingeschränkt, aber nicht in eine bestimmte Richtung "gezwängt" wird. Je weniger alternative Allokonstituentenzyklen es gibt, je stärker also ein heterogenetisches System zur Aufrechterhaltung seiner Identität an ganz *bestimmte* Allokonstituentenzyklen gekoppelt ist, desto stärker tragen Umweltsysteme zur Kanalisierung seiner Geschichte bei.

Prozeßsysteme, die, wie heterogenetische Systeme geringer Komplexität, in nicht reziproker Weise streng an Allokonstituenten gekoppelt sind, werden hinsichtlich ihrer Geschichte oder Evolution traditionell als "fremdorganisiert", alle übrigen Prozeßsysteme als "selbstorganisierend" oder "selbstorganisiert" beschrieben[15]. Selbstorganisation eines Prozeßsystems findet dann statt, wenn alle nicht-reziproken Kopplungen zwischen Konstituenten, insbesondere die Kopplungen zwischen Auto- und Allokonstituenten, nicht streng sind, also Alternativen zulassen (da es einen graduellen Übergang von sehr strenger zu geringfügiger Kopplung gibt, ist auch die Unterscheidung

---

[15] Fremdorganisierte Prozeßsysteme werden durch externe "Ordnungsparameter" "versklavt" bzw. kontrolliert (sind an Allokonstituenten streng und nicht-reziprok gekoppelt), um in der Terminologie von Hakens Synergetik zu sprechen (vgl. etwa Haken (1976), S. 211 ff.). Bei selbstorganisierten Prozeßsystemen hingegen gibt es nur interne, keine externen Ordnungsparameter. Ordnungsparameter könnten in diesem Fall systemtheoretisch als Autokonstituenten gedeutet werden, die die übrigen Autokonstituenten versklaven (d.h. die "versklavten" Teilsysteme sind an die Ordnungsparameter streng und nicht-reziprok gekoppelt; von den untereinander streng reziprok gekoppelten Autokonstituenten wird demnach keiner vom anderen "versklavt"). Aufgrund des unterschiedlichen Ansatzes sind Synergetik und Allgemeine Systemtheorie allerdings nur unter Vorbehalten zu vergleichen. Haken wendet den Begriff des Ordnungsparameters nämlich nicht ausschließlich auf benachbarte sondern auch auf Integralsysteme der "versklavten Systeme" an. Zum Thema Selbstorganisation - Fremdorganisation vgl. auch z.B. Haken (1976), S. 207 ff. sowie Haken (1981), Haken (1985) und Jantsch (1979).

zwischen fremd- und selbstorganisierten Systemen fließend). Demnach gibt es zwei Typen selbstorganisierter Systeme: autogenetische Systeme, die sich ausschließlich durch reziproke Kopplungen zwischen Konstituenten re-produzieren (Selbstorganisation aufgrund von Geschlossenheit) und komplexe heterogenetische Systeme, die an eine Vielzahl von Allokonstituenten jeweils nicht streng gekoppelt sind (Selbstorganisation aufgrund von Komplexität).

Fassen wir noch einmal zusammen: Je strenger verschiedene Konstituenten eines Prozeßsystems gekoppelt sind, desto stärker hängt das vom Selektionsprinzip geforderte künftige Erfülltsein der Umweltbedingung von kovarianter Veränderung der gekoppelten Konstituenten ab, d.h. desto stärker wird die Veränderung eines Kopplungspartners durch die anderen eingeschränkt. Diese systemtheoretische Einsicht findet in den letzten Jahren verstärkt Einfluß in die biologische Evolutionstheorie: Während die klassische neodarwinistische Evolutionstheorie vor allem Einschränkungen durch die externe Umwelt von Organismen als "natürliche Selektion" in den Vordergrund stellte, wird neuerdings der kanalisierenden Wirkung konstitutiver Relationen zwischen den funktionalen Organen, also den streng reziprok gekoppelten Autokonstituenten des Organismus, verstärkt Aufmerksamkeit geschenkt (unter Überschriften wie: "funktionelle Zwänge", "internal constraints" und "interne Selektion"):

> "...directions of potential change may be limited and strongly constrained by the inherited program and developmental mechanics of an organism ... the organism [is] an integrated entity exerting constraint over its history." Gould (1980), S. 128/129[16].

Trotz ihrer wechselseitigen Dependenz können die Autokonstituenten eines heterogenetischen Systems ihre Funktion im Laufe der Evolution wechseln, insbesondere dann, wenn es sich um multifunktionale Organe handelt und einige ihrer Funktionen auch von anderen Organen erfüllt werden können. Es ist auch zu beachten, daß die Modifikation einer konstitutiven Relation niemals ohne Auswirkungen auf andere konstitutive Relationen bleibt. Ein Organ verändert sich nicht allein. Stabile Modifikationen "verschieben" die Wertebereiche aller für die Organisation eines Prozeßsystems (auto- und allo-) konstitutiven Relationen. Das hat u.a. zur Folge, daß auch die dem limitierten heterogenetischen System komplementäre Umgebungsmenge verändert wird (Kovarianz aufgrund von Komplementarität; s.o.) und unter Umständen neue Allokonstituentenzyklen zuläßt, die Umweltmenge also erweitert[17].

---

[16] Vgl. auch Gutmann (1976), S. 79 ff; Kaspar (1978); Riedl (1979), S. 167 ff; Gould (1982), S. 383; Wake, Roth and Wake (1983), S. 211 ff; An der Heiden, Roth und Schwegler (1985), S. 345; Wake and Roth (1989) und Roth et al. (1992), um nur einige Autoren zu nennen. Bertalanffy hat schon 1969 (S. 70, 75) den kanalisierenden Effekt "innerorganismischer" Relationen in die Diskussion eingebracht.

[17] Erst wenn diese neuen Umweltsysteme tatsächlich auftreten, ist eine solche Erweiterung der Umweltmenge nachweisbar. In der klassischen Evolutionstheorie spricht man daher von "Präadaptation". Schon der Adaptationsbegriff ist aber aus systemtheoretischer Sicht problematisch und "Prä"-adaptation klingt noch geheimnisvoller, so daß man auf diesen Begriff besser verzichtet. Vgl. auch die Kritik von Gould (1982), S. 383.

7.3 Kritische Anmerkungen zum Neodarwinismus aus systemtheoretischer Perspektive.

Es würde den Rahmen dieses Buches bei weitem sprengen, auf die Vielzahl unterschiedlicher Erklärungsmodelle und Theorien zum Thema Evolution im einzelnen einzugehen. Auch auf die Komplikationen, die unter Zugrundelegung des biologischen Artbegriffs (potentielle Fortpflanzungsgemeinschaft sexuell sich fortpflanzender Organismen) bei der Betrachtung der Evolution von Merkmalen innerhalb von Arten entstehen, kann hier nicht eingegangen werden. Hierzu müßten umfangreichere Überlegungen zu sexueller Fortpflanzung und biologischem Artbegriff erfolgen, die einer noch auszuarbeitenden spezifisch biologischen, aber mit der Allgemeinen Systemtheorie konsistenten Systemtheorie vorbehalten bleiben sollen. Ich möchte mich daher an dieser Stelle darauf beschränken, drei zentrale Aspekte der klassischen neodarwinistischen Evolutionstheorie - der sogenannten "Synthetischen Theorie" der Evolution - aus der dargelegten allgemeinen systemtheoretischen Perspektive neu zu beleuchten und zum Teil zu kritisieren:

Zum ersten ist "Selektion" ein anderer Terminus für das Prinzip der Einschränkung und bezeichnet keine in der Umgebung eines Prozeßsystems waltende "Kraft", die eine Auswahl nach bestimmten Kriterien trifft. "Natürliche Selektion" hat mit der "künstlichen Selektion", der bewußten Auswahl des Züchters, nichts zu tun. Das Selektionsprinzip bezeichnet keine Auswahl nach Kriterien - das einzige Kriterium für "Überleben" wäre "Überleben" - sondern kann als (fast schon triviale) Folge der unifikationistischen These verstanden werden. Es besagt, daß es einen geregelt sich verändernden universalen Wirkungszusammenhang gibt, in dem sich die Dauerhaftigkeit eines modifizierten Prozeßsystems "entscheidet", und daß zur Erklärung der evolutiven Veränderung von Prozeßsystemen ebensowenig konfigurationale Gesetze herangezogen werden müssen wie zur Erklärung ihrer funktionalen Dynamik. Trotzdem wird selbst von herausragenden Exponenten der Evolutionstheorie, wie Mayr und Dobzhansky[18], immer wieder so von Selektion gesprochen, als sei sie ein in der Umwelt des Organismus tätiges Agens. Es ist aber

> "certainly not the case that natural selection 'selects' individuals for survival 'precisely in the same way in which a breeder 'selects' the founder individuals for the next generation of breeding.' [Zitat: E. Mayr.] ... natural selection has no eye to the future; and if any zygotes are eliminated by natural selection, it is because they are not adapted to their *present* environment." Nagel (1979 b), S. 303.

Die, wie mir scheint, unhaltbare Konzeption von Selektion als einer aktiven Kraft wird selten explizit getroffen und versteckt sich meist hinter Metaphern von der "Kreativität" oder der "Bedeutsamkeit" ("meaningfulness") von Selektion, Begriffe, die eigentlich dem Evolutionsprozeß selbst ("Kreativität der Evolution") vorbehalten werden sollten. So etwa im folgenden Zitat von Dobzhansky:

---

[18] Zit. in Nagel (1979 b), S. 302. In diesem Aufsatz übt Nagel eingehende Kritik an der "agency view of natural selection", wie er sie nennt (S. 299 ff).

"Viewed in the perspective of time, the process cannot meaningfully be attributed to the play of chance, any more than the construction of the Parthenon or of the Empire State Building could be ascribed to chance agglomeration of pieces of marble or of concrete. What is fundamental in all of the cases is that the construction process was meaningful. The meaning, the internal teleology, is imposed upon the evolutionary process by the blind and dumb engineer, natural selection. The 'meaning' in living creatures is as simple as it is basic - it is life instead of death." Dobzhansky (1974), S. 323[19].

Zum zweiten wird die kanalisierende Wirkung der Umgebung komplexer heterogenetischer Systeme in der "Synthetischen Theorie" überbetont, die entscheidendere evolutive Kanalisierung durch die konstitutiven Relationen zwischen den heterogenetischen Teilsystemen des Prozeßsystems ungebührlich vernachlässigt. "Selektion" wird allzu oft mit der Einschränkung der Möglichkeiten zukünftigen Werdens durch die *externe* Umgebung eines Organismus gleichgesetzt, letzterer die ausschlaggebende *richtende* Wirkung für die Evolution zugesprochen. Die intraspezifische Konkurrenz um "bessere" Ausnutzung von Umweltsystemen ("fitness"), die dann zu entsprechend erhöhten oder erniedrigten Fortpflanzungsraten der betreffenden Organismen führt, avanciert in der "Synthetischen Theorie" zum Hauptdarsteller im Evolutionsgeschehen[20]. Systemtheoretisch muß Konkurrenz zwischen Organismen der gleichen Art als Umweltinteraktion der konkurrierenden Organismen neu interpretiert werden. "Konkurrieren" zwei heterogenetische Systeme um das gleiche Umweltsystem u_{Pi} und ist ein Prozeßsystem X_{Pi} dem anderen Prozeßsystem Y_{Pi} "überlegen", so heißt das: Prozeßsystem X_{Pi} interagiert mit dem Umweltsystem u_{Pi} so, daß es seine zyklische Zustandssequenz nach wie vor durchlaufen kann, modifiziert aber dabei die Umgebung von Prozeßsystem Y_{Pi} in einer für dieses restriktiven Art und Weise, so daß Y_{Pi} seine zyklische Zustandssequenz nicht mehr durchlaufen kann[21].

Spielen aber die konstitutiven Relationen zwischen den erheblich strenger untereinander gekoppelten Teilsystemen eines komplexen heterogenetischen Systems die

---

[19] Vgl. auch Simpson (1949), S. 225; Mayr (1982), S. 475; Wright (1976), zit. n. Nagel (1979 b, S. 300 ff). Wenn diese Evolutionstheoretiker behaupten, *Selektion* sei "kreativ", so soll genaugenommen fast immer nur gesagt werden, *Evolution* sei kreativ. Letztere Aussage ist harmlos (vgl. die Emergenzdiskussion in Kap. 6). Die Kreativität der Evolution ist aber Ausdruck der Selbstorganisation des Universums und nicht Folge einer richtenden, bewußt auswählenden, kreativen "Kraft". Dobzhansky (1974), S. 319 ff wendet sich dezidiert gegen die Vorstellung von Selektion als einem rein negativ wirkenden "Sieb". Er führt dagegen vor allem ins Feld, das zukünftige Schicksal einer Mutante (ihre "fitness") hänge nicht nur von ihrer Umgebung ab, sondern auch von den Artgenossen, mit denen sie konkurriert; Selektion könne deshalb nicht mit einem "Aussieben" durch die Umgebung verglichen werden (S. 320). Dieses Argument ruht auf einer Fehlkonzeption von "Umgebung": Wird die Umgebung als das zu einem konkreten Prozeßsystem *komplementäre* Prozeßsystem konzipiert, so wird Dobzhanskys Argument der Boden entzogen - die konkurrierenden Artgenossen sind dann ja Bestandteil der Umgebung der Mutante, Bestandteil des "Siebs" .

[20] Vgl. etwa Simpson (1949), S. 222; Dobzhansky (1974), S. 318, 321.

[21] Ich habe zur Illustration den Extremfall gewählt, in dem es um "Sein oder Nicht-Sein" der Konkurrenten geht. In der biologischen Evolutionstheorie geht es aber i.a. nicht ums "Ganze", sondern allgemeiner um den unterschiedlichen Fortpflanzungserfolg der Konkurrenten (s.u.).

für die Kanalisierung der Evolution wichtigere Rolle, so wird Konkurrenz in ihrer Bedeutung für die Ausrichtung evolutiver Trends zurückgedrängt. Über die Dauerhaftigkeit eines modifizierten (mutierten) Organismus entscheidet oft bereits die geglückte oder mißglückte Embryonalentwicklung, in der hauptsächlich die konstitutiven Relationen zwischen Teilsystemen des Prozeßsystems (die "internal constraints") zum Tragen kommen, da für diese Phase der Entwicklung nur wenige Allokonstituenten wirksam werden müssen (im Ei sind beispielsweise oft alle für die Frühentwicklung benötigten Nährstoffe gespeichert).

Zum dritten ist die Kennzeichnung evolutiver Veränderung als "Anpassung" oder "Adaptation" problematisch. Mit "Anpassung" will man im allgemeinen die Kanalisierung der Evolution eines Prozeßsystems durch äußere Umweltsysteme (Allokonstituenten) beschreiben, wobei konstitutive Relationen zwischen den Teilsystemen (Autokonstituenten) vernachlässigt werden. Die Vernachlässigung autokonstitutiver ("interner") Faktoren wurde bereits oben kritisiert. Gegen den Adaptationismus ist aber fernerhin einzuwenden, daß er die Offenheit der Zukunft vernachlässigt und übersieht, daß für ein komplexes heterogenetisches System in seiner Umgebung stets viele alternative evolutive Wege offenstehen. Spricht man von An-Passung, so suggeriert man, die Umgebung schreibe dem Prozeßsystem mehr oder weniger die Richtung seiner zukünftigen Entwicklung vor - nur solche Prozeßsysteme, die an ihre Umgebung angepaßt seien, könnten überleben. Ich habe oben dargelegt (vgl. das "Tigerbeispiel" in Kap. 7.2) warum das für komplexe heterogenetische Systeme nicht zutrifft. Die Umgebung erlegt *komplexen* heterogenetischen Systemen nur die eine Einschränkung auf, zyklisch *funktional* (als heterogenetisches System beständig) zu bleiben - an einen von vielen alternativen Allokonstituentenzyklen gekoppelt zu bleiben -, nicht aber, bestimmte "angepaßte" Funktionen zu erfüllen, also an *bestimmte* Allokonstituentenzyklen angekoppelt zu sein. Neue Funktionen enstehen in solchen Prozeßsystemen als Resultate der Evolution, sie sind nicht deren Voraussetzung. Die Evolution komplexer heterogenetischer Systeme ist daher *opportunistisch*, nicht "adaptiv".

Seltsamer noch ist die Rede vom "besser" oder "schlechter" Angepaßtsein verschiedener Organismen. Aus systemtheoretischer Sicht lassen sich keine Grade der Anpassung feststellen. Alle existierenden Prozeßsysteme passen in ihre komplementäre Umgebung, sofern die Umweltbedingung erfüllt bleibt. Der Stein ebenso, wie das Bakterium und der Mensch:

> "*Ein jedes Lebewesen ist prinzipiell absolut vollkommen*." Uexküll (1928), S. 205.

> "Erst wenn man die Tiere in ihr eigenes Umweltgewand kleidet, wird man gewahr, daß sie in dasselbe auf das vollkommendste eingepaßt sind." Uexküll (1922), zit.n. (1980), S. 183.

Nicht einmal bei Organismen der gleichen Art, die um dasselbe Umweltsystem u_{Pi} konkurrieren, läßt sich sinnvoll sagen, der überlegene Konkurrent sei "besser angepaßt". Wir können höchstens den Anpassungsbegriff durch den harmloseren Begriff der "Passung"[22] ersetzen und sagen, der überlegene Konkurrent "passe" in *seine* Umgebung, während der unterlegene Konkurrent in *seine* Umgebung nicht "passe". Jedes Prozeßsystem "paßt" in Umgebungen, die Element seiner korrespondierenden Umweltmenge sind und "paßt nicht" in die für es restriktiven Umgebungen:

"Sagen wir ... von etwas, daß es paßt, so bedeutet das nicht mehr und nicht weniger, als daß es den Dienst leistet, den wir uns von ihm erhoffen. Ein Schlüssel 'paßt' wenn er das Schloß aufsperrt. Das Passen beschreibt die Fähigkeit des Schlüssels nicht aber das Schloß." Glasersfeld (1981), S. 20.

Legt man allerdings den *biologischen Artbegriff* zugrunde und fragt nach der Evolution von "*Merkmalen*" (die als Konstituenten eines Prozeßsystems aufgefaßt werden können) innerhalb einer sexuellen Fortpflanzungsgemeinschaft, so kann unter Umständen der relative Fortpflanzungserfolg von Merkmalsträgern zur Quantifizierung von "Graden des Passens" bestimmter Merkmale dienen. Aufgrund der ständigen Rekombination von intraspezifisch variablen Merkmalen können sich zwar Merkmale über Generationen hinweg durchsetzen, ohne daß aber bestimmte Merkmalsgefüge (Organismen) in ihrer Identität erhalten bleiben. Deshalb können Grade der "Passung" auch nur für Merkmale (Konstituenten), nicht aber für Individuen ermittelt werden. Es bleibt auch in diesem Fall tautologisch, "besseres Passen" als Ursache für erhöhten Fortpflanzungserfolg anzuführen, da "besseres Passen" gerade durch erhöhten Fortpflanzungserfolg definiert wird.

Ausgehend von der Kritik am Adaptationismus, möchte ich an dieser Stelle auf die bereits in Kap. 6.1 angeschnittene Teleonomiediskussion zurückkommen und die Frage stellen, inwiefern Evolution ein "erkenntnisgewinnender Prozeß" ist. Faßt man die Evolution eines Prozeßsystems als zunehmend bessere Anpassung an seine Umgebung auf, so liegt folgender Gedanke nahe: Je besser ein Prozeßsystem an die Umgebung angepaßt ist, desto besser findet es sich in seiner Umgebung zurecht, desto eher kann es Umweltsysteme und restriktive Umgebungssysteme antizipieren, desto mehr "weiß" es also über diese Umgebung. Im Prozeß der Anpassung an die Umgebung werde, so wird behauptet, Wissen über die Umgebung erworben, Information "aus der Umwelt extrahiert"[23]:

"Geeigneter oder tüchtiger ist immer jenes System, dessen Eigenschaften den herrschenden Gesetzmäßigkeiten am besten entsprechen. Das Überleben, der Bestand der lebenden Systeme, muß daher durch Versuch und Irrtum zu einer fortschreitenden Extraktion oder Nachbildung der sie umgebenden Naturgesetze führen ... Die für den Lebenserfolg entscheidenden Gesetzmäßigkeiten des Milieus werden durch Versuch und Irrtum nachgebildet, dem Erbmaterial kodiert eingebaut und von dessen

---

22 Auch Lorenz (1941), S. 98 und Vollmer (1983), S. 97 ff schlagen vor, von Passen oder Passung statt von Anpassung zu sprechen. Trotzdem sind beide dem "adaptationistischen" Lager zuzurechnen, was sich in ihrer Verteidigung der "evolutionären Erkenntnistheorie" (s.u.) niederschlägt. Glasersfeld (1981), S. 19 kommt mit seiner Unterscheidung von "Passen" und "Stimmen" der von mir vertretenen Auffassung am nächsten. Vgl. auch Uexkülls "Einpassung" (1928, S. 318).

23 Vgl. hierzu Lorenz (1973), S. 35 ff, Kaspar (1980), Wuketits (1982). Ayala (1974), S. 349 f definiert "evolutiven Fortschritt" als "increase in the ability to gather and process information about the environment.".

Aufbau- und Betriebsanleitungen in Raum- und Zeitstrukturen wieder ausgeformt ... [Das Prinzip] besteht darin, daß Schicht auf Schicht, mit der Entwicklung von Reizleitung, Nervensystem, Gehirn, Fernsinnesorganen und Großhirn, immer umfassendere Erbprogramme die Gesetzlichkeit immer weiterer Ausschnitte dieser Welt extrahieren, speichern und zweckvoll wiedergeben." Riedl (1979), S. 25-27.

Wir haben aber gesehen, daß schon die Voraussetzung dieser These - die zunehmend bessere Anpassung von Prozeßsystemen an ihre Umgebung - aus systemtheoretischer Sicht falsch ist. Trotzdem lassen sich Trends, läßt sich, wenn man so will, ein "Fortschritt" in der Stammesgeschichte der Organismen erkennen. Kann man aber legitim behaupten, in ihm werde "Wissen" über eine Umgebung erworben? Der Fortschritt in der Evolution ist als *Komplexitätszunahme* heterogenetischer Systeme charakterisierbar, der zunehmenden Erweiterung des Bereiches alternativer Umweltinteraktionen (alternativer Allokonstituentenzyklen), die vor allem bei den Tieren mit einer starken Ausbildung des Nervensystems einherging, das geradezu als Organ der Komplexität bezeichnet werden kann (s.u.):

"Seen in retrospect, evolution as a whole undoubtedly had a general direction, from simple to complex, from dependence to relative independence of the environment, to greater and greater autonomy of individuals, greater and greater development of sense organs and nervous systems ... You can call this direction progress or by some other name ..." Dobzhansky (1974), S. 311.

Zwar findet diese Komplexitätszunahme keineswegs in allen Zweigen des genealogischen "Baumes" statt, als der sich die Stammesgeschichte der Organismen darstellen läßt. In vielen Zweigen finden wir eine reiche Auffächerung von Formen, die sich weniger durch ihre Komplexität als durch ihre unterschiedliche Spezialisierung voneinander unterscheiden. In unzähligen anderen Zweigen hat die Komplexität im Laufe der Stammesgeschichte sogar abgenommen. Paradebeispiele für eine solche Komplexitätsabnahme sind Parasiten und Symbionten. Aber auch ganze oft artenreiche Tierklassen, wie etwa die Amphibien, können sekundär simplifiziert sein[24]. Trotzdem läßt sich ein Trend zu zunehmender Komplexität insofern erkennen, als mit Ablauf der Stammesgeschichte zunehmend komplexere Formen auftreten. Damit wird natürlich keineswegs gesagt, *alle* stammesgeschichtlich jüngeren Formen seien jeweils komplexer als ihre Vorgänger.

Schon Bertalanffy (1969, S. 67) hat erkannt, daß dieser Trend zu zunehmender Komplexität *nicht* mit Adaptation erklärt werden kann - jeder Versuch die Dauerhaftigkeit eines Prozeßsystems mit seiner Angepaßtheit zu erklären ist als tautologisch zu verwerfen - und eine systemtheoretische Deutung gefordert. Ich möchte nur ganz kurz die Richtung angeben, in die eine systemtheoretische Erklärung der evolutiven Komplexitätszunahme von Organismen gehen könnte. Zwei Voraussetzungen sollten erfüllt sein. Erstens, Organismen müssen sich vermehren können und ihre Nachkommen müssen unabhängig voneinander modifizierbar (mutierbar) sein. Zweitens, Organismen sollten im allgemeinen von anderen Organismen als Umweltsystemen

---

[24] Vgl. hierzu Wake and Roth (1989), Roth et al. (1992) und Roth et al. (im Druck).

(Allokonstituenten) abhängig sein, sei es, um sich zu ernähren, sei es, um sich fortzupflanzen, sei es, um Feinde zu vermeiden. Die zweite Bedingung bringt mit sich, daß ein Organismus A an einen anderen Organismus B, der eines seiner Umweltsysteme darstellt, mehr oder weniger streng gekoppelt ist. Damit A seine zyklische Zustandssequenz durchlaufen kann, muß er an einen Allokonstituentenzyklus gekoppelt sein; in diesem spielt der Organismus B eine wichtige Rolle. B ist seinerseits als heterogenetisches System an einen Allokonstituentenzyklus gekoppelt. Damit A mit B in seiner Umwelt "rechnen" kann, muß A indirekt an den Allokonstituentenzyklus von B gekoppelt sein, damit er *seinen eigenen* Allokonstituentenzyklus, in dem aber außer B und dessen Allokonstituentenzyklus auch noch andere Allokonstituenten eine Rolle spielen, vollenden kann. Auf diese Weise können Organismen immer komplexer werden, je mehr verschiedene Organismen (als potentielle Allokonstituenten) es bereits gibt. Es besteht dann die Möglichkeit (aber kein "Zwang"), in einer zunehmend komplexeren Umwelt zu überdauern. Komplexitätszunahme ist also ein selbstorganisierender Prozeß, der durch die *Koevolution* von Prozeßsystemen in Gang gehalten wird. Je vielfältiger die Welt ist, desto komplexere Prozeßsysteme können in ihr existieren, desto vielfältiger wird die Welt usw.[25].

Kann aber Komplexitätszunahme als "Erkenntnisgewinn" oder "Wissenserwerb" umschrieben werden? Das hängt von unseren Anforderungen ab, die wir an "Wissen" stellen. Wird "Wissen" als die Erkenntnis einer vom wissenden Prozeßsystem (Subjekt) unabhängigen Welt aufgefaßt, dann gibt es in der Systemtheorie keine wissenden Prozeßsysteme und keinen Wissenserwerb. Der einzige "objektive" Maßstab für die Adäquatheit, für die "objektive" Wahrheit solchen Wissens könnte ja die Dauerhaftigkeit der betreffenden Prozeßsysteme in der Welt sein. Alle Prozeßsysteme gleichen Autonomiegrades wissen, legt man diesen Maßstab zugrunde, aber gleich viel von der Welt; es ist also sinnlos von einem Wissenserwerb in der Evolution zu sprechen (Atome, mit ihrem respektablen Grad an Autonomie wären dann wesentlich schlauer als wir, und Elementarteilchen, die sogar Hiroshima überlebten, repräsentierten gar den Gipfel an Weisheit).

Wollen wir aber nicht schlechterdings auf den Begriff des "Wissens" verzichten, so brauchen wir "Wissen" nicht als die Erkenntnis einer unabhängigen Welt aufzufassen, sondern können es als Maß für die *Komplexität* der Umweltinteraktionen eines Prozeßsystems konstruieren. In diesem Sinne gibt es Wissenserwerb (Komplexitätszunahme) in der Evolution eines Prozeßsystems. Ein konkretes Prozeßsystem erwirbt

---

[25] So ähnlich wird die Komplexifizierung lebender Systeme durch das von Ballmer und Weizsäcker (1974), S. 255 ff vorgeschlagene Modell des "Ultrazyklus" erklärt, der eine positive Rückkopplung der Koevolution ökologischer Nischen beschreibt (vgl. auch Jantsch (1979), S. 268 ff). Der Ultrazyklus kann auch als allgemeines Modell für Lernprozesse dienen: "Lernen beruht nicht auf der Einschleusung von Fremdwissen in ein System, sondern auf der Mobilisierung von Prozessen, die dem lernenden System selbst inhärent sind ... Lernen kann allgemein als die Koevolution von erfahrungsbildenden Systemen bezeichnet werden." Jantsch (1979), S. 269. Auch der Lernvorgang wäre somit als "Fortschritt" durch Komplexitätszunahme, nicht durch Adaptation (s.u.) zu beschreiben.

im Zuge komplexitätssteigernder Veränderung Wissen über seine eigene komplementäre Umwelt, nicht über eine "systemunabhängige Welt". Uexküll hat das in einer geistreichen Verkehrung des bekannten Goethe-Zitats ausgedrückt:

> "Wär' nicht die Sonne augenhaft,
> An keinem Himmel könnte sie erstrahlen." Uexküll (1940), S. 158.

Keine zwei unterscheidbaren konkreten Prozeßsysteme leben in der gleichen Umwelt, d.h. keine zwei solchen Prozeßsysteme wissen etwas über die gleiche Welt. Nur durch kommunikative Kopplung von Prozeßsystemen (s.u.) kann ein konsensueller Bereich, eine "intersubjektiv wißbare Welt" entstehen.

Aus den angeführten Gründen ist auch eine "evolutionäre Erkenntnistheorie" verfehlt, wenn sie glaubt, begründen zu können, im Verlauf der Evolution werde eine systemunabhängige absolute Welt zunehmend besser erkannt und die menschlichen "Anschauungs- und Verstandesformen" könnten uns daher die Welt - abgesehen von einigen evolutionär bedingten Unvollkommenheiten - so zeigen, wie sie "tatsächlich" ist:

> "Selbst die kleinste Einzelheit der Erscheinungswelt, die uns von den angeborenen Arbeitshypothesen unserer Anschauungs- und Denkformen 'vorgespiegelt' wird, ist deshalb tatsächlich ein Spiegelbild einer realen Gegebenheit, weil die apriorischen Vorformungen der Erscheinung zu dem, was sie wiedergeben, in jenem Verhältnis der Entsprechung stehen, die zwischen Organ und Außenwelt auch sonst besteht ..." Lorenz (1941), S. 111.

> *"Unser Erkenntnisapparat ist ein Ergebnis der Evolution. Die subjektiven Erkenntnisstrukturen passen auf die Welt, weil sie sich im Laufe der Evolution in Anpassung an diese reale Welt herausgebildet haben. Und sie stimmen mit den realen Strukturen (teilweise) überein, weil nur eine solche Übereinstimmung das Überleben ermöglichte."* Vollmer (1983), S. 102[26].

Solche Argumente beruhen auf einem naiven Adaptationismus, der sowohl empirisch als auch systemtheoretisch betrachtet fraglich bleibt (s.o.) - was soll etwa mit Vollmers "Übereinstimmung" gemeint sein? Die Schwierigkeiten der evolutionären Erkenntnistheorie tauchen in einer konstruktivistischen Kognitionstheorie, die sich auf systemtheoretische Erwägungen stützt, nicht auf. Ich werde anschließend (Kap. 7.4.2) die Grundzüge einer solchen Kognitionstheorie vorstellen.

---

[26] Vollmer (1983) spricht von einer "projektiven Erkenntnistheorie" und behauptet, es bestehe eine "partielle Isomorphie" von Bild und Original (S. 122). Ähnlich drückt sich Mohr (1983), S. 227 f. aus. Vgl. auch schon Simpson (1963), S. 84 und Lorenz (1973). Die evolutionäre Erkenntnistheorie geht noch in einer anderen Hinsicht fehl (diesen Fehler begehen allerdings in ähnlicher Weise Konstruktivisten wie z.B. Maturana): Sie glaubt, aus der uns zugänglichen Welt Aussagen darüber ableiten zu können, wie wir als Beobachter eben diese Welt "transzendental" konstituieren. Der sogenannte "hypothetische Realismus" postuliert die Existenz einer "bewußtseinsunabhängigen Außenwelt"; diese soll es sein, an die wir uns im Laufe der Evolution angepaßt haben (z.B. Vollmer (1983), S. 34). Die Argumente, die gegen eine solche Position sprechen, habe ich im Kap. 3 ausführlich dargelegt.

7.4 Kopplung und Koevolution von Prozeßsystemen.

Gekoppelte Prozeßsysteme *koevolvieren*. Je enger zwei Prozeßsysteme aneinander gekoppelt sind, desto stärker kanalisieren sie wechselseitig ihre zukünftige Geschichte oder Evolution (vgl. Kap. 7.1)[27]. Das wird am Beispiel nicht-autonomer Teilsysteme eines heterogenetischen Systems (Organe eines Organismus) besonders deutlich, gilt aber natürlich für die Evolution von Prozeßsystemen allgemein, da sich aufgrund der Komplementarität von Prozeßsystem und Umgebung genaugenommen kein Prozeßsystem ändern kann, ohne daß sich alle anderen Prozeßsysteme ändern. Werden die veränderten benachbarten Prozeßsysteme nicht zerstört, so koevolvieren sie. Evolution eines Prozeßsystems ist daher immer *Koevolution* mit allen benachbarten Prozeßsysteme, die in seiner Umwelt auftreten. Eine erkennbar korrelierte Koevolution von Prozeßsystemen findet aber nur dann statt, wenn ein Prozeßsystem Allokonstituent für ein anderes ist, insbesondere bei strenger reziproker Kopplung beider Prozeßsysteme. Ich darf in Erinnerung rufen, daß sich die Organisationen zweier Prozeßsysteme bei Kopplung überlappen, selbst wenn die limitierten Prozeßsysteme einander benachbart sind. Anders ausgedrückt *impliziert* die Organisation eines Prozeßsystems eine Organisation der Umweltsysteme, an die es gekoppelt ist, die umso spezifischer ist, je strenger die Kopplung ist.

Alle lebendigen Systeme auf unserer Erde sind mehr oder weniger direkt untereinander und mit einigen abiotischen Umweltsystemen gekoppelt und koevolvieren. Margulis und Lovelock (1974)[28] haben mit ihrer sogenannten *Gaia-Hypothese* vorgeschlagen, die gesamte Ökosphäre als einen immensen Organismus zu betrachten, der unter Beteiligung aller auf der Erde lebenden Organismen und abiotischer Faktoren - vor allem atmosphärischer Gase - eine zyklische Zustandssequenz durchläuft. Die Evolution der Lebewesen auf der Erde kann dann auch als Geschichte des Gaia-Systems gedeutet werden. Es ist allerdings zu bedenken, daß das Gaia-System dem autogenetischen Integralsystem aller Organismen schon recht nahe kommt und nur an die Sonneneinstrahlung gekoppelt ist, an diese aber streng. Die Analogie mit einem Organismus, der ein komplexes heterogenetisches System darstellt, hinkt also etwas. In Jantschs Buch (1979) findet man einen großangelegten Versuch, die Evolution des Universums als Koevolution der in ihm enthaltenen Prozeßsysteme zu deuten. Die Komplexitätszunahme der interagierenden Prozeßsysteme kann als Resultat einer solchen Koevolution verstanden werden (s.o.)[29].

---

[27] Zum Thema Kopplung vgl. Kap. 5.2. Vgl. auch Maturanas "strukturelle Kopplung"; etwa in Maturana (1975), S. 145 f, Maturana und Varela (1975), S. 211 ff, Maturana and Varela (1987), S. 74 ff.

[28] Zit. n. Jantsch (1979), S. 168. Vgl. auch Lovelock (1979), insb. S. 64 ff.

[29] Jantsch spricht leider an einigen Stellen etwas irreführend von der Koevolution von Mikro- und Makrokosmos (z.B. S. 141), statt von der Koevolution eines Prozeßsystems mit den Prozeßsystemen seiner Umwelt. Erst die zunehmende Kopplung von Prozeßsystemen im Laufe ihrer Evolution macht es möglich, Prozeßsysteme auf mehreren semantischen Ebenen zu betrachten, Evolution in toto kann daher auch als ein Prozeß der Ausbildung neuer semantischer Ebenen charakterisiert werden (Jantsch (1979),

Unter dem Gesichtspunkt der Koevolution lassen sich einige Phänomene der Interaktion zwischen Prozeßsystemen in einem neuen Licht betrachten. Vier solche Phänomene - Konkurrenz, Koevolution (i.e.S.), Kognition und Kommunikation - möchte ich kurz ansprechen. Eine ausführlichere systemtheoretische Analyse würde den Rahmen dieser Arbeit sprengen und müßte verstärkt auf Ergebnisse empirischer Forschung zurückgreifen.

7.4.1 Konkurrenz und Koevolution.

Wie *Konkurrenz* systemtheoretisch interpretiert werden muß, wurde bereits kurz dargelegt. Konkurrenzphänomene sind Phänomene mehr oder weniger direkter Kopplung zweier heterogenetischer Systeme über ein Umgebungssystem, das Allokonstituent beider Prozeßsysteme ist und dessen Verfügbarkeit für jedes der beiden Prozeßsysteme daher von der Interaktion mit dem jeweils anderen negativ beeinflußt wird. "Konkurrenz" ist leider ein stark von anthropomorphen Konnotationen belasteter Begriff. Wann spricht man von "Konkurrenz" anstatt von "Koevolution" von Prozeßsystemen? Offenbar nur dann, wenn einem der interagierenden Prozeßsysteme durch die Interaktion ein "Schaden" erwächst. Das einzige eindeutige systemtheoretische, nicht anthropomorphe Kriterium für "Schädlichkeit" wäre aber die Zerstörung des Prozeßsystems[30]. Prozeßsysteme, die koexistieren können, ohne sich zu zerstören, werden daher besser als "koevolvierend" beschrieben und nicht als "konkurrierend".

Von *Koevolution* zweier Prozeßsysteme in einem engeren Sinne des Wortes können wir bei strenger reziproker Kopplung der Prozeßsysteme sprechen, also dann, wenn diese Prozeßsysteme wechselseitig Allokonstituenten füreinander darstellen, an die sie streng gekoppelt sind. Die Autonomie beider Prozeßsysteme hängt in diesem Fall zusammen. Aus unzähligen Beispielen, die sich hierfür finden ließen, will ich nur einige wenige herausgreifen. Die Koevolution von Raubtieren und ihren Beutetieren (für die der Räuber als "Fluchtauslöser", der eine Vermeidereaktion auslöst, Allokonstituent ist; vgl. Kap. 6.1) wäre hier zu nennen (eine strenge Kopplung besteht jedoch nur dann, wenn das Raubtier auf nur eine oder sehr wenige Beutetierarten angewiesen ist). Noch strenger sind etwa Blütenpflanzen und ihre Bestäuber, Parasiten und ihre Wirte (für die der Parasit ein Allokonstituent ist, der Abwehrmechanismen z.B. durch das Immunsystem auslöst) und einige Symbionten (z.B. Algen und Pilze in Flechten) untereinander gekoppelt. Sind zwei komplexe heterogenetische Systeme streng aneinander gekoppelt und in ihrer Autonomie aufeinander angewiesen

---

S. 298)

[30] In der biologischen Evolutionstheorie tritt "verringerter Fortpflanzungserfolg" an dessen Stelle, ein Kriterium, das sich anbietet, wenn man den biologischen Artbegriff zugrunde legt und nach der Evolution von Merkmalen innerhalb biologischer Arten fragt (vgl. Kap. 7.3). Auf diese spezifisch biologische Fragestellung, die es erlaubt, der Rede von *intra*spezifischer Konkurrenz (nicht aber von interspezifischer Konkurrenz) einen definierten Sinn zu geben, soll hier nicht näher eingegangen werden.

(komplex können sie trotzdem hinsichtlich der Interaktionen mit anderen Umweltsystemen sein), so kanalisieren sie wechselseitig ihre zukünftige Evolution. In solchen Fällen treten klassische allerdings wechselseitige "Adaptationsphänomene" auf: Die Richtung evolutiver Veränderung der beiden heterogenetischen Systeme wird durch das jeweils andere System, an das sie streng gekoppelt sind, kanalisiert.

Im Verlauf der Evolution können solche Kopplungen allmählich gelöst oder aber verstärkt werden. Unter Umständen werden verschiedene heterogenetische Systeme so stark untereinander gekoppelt, daß ihre wechselseitigen Interaktionen zyklisch rekurrieren und als ein heterogenetisches System höherer Ordnung beschrieben werden können. So läßt sich beispielsweise das Entstehen mehrzelliger Organismen aus einzelligen Organismen verstehen[31]. Gesellschaften oder Ökosysteme können vielleicht (insofern sie als zyklisch beschrieben werden können) als heterogenetische Systeme noch höherer Ordnung aufgefaßt werden (s.u.).

7.4.2 Kognition und Kommunikation.

Kognition kann ebenfalls als Phänomen der Kopplung von Prozeßsystemen verstanden werden. Mit "Kognition" wird nichts anderes beschrieben als die Kopplung *komplexer* heterogenetischer Systeme an ihre Umweltsysteme (Allokonstituenten). Komplexe heterogenetische Systeme müssen sich an viele alternative Allokonstituentenzyklen ankoppeln können, um dauerhaft zu bestehen. Sie sind daher an keinen einzelnen Allokonstituentenzyklus streng gekoppelt. Alle Lebewesen müssen zu den mehr oder weniger komplexen heterogenetischen Systemen gerechnet werden; aber erst mit Ausbildung und zunehmender Differenzierung des Nervensystems findet eine Explosion von Komplexität im Tierreich statt:

> "Für ein lebendes System bedeutet Leben Kognition, und sein kognitiver Bereich ist deckungsgleich mit dem Bereich seiner autopoietisch möglichen Zustände. Das Vorhandensein eines Nervensystems in einem Organismus schafft nicht das Phänomen der Kognition, sondern erweitert den kognitiven Bereich des Organismus, indem es dessen Bereich autopoietisch möglicher Zustände ausdehnt." Maturana (1978), S. 101[32].

Das Nervensystem kann in unzähligen verschiedenen Zuständen - Zuständen relativer neuronaler Aktivität - existieren und erweitert die Anzahl von Möglichkeiten eines lebenden heterogenetischen Systems, alternative zyklische Zustandssequenzen zu

---

[31] Vgl. Maturana und Varela (1975), S. 211 ff; Maturana and Varela (1987), S. 74 ff.

[32] Vgl. auch Maturana (1970), S. 39 ff; Maturana (1978), S. 114. Die folgenden Ausführungen schließen an verschiedene, im weiten Sinne konstruktivistische Kognitionstheoretiker wie Maturana, Varela, von Foerster, Glasersfeld und Roth an, ohne daß auf Gemeinsamkeiten und Unterschiede ihrer jeweiligen Theorien hier näher eingegangen werden kann. Zur Diskussion von Detailfragen sei der Leser auf die einschlägige Literatur verwiesen (z.B. Maturana (1982; gesammelte Aufsätze), Maturana and Varela (1987), Watzlawick (1986), Roth (1985), Schmidt (1987)). Viele der zentralen Gedanken des Konstruktivismus finden sich bereits bei Piaget (vgl. etwa Piaget (1967), S. 205 ff.).

durchlaufen und sich an alternative Allokonstituentenzyklen anzukoppeln. Es erweitert somit die Interaktionsmöglichkeiten eines Prozeßsystems mit seiner Umwelt, die zur Erhaltung von dessen Identität beitragen. Der so definierte Interaktionsbereich mit der Umwelt - der eine Menge von Zustandszyklen und eine komplementäre Menge alternativer Allokonstituentenzyklen festlegt - wird von Maturana seit seinem bahnbrechenden Aufsatz "Biologie der Kognition" (1970) auch als "kognitiver Bereich" des Organismus (bzw. des heterogenetischen Systems) bezeichnet[33].

Das Nervensystem ist in seiner Autonomie an die übrigen Organe des Körpers eines Organismus gekoppelt, ist also selbst nicht autonom. Da es aber dasjenige Organ ist, welches in unzähligen Zuständen existieren kann und daher die Kooperation aller Organe, sich selbst eingeschlossen, in Abhängigkeit von den konkret vorliegenden Umweltsystemen koordiniert, kann das Nervensystem geradezu als das Organ der Komplexität bezeichnet werden[34].

Das Nervensystem gibt ein Paradebeispiel für ein operational relativ abgeschlossenes Prozeßsystem ab. Das heißt, es läßt sich als ein relativ unabhängiger eingeschränkter Wirkungszusammenhang von Erregungsrelationen (vgl. Kap. 4.2 und 6.3) auffassen, die sich in Abhängigkeit voneinander regelhaft verändern. Das Nervensystem ist operational abgeschlossen, weil es zum einen Relationen zwischen den Teilsystemen (Nervenzellen) des Prozeßsystems gibt, die für dieses heterogenetische System kennzeichnend sind - Relationen neurochemisch vermittelter elektrischer Erregung -, und sich zum anderen die Erregungsrelationen im wesentlichen in Abhängigkeit von Erregungsrelationen ändern. Die charakteristischen Interaktionen von Nervenzellen bestehen in der Transmission und "Verrechnung" solcher Erregungszustände. Anderes als neurochemisch vermittelte elektrische Erregung "gibt" es "für das" Nervensystem sozusagen nicht.

Es ist daran zu erinnern, daß einer erregten Nervenzelle selbst nicht anzusehen ist, durch was sie erregt wurde. Die "Interpretation" der Erregung einer Nervenzelle hängt also vollkommen vom Kontext der Nervenzellen, mit denen sie verknüpft ist, und deren Erregungszustand ab[35]. Dies ist kognitionstheoretisch bedeutsam, da es der

---

[33] Aussagen über kognitive, "mentale" oder "geistige" Phänomene können deshalb als Aussagen über den Interaktionszusammenhang zwischen einem Prozeßsystem und seiner Umwelt rekonstruiert werden, die jeweils bestimmte Mengen interaktiver Situationen (Teilmengen der Identitätsmenge) umschreiben (das darf nicht behavioristisch mißverstanden werden: Der Behaviorismus kennt nur einfache Zuordnungen von Reiz und Reaktion und kapituliert vor der Komplexität des Verhaltens). Der "immaterielle" Charakter des "Geistigen" liegt nicht an seiner Zugehörigkeit zu einer "anderen Welt", sondern im ungegenständlichen ("unfaßbaren") Charakter der so umschriebenen Mengen, die Organisationen, also Gefüge interaktiver Relationen zwischen Auto- und Allokonstituenten, festlegen, welche nicht als "Gegenstände" oder "Dinge" interpretiert werden (etwa weil sie nicht invariant genug sind).

[34] Hieraus kann nicht geschlossen werden, daß doch eine Kontrollhierarchie zwischen den Teilsystemen eines heterogenetischen Systems besteht, denn die Aufrechterhaltung der zyklischen Dynamik des Nervensystems hängt von seinen Interaktionen mit den systeminternen (andere Organe) und systemexternen Allokonstituenten ab. Das Nervensystem ist "Koordinator", nicht "Steuermann".

[35] Foerster (1973, S. 43) nennt dies das "Prinzip der undifferenzierten Codierung", die

repräsentationistischen Metapher, das Gehirn spiegele die Welt wider, so wie sie tatsächlich sei, jeden Wind aus den Segeln nimmt. Die einzigen Unterschiede, die "für das" Nervensystem existieren, sind Unterschiede relativer Aktivität zwischen Populationen miteinander verknüpfter Nervenzellen. Erregungszustände von Nervenzellen werden vor allem durch die Erregungszustände derjenigen Nervenzellen, mit denen sie kontextuell verknüpft sind, modifiziert und nur in einem geringen Ausmaß auch durch Erregungszustände von Rezeptorzellen (Lichtsinneszellen etc.) beeinflußt, wenn sie "peripher" liegen. Faßt man die Synapsen - die Kontaktstellen zwischen den Nervenzellen - als "interne Rezeptoren" auf, so ist - wie Foerster (1973, S. 51) ausgerechnet hat - unser Nervensystem 100.000 mal empfindlicher für Änderungen der internen Umwelt als für Änderungen der externen Umwelt. Das heißt, der gegenwärtige Erregungszustand des Nervensystems hängt weitgehend vom vorherigen Erregungszustand des Nervensystems ab und wird nur geringfügig durch externe Einflüsse modifiziert: "In diesem Sinne ist unser Gedächtnis ... unser wichtigstes Sinnesorgan." (Roth, (1985), S. 239). Die Bedeutung bzw. Funktion eines Erregungszustandes in einem Areal (Teilsystem) des Nervensystems hängt entscheidend von den Erregungszuständen benachbarter Areale ab, ist also extrem kontextabhängig. Roth spricht deshalb von der Selbstexplikativität (semantischen Selbstreferentialität) des Nervensystems[36]. Prinzipiell sind selbstreferentielle Systeme immer dann selbstexplikativ, wenn die Bedeutung bzw. Funktion eines Teilsystems für ein Prozeßsystem sich je nach Kontext stark unterscheidet. Im Nervensystem ist die kontextuelle Komponente natürlich essentiell. Lokale neuronale Zustände sind praktisch ununterscheidbar, spielen aber je nach dem Kontext der Erregungszustände umgebender Areale vollkommen verschiedene Rollen für das Generieren nachfolgender Erregungszustände (und somit letzten Endes für die Verhaltenskoordination des Organismus). Der Erregungszustand einer Nervenzelle kann unter Vorbehalten mit einem Elementarprozeß verglichen werden, der in seiner Individualität vollkommen durch externe Relationen bestimmt ist, die sich in Abhängigkeit von anderen Relationen ändern. Nur deshalb kann man ja sinnvoll von einem eingeschränkten Wirkungszusammenhang mit (relativer) "operationaler Abgeschlossenheit" reden[37].

Die Erregungszustände des Nervensystems werden natürlich durch sensorische Er-

---

Erregungszustände einer Nervenzelle können nur die Intensität, nicht aber die Qualität eines Reizes codieren. Diese Einsicht geht schon auf Johannes Müller (einen Physiologen der ersten Hälfte des 19.Jhdt.) zurück, der erkannt hat, wie entscheidend der Kontext, in dem eine erregte Sinnes- bzw. Nervenzelle steht, für die Interpretation der Erregung ist: Ein Faustschlag aufs Auge, also eine grob mechanische Reizung desselben, hat eine visuelle Wahrnehmung zur Folge, man "sieht Sterne". Vgl. auch Uexküll (1928), S. 174 ff, der sich auf Müller beruft.

[36] Roth (1984), S. 241, (1985), S. 237.

[37] Foerster (1973), S. 46 spricht in diesem Zusammenhang von "rekursiven Errechnungen von Errechnungen" im Nervensystem, Maturana (1970), S. 48 von "Verkörperung" bzw. "Repräsentation" eines Erregungszustandes durch seinen Folgezustand. Vgl. zum Thema operationale Abgeschlossenheit des Nervensystems auch Maturana (1978), S. 98; Maturana and Varela (1987), S. 164; Roth (1987), S. 266 ff.

regung von organismusinternen und -externen Allokonstituenten beeinflußt. Das Nervensystem seinerseits kann motorische Erregung an Muskeln etc. weiterleiten und auf diese Weise das Verhalten des Organismus in seiner Umwelt beeinflussen. Die derart modifizierten Umweltinteraktionen haben modifizierte sensorische Erregungen zur Folge, so daß letztenendes die Erregungszustände des Nervensystems via Umwelt sich selbst modifizieren. Dabei muß das Nervensystem, wie jedes komplexe heterogenetische System, eine von vielen zyklischen Zustandssequenzen durchlaufen, um seine Identität (und das beinhaltet: die Identität des Organismus, an den es gekoppelt ist) zu erhalten. Nur solche heterogenetischen Systeme sind dauerhaft, deren Nervensystem ihre Umweltinteraktionen so koordiniert, daß sie und somit auch ihr Nervensystem zyklische Zustandssequenzen durchlaufen:

> "Das Nervensystem ist anatomisch und funktional so organisiert, daß es bestimmte Relationen zwischen den Rezeptor- und Effektoroberflächen des Organismus konstant hält. Nur auf diese Weise kann der Organismus seine Identität erhalten." Maturana (1970), S. 70 f[38].

Die Zyklizität der Zustandssequenzen (und das heißt: die relative Konstanz der Erregungsrelationen - diese halten sich ja in einem beschränkten, systemdefinierenden Wertebereich) bildet sozusagen das selbststabilisierende, da selbst-re-produzierende Erfolgskriterium der Operation des Nervensystems. Am Rande sei darauf hingewiesen, daß sich diesbezüglich Computer und Nervensysteme in analoger Weise unterscheiden wie Maschinen und Lebewesen (vgl. Kap. 6.1). Computer weisen - im Gegensatz zu Nervensystemen - ihren eigenen Zuständen nicht ausschließlich intern, kontextuell Bedeutung für die Aufrechterhaltung ihrer Identität zu, sondern sind an kognitive Systeme (Menschen mit ihren Gehirnen) in *nicht-reziproker* Weise streng gekoppelt[39]:

> "the significance of what is stored in the machine is externally attributed." Winograd and Flores (1986), S. 86.

Die Zustände des Computers dienen nicht der dauerhaften Aufrechterhaltung des Computers, haben also für den Computer keine direkte Bedeutung, sondern sind für den Benutzer des Computers bedeutsam, dessen Komplexität sie erweitern und der auch dafür Sorge trägt, daß der Computer durch Bau, Wartung und Reparatur seine Identität erhält (nur in diesem Kontext von Interaktionen mit dem Menschen sind die Zustände des Computers für diesen bedeutsam). Aus dieser Einsicht heraus ist in den letzten Jahren verstärkt Kritik an unhaltbaren Visionen der "Künstlichen Intelligenz" ("artificial intelligence") laut geworden, die ein nicht zu fernes Utopia schon mit Computern und Robotern von übermenschlicher (und trotzdem vom Menschen steu-

---

[38] Das hat schon Uexküll in seiner Lehre von den Funktionskreisen erkannt ("Das Wirkmal löscht das Merkmal aus"). Vgl. etwa Uexküll (1928), S. 182; Uexküll und Kriszat (1934), S. 11; Plessner (1928), S. 253 und Foerster (1973), S. 56 f: "Das Nervensystem ist so organisiert - oder organisiert sich selbst so -, daß es eine stabile Wirklichkeit errechnet." (S. 57).

[39] Vgl. Roth (1985), S. 237.

erbarer) Intelligenz bevölkern[40], ohne die fundamentalen Unterschiede zwischen Mensch und Computer hinsichtlich des Autonomiegrads im Blick zu behalten, ohne zu bedenken, daß Computer an Menschen in nicht-reziproker Weise streng gekoppelt sind.

Die bisherigen Ausführungen lassen ein wesentliches Merkmal des Nervensystems vollkommen außer acht, nämlich seine Fähigkeit zu lernen. Im Unterschied zur komplexen zyklischen funktionalen Dynamik von Zuständen muß es sich beim Lernen um einen *geschichtlichen* Prozeß der allmählichen Verschiebung zyklisch aufeinanderfolgender Erregungszustände unter Aufrechterhaltung funktionaler Zyklizität handeln. Lernen kann als koevolutiver Prozeß der Veränderung der Umwelt einerseits und der Veränderung des komplexen heterogenetischen Systems andererseits aufgefaßt werden,

> "Lernen ist kein Prozeß der Akkumulation von Repräsentationen der Umwelt, es ist ein kontinuierlicher Prozeß der Transformation von Verhalten durch kontinuierliche Veränderung der Fähigkeit des Nervensystems, solches Verhalten zu synthetisieren." Maturana (1970), S. 69.

Die Veränderung des Nervensystems erfolgt dabei durch "algorithmisch" beschreibbare Prozesse, die durch die Organisation dieses Prozeßsystems impliziert und mit der Veränderung dieser Organisation modifiziert werden. Nur solche lernenden Prozeßsysteme sind dauerhaft, deren lernfähige Organisation die Aufrechterhaltung einer zyklischen Zustandssequenz des modifizierten Prozeßsystems in der modifizierten Umwelt gewährleisten. Lernen durch "Versuch und Irrtum" ist ein selbstorganisierender Prozeß. "Erfolglose" Umweltinteraktionen sind solche, die nicht zu einer zyklischen Zustandssequenz des kognitiven Systems führen. Daher begegnet das "erfolglose" kognitive System nachfolgenden ähnlichen Umweltsituationen in einem veränderten Zustand. Leitet dieser veränderte Zustand im Kontext der Umweltsituation Umweltinteraktionen des Prozeßsystems ein, die diesen Ausgangszustand re-produzieren, so durchläuft das Prozeßsystem eine zyklische Zustandssequenz in Abhängigkeit von Prozeßsystemen der Umweltsituation, die somit zu Umweltsystemen (Allokonstituenten) geworden sind. Das Prozeßsystem hat gelernt und dabei seine Komplexität vergrößert. Was gelernt werden kann, hängt davon ab, was bereits "bekannt" ist, die Geschichte eines lernenden Prozeßsystems ist - wie jede Geschichte von Prozeßsystemen - geschichtsbestimmt, "weil das jeweils bereits Gemachte das einschränkt, was noch gemacht werden kann" (Glasersfeld (1981), S. 29)[41]. Insofern Erkenntnis ein Prozeß des Lernens und Lernen ein geschichtlicher Vorgang, alle Geschichte aber geschichtsbestimmt ist, ist Erkennen durch Erkennen bestimmt. Die Erkenntnisbestimmtheit der Erkenntnis soll als *hermeneutisch-konstruktives Prinzip* bezeichnet wer-

---

40 Zur Kritik solcher Utopien, wie sie z.B. von Moravec (1990, S. 32) vertreten werden, vgl. Winograd and Flores (1986), S. 97 ff. und Weizenbaum (1988, 1990). Hofstadters (1979, S. 641 ff.) skeptischer Optimismus bezüglich "artificial intelligence" nimmt den entscheidenden Unterschied zwischen Computern und Menschen - gekoppelte (abhängige) Autonomie im Gegensatz zu ungekoppelter - nicht wahr.

41 Glasersfeld (1981) beruft sich hier auf Giambattista Vico (1710).

den. Dieses erweist sich somit als Spezialfall des Prinzips der Einschränkung oder "Selektionsprinzips" für den kognitiven Bereich[42].

Wie kann in der systemtheoretischen Betrachtung von Kognition "Wissen" bestimmt werden, wann "weiß" das Nervensystem etwas von seiner Umwelt? Ich habe schon argumentiert, daß "Wissen" niemals Wissen von einer systemunabhängigen "Welt" sein kann (vgl. Kap. 7.3), alle Prozeßsysteme "wissen" von einer *solchen* "Welt" nur eines und stets das gleiche, und zwar, daß sie permissive Umgebungen für Prozeßsysteme mit ihrer jeweiligen Organisation bereitstellt. Auf die kognitiven Strukturen des Menschen angewandt:

> "Wenn nun so eine kognitive Struktur bis heute standgehalten hat, so beweist das nicht mehr und nicht weniger als eben, daß sie unter den Umständen, die wir erlebt und dadurch bestimmt haben, das geleistet hat, was wir von ihr erwarteten. Logisch betrachtet, heißt das aber keineswegs, daß wir nun wissen wie die objektive Welt beschaffen ist; es heißt lediglich, daß wir *einen* gangbaren Weg zu einem Ziel wissen, das wir unter von uns bestimmten Umständen in unserer Erlebniswelt gewählt haben." Glaserfeld (1981), S. 23.

Es gibt keine Repräsentation der "Welt", keine isomorphe "Abbildung" der Umweltsysteme im Nervensystem. Ein heterogenetisches System weiß etwas von seiner Umwelt, indem es mit Umweltsystemen so umgeht, daß es eine zyklische Zustandssequenz durchlaufen und sich nur dadurch dynamisch selbst erhalten kann. Wissen kann daher als die aktive Kopplung an einen Allokonstituentenzyklus beschrieben werden: "all knowing is doing", wie Maturana und Varela (1987, S. 166) sagen[43]. Je komplexer ein heterogenetisches System ist, desto mehr "weiß" es von *seiner* Umwelt, desto mehr alternative Interaktionen mit der Umwelt erlauben ihm, eine zyklische Zustandssequenz im Rahmen seines Identitätsbereichs zu durchlaufen. Das Nervensystem ist dasjenige Organ, das am meisten zur Komplexitätszunahme des Interaktionsbereichs von Prozeßsystem und Umwelt, das am meisten zur Distribution der Abhängigkeit auf alternative Umweltsysteme beiträgt und kann daher zu Recht als Organ der Kognition und des Wissens bezeichnet werden. Als solches ist es ein "verhaltenskoordinierendes" Organ, ein Organ, das die Dynamik der übrigen Organe des Organismus zu einer identitätserhaltenden zyklischen Zustandssequenz koordiniert. Wissen besteht also nicht in der Widerspiegelung von Umweltsystemen, sondern im komplexen heterogenetischen Umgang mit ihnen. Wahrnehmung ist daher auch nicht die Wiedergabe und Repräsentation von etwas unabhängigen Wahren, sondern die Produktion und Präsentation von Wahrheit in der Verwirklichung zyklischer heterogenetischer Organisation. Wissen besteht im "Konstruieren einer Wirklichkeit"[44], im aktiven, konstruktiven

---

42 Im Prozeß des Lernens wächst die Komplexität des Prozeßsystems. Die Kopplung lernfähiger komplexer heterogenetischer Systeme führt daher zur unaufhörlichen wechselseitigen Komplexitätszunahme, zu immer komplizierteren Interaktionsmustern der gekoppelten Prozeßsysteme. Zum Lernprozeß als komplexitätsvergrößernden Prozeß vgl. auch Fußnote 25.

43 Eine solche pragmatistische Erkenntnis- bzw. Kognitionstheorie wurde erstmals von Peirce (1878) angeregt. Vgl. auch Plessner (1928), S. 261 ff. und 293 ff. und Gehlen (1940), S. 131 ff.

44 So der berühmtgewordene Titel eines Aufsatzes von Foerster (1973). Vgl. auch Foersters überspitzt

Umgang mit der Welt:

> "cognition does not concern objects, for cognition is effective action; and as we know how we know, we bring forth ourselves." Maturana and Varela (1987), S. 244.

oder, um es mit Whitehead zu sagen:

> "Mein Prozeß, 'ich selbst zu sein', ist mein Entstehen aus meinem Besitz der Welt." Whitehead (1929), S. 164.

Die konstruktivistische Kognitionstheorie läßt sich weiter präzisieren und stellt dann eine empirisch überprüfbare (und weitgehend bewährte) auf systemtheoretischen Überlegungen fußende Theorie dar. Natürlich können wir auch menschliche Kognition aus dieser Perspektive betrachten. Allerdings muß hier eine Schwierigkeit beachtet werden, die immer dann auftaucht, wenn wir über uns selbst reden: Wir sind prinzipiell nicht in der Lage, über die "transzendentalen" Grundlagen unserer Weltkonstruktionen etwas auszusagen bzw. in der Selbstreflexion uns vollständig transparent zu werden, wie ich in Kap. 3 begründet habe. Trotzdem können wir *empirisch* Kognition - auch menschliche Kognition - erforschen, sofern sie uns als Phänomen in unserer Welt begegnet. Wir können uns auch dafür entscheiden, diese empirisch fundierte Kognitionstheorie als "Modell" für uns *selbst* und unser Verhältnis zur "Welt" als jeweils "letzte Beobachter" bzw. "transzendentale Subjekte" anzunehmen. Das bietet sich natürlich an, denn andere, mit unserer Erfahrung konsistente Vorstellungen über Kognition haben wir nicht. Wir müssen uns jedoch darüber im Klaren sein, daß diese Entscheidung prinzipiell nicht mehr empirisch zu legitimieren ist. Haben wir uns aber so entschieden, fassen wir uns *selbst* als komplexe heterogenetische Systeme auf, die die Welt konstruieren, indem sie sich selbst verwirklichen (d.h. ihre Organisation zyklisch re-produzieren), so muß uns klar sein, daß dann die uns zugängliche wirkliche Welt nichts anderes ist, als die konstruierte Wirklichkeit dieses (transzendentalen) komplexen heterogenetischen Systems:

> "Wenn wir die Welt, in der der Organismus existiert die *Realität* nennen ..., so können wir die Situation folgendermaßen beschreiben: Der reale Organismus besitzt ein Gehirn, das eine kognitive Welt erzeugt, eine *Wirklichkeit*, die aus Welt, Körper und Subjekt besteht, und zwar in der Weise, daß dieses Subjekt sich diese Welt und diesen Körper zuordnet. Dieses kognitive Subjekt ist natürlich nicht der Schöpfer der kognitiven Welt, dieser Schöpfer ist das reale Gehirn, es ist vielmehr eine Art 'Objekt' der Wahrnehmung, es erfährt und erleidet Wahrnehmung. Das reale Gehirn ist in der kognitiven Welt ebensowenig gegeben wie die Realität selbst und der reale Organismus. Die Gehirne, über die wir als Neurobiologen, Philosophen und Psychologen reden, sind natürlich Bestandteile unserer jeweiligen kognitiven Welt und haben keine engere Beziehung zu den realen Gehirnen als alles andere innerhalb der kognitiven Welt." Roth (1985), S. 240[45].

Konstruktivist sein, heißt aber keineswegs, dem Solipsismus das Wort zu reden. Selbst wenn ich mein "transzendentales Ich" als Konstrukteur meiner Wirklichkeit auffasse, so behaupte ich damit noch lange nicht - obwohl es mir freisteht, das zu

---

formulierte These "Die Umwelt, so wie wir sie wahrnehmen, ist unsere Erfindung." (S. 40).

45 Vgl. auch Roth (1992) und Roth and Schwegler (1990), S. 44 ff.

behaupten -, ich (mein "transzendentales Ich") sei *allein* auf der Welt. Da es in der uns zugänglichen Welt gekoppelte Prozeßsysteme gibt, ist nicht einzusehen, warum in der Welt des "transzendentalen" Konstrukteurs nicht das gleiche gelten soll. Und da wir in der uns zugänglichen Welt komplexe heterogenetische Systeme antreffen, die konsensuelle Bereiche "intersubjektiv" gültiger Wahrheiten gemeinsam generieren (vor allem die erfahrbare menschliche Kommunikationsgemeinschaft), wäre eine solipsistische Position keine an der empirischen Welt orientierte metaphysische Spekulation[46]. Zum Abschluß dieses Kapitels soll dieser letzte Punkt, die bisher vernachlässigte kommunikative Kopplung und Koevolution von Prozeßsystemen ganz kurz angerissen werden.

Was ist *Kommunikation*? Von Kommunikation sprechen wir nur, wenn verschiedene konkrete komplexe heterogenetische Systeme K_{P_i} der gleichen Art K auf *reziproke* Weise gekoppelt sind und diese reziproke Kopplung die Umweltmenge der Kopplungspartner jeweils vergrößert (*kooperative* reziproke Kopplung), wenn also diese Prozeßsysteme zu Umweltsystemen füreinander werden, dadurch den Bereich der Interaktionen mit den übrigen Umweltsystemen erweitern und zusätzliche alternative zyklische Zustandssequenzen für jedes der kommunikativ gekoppelten Prozeßsysteme ermöglichen (im allgemeinen setzen wir noch voraus, daß kommunikativ gekoppelte Prozeßsysteme auch in ungekoppeltem Zustand weitgehend autonom sind). Durch eine kooperative reziproke Kopplung, die die Komplexität aller Partizipanten erhöht, wird (um mit Maturana zu sprechen) ein *konsensueller Bereich* der kommunikativ gekoppelten Organismen erzeugt[47]:

> "Konsens ergibt sich nur durch kooperative Interaktionen, wenn das sich dabei ergebende Verhalten jedes Organismus der Erhaltung beider Organismen dienstbar gemacht wird. Ein Beobachter, der eine kommunikative Interaktion zwischen zwei Organismen betrachtet, die beide bereits einen konsensuellen sprachlichen Bereich entwickelt haben, kann die Interaktion als denotativ beschreiben." Maturana (1970), S. 57.

Die kommunikativen Interaktionen gekoppelter heterogenetischer Systeme können unter Umständen ein mehr oder weniger operational abgeschlossenes Prozeßsystem von Relationen bilden, die sich im wesentlichen in Abhängigkeit voneinander verändern und deren Bedeutung weitgehend kontextabhängig ist. Die menschliche Sprach-

---

46 "Gemäß dem Relativitätsprinzip ist eine Hypothese zurückzuweisen, sofern sie auf zwei Fälle nur jeweils gesondert, nicht aber gleichzeitig zutrifft (...); so wird mein solipsistischer Standpunkt unhaltbar, sobald ich ein weiteres autonomes Lebewesen neben mir erfinde. Es bleibt jedoch festzustellen, daß das Relativitätsprinzip weder eine logische Notwendigkeit noch einen Lehrsatz darstellt, der sich als richtig oder falsch beweisen ließe, und daß der entscheidende Punkt deshalb darin liegt, daß ich frei wählen kann, ob ich dieses Prinzip anerkenne oder nicht. Lehne ich es ab, dann bin ich der Mittelpunkt des Universums, meine Wirklichkeit sind meine Träume und Alpträume, meine Rede ist ein Monolog, und meine Logik ist mono-logisch. erkenne ich es an, dann kann weder ich noch der andere Mittelpunkt der Welt sein." Foerster (1973), S. 58 f.

47 Vgl. etwa Maturana (1978), S. 108. Eine ausführlichere Kommunikationstheorie wird in Maturana (1970), S. 52 ff entwickelt. Verständlicher und, wie ich finde, konsistenter sind Winograd and Flores (1986), S. 54 ff.

gemeinschaft können wir als ein solches operational abgeschlossenes kommunikatives Prozeßsystem ansehen (vgl. Kap. 4.2, Fußnote 26). Die Bedeutsamkeit und Funktionalität sprachlicher Begriffe[48] resultiert dabei, wie an anderer Stelle bereits ausgeführt (Kap. 6.3), aus der Rolle, die sie für die Aufrechterhaltung der funktionalen Zyklizität der Kommunikanden spielt:

> "Two basic ways in which language serves us are these: as a means of getting others to do what we want them to do, and as a means of learning from others what we want to know. In the one way it affords us, vicariously, more hands to work with; in the other, more eyes to see with." Quine and Ullian (1970), S. 50[49].

Sprache ist aktives Handeln, das Erzielen sprachlichen Konsenses ist die Konstruktion einer intersubjektiven Welt, indem diese Welt kommunikativ ver-wirklicht wird[50]. Diese Wirklichkeit wird durch die andauernde Aktivität sprachlicher Interaktion laufend modifiziert. Die intersubjektive Welt als gemeinsam verwirklichte Konstruktion der Welt, in der die Kommunikanden zusammen leben, ist nicht beliebig modifizierbar, sondern wird in ihrer Veränderung durch ihre Vor-Welt eingeschränkt. Das hermeneutisch-konstruktive Prinzip gilt auch für eine intersubjektive Wirklichkeit.

Wir können auch soziale Systeme, die durch kommunikative Kopplung komplexer heterogenetischer Systeme ins Leben gerufen werden, als heterogenetische Systeme deuten[51]. Da wir uns hier auf gesellschaftspolitisch brisantem Terrain bewegen, müssen einige Dinge ins rechte Licht gerückt werden. Werden soziale Prozeßsysteme als heterogenetische Systeme beschrieben, so besteht immer dann die Gefahr unzulässiger Extrapolationen und Simplifikationen, wenn die Analogie von Gesellschaft und Organismus zu weit getrieben wird. Nicht alle heterogenetischen Systeme haben den gleichen Autonomiegrad und die gleiche eng umschriebene Identitätsmenge funktionaler Dynamik wie Organismen. Soziale Systeme zeichnen sich demgegenüber vor

---

48 Sprachliche Begriffe können versuchsweise als Mengen von Situationen sprachlicher Interaktionen konzipiert werden (vgl. Kap. 6.3, insbesondere Fußnote 37).

49 Vgl. auch Peirce (1878), Austin (1940) und Wittgenstein (1952), der den *Gebrauch* der Worte, statt ihrer "denotativen" Bedeutung in den Vordergrund gerückt: "'Wir benennen die Dinge und können nun über sie reden. Uns in der Rede auf sie beziehen.' - Als ob mit dem Akt des Benennens schon das, was wir weiter tun, gegeben wäre. Als ob es nur Eines gäbe, was heißt: 'von Dingen reden'. Während wir doch das Verschiedenartigste mit unseren Sätzen tun." (S. 252).

50 Ich will nochmals darauf hinweisen, daß wir alles, was wir über Sprache sagen können, nur über die Sprache sagen können, die in unserer Welt vorkommt und *über* die wir daher reden können. Die "Sprache" *mit* der wir jeweils reden, die "Sprache", *mit* der wir unsere intersubjektive Welt etablieren, ist nicht Gegenstand unseres Dialogs. Die "Sprache", mit der dieses Buch argumentiert und die den Leser zum Verstehen zu bewegen versucht, ist nicht Gegenstand dieses Buches. Dieses Buch macht vielmehr ständig von "Sprache" Gebrauch, um über Sprache, so wie sie uns in der "sprachlich" erzeugten intersubjektiven Welt begegnet, zu kommunizieren.

51 Krohn und Küppers (1989) interpretieren die Wissenschaft als ein solches soziales System. Ein großangelegter Versuch, verschiedenartigste soziale Systeme einschließlich der Gesellschaft systemtheoretisch zu deuten (ohne allerdings soziale Systeme als Prozeßsysteme gekoppelt interagierender Menschen zu konzipieren), findet sich in Luhmanns Buch "Soziale Systeme" (1987). Zur Diskussion um Luhmanns Ansatz vgl. Habermas und Luhmann (1971). Siehe auch Jantsch (1979), S. 271 ff.

allem durch zwei Besonderheiten aus: Zum ersten sind soziale Systeme heterogenetische Systeme, die durch die Kopplung relativ autonomer heterogenetischer Systeme (Personen) konstituiert werden. Die Autonomie der beteiligten Personen ist nicht unbedingt an andere Personen des sozialen Prozeßsystems streng gekoppelt. Zum zweiten repräsentieren soziale Systeme einen Typus heterogenetischer Systeme, bei dem die geschichtliche oder evolutive Veränderung meist viel augenfälliger ist als eine zyklische funktionale Dynamik. Eine definitive Organisation eines sozialen Prozeßsystems läßt sich deswegen oft nicht angeben, weil sich diese Organisation ständig verändert[52]. Man spricht dann treffender nur von einem geschichtlichen System als von einem funktionalen (heterogenetischen) System. Was im Laufe der Zeit präserviert wird, nehmen wir das soziale System "Gesellschaft" als Beispiel, ist allenfalls "Gesellschaftlichkeit", nicht etwa eine spezifische Gesellschaftsform:

> "the analogy with biological or with selforganizing systems must not be pressed too far, since behind forms of social activity are persons or groups capable of entertaining a variety of values and interests. Functional statements in sociology, even if they are not themselves teleological, carry an indirect teleological implication in that if something is said to have a function, it has one in relation to some value, interest, or purpose held by some person or group within the society ... Where no value is stated, the presumption tends to be that what is served is the preservation of the society as an on-going concern. That it is desirable to preserve the society (though not necessarily in its existing form) is taken for granted by almost everyone." Emmet (1967), S. 258 f.

Es muß ebenfalls klargestellt werden, daß aus keiner systemtheoretischen Betrachtung irgendwelche Wertungen begründet werden können (wie überhaupt aus theoretischen Feststellungen niemals moralische Entscheidungen legitimiert werden können), wie etwa die moralische Rechtfertigung und Festschreibung des jeweiligen gesellschaftlichen Status quo mit dem "Argument", er sei funktional notwendig. Es gibt rein gar nichts, was aus systemtheoretischen Argumenten darüber abgeleitet werden kann, wie eine zukünftige Gesellschaft aussehen *soll*. Ebensowenig kann etwas darüber gesagt werden, wie sie aussehen *muß*. Unsere intersubjektive Welt - auch die Gesellschaft, in der wir leben - können wir nur *gemeinsam* konstruieren, wir können sie nicht als einzelne Personen theoretisch-ideologisch "antizipieren".

---

[52] Krohn und Küppers (1989), S. 22 ff. kritisieren daher zurecht Luhmanns Auffassung sozialer Systeme als "autopoietischer Systeme". Krohn und Küppers gestehen sozialen Systemen (z.B. Forschungsgruppen von Wissenschaftlern; das Institutionensystem der Wissenschaft) "informationelle Offenheit" (S. 23, 127) zu, betrachten sie aber trotzdem als "operational abgeschlossen" (S. 36, 46 ff., 126 ff.). Da ja auch "Informationsfluß" interaktionsvermittelt ist, darf "operationale Abgeschlossenheit" aber in diesem Zusammenhang nicht absolut verstanden werden, sondern gilt immer nur bedingt in mehr oder weniger starkem Maße (in eingeschränkten Wirkungszusammenhängen finden wir immer nur *relative* operationale Abgeschlossenheit). Knorr-Cetina (1984), S. 41 weist darauf hin, daß soziale Systeme im Gegensatz beispielsweise zu Organismen keine klar definierbaren Umweltabgrenzungen aufweisen. Die Limitation sozialer Systeme läßt sich vermutlich deshalb nur unscharf bestimmen, weil es keine *permanenten* reziproken Kopplungen zwischen Konstituenten gibt, die eine Einteilung in Auto- und Allokonstituenten nahelegt.

7.5 Historischer Integrationismus.

Die Geschichte und Evolution eines Prozeßsystems hängt von seiner Vor-Geschichte ab, sowie von der Vor-Geschichte aller anderen benachbarten Prozeßsysteme, vor allem derer, die in ihre Organisation einbezogen sind, indem das Prozeßsystem an sie gekoppelt ist. Der Prozeß des Werdens schränkt sich selbst ein. Das *noch* Werdende hängt vom *schon* Gewordenen ab. Dennoch ist die Zukunft offen. Der begangene Weg führt zum gegenwärtigen Ausgangspunkt eines künftigen Weges, ohne dessen Verlauf *in prognostizierbarer Weise* vorzuzeichnen. Und hätten sich auch von einem anderen Ausgangspunkt andere mögliche Wege für die Zukunft geboten, die sich von diesem Startpunkt nicht bieten, so gibt es doch noch *verschiedene* Wege, die von hier aus eingeschlagen werden können. Geschichte bzw. Evolution kann somit als selbstorganisierender Prozeß[53] beschrieben werden, der sich seinen Weg im Gehen selbst bahnt. Eine solche Betrachtung resultiert aus der unifikationistischen Voraussetzung des universalen Wirkungszusammenhangs. Ein überraschendes Resultat ist es deshalb, weil aus der Voraussetzung eines sich *regelhaft* verändernden relationalen Zusammenhangs nicht etwa die Prognostizierbarkeit der Zukunft abgeleitet wird, sondern deren eingeschränkte Offenheit. Aus dieser unifikationistischen Perspektive können wir die ganze Mannigfaltigkeit, Komplexität und "Zweckmäßigkeit" der Welt und ihren schillernden Wandel betrachten. Wir brauchen keine "konfigurationalen Gesetze", vitalistisch-entelechiale Prinzipien oder göttliche Eingriffe in die Welt anzunehmen - auch wenn es jedem frei steht, solche zu postulieren und damit den Unifikationismus abzulehnen. Es sei aber noch darauf hingewiesen, daß wir, nehmen wir eine unifikationistische Perspektive ein, keineswegs im Widerspruch zu einer religiösen Deutung der Welt stehen. Der Unifikationismus steht einer solchen Deutung vollkommen neutral gegenüber, er läßt sie zu, so wie er auch atheistische und agnostische Deutungen der Welt zuläßt. Die Welt selbst ist schöpferisch, ob wir diesen kreativen Charakter der Welt einer göttlichen Kreativität gleichsetzen wollen oder nicht steht uns frei und verlangt eine Glaubensentscheidung jenseits von Wissenschaft[54].

Die Allgemeine Systemtheorie ist eine Theorie des dynamischen Wandels der Welt. Nicht nur werden Prozeßsysteme als Organisationen von Prozessen in der Welt gedeutet, in denen Relationen sich in Abhängigkeit von dem prozessual-relationalen Kontext, in den sie eingebettet sind, zyklisch re-produzieren und deshalb mit ihrem Kontext zu einer höheren Einheit integriert sind - dem Prozeßsystem, das sie konstituieren. Die Organisation jedes Prozeßsystems ist zudem selbst in einem ständigen Wandel begriffen, Prozeßsysteme sind *geschichtliche Systeme*. Die Position der Allge-

---

[53] Vgl. vor allem Jantsch (1979), S. 297 ff.

[54] Mit dem Unifikationismus kompatible religiöse Deutungen des kreativen Weltprozesses finden sich beispielsweise bei Lloyd Morgan (1923), S. 13, 290 ("Activity", "Causality"); Meyer-Abich (1926), S. 266 ("Prozeß der ewigen Verwirklichung Gottes in der Welt") und Whitehead (1925), (1929), S. 79, 173 ("creativity"). Solange nicht behauptet wird, der kreative Charakter des Weltprozesses "beweise" die Existenz Gottes, sind solche Deutungen harmlos. Sie zu akzeptieren verlangt eine Glaubensentscheidung.

meinen Systemtheorie kann daher - um auch diese geschichtliche Komponente gebührend zu akzentuieren - als *Historischer Integrationismus* bezeichnet werden (vgl. auch Kap. 6.4). Die Organisationen verschiedener Prozeßsysteme können nicht nur unter funktionalen Gesichtspunkten miteinander verglichen werden sondern auch auf historische Zusammenhänge hin untersucht werden. Unterschiede und Gemeinsamkeiten der Organisation verschiedener Prozeßsysteme lassen sich gegebenfalls, sofern diese eine gemeinsame Geschichte teilen, aus gemeinsamen historischen Wurzeln erklären. Historische Betrachtungen spielen beispielsweise in der Biologie und den Humanwissenschaften, aber auch in Astronomie und Geologie eine große Rolle. Aus dem historischen Blickwinkel kann man etwa versuchen, Antworten auf Fragen nach der Entstehung und dem historischen Wandel bestimmter Funktionen von Teilsystemen (Autokonstituenten) heterogenetischer Systeme zu finden. Dabei muß stets im Auge behalten werden, daß von uns als "ähnlich" klassifizierte Teilsysteme verschiedener heterogenetischer Systeme, je nach den Kontexten, in denen sie in den verschiedenen Prozeßsystemen stehen, verschiedene Funktionen erfüllen können. Umgekehrt können in verschiedenen Prozeßsystemen "ähnliche" Funktionen durch verschiedene Teilsysteme erfüllt werden[55].

Die Allgemeine Systemtheorie versucht, die Konsequenzen aus der Voraussetzung eines universalen Wirkungszusammenhangs für die Prozeßsysteme und deren Wandel in unserer Welt zu thematisieren. Im praktischen Umgang mit unserer Welt gehen wir umgekehrt vor. Wir gehen von Prozeßsystemen aus, die wir im Hinblick auf den universalen Wirkungszusammenhang analysieren. Im letzten Kapitel dieses Buches soll Systemanalyse in dem konsistenten begrifflichen Rahmen, den die Allgemeine Systemtheorie durch die Systematisierung der unifikationistischen Prämisse von Einheit und Einfachheit der Welt aufgespannt hat, neu interpretiert werden.

---

[55] Diese Bemerkung wendet sich beispielsweise gegen theoretische Modelle in der Entwicklungsbiologie, die für einzelne Organismenarten aufgeklärte Entwicklungsmechanismen vorschnell universalisieren wollen. Wie oben schon diskutiert (Kap. 6.2) kann es keine universale "Logik der Entwicklungsmechanismen" geben, die zur Erklärung jeder spezifischen Entwicklung spezifischer Organismen herangezogen werden kann. Die Entwicklung eines spezifischen Organismus ist ein Resultat seiner spezifischen Organisation, in der sich die Kontexte für Teilsysteme (z.B. DNA-Sequenzen) gravierend von den Kontexten der "gleichen Teilsysteme" in Organismen mit anderer Organisation unterscheiden können. Um also das So-und-nicht-anders- sein der Entwicklung eines spezifischen Organismus zu verstehen, können wir uns nicht darauf berufen, es sei Resultat universal gültiger Mechanismen, anders könne ein Organismus sich eben nicht entwickeln. Der einzig universal gültige "Mechanismus" ist die Aufrechterhaltung funktionaler Zyklizität. Das spezifische Sosein eines funktionalen Zyklus und seiner Entwicklung kann also allenfalls historisch hinterfragt werden. Die verschiedenen Entwicklungsmechanismen verschiedener Organismen müssen in ihren Gemeinsamkeiten und Unterschieden aus historischen Zusammenhängen erklärt werden. Mayr (1982) stellt daher mit Recht der "Funktionsbiologie" eine "Evolutionsbiologie" zur Seite (S. 56 ff). Nur evolutionäre Betrachtung kann die Vielfalt und die Eigenarten verschiedener Organismen in einen erklärenden Zusammenhang stellen (vgl. auch Mayr, (1988), S. 16 ff).

8 Die Deutung der Welt.

> Just like the painter, who steps periodically back from his canvas to gain perspective, so the ... scientist emerges above ground occasionally from the deep shaft of his specialized preoccupation to survey the cohesive, meaningful fabric developing from innumerable component tributary threads, spun underground much like his own. Only by shuttling back and forth between the worm's eye view of detail and the bird's eye view of the total scenery of science can the scientist gain and retain a sense of perspective and proportions.
> - Paul Weiss (1969)

> Die Wissenschaft trifft immer nur auf das, was ihre Art des Vorstellens im Vorhinein als den für sie möglichen Gegenstand zugelassen hat.
> - Martin Heidegger (1951)

Was wurde mit der Exposition der Allgemeinen Systemtheorie geleistet? Steht diese in irgendeinem erkennbaren Bezug zu wissenschaftlicher Praxis oder handelt es sich dabei nur um die folgenlose Kopfgeburt eines Theoretikers? Letzteres wäre in der Tat dann der Fall, wenn es in der Allgemeinen Systemtheorie darum ginge, letztgültige unbezweifelbare Wahrheiten über unsere Welt zu verkünden. Ich will indes keine letzten ontologischen Wahrheiten aufzeigen, sondern lediglich einen Versuch wagen, den Konsequenzen der unifikationistischen Leitidee von Einheit und Einfachheit der Welt, den Implikationen eines vorausgesetzten universalen Wirkungszusammenhangs radikal nachzuspüren. Ein derartiger Versuch kann nicht unternommen werden, ohne auf Erkenntnisse Bezug zu nehmen, die wir über die Welt haben und die wir als mehr oder weniger gesichert ansehen. Kein solcher Versuch ist daher vor Irrtümern, Fehlern und Unzulänglichkeiten gefeit, jeder systemtheoretische Versuch steht zur Diskussion. Ob wir in unserem intersubjektiven verstehenden Umgang mit der Welt tatsächlich die unifikationistische Voraussetzung machen und ob die Systemdefinitionen der Systemtheorie auf die uns in der Welt begegnenden Systeme zutreffen, ob Systemtheorie also nicht nur konsistent, sondern auch adäquat ist, ist eine Frage, die nicht aus individueller philosophischer Reflexion heraus beantwortet werden kann, sondern im intersubjektiven Diskurs geklärt werden muß. Ich hoffe aber, überzeugend gezeigt zu haben, daß systemtheoretische Überlegungen in der Tat auf Systeme unserer Welt anwendbar sind, daß sie auf die verschiedenartigsten Systeme anwendbar sind, und daß sie uns daher helfen könnten, interdisziplinäre Gemeinsamkeiten unterschiedlicher Wissenschaften aufzudecken und den Dialog zwischen ihnen anzuregen. Schließlich habe ich auch demonstriert, daß verschiedene "reduktionistische" Positionen mit der unifikationistischen Leitidee des universalen Wirkungszusammenhanges nicht verträglich sind, obwohl sie selbst anderes behaupten. Hierzu zählen etwa partitionistische Theorien in den Naturwissenschaften und repräsentationistische Theorien in den kognitiven Wissenschaften.

Mit der Systemtheorie wird nicht versucht, Werte zu setzen. Ich habe an keiner Stelle argumentiert, wir *sollten* versuchen, die Welt im Hinblick auf den unifikationistischem Explikationshorizont des universalen Wirkungszusammenhangs zu analysieren. Auch habe ich nicht behauptet, eine vollständige Explikation sei möglich oder gar nötig. Schließlich liegt mir nichts ferner, als das Interesse, die Welt zu erklären, zum vordringlichen Interesse unseres Umgangs in und mit der Welt und miteinander zu erklären. Das Erkenntnisinteresse ist eines von vielen Interessen, die wir de facto verfolgen. Es kann nicht Aufgabe der Philosophie sein, uns vorzuschreiben, welche Interessen wir gefälligst zu verfolgen hätten. Aufgabe der Philosophie kann es indes sein, neue Anregungen für unseren Diskurs zu geben und divergierende Fäden dieses Diskurses zusammenzufassen. Die Allgemeine Systemtheorie bemüht sich, die Fäden jener Diskurse zu verknüpfen, die sich um das *Verstehen* der Welt drehen.

In diesem letzten Kapitel will ich daher versuchen, die Gemeinsamkeiten des systemanalytischen Umgangs mit der Welt in verschiedenen Disziplinen aufzudecken. Dabei will ich die Ergebnisse empirischer Wissenschaftsforschung - in der Wissenschaft selbst systemanalytisch befragt werden muß - nicht vorwegnehmen, sondern lediglich die Frage beantworten, was wir in systemanalytischer Wissenschaft eigentlich tun, sofern wir die Allgemeine Systemtheorie als theoretisches Modell der intelligiblen Welt zugrundelegen. Anders ausgedrückt: Systemanalytisches Vorgehen soll in dem begrifflichen Rahmen neu formuliert werden, den die Allgemeine Systemtheorie mit der Systematisierung der unifikationistischen These von Einheit und Einfachheit der Welt aufgespannt hat. Die Neuformulierung von Systemanalyse erlaubt - ganz im Sinne meines Plädoyers für einen pluralistischen Unifikationismus (Kap. 2.1) -, Brükken zwischen scheinbar beziehungslosen Disziplinen zu schlagen, ohne die Existenzberechtigung einer bunten Vielfalt von Disziplinen in Frage zu stellen. Das systemanalytische Erklärungsinteresse, daran möchte ich zuvor noch erinnern (vgl. Kap. 2.1), ist nicht das einzig denkbare Erklärungsinteresse der Wissenschaft. Vor allem der Physik ist es eher um die Aufklärung der "Naturgesetze" zu tun als um die Illumination organisatorischer Zusammenhänge von Prozeßsystemen. Das gesetzesanalytische Erklärungsinteresse (vgl. Kap. 2.1) setzt allerdings immer schon eine durchgeführte Systemanalyse voraus und kann nur für extrem einfache Prozeßsysteme angemessen verfolgt werden.

8.1 Systemanalyse.

8.1.1 Bedeutungszusammenhänge.

Wissenschaftliche Systemanalyse geht stets von identifizierbaren Systemen aus, die den Prozeßsystemen der Allgemeinen Systemtheorie entsprechen. Außerdem setzt sie andere identifizierbare Prozeßsysteme einer expliziteren semantischen Ebene voraus, die als "Kandidaten" für Konstituenten des zu analysierenden Prozeßsystems in Frage kommen. Es ist sicher falsch, anzunehmen, die "Kandidaten" für Konstituenten müßten ihrerseits immer bereits bekannte Prozeßsysteme sein. Wäre dem so, dann könnten wir unsere Welt niemals um Prozeßsysteme bereichern, sie niemals auf einen bislang unbekannten, neuartigen expliziteren Wirkungszusammenhang hin auslegen (vgl. Kap. 4.2). Da wir das aber erfolgreich tun und da wir heute anders über das reden, "was die Welt im Innersten zusammenhält" als zu Aristoteles' Zeiten, können wir offensichtlich unser Bild von der Welt ändern (bzw. "ändert sich uns die Welt") und heutzutage neue Prozeßsysteme unterscheiden, die es vormals für uns nicht gab. Für die systemanalytische Betrachtung sind vor allem solche Prozeßsysteme interessant, die als Konstituenten der zu analysierenden Prozeßsysteme in Frage kommen. Zellen, Moleküle, Atome und Elementarteilchen sind Beispiele dafür, will man etwa einen Organismus analysieren. Die Existenz und bestimmte "Eigenschaften" dieser Prozeßsysteme, bestimmte Kriterien für ihre Identifikation wurden irgendwann postuliert, um das in einer konjungierten "Prozeßregel" beschriebene Verhalten eines zu analysierenden Prozeßsystems durch Wechselwirkungen zwischen seinen Konstituenten zu erklären, die einer einfacheren Regel folgen (vgl. hierzu Kap. 4.2). Wir haben es hier mit den "theoretischen Entitäten" der Wissenschaft zu tun, die durch die "theoretischen Begriffe" wissenschaftlicher Aussagen beschrieben werden. Scharfe Grenzen zwischen solchen theoretisch postulierten Prozeßsystemen und anderen ("gegebenen") Prozeßsystemen gibt es aber nicht[1]. Was einst postuliert wurde und neu war, ist heute für alle akzeptierte Wirklichkeit. Über Atome und Elektronen wird heute von jedem Gymnasiasten mit der gleichen Selbstverständlichkeit - wenn auch vermutlich nicht immer dem neuesten Stand physikalischer Forschung gemäß - gesprochen, wie von Häusern und Bäumen.

Systemanalytische Wissenschaft versucht, die Wertebereiche der konstitutiven Relationen im Relationengefüge der "Kandidaten" zu identifizieren, die hinreichend und notwendig dafür sind, daß die analysierten K-definierten Prozeßsysteme K_P (bzw. ein konkretes Prozeßsystem K_{Pi}) dauerhaft sind; dies kann z.B. durch Vergleich verschiedener Prozeßsysteme geschehen oder durch experimentelle Manipulation von Relationen. Ihr liegt daran festzustellen, was Auto-, was Allokonstituent des Prozeßsystems ist und in welchem Kontext der Interaktionen mit anderen Konstituenten es welche Rolle für die Aufrechterhaltung der Identität der analysierten K-definierten

[1] Vgl. Hempel (1966), S. 82 und das Quine Zitat zu Beginn von Kap. 1.2 (Quine (1960), S. 22).

Prozeßsysteme K_P (bzw. von K_{Pi}) spielt. Welchen der als konstitutiv erkannten "Kandidaten" man als Autokonstituenten, welchen als Allokonstituenten bezeichnet, hängt dabei von dem Maßstab ab, den man an "Enthaltensein" anlegt (vgl. Kap. 5.2). Der (konkret bzw. entwicklungs-) geschichtliche Charakter der analysierten Prozeßsysteme (K_P bzw. K_{Pi}) kann mehr oder weniger ausgeprägt sein: Die Analyse eines Vulkanausbruchs beschäftigt sich mit einem ausgesprochen geschichtlichen System, im Gegensatz etwa zur Analyse eines Kristalls.

Eine vollständige Systemanalyse müßte ein Prozeßsystem als eine räumlich-zeitliche Organisation von Elementarprozessen des universalen Wirkungszusammenhanges explizieren. Erst dann lassen sich sämtliche "Eigenschaften" des Prozeßsystems vollkommen verstehen, d.h. als Gefüge von Relationen - Elementarrelationen - deuten, die sich in Abhängigkeit von anderen Relationen nach einer einfachen Regel, der Kausalfunktion, ändern. Aufgrund der Komplexität der zu analysierenden Prozeßsysteme und weil es unmöglich ist, den universalen Wirkungszusammenhang je "aufzudecken" (vgl. Kap. 4.3), ist eine vollständige Analyse nicht durchführbar. Und selbst wenn sie durchführbar wäre, wäre sie nicht sinnvoll, da sie unübersichtlich ist und Zusammenhänge aus den Augen verliert. Da wir das untersuchte System verstehen wollen und wir Unüberblickbares nicht zu verstehen vermögen, kann eine vollständige Analyse nicht unser Ziel sein. Je nach unserer Fragestellung reicht eine mehr oder weniger explizite Analyse eines Prozeßsystems aus. Die verschiedenen Ebenen der Analyse habe ich als *semantische Ebenen* bezeichnet. Wählt man einen Organismus als Beispiel, so lassen sich seine Systemeigenschaften und Verhaltensweisen mehr oder weniger explizit analysieren, indem man sie auf der semantischen Ebene seiner Organe, seiner Zellen, Moleküle, Atome usw. betrachtet (in entsprechender Weise lassen sich Ebenen für die Umweltsysteme konzipieren). Jedes Verhalten, jede "Eigenschaft" eines Organismus unmittelbar durch Interaktionen wechselwirkender Atome zu erklären, wäre wenig hilfreich, da hoffnungslos unüberschaubar.

Auf jeder semantischen Ebene stehen Prozeßsysteme in wirksamen Relationen zueinander, die konstitutiv für die Organisation des jeweils betrachteten Prozeßsystems auf der nächsthöheren semantischen Ebene sind. Viele "Systemeigenschaften" lassen sich bereits ausreichend erklären, also mit einem Zusammenhang von interagierenden Auto- und Allokonstituenten korrelieren, wenn man nur um eine Ebene "nach unten steigt". So läßt sich eine zyklische Zustandssequenz eines Organismus bereits aus den Wechselwirkungen zwischen seinen Organen verständlich machen. Will man die Wechselwirkungen zwischen einzelnen Organen genauer verstehen, kann man versuchen, sie auf zelluläre Interaktionen zurückzuführen; die Wechselwirkungen einiger weniger Zellen können wir dann auf molekularer Ebene betrachten usw. Wir steigen also sozusagen immer nur *lokal* auf eine niedrigere Ebene hinab. Um zu verstehen, müssen wir immer die *Bedeutungszusammenhänge* zwischen den Ebenen der Analyse herstellen[2]. Wir müssen ja wissen, *was* wir explizieren, *welche* Organisation wir erklä-

2 Betrachten wir Wissenschaft selbst mit systemtheoretischen Augen, so sind die Bedeutungszusam-

ren, indem wir konstitutive Relationen zwischen Prozeßsystemen der expliziteren semantischen Ebene erforschen, "*wessen*" Auto- und Allokonstituenten also vorliegen:

"I have mentioned how a hierarchy controlled by a series of boundary conditions should be studied. When examining any higher level, we must remain subsidiarily aware of its grounds in lower levels and, turning our attention to the latter, we must continue to see them as bearing on the levels above them. Such alternation of detailing and integrating admittedly leaves open many dangers. Detailing may lead to pedantic excesses, while too-broad integrations may present us with a meandering impressionism. But the principle of stratified relations does offer at least a rational framework for an inquiry into living things and the products of human thought." Polanyi (1968), S. 1312.

Nicht immer haben wir es bei einer niedrigeren semantischen Ebene mit einem solchen eingeschränkten Wirkungszusammenhang zu tun, in dem sich die nicht-elementaren Relationen r_x zwischen den Prozeßsystemen im wesentlichen in Abhängigkeit voneinander nach einer einfacheren Prozeßregel ändern, die durch eine Reihe von Interaktionsgesetzen einigermaßen adäquat beschrieben wird (vgl. Kap. 2). Solche eingeschränkten Wirkungszusammenhänge lassen sich nur für operational relativ abgeschlossene Prozeßsysteme ermitteln, in denen gleichartige Relationen einander beeinflussen. Wir sprechen dann von einem relativ abgeschlossenen eingeschränkten Wirkungszusammenhang. Ich habe das Nervensystem und die menschliche Kommunikationsgemeinschaft als Paradebeispiele solcher operational abgeschlossener Systeme angeführt. Die Interaktionen zwischen den Zellen eines Organismus können unter Vorbehalten als weiteres Beispiel angeführt werden, auch wenn in diesem Fall die operationale Abgeschlossenheit weniger ausgeprägt ist (da jede Zelle in vielen verschiedenen interaktionsrelevanten Zuständen vorkommen kann, diese aber nicht ausschließlich durch *inter*zelluläre Interaktionen verändert werden). Zwischen den Organen eines Organismus läßt sich ein relativ abgeschlossener eingeschränkter Wirkungszusammenhang indes noch nicht etablieren. Die Interaktionen zwischen den verschiedenen Organe (Leber, Herz, Lunge, Gehirn ...), sind von verschiedenster Art und kaum auf einen gemeinsamen Nenner r_x zu bringen. Trotzdem sprechen wir davon, einen Organismus besser zu verstehen, selbst wenn wir seine Organisation erst auf der Ebene seiner Organe expliziert haben. Wir haben nämlich auf der Ebene der Organe zumindestens *mehrere* Konstituenten eines Organismus vor uns, die untereinander in Beziehung stehen. Wenn auch diese Konstituenten jeweils noch in verschiedenen Zuständen existieren können, so ist ihr Verhalten doch weit weniger variabel, als das des Organismus. Die Variabilität von dessen Verhalten, dessen verschiedenen Zuständen ("Eigenschaften") kann nun wenigstens partiell mit verschiedenen Kombinationen von Zuständen seiner konstituierenden Organe und Umweltsysteme korreliert und sozusagen *kombinatorisch* erklärt werden, obwohl sich auf dieser semantischen Ebene (Organe) kaum eine einfache Prozeßregel angeben läßt, die verschiedene durch wirksame Relationen zwischen den Organen vermittelten Übergänge von einer Zustands-

menhänge als wirksame Relationen innerhalb der wissenschaftlichen Kommunikationsgemeinschaft präsent. Vgl. hierzu Kap. 6, Fußnote 32.

kombination der Organe zur nächsten als verschiedene Anwendungen eines Interaktionsgesetzes $r_x(t+dt) = f(r_x(t))$ beschreibt (kausal erklärt): Daß die verstärkte Aktivität der Körpermuskulatur beim schnellen Laufen eine erhöhte Herzschlagfrequenz zur Folge hat, läßt sich nicht aus dem gleichen Gesetz ableiten wie die Erhöhung der Herzschlagfrequenz beim Anblick eines Freßfeindes[3].

So wie die Organisation gegenständlicher Prozeßsysteme erklärt werden kann, so läßt sich auch die Organisation *begrifflicher* Prozeßsysteme erklären (die Bedeutung eines Begriffs "verstehen"). Aufgrund der großen Redundanz der Sprache können wir einen Begriff einem anderen Kommunikationsteilnehmer, der diesen nicht versteht, erklären, indem wir ihn unter Verwendung bekannter Begriffe definieren. Wollen wir aber die Bedeutung eines Begriffs nicht nur definieren, sondern beispielsweise analysieren, was der Begriff "Toleranz" für die Menschen des Barock bedeutete, so müssen wir empirische Bedeutungsforschung betreiben, in der wir klären, in welchen Situationen, unter welchen Voraussetzungen und mit welchem Erfolg Menschen des Barock von diesem Begriff Gebrauch machten. Fassen wir einen Begriff (vgl. Kap. 6.3) als eine Menge von Situationen kommunikativer Interaktionen zwischen Menschen auf, so läßt sich eine solche Begriffsanalyse als Explikation des begrifflichen Prozeßsystems (z.B. "Toleranz") in den eingeschränkten Wirkungszusammenhang menschlicher Kommunikation (z.B. der Menschen des Barock) begreifen.

Ich habe in diesem Buch die Begriffe "erklären" und "verstehen" weitgehend austauschbar gebraucht. Man kann beide in der Tat als die komplementären Aspekte desselben systemanalytischen Vorgangs ansehen. "Erklären" hieße dann, reguläres Verhalten eines Prozeßsystems auf einer niedrigeren semantischen Ebene zu explizieren, so daß die Regelmäßigkeit des Verhaltens aus einem sich regelhaft verändernden *Wirkungszusammenhang* von Auto- und Allokonstituenten gedeutet werden kann. "Verstehen" hieße, den *Bedeutungszusammenhang* zu der explizierten höheren semantischen Ebene herstellen. Beide Prozesse sind somit zwei Seiten derselben Medaille[4].

---

3 Eine kausale Erklärung, die den Übergang einer Zustandskombination in eine andere erklärt, indem sie sich ausschließlich auf die Allgemeingültigkeit dieses spezifischen Zustandsübergangs beruft ("Auf Zustand A folgt stets Zustand B") ohne ihn als einen von vielen zugelassenen Fällen eines allgemeineren Gesetzes ("Auf $r_x(t)$ folgt stets $r_x(t+dt)$, wobei $r_x(t+dt) = f(r_x(t))$", so daß z.B. für $r_x(t) = A$ gilt: $r_x(t+dt) = B$) auffassen zu können, könnte man vielleicht als eine kausal-korrelative Erklärung von einer kausalnomologischen Erklärung (bei der sich ein allgemeineres Gesetz angeben läßt) abgrenzen, wobei letztere nur auf semantischen Ebenen möglich ist, auf denen sich ein relativ abgeschlossener eingeschränkter Wirkungszusammenhang etablieren läßt. Die Interaktionsgesetze müssen genaugenommen - da ein in einem Wirkungszusammenhang stehendes Prozeßsystem von Relationen zu mehreren benachbarten Konstituenten bestimmt wird - ein *Tupel* von Relationen ($r_{x1}(t)$, $r_{x2}(t)$, ...) auf ein Tupel von Relationen ($r_{x1}(t+dt)$, $r_{x2}(t+dt)$, ...) abbilden. Auch in einem relativ abgeschlossenen eingeschränkten Wirkungszusammenhang lassen sich aber nie alle Zustandsübergänge, alle Interaktionen zwischen Konstituenten durch ein einziges allgemeines Gesetz (Interaktionsgesetz) adäquat beschreiben, das ist erst im universalen Wirkungszusammenhang möglich (vgl. hierzu Kap. 4.2).

4 So hat Hempel zwar recht, wenn er sagt, Erklärung sei nicht "reduction to the familiar" (z.B. Hempel (1966), S. 83), wir explizieren ja u.U. etwas Vertrautes (einen Organismus etwa) in einen Wirkungszu-

Es geht dabei wohlgemerkt, legt man systemanalytisches Erklärungsinteresse zugrunde, niemals darum, die Gesetzmäßigkeiten selbst zu formulieren, die auf der expliziteren semantischen Ebene herrschen. Vielmehr sollen, unter der stillschweigenden Voraussetzung, daß es solche Gesetze gibt, die konstitutiven Teilsysteme und Umweltsysteme des zu analysierenden Prozeßsystems in ihren Relationen zueinander erforscht werden.

Zwei komplementäre Aspekte - "erklären" und "verstehen" - sind somit in jeder Systemanalyse vereinigt, die wir daher auch als semantische Analyse oder - für heterogenetische Systeme - als Funktionalanalyse charakterisieren können. Semantische bzw. funktionale Erklärungen stellen zuerst den Bedeutungszusammenhang zwischen semantischen Ebenen her, indem sie ein Prozeßsystem t_P als einen in einem noch nicht näher bestimmten Kontext *notwendigen* Bestandteil der Organisation, d.h. als Auto- oder Allokonstituenten des zu analysierenden Prozeßsystems K_P ansprechen. Ergänzende Erklärungen spezifizieren dann den Kontext im Wirkungszusammenhang des betreffenden Konstituenten, geben Wertebereiche für das Relationengefüge an, in dem der Konstituent stehen muß, legen also die Teilmenge t_{KP} fest, zu der alle Konstituenten t_{Pi} gehören, die *hinreichend* sind, um eine bestimmte Funktion zu erfüllen (weil jeder Konstituent durch ein Relationengefüge zu benachbarten Prozeßsystemen, einschließlich aller übrigen Konstituenten definiert ist, kann nämlich zu jedem für die Identitätserhaltung von K_P notwendigen Prozeßsystem, d.h. für jeden Konstituenten t_P, eine Teilmenge t_{KP} bestimmt werden, die hinreichend für die Identitätserhaltung von K_P ist; die Konstitutivität anderer Konstituenten spiegelt sich dabei in der spezifischen Einschränkung von t_{KP} wider).

Jede Systemanalyse nimmt als Bedeutungsanalyse oder Funktionalanalyse (für heterogenetische Systeme) Bezug auf das analysierte Prozeßsystem der höheren Ebene. Dessen Organisation ist es ja, die analysiert werden soll. Die Behauptung des "Nothing-but"-Reduktionismus[5], irgendein Prozeßsystem sei "nichts anderes als" seine untereinander verbundenen Teilsysteme, ist daher unsinnig (von der konstitutiven Rolle der Umweltsysteme einmal völlig abgesehen). Eddingtons berühmtes Beispiel von seinen zwei Tischen mußte meistens zur Illustration des "Nothing-but"- Reduktionismus herhalten und soll daher auch hier zitiert werden:

> "One of ... [the two tables] has been familiar to me from earliest years ... It has extension; it is comparatively permanent; it is coloured; above all it is *substantial* ... Table No.2 is my scientific table. It ... is mostly emptiness. Sparsely scattered in that emptiness are numerous electric charges rushing about with great speed; but their combined bulk amounts to less than a billionth of the bulk of the

---

sammenhang zwischen "theoretischen Entitäten", z.B. wechselwirkenden Atomen. Es darf aber nicht vergessen werden, daß der Wirkungszusammenhang zwischen Atomen, den wir zur Erklärung des Verhaltens eines bestimmten Organismus heranziehen, in einen Bedeutungszusammenhang mit dem analysierten "vertrauten" Prozeßsystem gestellt werden muß, sonst wüßten wir nicht, daß wir diesen Organismus erklären.

5 Die Kennzeichnung einer solchen reduktionistischen Position als "Nothing-but"-Reduktionismus, "Nothing-buttery", "Nothing-butism" usw. spukt seit Jahrzehnten durch die antireduktionistische Literatur.

table itself. [Nevertheless, it] supports my writing paper as satisfactorily as table No.1; for when I lay the paper on it the little electric particles with their headlong speed keep on hitting the underside, so that the paper is maintained in shuttlecock fashion at a nearly steady level ... It makes all the difference in the world whether the paper before me is poised as it were on a swarm of flies ..., or whether it is supported because there is substance below it, it being the intrinsic nature of substance to occupy space to the exclusion of other substance ... I need not tell you that modern physics has by delicate test and remorseless logic assured me that my second scientific table is the only one which is really there ... On the other hand I need not tell you that modern physics will never succeed in exorcising that first table - strange compound of external nature, mental imagery and inherited prejudice - which lies visible to my eyes and tangible to my grasp." Eddington (1929), S. IX-XII[6].

Da es ja eben gerade auf *die* spezifische Organisation, *die* spezifische relationale Verbundenheit der Prozeßsysteme untereinander ankommt, die das zu analysierende Prozeßsystem - etwa einen Tisch - konstituieren, ist Eddingtons Rede, der aus Elementarteilchen zusammengesetzte Tisch sei der einzige, der "wirklich da" sei, äußerst irritierend. "Wirklich da" ist eben *die* spezifische Organisation solcher Elementarteilchen, die einen Tisch darstellt, also ist ein *Tisch* da und dieser Tisch läßt sich auf den verschiedenen semantischen Ebenen, unter anderem der Ebene relational interagierender Elementarteilchen betrachten. Beckner (1974, S. 168 f) weist zu Recht darauf hin, daß der "Nothing but"-Reduktionismus schon aus rein logischen Gründen nicht haltbar ist; das zu Erklärende muß ja im Explanans des deduktiv-nomologischen Erklärungsschemas auftreten[7].

Nehmen wir das Gesagte zum Anlaß, etwas Licht auf die Problematik der "Kommensurabilität" von systemanalytischen Theorien mit verschiedenen Gegenstandsbereichen (z.B. Soziologie, Psychologie, Biologie, Physik) zu werfen (vgl. Kap. 1.2.1). Solange kein gemeinsamer Explikationshorizont zweier systemanalytischer Theorien mit verschiedenem Gegenstandsbereich sichtbar ist, solange stehen diese Theorien unverbunden nebeneinander und erscheinen uns "inkommensurabel". Im Unifikationismus gehen wir aber davon aus, daß alle Prozeßsysteme der Welt, auch diejenigen, deren Organisation in verschiedenen systemanalytischen Theorien bzw. wissenschaftlichen Disziplinen expliziert wird, letztlich in einem einheitlichen Wirkungszusammenhang stehen, der bei zunehmender Explikation idealerweise als universaler Wirkungszusammenhang faßbar werden sollte. In diesem gemeinsamen Explikationshorizont verschiedener wissenschaftlicher Disziplinen A und B sprechen wir in den gleichen Begriffen, die die Prozeßsysteme (bzw. Elementarprozesse) und Rela-

---

Bislang ist es mir nicht gelungen herauszufinden, wer diesen Begriff zuerst geprägt hat.

6 Um Eddington Gerechtigkeit widerfahren zu lassen, muß allerdings ergänzt werden, daß er in seinem Buch (1929) alles andere als eine reduktionistische Weltsicht entwirft und vermutlich keine wesentlichen Einwände gegen eine Systemtheorie, wie sie in diesem Buch entwickelt wurde, gehabt hätte. Die zitierte Stelle ist in der Einleitung seines Buches zu finden und eher als pointiert formulierter "Aufhänger" für Eddingtons Substanzkritik, denn als reduktionistisches Manifest zu lesen.

7 Vgl. auch Thorpe (1974), S. 109 und Needham (1941), S. 248: "Biological organisation is not immune from scientific inquiry, it is not inscrutable, and it cannot be 'reduced' to physicochemical organisation, because nothing can ever be reduced to anything.".

tionen (bzw. Elementarrelationen) dieser semantischen Ebene bezeichnen, über die Organisationen der in A bzw. B jeweils thematisierten Prozeßsysteme. Wir haben zudem die konjungierten Prozeßregeln, die in A und B aufgestellt wurden, um das Verhalten von Prozeßsystemen zu beschreiben, auf eine einfachere Prozeßregel (bzw. Kausalfunktion), die das Verhalten der Prozeßsysteme der expliziteren gemeinsamen semantischen Ebene (bzw. des universalen Wirkungszusammenhangs) beschreibt, schwach reduziert (vgl. Kap. 1.2). Wir können nun von der "Kommensurabilität" beider Disziplinen sprechen, ohne dabei die Spezifität der Organisation der jeweils in A und B analysierten Prozeßsysteme zu verkennen. So gesehen, wird sich die "Kommensurabilität" von Theorien mit verschiedenen Gegenstandsbereichen aufgrund der komplexen Organisation vieler heterogenetischer Systeme zwar kaum je demonstrieren lassen, ohne daß jedoch die "regulative Idee" der "Kommensurabilisierbarkeit" aufgegeben werden müßte, die mit der Konzeption des universalen Wirkungszusammenhangs als dem gemeinsamen Explikationshorizont aller systemanalytischer Wissenschaft Hand in Hand geht. In der systemanalytischen Praxis spielt die Kommensurabilitätsproblematik keine Rolle. Solange wir uns über die Prozeßsysteme, die wir analysieren und explizieren, verständigen können, stellt sich die Frage nach der "Kommensurabilität" von Theorien mit verschiedenen Gegenstandsbereichen gar nicht.

8.1.2 Logik der Funktionalanalyse.

Systemanalytische Wissenschaften stellen nur äußerst selten die kausale Erklärung eines Vorganges in den Vordergrund. Semantische bzw. funktionale Analysen der Organisation von Prozeßsystemen sind neben historischen Erklärungen auch in den Naturwissenschaften vorherrschende Erklärungsschemata. Ja, semantisch-funktionale Erklärungen sind unverzichtbarer, integraler Bestandteil jeglichen systemanalytischen Vorgehens, das die Organisation von Prozeßsystemen explizieren möchte. Trotzdem haben einige Wissenschaftstheoretiker den Wert funktionaler Erklärungen in Abrede gestellt[8]. Hier ist in erster Linie Hempel (1959) zu nennen, der auf logische Probleme einer nichtteleologischen Deutung funktionaler Erklärungen hingewiesen hat[9]. In Kapitel 2.1 wurde bereits kurz dargelegt, daß sich funktionale Erklärungen ("um zu"-Erklärungen) im Prinzip als Erklärungen reformulieren lassen, die dem deduktiv-nomologischen Schema folgen. Ich möchte jetzt die wissenschaftstheoretische Diskussion um die Logik funktionaler Erklärungen kurz zusammenfassen und anschließend ein logisch einwandfreies Schema funktionaler Erklärung präsentieren,

---

[8] Was die Wissenschaftler in ihrer Praxis offenbar wenig beeindruckt. Mich erinnert dies an das Bonmot, Wissenschaftstheorie sei für Wissenschaftler ungefähr so bedeutsam wie Ornithologie für Vögel (vgl. Weinberg (1987), S. 433).

[9] Vgl. hierzu Kap. 2.1 und die Diskussion in Hempel (1959), Stegmüller (1969), S. 555 ff und Nagel (1979 b), S. 295 ff.

das mit systemtheoretischen Überlegungen kompatibel ist.

Hempel rekonstruiert das in funktionalen Erklärungen üblicherweise verwendete logische Schema wie folgt:

> "(a) At t, s functions adequately in a setting of kind c (characterized by specific internal and external conditions).
> (b) s functions adequately in a setting of kind c only if a certain necessary condition, n, is satisfied.
> (c) If trait i were present in s then, as an effect, condition n would be satisfied.
> (d) (Hence), at t, trait i is present in s." Hempel (1959), S. 310.

Die Bedingungen (a) und (b) stellen fest, daß ein System s (ein s-definiertes Prozeßsystem) sich in "proper working order" befindet, wie Hempel sagt. (c) sagt aus, ein System i (ein i-definiertes Prozeßsystem) - ein "Kandidat" für einen (Auto- oder Allo-) Konstituenten - stelle eine hinreichende Bedingung dafür dar, daß s sich in seinem normalen, funktionsfähigen Zustand - in seinem Identitätsbereich - befindet. Aus (a), (b) und (c) kann aber (d) *nicht* deduziert werden, wie Hempel zu Recht kritisiert. (d) wäre nur ableitbar, wenn (c) durch eine Aussage ersetzt würde, die die *Notwendigkeit* von i für das adäquate Funktionieren von s etablieren würde. Hempel (1959, S. 311) behauptet nun, die Notwendigkeit (Konstitutivität) eines "Kandidaten" für das adäquate Funktionieren (besser: für das Überdauern) eines Systems, sei deshalb schwer nachzuweisen, weil es im allgemeinen funktionale Äquivalente gäbe, die an die Stelle von i treten könnten, ohne das System s zu beeinträchtigen. Wir könnten, so Hempel, allenfalls folgern, *ein* Element aus der Klasse aller funktionalen Äquivalente zu i sei notwendig für s (S. 313) und nur mit dem "benefit of hindsight" könnten wir darauf schließen, daß i dieses Element ist.

Das Problem löst sich auf, wenn man, wie es systemtheoretische Überlegungen fordern, den Kontext gebührend berücksichtigt und in einer modifizierten Prämisse (c') konstatiert, i sei *in einem bestimmten Kontext* k (einem bestimmten Relationengefüge zu allen anderen Konstituenten) notwendig für die Dauerhaftigkeit von s[10]. Eine solche Aussage stellt lediglich die *Bedeutsamkeit* oder *Funktionalität* von i fest und ist empirisch überprüfbar, auch wenn der Kontext k selbst nicht explizit bekannt ist. Es genügt, wenn gezeigt wird, daß i in einigen Situationen - die noch nicht genau analysiert sein müssen - unverzichtbar ist, um die Identität von s aufrechtzuerhalten. Schon Nagel (1979 b, S. 309) hat gefordert, wir müßten die Umgebung eines potentiellen Konstituenten i berücksichtigen, um seine funktionale Notwendigkeit für s aufzeigen zu können. Je nach Umgebung kann i funktional notwendig oder belanglos für s sein. Nagel illustriert das am Beispiel der Herzgeräusche, die gemeinhin als unvermeidliche Begleiterscheinungen der Herztätigkeit angesehen werden, ohne selbst für den Organismus notwendig zu sein. Das ändert sich aber für einen menschlichen Organismus in einer Gesellschaft mit hochentwickelter medizinischer Versorgung, in der

---

[10] Beckner (1967 a), S. 316 bezeichnet eine Aussage solcher Form als "context-dependent implication". Hempel selbst nimmt ja in (b) an, ein bestimmter Kontext von Bedingungen müsse realisiert sein, damit s sich in "proper working order" befindet, übersieht aber die Kontextabhängigkeit der konstitutiven Rolle von i.

die Herzgeräusche zu einem frühen Indikator sich anbahnender Herzkrankheiten werden können, deren Ausbruch man dann präventiv entgegenwirken kann. In *dieser* Umgebung können Herzgeräusche zur Aufrechterhaltung des Organismus notwendig sein!

Wegen des komplementären Charakters eines konkreten Prozeßsystems und seiner Umgebung kann es genaugenommen kein funktionales Äquivalent von i in einem bestimmten Kontext k geben. Aber sprechen wir nicht ständig davon, ein- und dieselbe "Funktion" könne auf verschiedene Weise realisiert werden? Die Funktion "Sauerstoff aufzunehmen (zu atmen)", beispielsweise, könne durch Lungen, Kiemen, reich durchblutete Hautareale usw. bewerkstelligt werden. Die Antwort auf die Frage "Wieviele verschiedene Möglichkeiten gibt es, eine bestimmte Funktion zu verwirklichen?" hängt hier von der Weite der Begriffe ab, die wir zur Bezeichnung einer Funktion verwenden. Zwei Punkte sind dabei zu beachten. Erstens wird wegen der Kontextabhängigkeit von Funktionalität eine Funktion niemals von einem isolierten Konstituenten i erfüllt, es sind immer mehrere, relational in bestimmter Weise verknüpfte Auto- und Allokonstituenten nötig. Das heißt aber, verschiedene Auto- und Allokonstituenten üben in bestimmten Interaktionen miteinander gemeinsam die gleiche Funktion aus. Zweitens werden Zustände verschiedener heterogenetischer Systeme unter Umständen in einer Zustandsklasse (Menge) zusammengefaßt, die als eine von all diesen Systemen erfüllte "Funktion" charakterisiert wird (z.B. "Atmung", "Exkretion", "Nahrungsaufnahme" usw.). Selbst wenn sich die heterogenetischen Systeme in ihrer Organisation stark unterscheiden (man nehme etwa einen Seestern und ein Säugetier), wird man dann sagen können, daß völlig verschiedene Konstituenten in völlig verschiedenen Kontexten die "gleiche Funktion" (z.B. Atmung) erfüllen (etwa die Ambulacralfüßchen für den Seestern, die Lunge für das Säugetier). Daraus zu folgern, es gäbe für die jeweiligen Prozeßsysteme funktionale Äquivalente im Sinne von Austauschbarkeit, wäre aber absurd. Die Ambulacralfüßchen eines Seesterns lassen sich nicht gegen die Lunge eines Säugetiers austauschen, da beide Prozeßsysteme nur in ihren organisationsspezifischen Kontexten, ihrer jeweiligen intra- und extraorganismischen Umwelt die Funktion der "Atmung" erfüllen und dadurch für den jeweiligen Organismus funktional sind[11]. Funktionale Begriffe, die Prozeßsysteme im Hinblick auf ihre Funktion in einem Prozeßsystem einer höheren semantischen Ebene benennen, wie etwa "Lunge", "Herz", "Leber" usw., sind insofern problematisch, als sie gegebenenfalls auf strukturell ähnliche Organe verschiedener Organismen angewendet werden, dabei aber eine ähnliche "Funktion" dieser Organe unterstellen, was insbesondere bei multifunktionellen Organen im allgemeinen höchstens teilweise zutrifft. Es darf nie vergessen werden, daß die Funktion eines Konstituenten immer nur relativ

[11] Nagel (1979 b) behandelt dieses Problem unter der Überschrift "plurality of causes" (S. 307). Es taucht immer dann auf, wenn die Ursachen von Ereignissen in mehr Klassen eingeteilt werden als die Wirkungen; wir sagen dann, "ein" Ereignis könne durch "mehrere" Ursachen hervorgerufen werden, obwohl jedes konkrete Ereignis natürlich immer nur eine konkrete Ursache haben kann.

zur spezifischen heterogenetischen (funktionalen) Organisation des analysierten Prozeßsystems definiert ist, deren Identitätserhaltung er dient. Strenggenommen gibt es daher keine "Gleichheit" von Funktionen in verschieden organisierten heterogenetischen Systemen, und zwar deshalb nicht, weil es keine austauschbaren funktionalen Äquivalente gibt.

Funktionale Begriffe können, wie schon erläutert, entweder einen Zustand (bzw. eine Zustandssequenz) bezeichnen, der im Rahmen einer zyklischen funktionalen Zustandssequenz vorkommt (Atmung, Exkretion, Brutpflege, Fortpflanzung usw.) oder einen Auto- oder Allokonstituenten nach seiner Funktion in einem Prozeßsystem einer höheren semantischen Ebene klassifizieren (Herz, Lunge, Gehirn, Flügel, Beute, Feind, Geschlechtspartner usw.). In beiden Fällen wird immer ein heterogenetisches System impliziert, für welches der Konstituent oder der Zustand[12] funktional ist. Funktionale Begriffe vermitteln sozusagen zwischen verschiedenen semantischen Ebenen, indem sie Mengen von Konstituenten ("Herz", "Leber" usw.) oder Zuständen ("Atmung", "Exkretion" usw.) der verschiedenartigsten Prozeßsysteme definieren, die aufgrund "funktionaler Ähnlichkeiten", d.h. oberflächlich betrachtet ähnlichen Interaktionsmodi bei der Identitätserhaltung des Prozeßsystems zusammengefaßt werden, dessen Organisation sie jeweils mitkonstituieren. Ein von einem funktionalen Begriff definiertes System ("Herz") stellt daher eine Menge f_P von konkreten Prozeßsystemen f_{Pi} dar, die als Konstituenten f_{KP}, f_{LP}, f_{MP} völlig verschiedener Prozeßsysteme K_P, L_P, M_P usw. (Insekten, Weichtiere, Wirbeltiere ...) auftreten. Der *organisationsspezifische* Beitrag, den unter f_P subsumierte Prozeßsysteme zur Organisation von K-, L- bzw. M-definierten Prozeßsystemen leisten, läßt sich daher *nicht* durch die Angabe allgemein f-typischer Charakteristika kennzeichnen, sondern muß für jede spezifische Organisation (f_{KP} für K_P, f_{LP} für L_P, f_{MP} für M_P ...) getrennt empirisch ermittelt werden: Die "Rolle", die ein Insektenherz für ein Insekt spielt, unterscheidet sich von der "Rolle", die ein Wirbeltierherz für ein Wirbeltier spielt (was sich darin ausdrückt, daß die beiden Herzen *nicht* funktional äquivalent, also austauschbar sind), sieht man von den nicht organisationsspezifischen Kennzeichen eines jeden Herzen - das Inganghalten der Zirkulation von Körperflüssigkeit - einmal ab.

Selbst funktionale (beispielsweise biologische) Begriffe scheinen also mit den Begriffen der Physik "kommensurabel" oder "kommensurabilisierbar" zu sein - um nochmals auf die Diskussion in Kap. 1.2 zurückzukommen -, ohne sich aber auf einfache Weise durch diese ausdrücken zu lassen. In der Tat würde die Neuformulierung eines funktionalen Begriffs wie "Herz" in einer Terminologie, die beispielsweise über Elementarteilchen und deren regelhafte Interaktionen spricht, erfordern, den konstitutiven Beitrag aller (Insekten-, Weichtier-, Wirbeltier-, ...) Herzen für ihre jeweiligen spezifisch organisierten Prozeßsysteme (Insekten, Weichtiere, Wirbeltiere, ...) gesondert zu etablieren. In einer solchen Terminologie und unter Anwendung physikali-

---

[12] Ein Zustand ist dann funktional, wenn er Bestandteil einer selbst-re-produzierenden Zustandsabfolge ist (vgl. Kap. 6.3).

scher Gesetze, die die Wechselwirkungen zwischen Elementarteilchen beschreiben, müßte demnach gezeigt werden, daß Elementarteilchen, die in solchen Relationengefügen, die der vollständigen Organisation von Insekten, Weichtieren bzw. Wirbeltieren entsprechen, stehen, so miteinander interagieren, daß sich diese Relationengefüge zyklisch re-produzieren und sich demonstrieren lassen, in welchem Kontext anderer konstitutiver Relationen hierbei die den explizierten "Herzen" entsprechenden Relationengefüge jeweils konstitutiv wirksam werden.

Kehren wir nach diesem längeren Exkurs über funktionale Äquivalente und funktionale Begriffe wieder zum Thema "funktionale Erklärung" zurück. Hempel (1959, S. 321) führt noch einen weiteren, seiner Ansicht nach schwerwiegenden Einwand gegen den Wert funktionaler Erklärungen ins Feld: Diese hätten meist keine prognostische Kraft und seien aus diesem Grund nicht testbar. Damit funktionale Erklärungen prognostisch verwertbar würden, müßte eine "Selbstregulationshypothese" für das in der Prämisse (a) vorausgesetzte Prozeßsystem s aufgestellt und empirisch überprüft werden, was im allgemeinen aber undurchführbar sei. Hempel hat natürlich recht, wenn er die Funktionalität eines Konstituenten an die Bedingung knüpft, dieser müsse zur Dauerhaftigkeit des analysierten Prozeßsystems beitragen. Für heterogenetische Systeme heißt das: Der Zustand, der die angebliche Funktion eines Konstituenten i darstellt, muß sich als Zustand einer identitätserhaltenden zyklischen Zustandssequenz erweisen, sonst kann in der Tat nicht legitim von der Funktionalität von i für s gesprochen werden[13]:

> "if such statements of 'function' are to do more than merely describe consequences, it should be possible to show that the alleged function also reinforces the practice of the activity." Emmet (1967), S. 258.

Legt man das systemtheoretische Konzept eines heterogenetischen Systems zugrunde, so lassen sich funktionale Erklärungen wie folgt logisch konsistent - wenn auch etwas umständlich - konstruieren, wobei ihre explanatorische Kraft davon abhängt, wie weit die funktionale Analyse eines Prozeßsystems bereits fortgeschritten ist (für die Bedeutungsanalyse autogenetischer Systeme gilt im Prinzip das Gleiche):

Es gibt K_{Pi} der Menge K_P und t_{Pi} der Menge t_P, so daß gilt:

(1) Zum Zeitpunkt t_x liegt ein Prozeßsystem K_{Pi} im Zustand K(1) vor.

(2) Wenn ein Prozeßsystem t_{Pi} zum Zeitpunkt t_x im Kontext c steht (d.h. wenn das in t_{Pi} erfüllend enthaltene Momentansystem zu einem Zeitpunkt t_x Ele-

---

[13] Auch M. Ruse (zit. in Nagel (1979 b), S. 311) stellt die "überlebensfördernde Wirkung" als Bedingung für Funktionalität in den Vordergrund. Nagel (1979 b) hingegen sieht dieses Kriterium, das der systemtheoretischen Forderung nach einer zyklischen Zustandssequenz gleichkommt, als überflüssig an und möchte Funktion über den Beitrag eines Teilsystems zu einem zielgerichteten Verhalten definieren ("goal-supporting view" von Funktion, S. 314). Nagel übersieht, daß zielgerichtete Prozesse nur in heterogenetischen (funktionalen) Systemen vorkommen und das Kriterium einer zyklischen Zustandssequenz daher - implizit oder explizit - unverzichtbar für eine funktionale Erklärung ist. Vgl. hierzu meine Kritik an Nagel in Kap. 6.1 (Fußnote 8).

ment einer Teilmenge t_c der für K(1) charakteristischen Zustandsmenge $t_{K(1)}$ ist bzw. dessen komplementäre Umgebung zur Umweltmenge $pU(t_c)$, einer Teilmenge von pU(t), gehört), ist t_{Pi} notwendig für den Übergang von K(1) in K(2) zum nächsten Zeitpunkt t_{x+1}.

(3) Der Kontext c liegt zum Zeitpunkt t_x vor (t_{Pi} ist zum Zeitpunkt t_x Element von t_c).

(4) K(2) ist zum Zeitpunkt t_{x+1} notwendig, damit sich ein System K_{Pi} zum Zeitpunkt t_{x+2} im Zustand K(1) befindet, also eine zyklische Zustandssequenz durchlaufen hat.

(5) Zum Zeitpunkt t_{x+2} liegt das System K_{Pi} im Zustand K(1) vor[14].

Aus diesen 5 Prämissen läßt sich logisch auf das Vorliegen eines t_{Pi} der Menge t_P zum Zeitpunkt t_x schließen. Dabei kommt jedoch nur ein solches t_{Pi} in Frage, dessen zum Zeitpunkt t_x in ihm erfüllend enthaltenes Momentansystem Element der Menge t_c ist. Alle konkreten Prozeßsysteme t_{Pi}, die jeweils einige Momentansysteme erfüllend enthalten, die Elemente der Menge t_c sind, lassen sich zur Menge t_{cP}, einer Teilmenge von t_P, zusammenfassen. Somit erweist sich t_P, bzw. genaugenommen nur t_{cP} als ein konstitutives Element (Auto- oder Allokonstituent) von K_P; es wird aber nicht impliziert, daß bei komplexen heterogenetischen Systemen K_P alle K_{Pi} solche identitätserhaltenden Zustandszyklen durchlaufen müssen, die die Zustandsabfolge K(1) - K(2) beinhalten. Das Schema erfordert einige Erläuterungen. Ich beginne mit den letzten beiden Prämissen. Diese stellen fest, daß es sich um ein dauerhaftes, sich zyklisch reproduzierendes (bei Funktionalanalyse: heterogenetisches) Prozeßsystem handelt. Prämisse (4) ist erfüllt, wenn der Zustand K(2), der durch ein t_{Pi} im Kontext c herbeigeführt werden kann (2), Bestandteil einer zyklischen Zustandssequenz ist, die den Ausgangszustand K(1) wiederherstellt. (4) behauptet also, es handle sich um ein sich zyklisch re-produzierendes (heterogenetisches) Prozeßsystem. Nur unter diesem Vorbehalt ist die Erklärung gültig, nur unter diesem Vorbehalt ist t_{cP} konstitutiv für K_P. Die Prämisse (2) sagt ja nur aus, daß t_{cP} für einen Zustandsübergang von K(1) nach K(2) notwendig ist, ohne damit schon gezeigt zu haben, daß K(2) in identitätserhaltenden zyklischen Zustandssequenzen von K_P überhaupt eine Rolle spielt. Es bleibt zu ergänzen, daß in komplexen heterogenetischen Systemen mit vielen alternativen zyklischen Zustandssequenzen auch (4) kontextabhängig ist. Da kein heterogenetisches System unbegrenzt dauert, muß zusätzlich die Prämisse (5) erfüllt sein. (5) ist für ein heterogenetisches System dann wahr, wenn keine restriktive Umgebung des Systems vorliegt. Da sich nie exakt prognostizieren läßt, ob permissive Umgebungen eines heterogenetischen Systems in Zukunft bestehen werden, hat das funktionale Erklärungsschema nur begrenzt prognostische Kraft. Es gilt nur unter dem Vorbehalt, daß keine restriktiven Umgebungen in Zukunft auftreten, die Umweltbedingung also

---

[14] Eine exakte Darstellung der logischen Schemata der Funktionalanalyse findet sich im Anhang zu Schlosser (1990).

erfüllt bleibt. Unter diesen Vorbehalten läßt sich die Funktionalität eines t_{Pi} für ein K_{Pi} nachweisen. Ich bitte zu beachten, daß nirgendwo im skizzierten funktionalen Erklärungsschema explizit auf allgemeine Naturgesetze Bezug genommen wird. Es wird aber impliziert, daß es solche Naturgesetze (letztenendes: eine Kausalfunktion) gibt, die für die ausnahmslos allgemeine Gültigkeit der Konditionalaussagen (2) und (4) "verantwortlich" sind.

Damit ist die Funktionalanalyse, die ja die Organisation K-definierter Prozeßsysteme K_P aufklären will, erst am Anfang. Die entscheidende Aufgabe funktionsanalytischer Wissenschaft besteht darin, durch Vergleich verschiedener Prozeßsysteme und/oder experimentelle Manipulation die Kontexte zu analysieren, in denen t_P für K_P notwendig sind, also den Kontext c näher zu bestimmen, sowie zu klären, unter welchen Bedingungen (in welchen Kontexten) der Übergang von K(1) zu K(2) Bestandteil einer zyklischen Zustandssequenz ist. Die erste Aufgabe ist dann erfüllt, wenn die Gefüge wirksamer Relationen zwischen t_P und den Prozeßsystemen seiner Umwelt vollständig spezifiziert (ihre Wertebereiche angegeben) werden können, die den Übergang in K(2) bewirken. Der vollständig spezifizierte Kontext c, in dem t_P für den Zustandsübergang funktional ist, kann als eine Teilmenge t_c von t, aufgrund der Korrespondenz von pU(t) und t (die durch die Komplementarität von t_{Pi} und $pU(t_{Pi})$ bedingt ist) auch als eine Teilmenge $pU(t_c)$ der Umweltmenge pU(t) aufgefaßt werden (vgl. Prämisse (2)). In diesem *spezifizierten* Kontext, d.h. *als* t_{cP}, ist t_P zugleich *hinreichende* Bedingung für den Zustandsübergang von K(1) nach K(2), da t_{cP} wie vorausgesetzt dafür *notwendig* ist *und* außerdem eingeschränkte Wertebereiche für die Relationengefüge aller jeweils benachbarten Prozeßsysteme (und somit alle anderen notwendigen Bedingungen) impliziert (d.h. eine Menge $pU(t_{cP})$ als Teilmenge von $pU(t_P)$ festlegt). Dies ist eine Folgerung, die sich unmittelbar aus der Korrespondenz (Komplementarität) von Prozeßsystem und Umgebung im universalen Wirkungszusammenhang ergibt.

Die Funktionalanalyse eines komplexen heterogenetischen Systems von der Art K ist ihrerseits ein komplexes Geflecht von Erklärungen, die notwendige und hinreichende Bedingungen für die Dauerhaftigkeit K-definierter Prozeßsysteme aufzeigen. Je weiter die Funktionalanalyse fortschreitet, desto durchsichtiger wird die Organisation des heterogenetischen Systems. Annahmen, die über die Funktionalität eines Konstituenten (oder Zustands) ursprünglich gemacht wurden, können sich dabei unter Umständen später als falsch herausstellen. Die Prämisse (4) mag sich beispielsweise in einzelnen Fällen als unhaltbar erweisen. Ein Konstituent t_{Pi} kann außerdem in verschiedenen Kontexten verschiedene Funktionen erfüllen, so wie umgekehrt verschiedene Konstituenten zur gleichen Funktion beitragen. Funktionale Erklärungen sind, wenn sie vollständig sind, ihrerseits zyklisch aufeinander bezogen. Das obenstehende Erklärungsschema erklärt das Vorhandensein von Konstituenten in K(1) mit ihrer Funktionalität für K(2) *unter Vorbehalt* der Funktionalität von Konstituenten von K(2) für K(1) (Prämisse (4)). Letztere lassen sich auf analoge Weise funktional erklären - unter Vorbehalt der Funktionalität der Konstituenten von K(1) für K(2). Der Kreis hat sich geschlossen!

Ein solcher Kreisschluß stellt keinen logischen, sondern einen *Erklärungszirkel* dar, der das eine unter dem Vorbehalt des anderen, das andere unter dem Vorbehalt des einen erklärt und somit genau die wechselseitige Dependenz der "Teile" im "Ganzen" zum Ausdruck bringt, die wir systemanalytisch aufklären wollen. Explanatorische Zirkularität bietet die Gewähr dafür, daß wir tatsächlich die konstitutive Organisation des Prozeßsystems explizieren, das wir analysieren wollten. Der beschriebene Erklärungszirkel liegt daher jeder Explikation zugrunde. Das gilt selbstverständlich für alle Prozeßsysteme, für autogenetische wie für heterogenetische Systeme. Für autogenetische Systeme gibt es allerdings keine konstitutiven Umweltsysteme (Allokonstituenten); für statische autogenetische Systeme können K(1) und K(2) zudem gleichgesetzt werden.

Ich möchte keineswegs die Forderung aufstellen, Wissenschaftler hätten von nun ab, ihre Erklärungen in Form des von mir vorgestellten Erklärungsschemas abzugeben. Dieses Schema stellt nicht mehr dar als einen Versuch, die logische Konsistenz systemanalytischer Explikation aufzuzeigen. Es könnte eingewendet werden, da diese Erklärungen alle, wie ich sagte, "unter Vorbehalt" erfolgen, hätten sie eigentlich "nur" heuristischen Wert und keinen wirklich explanatorischen Charakter[15]. Ich halte diese Unterscheidung von heuristischem und explanatorischem Charakter von Urteilen in der systemanalytischen Forschung aber für verfehlt. Legt man die strengen Hempelschen Maßstäbe an, dann gäbe es - von wenigen Ausnahmen in der Physik abgesehen - überhaupt nirgendwo in der Wissenschaft "Erklärungen". Den Begriff der Erklärung so eng zu fassen hieße aber, unseren tatsächlichen Gebrauch dieses Begriffs zu vergewaltigen.

Die Diskussion der Funktionalanalyse soll nicht beendet werden, ohne auf mögliche Gefahren funktionaler Erklärungen hingewiesen zu haben. Funktionale Erklärungen haben einen spekulativen Charakter, solange nicht ganz klar eine zyklische selbsterhaltende Zustandssequenz der analysierten K-definierten Prozeßsysteme bestätigt wurde. Diese Kritik betrifft vor allem die Anwendung der Funktionalanalyse in der Soziologie[16]. Ich habe gegen Ende des vorigen Kapitels einige Argumente zusammengetragen, die gegen eine zu enge Parallelisierung von Gesellschaften und Organismen sprechen. Eine Gesellschaft ist ein geschichtlich wandelbares heterogenetisches System und läßt sich nur schwer als zyklische Zustandssequenz beschreiben. Daher kann auch nicht ohne weiteres von einer charakteristischen "Organisation" von Gesellschaft schlechthin gesprochen werden. Legt man ein sehr grobes Raster zugrunde, so mögen zwar "funktional ähnliche" Zustandssequenzen verschiedener Gesellschaften be-

---

[15] So sehen das Hempel (1959), S. 329 und Stegmüller (1969), S. 583.

[16] Hempel (1959), S. 311 ff. illustriert seine Kritik funktionaler Erklärungen vorwiegend mit Beispielen aus der funktionalistischen Richtung der Soziologie (Malinowski, Radcliffe-Brown und Merton), verallgemeinert seine Kritik, die für soziologische Fragestellungen eine gewisse Berechtigung hat, aber auf funktionale Erklärungen schlechthin. Vgl. zu diesem Thema auch Emmet (1967).

schrieben werden können. Diese Beschreibungen lassen dann aber in der Tat funktionale Äquivalente zu bestimmten Gesellschaftsstrukturen zu, die in anders organisierten Gesellschaften die "gleichen Funktionen" übernehmen können. Es läßt sich also auf dieser groben Beschreibungsebene kaum die alternativenlose funktionale Notwendigkeit einer bestimmten Institution, bestimmter Gesetze oder ähnlichem, die in der Organisation einer spezifischen Gesellschaft eine Rolle spielen, für Gesellschaft schlechthin behaupten. Der Soziologe befindet sich, stellt er funktionale Parallelen zwischen verschiedenen Gesellschaften fest, in einer analogen Situation wie ein Biologe, der feststellt, daß "Atmung" für Tiere funktional notwendig ist. Mit dieser Aussage wird weder impliziert, daß die gleichen Organe, die im Seestern die "Atmungsfunktion" erfüllen auch in einem Säugetier die "Atmungsfunktion" erfüllen, noch, daß die Atmungsorgane von Seestern und Säugetier austauschbar sind, ohne ihre Funktionalität einzubüßen. Was für das eine System recht ist, kann dem anderen nicht billig sein.

Die Gefahr funktionaler Erklärungen in der Soziologie liegt in der kaum zu vermeidenden Tendenz, aus den vermeintlichen Ähnlichkeiten der funktionalen Organisation verschiedener Gesellschaften Aussagen über die Notwendigkeit von gesellschaftlichen Strukturen und Institutionen schlechthin abzuleiten und dadurch womöglich eigene politische Wertungen zu pseudo-objektivieren. Allzuleicht wird mißachtet, daß Funktion immer relativ auf eine spezifische Organisation ist. Für verschieden organisierte Gesellschaften kann eigentlich nicht legitim von der "gleichen Funktion" von Institutionen, Amtspersonen etc. gesprochen werden. Und ob wir jemals eine allgemeine funktionale Organisation von "Gesellschaft schlechthin" beschreiben können, die intersubjektiv konsensfähig ist, sei dahingestellt.

Ich möchte am Ende dieses Abschnitts noch einige Worte über die Interpretation sogenannter *intentionaler Erklärungen* verlieren (vgl. Kap. 2.1). Intentionale Erklärungen sind, ähnlich wie funktionale Erklärungen, "teleologische" Erklärungen vom "um zu"-Typ: "Petra schlägt den Nagel in die Wand, *um* ein Bild aufzuhängen". Im Gegensatz zu funktionalen Erklärungen sollen intentionale Erklärungen aber, folgt man Hempel (1959, S. 327) und Stegmüller (1969, S. 533), als kausale Erklärungen mit "Motivkausalität" gedeutet werden:

> "explanation by reference to motives, objectives, or the like may be perfectly legitimate in the case of purposive behavior and its effects. An explanation of this kind would be causal in character." Hempel (1959), S. 327.

Das ist sicher naheliegend, trifft aber nur einen Teilaspekt intentionaler Erklärungen. Wäre eine intentionale Erklärung nicht mehr als eine kausale Erklärung aus Motiven, so ließe sich der obige Satz so umschreiben: "Petra will ein Bild aufhängen. Immer wenn eine menschliche Person ein Bild aufhängen will, schlägt sie einen Nagel in die Wand. Folgerung: Petra schlägt einen Nagel in die Wand.". Vom Erfolg dieses Verhaltens - am eingeschlagenen Nagel läßt sich zu Petras Zufriedenheit tatsächlich ein Bild aufhängen - ist hierbei nicht die Rede. Der "motivkausalen" Reformulierung mangelt es offenbar an einem wesentlichen Aspekt, den der obige "um zu"-Satz ebenfalls vermittelt. Sie erklärt die Tatsache nicht, daß der Gedanke, ein Bild aufhängen zu wollen, "Aussicht auf Erfolg" hat, d.h. eine in bestimmten Kontexten - immer dann, wenn niemand die Person zwingt - notwendige Voraussetzung für das Aufhängen eines Bildes ist.

Eine intentionale Erklärung hat also neben dem kausalen Aspekt noch einen eindeutig funktionalen Aspekt. Es geht um die Funktionen von Gedanken bei der Verwirklichung des Gedachten. Das heterogenetische System, für welches diese Verwirklichung eine Funktion hat, in dessen zyklischer Zustandssequenz sie eine konstitutive Rolle spielt, ist der denkende und handelnde Mensch. Sofern wir unsere *eigenen* Intentionen zur Erklärung unseres Tuns heranziehen, sind wir es jeweils *selbst*. Wir selbst als heterogenetisches System - die zyklische Zustandssequenz, in die unsere Intentionen und deren Verwirklichung eingebettet sind - sind uns selbst aber nicht zugänglich, da wir in der Ver-wirklichung unserer funktionalen Zyklizität unsere Welt konstituieren, hinter die wir nicht zurück können (vgl. Kap. 7.4.2).

Nur solche Gedanken, die in bestimmten Kontexten auch zum "Erfolg" führen, die wir uns also als in eine zyklische Zustandssequenz eingebettet denken können, werden zu Recht in intentionalen Erklärungen angeführt (das steckt implizit im Wort "Motiv" von "Motivkausalität")[17]. Eine Aussage wie "Petra schlägt einen Nagel in die Wand, um ihre Wäsche zu waschen" wird man kaum als intentionale Erklärung gelten lassen. Intentionale Erklärungen vereinigen also in sich eine kausale und eine funktionale Erklärungskomponente. Diese wenigen Andeutungen sollen genügen; eine ausführliche Diskussion würde zu weit vom Kernthema dieses Buches abführen.

8.1.3 Historische Zusammenhänge.

Bislang habe ich nur den semantisch-funktionalen Aspekt systemanalytischer Forschung behandelt, den historischen Aspekt jedoch vernachlässigt. Wir können aber, wie in Kapitel 7 begründet wurde, Prozeßsysteme nicht nur in semantisch-funktionale, sondern auch in historische Zusammenhänge stellen. Haben wir ein Prozeßsystem funktional analysiert, so können wir z.B. nach der historischen Genese bestimmter funktionaler Zusammenhänge fragen.

Dauerhafte Prozeßsysteme können auf die verschiedenste Weise organisiert sein.

---

[17] Damit soll nicht geleugnet werden, daß der Erfolg auch einmal ausbleiben kann (indem z.B. der Nagel abbricht) (vgl. Stegmüller (1969), S. 533). Gäbe es aber *keine* Situation, in der der Gedanke je zum Erfolg führte, so könnte man nicht von einer intentionalen Erklärung sprechen. Was "Erfolg" ist, was somit als intentionale Erklärung gelten kann, kann von verschiedenen Personen verschieden beurteilt werden. Während der Verrückte, der sich für Napoleon hält, von sich behauptet "Ich gehe auf den Balkon, um die Huldigungen meines Volkes entgegenzunehmen", würde ein Außenstehender vermutlich sagen "Er geht auf den Balkon, um die imaginären Huldigungen seines imaginären Volkes entgegenzunehmen und so seinen Minderwertigkeitskomplex im Wahn zu kompensieren".

Wollen wir wissen, warum wir ausgerechnet *diese* und keine andere Organisation eines von uns analysierten Prozeßsystems vorfinden, so fragen wir schon nach der Geschichte bzw. Evolution dieses Prozeßsystems. Die spezifische Organisation eines Prozeßsystems K_{P_i} wird ja nur von seiner Vor-Geschichte bestimmt, sieht man von der Trivialität einmal ab, daß es, wie alle Prozeßsysteme, den allgemeinen Naturgesetzen folgend sich selbst re-produzieren muß[18]. Die Frage nach der Geschichte eines Prozeßsystems wird insbesondere für komplexe heterogenetische Systeme interessant (vgl. Kap. 7.1), geschichtliche Betrachtungen spielen daher in der Biologie und in den Geisteswissenschaften eine große Rolle. Weisen die verschiedenen konkreten Prozeßsysteme K_{P_i} der Art K Gemeinsamkeiten ihrer jeweiligen Geschichten (Entwicklungen) auf und beruhen diese Gemeinsamkeiten nicht nur auf Parallelen sondern auf einer geteilten Geschichte, d.h. leiten sie sich von gemeinsamen (oder streng gekoppelten) Vorgängern ab, so können wir von einem *historischen Zusammenhang* zwischen den verschiedenen konkreten Prozeßsystemen sprechen. Gemeinsamkeiten und Unterschiede zwischen den verschiedenen konkreten Prozeßsystemen - etwa zwischen verschiedenen Tierarten, die vom gleichen Vorgänger abstammen, zwischen verschiedenen Kulturen oder Sprachen, die aus der gleichen Stammkultur oder -sprache hervorgegangen sind usw. - lassen sich in diesem Fall historisch erklären (vgl. Kap. 7.5).

Wenn wir nach historischen Zusammenhängen fragen, dann setzen wir wie bei der semantisch-funktionalen Analyse von Prozeßsystemen einen sich regelhaft verändernden universalen Wirkungszusammenhang voraus, ohne die "Naturgesetze" (die allen Wandel beschreibende Kausalfunktion) selbst zu thematisieren (vgl. Kap. 2.1). Wir gehen davon aus, daß die gegenwärtige Welt nicht schon immer so war, wie wir sie heute vorfinden, sondern eine gewordene Welt ist; wir gehen also von einer "*poststabilierten Harmonie*" aus. Die alternative Vorstellung eines stabilen, beständigen Universums, in dem es endlos dauernde Prozeßsysteme gibt, die in "prästabilierter Harmonie" einander zugeordnet sind, verträgt sich nicht mit unserer veränderlichen Welt, in der eines auf das andere einwirkt, in der nichts ewig währt und nichts vor Zerstörung gefeit ist. Nur weil sich ständig alles in Abhängigkeit von anderem ändert, können wir überhaupt die Frage nach der Organisation von Prozeßsystemen im universalen Wirkungszusammenhang stellen. Dann drängt sich aber die Frage nach der geschichtlichen Bedingtheit der jetzt konkret in unserer Welt vorfindbaren Organisationen geradezu auf. Eine andere Möglichkeit, das spezifische Sosein der uns in unse-

---

[18] Pattee (1970) führt diese historische Betrachtungsweise gegen eine reduktionistische Sichtweise ins Feld, die glaubt alles "aus Gesetzen heraus" erklären zu können: "a hierarchical interface tends to raise two types of questions. Viewed from the upper level of the hierarchy the existing constraints are generally taken for granted and the significant question seems to be, *how does it work*... To this extent there is reduction. On the other hand viewed from the lower level of the hierarchy it is the laws of motion which are generally taken for granted and now the significant question seems to be, *how could the constraints arise* ... the constraints are not derivable from the laws of the lower level. To this extent reduction appears impossible." (S. 124).

rer Welt begegnenden Prozeßsysteme zu erklären, haben wir nicht. Historische Analysen, in denen wir historische Zusammenhänge aufzeigen, haben erklärenden, wenn auch weitgehend retrognostischen Charakter. Das wurde bereits in Kapitel 2.1 begründet[19].

Historische Erklärungskaskaden entspringen wie die semantisch- funktionalen Erklärungen dem systemanalytischen Erklärungsinteresse, dem Interesse daran, die verschiedenen Prozeßsysteme unserer Welt in ihrer Einzigartigkeit, Konkretheit und Differenziertheit zu verstehen. Dabei wird die Gültigkeit allgemeiner Naturgesetze (der Kausalfunktion des universalen Wirkungszusammenhangs) vorausgesetzt, aber nicht thematisiert. Manche Prozeßsysteme, die relativ beständige kennzeichnende "Eigenschaften" haben, lassen sich semantisch-funktional *und* historisch befragen. Viele wandelbare Prozeßsysteme, die sich laufend verändern, wie menschliche Gesellschaften und menschliche Personen, lassen sich hingegen oft *nur* historisch befragen.

8.2 Allgemeine Systemtheorie und Einheitswissenschaft.

Es ist an der Zeit, die Konturen des Bildes, das die Allgemeine Systemtheorie von der Einheit systemanalytischer Wissenschaft entwirft, etwas schärfer nachzuzeichnen und klarzustellen, inwiefern ein pluralistischer Unifikationismus es gestattet, dem Ideal von der "Einheitswissenschaft" einen neuen, von den Neopositivisten des Wiener Kreises völlig unvermuteten Inhalt zu geben. Alle Wissenschaften, denen es um die Aufklärung der konkreten uns in unserer Welt begegnenden Prozeßsysteme zu tun ist; alle Wissenschaften, die nicht primär nach den allgemeinen Gesetzen suchen, die den Lauf der Welt koordinieren; alle Wissenschaften, die nach dem Wechselspiel konstitutiver Relationen und nach der geschichtlichen Bedingtheit von Prozeßsystemen fragen; alle diese *systemanalytischen* Wissenschaften gehen, wie ich gleich noch näher erläutern möchte, *hermeneutisch-konstruktiv* vor und deuten in intersubjektiv akzeptabler Weise die Prozeßsysteme unserer Welt. Wissenschaftliche Systemanalyse ist Explikation. Sie deutet die Prozeßsysteme, die uns in unserer Welt begegnen, im Hinblick auf die unifikationistische Leitidee eines einheitlichen, universalen Wirkungszusammenhangs, und die Überlegungen der Allgemeinen Systemtheorie können daher in allen systemanalytischen Wissenschaften fruchtbar Anwendung finden. So lassen sich nicht etwa die "hermeneutischen" Wissenschaften (z.B. die Geisteswissenschaften) auf die "analytischen" Naturwissenschaften zurückführen, sondern alle Wissenschaften zeichnen sich umgekehrt durch ihr gemeinsames hermeneutisch-konstruktives Vorgehen aus. Systemanalytische Wissenschaft deutet die Welt. Zwar gibt es auch

---

[19] Shapere (1974) unterscheidet zwischen "compositional theories" und "evolutionary theories", was in etwa meiner Unterscheidung semantisch-funktionaler und historischer Erklärungen gleichgesetzt werden kann. Shapere spricht allerdings nur ersteren erklärenden Charakter zu (S. 193), eine Auffassung, die ich nicht teile (vgl. Kap. 2).

in der so bestimmten Einheitswissenschaft keine inhaltlich oder methodisch bestimmbare Sonderstellung der Geisteswissenschaften gegenüber den Naturwissenschaften, wie sie etwa noch von Habermas (1968) verfochten wird[20], doch besteht die Einheit der Wissenschaft auch nicht in einer allen Disziplinen gemeinsamen exakten und mathematisierbaren kausalen Analyse. Sie besteht vielmehr in der durch Vorverständnis geleiteteten, intersubjektiv akzeptierbaren Explikation der uns in der Welt begegnenden Prozeßsysteme, seien sie "gegenständlicher" oder "begrifflicher" Natur[21].

Um Prozeßsysteme verstehen zu können, müssen wir zwei Voraussetzungen mitbringen: Wir müssen bereits wissen, was wir untersuchen wollen - wir müssen die Prozeßsysteme, die wir analysieren, identifizieren können -; und wir müssen wissen, welches Resultat wir mit unserer Untersuchung erreichen wollen, müssen eine Zielvorstellung, einen Explikationshorizont, müssen "Kandidaten" für Konstituenten voraussetzen. Der ideelle letzte, unhintergehbare Explikationshorizont wissenschaftlicher Systemanalyse ist, wie in Kapitel 4 begründet wurde, der universale Wirkungszusammenhang. Eine vollständige Explikation von Prozeßsystemen in eine Organisation interagierender Elementarprozesse des universalen Wirkungszusammenhangs streben wir allerdings nie an; sie wäre weder vollständig durchführbar, noch würde sie unser

---

20 Eine methodische Unterscheidung von Natur- und Geisteswissenschaften wird vor allem von Windelband (1894), S. 145 und Rickert (1898), S. 55 getroffen: Die Naturwissenschaften seien die "generalisierenden" (Rickert), "nomothetischen" (Windelband) Wissenschaften. Die "geschichtlichen" oder "historischen Kulturwissenschaften" - der Begriff "Geisteswissenschaften" wird von beiden abgelehnt - hingegen seien "individualisierend" (Rickert) bzw. "idiographisch" (Windelband). Rickert (1898), S. 101 betont außerdem die größere Wertorientiertheit der Kulturwissenschaften. Dilthey (1910), S. 89 ff., insbes. S. 97 f. unterscheidet die Methode der "Verstehens" (durch unmittelbares Erleben) der Geisteswissenschaft von dem "erkennenden" Verhältnis der Naturwissenschaft zu ihren Gegenständen. Gadamer (1960), S. 267 f. knüpft an Dilthey an, wenn er die Geisteswissenschaft aufgrund ihrer Traditionsgebundenheit von den Naturwissenschaften abheben möchte. Habermas (1968), S. 241 ff., 259 ff. unterscheidet Natur- und Geisteswissenschaften vorwiegend hinsichtlich ihrer erkenntnisleitenden Interessen: Die Naturwissenschaft zeichne sich durch ein Interesse an "technischer Verfügbarkeit" aus, die Geisteswissenschaft durch ein Interesse "handlungsorientierender Verständigung" oder gar - in der Selbstreflexion - ein "emanzipatorisches Erkenntnisinteresse" (vgl. hierzu Kap. 2.1).

21 Geldsetzer (1989), S. 127 deutet die Möglichkeit eines hermeneutischen Einheitswissenschaftsideals kurz an, ohne näher darauf einzugehen: "Der Gegenstoß [zum Einheitwissenschaftsideal der analytischen Wissenschaftstheorie] eines hermeneutischen Einheitswissenschaftsideals, das gerade die spekulative, ja willkürliche, logisch-mathematisch nicht formalisierbare Grundlagenproblematik in allen Wissenschaften, auch den exakten und axiomatischen Formalisierungen zugänglichen, thematisiert, bahnt sich heute erst an." Vgl. auch Knorr-Cetina (1984), S. 246: "Wenn die Welt der Natur wie die Welt der Gesellschaft sozialer Abstammung ist, wenn naturwissenschaftliche Objekte ähnlich gesellschaftlichen Objekten als sozial konstituiert angesehen werden müssen, dann verliert eine Dichotomie ihren Sinn, die die soziale Konstitution der Wirklichkeit ausschließlich den Wissenschaften vom Menschen zugesteht." In der von mir vorgelegten Konzeption von "Einheitswissenschaft" verbindet sich das hermeneutische Einheitswissenschaftsideal mit einer Vereinheitlichung der Wissenschaften durch Systemtheorie, wie sie Lenk (1975), S. 257, Lenk (1978), S. 255 und Schwegler (1992) vorschwebt. Vgl. auch Mesarovic and Takahara (1975), S. 4 f., wo die Bedeutung der Systemtheorie als präzise Grundlage für interdisziplinäre Kommunikation hervorgehoben wird.

Verständnis fördern (s.o.). Wir explizieren ein Prozeßsystem allenfalls in verschiedenen, immer detaillierteren Stufen bzw. semantischen Ebenen, wobei wir die Analyse immer nur *lokal* auf explizitere semantische Ebenen vorantreiben und das Ganze stets verstehend im Blick behalten. Semantische Ebenen, auf denen sich relativ abgeschlossene eingeschränkte Wirkungszusammenhänge etablieren lassen (z.B. Erregungsausbreitung im Nervensystem, sprachliche Interaktionen), brauchen wir nur selten weiter zu analysieren, und nur dann, wenn es darum geht, Durchbrechungen ihrer relativen operationalen Abgeschlossenheit zu verstehen (z.B. Reizaufnahme und Bewegungskoordination des Nervensystems, Einfluß von Sprache auf nichtsprachliche Praxis und umgekehrt).

Systemtheoretische Betrachtungen können nicht nur in der Systemanalyse aller Natur- und Geisteswissenschaften fruchtbar angewendet werden, sondern auch in der empirischen Wissenschaftsforschung, die die Systemanalyse systemanalytischer Wissenschaft betreibt. Die "Bedeutungszusammenhänge", welche verschiedene semantische Ebenen innerhalb der Gegenstandsbereiche von Natur- und Geisteswissenschaften verklammern, werden aus dieser Perspektive als "Wirkungszusammenhänge" (z.B. des Sprechens über Prozeßsysteme mit dem Sprechen über ihre Konstituenten) in der wissenschaftlichen Kommunikationsgemeinschaft verstanden. Indem Wissenschaftler ihre "Welt" (Umwelt) systemanalytisch erkunden, verändern sie diese (Komplexitätszunahme der Interaktionen von Prozeßsystem und Umwelt, vgl. Kap. 7.4). Sie lernen, ihre "Welt" mit anderen Augen zu sehen und anders mit ihr umzugehen, indem sie sie auf intersubjektiv akzeptable Weise analysieren, indem sie semantische Ebenen aufeinander beziehen und ihre Zusammenhänge feststellen. Im Prozeß der praktischen - sprachlichen oder experimentellen - Anwendung ihres Wissens über die "Welt" wandelt sich das Vorverständnis selbst, mit dem sie an die Welt herangehen. Explikation von Bekanntem und Konstruktion von Neuem gehen Hand in Hand. Wie das im einzelnen geschieht ist Forschungsgegenstand der empirischen Wissenschaftsforschung[22]. Hier nur ein kurzes einfaches Beispiel zur Erläuterung. Wale wurden ursprünglich wegen einer Fülle äußerlicher Ähnlichkeiten als "Fische" identifiziert. Die Organisation dieser Tiere, soweit sie systemanalytisch ermittelt wurde, hat aber eine Vielzahl von "Ähnlichkeiten" (die Kriterien für "Ähnlichkeit" stehen hier nicht zur Debatte) mit der Organisation anderer Tiere, die wir als "Säugetiere" bezeichnen, und nur wenig Ähnlichkeiten mit anderen "Fischen". Um weiterhin eine möglichst konsistente Beschreibung von Prozeßsystemen geben zu können, wurde dieses Resultat systemanalytischer Forschung zum Anlaß genommen, die identifizierenden Kriterien für "Fisch" und "Säugetiere" zu ändern und Wale von nun ab den letzteren zugerechnet. Somit wurde im Prozeß der Anwendung von Wissen der je schon vorausgesetzte Wissenshintergrund selbst modifiziert. Wir haben das als *hermeneutisch-konstruktives Prinzip* bezeichnet. Es besagt, daß Wissen ein selbstorganisierender, selbstmodifizierender Prozeß ist, der jeweils durch Vorwissen eingeschränkt und kanalisiert wird

---

22 Ansätze hierzu in Fleck (1935), Knorr-Cetina (1984), Krohn und Küppers (1989).

(vgl. Kap. 7). Oft spricht man von *hermeneutischer Zirkularität*, um hermeneutisch-konstruktive Prozesse zu beschreiben. Hermeneutische Zirkel sind kein spezifisches Merkmal geisteswissenschaftlicher Tätigkeit, sondern zeichnen den erkenntniserweiternden, verstehenden Umgang mit der Umwelt in allen lernfähigen Prozeßsystemen und daher auch in allen Wissenschaften aus. Hermeneutisch-konstruktives Vorgehen (hermeneutische Zirkularität) ist für alle systemanalytischen Wissenschaften charakteristisch[23]. Sofern es aber im hermeneutisch-konstruktiven Wissensprozeß um *uns selbst*, um die Modifikation unseres "Wissens" in unserem momentanen Umgang mit unserer Welt geht, sofern sich in diesem Prozeß die jeweils bereits an die Beurteilung der Welt herangetragenen ("transzendentalen") Kriterien ändern, sofern sich uns im Umgang mit der Welt unsere Welt ändert, spielt er sich sozusagen hinter unserem Rücken ab und wir können nichts darüber sagen: "Geschichtlich sein heißt, nie im Sichwissen aufgehen." (Gadamer (1960), S. 285). Sofern sich aber *in* unserer Welt das Wissen von Prozeßsystemen über ihre "Welt" im Prozeß der Aktualisierung dieses Wissens verändert, ist uns dieser Vorgang zugänglich - so etwa, wenn wir eine Veränderung des erfahrbaren Kommunikationszusammenhangs, *über* den wir sprechen können (einschließlich vergangener Modifikationen unseres eigenen Wissens, auf die wir zurückblicken), in Abhängigkeit vom Verlauf eines Dialogs konstatieren. Erst wenn wir den in unserer Welt erfahrbaren hermeneutisch-konstruktiven Umgang lernender Prozeßsysteme mit ihrer jeweiligen Umwelt auf unseren transzendentalen Umgang mit der Welt übertragen, uns selbst als jeweils "letzten Beobachter" mit diesen lernenden Prozeßsystemen identifizieren, begeben wir uns auf transzendental-spekulatives Glatteis.

Der Unterschied zwischen Natur- und Geisteswissenschaften liegt nicht so sehr in der "Methode" ihres Vorgehens, als in ihrem unterschiedlichen Gegenstandsbereich. Während die Naturwissenschaften im wesentlichen "gegenständliche" Prozeßsysteme analysieren, geht es in den Geisteswissenschaften - je nachdem wie weit man diesen Begriff fassen will - um die Prozeßsysteme "Mensch" und "Gesellschaft" generell oder vorwiegend um "begriffliche" Systeme, um menschliche Sprache. Wollen wir solche Prozeßsysteme *wissenschaftlich* untersuchen, so müssen wir einen Diskurs führen, in dem wir uns um intersubjektive Akzeptanz unserer Analysen der betreffenden Prozeßsysteme bemühen (vgl. Kap. 3). Das einzige allgemeine "Rationalitätskriterium" für Wissenschaftlichkeit, das wir haben, ist somit die intersubjektive Akzeptanz von Aussagen, mit denen wir versuchen, die Prozeßsysteme dieser Welt zu verstehen. Wir

---

[23] Hertel (1980) weist z.B. auf die Bedeutung hermeneutischer Zirkularität in den Naturwissenschaften hin (S. 495). Eine, wie ich finde, unzulängliche Charakterisierung hermeneutischer Zirkularität findet sich in Geldsetzer (1989), S. 137 f.: Hermeneutische Zirkularität wird hier in klassischer Manier als das Verhältnis von Allgemeinem und Besonderem, von Sinnganzem und Bedeutungselement konstruiert, ohne die Rolle des interpretatorischen Kontextes (Hintergrundwissen) und dessen Modifikation im Prozeß der Explikation zu berücksichtigen. Zum Thema "hermeneutischer Zirkel" vgl. auch die pragmatistischer orientierten Darstellungen von Heidegger (1926), S. 148 ff., Gadamer (1960), S. 250 ff. und Habermas (1968), S. 216 ff.

können daher nicht von einer spezifisch hermeneutischen "Methode" sprechen. Die "Methode" der Hermeneutik ist das Gespräch selbst. Diskurse, in denen es um das Verstehen der Welt geht, sind die Bausteine der Wissenschaft[24]:

> "Die Hermeneutik betrachtet die Beziehungen der unterschiedlichen Diskurse zueinander als Beziehungen zwischen den möglichen Strängen eines Gesprächs, das seinerseits keines die Sprecher verbindenden disziplinären Systems bedarf, das jedoch solange es währt, die Hoffnung auf Übereinstimmung nie aufgibt. Sie ist nicht eine Hoffnung auf die Entdeckung einer immer schon bestehenden Grundlage, sondern bloße Hoffnung auf Übereinstimmung - oder zumindest auf interessante und fruchtbare Nichtübereinstimmung." Rorty (1979), S. 346[25].

Der vordergründige "methodologische" Unterschied zwischen Natur- und Geisteswissenschaften geht nicht auf unterschiedliche "Wege zur Wahrheit" zurück, die beide beschreiten, sondern auf unterschiedliche Grade der Akzeptanzfähigkeit von Aussagen, auf die sie sich jeweils stützen. Die sogenannten "Beobachtungsaussagen", die in der positivistischen Wissenschaftstheorie so stark im Vordergrund standen - im 1. Kapitel habe ich mich hiermit kritisch auseinandergesetzt -, sind Aussagen, die durch einen hohen intersubjektiven Akzeptanzgrad ausgezeichnet sind. Sehen wir die Erzielung intersubjektiven Konsenses über "Tatsachen" als alleiniges Kriterium für Wissenschaftlichkeit an, so brauchen wir aber keine Theorie, die diesen hohen Akzeptanzgrad ihrerseits zu begründen versucht. Wir wollen ja gerade *alle* unsere Theorien auf Aussagen hoher Akzeptanz *stützen*! Statt irgendwelche "metaphysisch" ausgezeichneten Beobachtungsaussagen zur Basis von Wissenschaft zu machen, können wir uns damit begnügen, diese Basis in Aussagen hoher intersubjektiver Akzeptanz zu sehen[26]. De facto sind natürlich Aussagen über unsere "Wahrnehmungen", ebenso wie

---

[24] Rorty (1979) hebt den diskursiven, nicht "methodischen" Charakter hermeneutischen Vorgehens hervor (S. 388 ff). Vgl. auch Gadamer (1960), S. XV, 277. Feyerabends (1975) Vorschlag, eine "anarchistische Epistemologie" (S. 28, 171) an die Stelle einer rigorosen wissenschaftstheoretisch fundierten Methodologie zu setzen, pflichte ich weitgehend bei, glaube aber, daß Feyerabend mit seinem "anything goes" über das Ziel hinausschießt. Wenn wir nicht einmal den intersubjektiven Konsens bezüglich "Tatsachenaussagen" als "Rationalitätskriterium" heranziehen wollen, dann zeichnen wir mit dem Begriff "Wissenschaft" keine bestimmte Klasse unserer Diskurse mehr aus und berauben uns einer Differenzierungsmöglichkeit. Wir können aber "wissenschaftliche" Diskurse von anderen unterscheiden, ohne gleich leugnen zu müssen, daß es fließende Grenzen zwischen wissenschaftlichen und anderen Diskursen gibt. Vgl. auch Kap. 1, Fußnote 31.

[25] Jeder Diskurs wird dabei natürlich von Werten geleitet, die ebenfalls nicht letztbegründet werden können, sondern nur im Diskurs konsensuell etablierbar und modifizierbar sind. Weder gibt es einen letztbegründbaren Wert, der uns dazu "auffordert" zu kommunizieren, noch einen solchen, der uns dazu "zwänge", diskursiv erzielten intersubjektiven Konsens zum Maßstab all unseren Tuns zu machen. Vgl. Kap.3, Fußnote 2.

[26] Feyerabends (1962) "pragmatic theory of observation" (S. 36) scheint mir nicht radikal genug zu sein. Feyerabend möchte solche Sätze als "Beobachtungssätze" gelten lassen, die mit bestimmten Verhaltensmustern der sie äußernden Personen einhergehen. Auch Quine (1960) scheut vor den radikalen Konsequenzen seiner holistischen These zurück, wenn er behauptet, aller empirische Gehalt von Aussagen wäre letztlich auf "Sinneseindrücke" zurückzuführen, er spricht daher auch von "stimulus meaning" (S. 31 ff) und "occasion sentences" (S. 53): "The voluminous and intricately structured talk that comes out bears

Aussagen über sogenannte logische Wahrheiten, in hohem Maße akzeptanzfähig, ohne daß wir uns explizit, durch "Konvention per Dezision", darauf einigen müßten[27]. Führe ich hundert Versuchspersonen nacheinander in den gleichen Raum und bitte sie, die Zeigerstellung eines Meßinstrumentes abzulesen, so wird es nur geringfügige Abweichungen in den Aussagen der Versuchspersonen geben. Die Aussage "Der Zeiger steht auf 10 +/- 1" wird vermutlich von allen Personen akzeptiert werden. Das gleiche gilt, wenn es darum geht, die Prozeßsysteme zu identifizieren, die wir in den Naturwissenschaften analysieren. Was ein "Zebra" ist, wissen wir alle, wie wir "H_2O_2" chemisch nachweisen, können wir lernen. Solche erfahrungsgemäß allgemein akzeptanzfähigen Aussagen spielen in den Naturwissenschaften eine große Rolle bei der Überprüfung von Hypothesen. Nicht immer aber sind wir uns unserer Sache so sicher, nicht immer sind naturwissenschaftliche Aussagen uneingeschränkt konsensfähig. Insbesondere dann nicht, wenn es um die Bewertung abstrakter Theorien gleichen empirischen Gehalts geht, wenn es darum geht, welcher von zwei alternativen Hypothesen, die beide mit den akzeptierten "Beobachtungsaussagen" verträglich sind, der Vorzug gegeben werden soll. In solchen Fällen kommen ästhetische und andere Kriterien ins Spiel. Letztenendes entscheidet auch in der Naturwissenschaft die Akzeptanz darüber, ob eine Aussage bzw. eine Theorie weiterhin verwendet wird oder nicht.

Die Geisteswissenschaften haben es oftmals weitaus schwerer, Theorien aufzustellen, die intersubjektiv akzeptiert werden. Das hängt auch damit zusammen, daß sich "Tatsachen" und "Wertungen" in der Geisteswissenschaft sehr viel schwerer voneinander trennen lassen als in den Naturwissenschaften, nicht zuletzt weil es hier um den Menschen geht und somit um uns selbst. Analysieren wir dieses Prozeßsystem "Mensch", so machen wir uns immer schon vorab ein Bild vom Menschen, den wir analysieren. Das Bild, das wir uns vom Menschen machen, hängt aber sehr stark von unseren individuellen Werten, Wünschen und Hoffnungen ab. Je nachdem welches Bild vom Menschen wir untersuchen, kommen wir natürlich zu verschiedenen Ergebnissen. Allgemeiner intersubjektiver Konsens kann daher, wenn überhaupt, nur im ar-

---

little evident correspondence to the past and present barrage of non-verbal stimulation, yet it is to such stimulation that we must look for whatever empirical content there may be." Quine (1960), S. 26. Meinem Vorschlag (Kap. 3) zufolge ist es indes vollkommen gleichgültig, *warum* die Sätze, auf denen die Wissenschaft aufbaut, akzeptanzfähig sind, entscheidend ist nur, *daß* sie es sind. Wissenschaftliche Erforschung menschlicher Wahrnehmung drehte sich dann in einem logischen Kreis, würden wir "Wahrnehmungen" selbst zur Voraussetzung von Wissenschaft nehmen, wie Schlick (1934 b) sich das etwa vorstellt. Erheben wir allerdings intersubjektive Akzeptanz zum einzigen Kriterium für Wissenschaftlichkeit, so gibt es nichts Unerforschliches.

[27] Quine hat immer wieder betont, daß all unser Wissen ein zusammenhängendes "web of belief" darstellt, das wir ständig ändern, wobei wir aber bestimmte zentrale (Sätze der Logik) und periphere (Aussagen über Wahrnehmungen) Aussagen zu bewahren versuchen und weniger schnell preisgeben als andere Überzeugungen. Doch auch "Wahrnehmungsaussagen" und selbst "mathematische und logische Gesetze sind nicht vor Veränderung geschützt, wenn sich herausstellt, daß sich daraus wesentliche Vereinfachungen unseres Begriffsnetzes ergeben." Quine (1964), S. 21. Vgl. hierzu z.B. auch Quine (1951), S. 43 ff.

gumentativen Diskurs verschiedener "Schulen" erzielt werden. Insofern haben die Geisteswissenschaften einen stärker diskursiven Charakter als die Naturwissenschaften, ihre Ergebnisse hängen auch stärker von unseren Wertvorstellungen ab. Keiner dieser graduellen Unterschiede läßt uns aber eine prinzipielle Grenze zwischen Natur- und Geisteswissenschaften ziehen. Auch ohne prinzipielle Unterschiede zwischen den Wissenschaften bleibt indes die gesamte Vielfalt der Wissenschaften nötig, um unsere eine Welt besser zu verstehen und unsere Position in ihr immer wieder neu zu bestimmen. Zudem ist es nicht Wissenschaft allein, die unseren Umgang mit der Welt und miteinander bestimmt. Nicht all unsere Kommunikation untereinander ist von dem Interesse getragen, die Welt und uns besser zu verstehen; wir verfolgen eine Fülle von anderen Interessen in der Welt, die hier nicht zur Sprache kamen. Hier sollte nur eine Verknüpfung *der* vielen Stränge von Diskursen angeregt werden, die sich darum drehen, die Welt besser zu verstehen.

Abschließend möchte ich noch einige Anmerkungen zum Problem der Selbstbezüglichkeit machen, das in den Geisteswissenschaften auftaucht, da sie die Wissenschaften vom Menschen und von menschlicher Sprache und somit letztenendes Wissenschaften von uns selbst sind. Ein ganzes Kapitel dieses Buches (Kap. 3) hat sich der Aufgabe gewidmet, zu zeigen, warum wir alles, was wir über uns sagen, über uns *als* Bestandteil unserer Welt sagen, d.h. über uns, so wie wir in unserer Welt vorkommen, und nichts über das "transzendentale" Subjekt, das "dahinter" steht. Im Rahmen unserer einen Welt einen unauflösbaren Dualismus von "Geist" und "Materie" anzunehmen, ist kaum mit unserer alltäglichen Erfahrung verträglich, daß alles mit allem in der Welt zusammenhängt und untereinander wechselwirken kann. Auch die Geisteswissenschaften gehen, wenn auch nicht immer explizit, von einem universalen Wirkungszusammenhang aus. Andernfalls müßten sie leugnen, daß Mensch und Natur interagieren können, daß Menschen Maschinen bauen und von Blitzen erschlagen werden können. Wenn wir in den Geisteswissenschaften Sprache und menschliche Aktivitäten untersuchen, dann solche, *über* die wir sprechen können. Die "Sprache", die wir gebrauchen, um den intersubjektiven Konsens über Sprache herzustellen, ist dabei nicht Gegenstand unseres Gesprächs. In der Reflexion über Sprache, über die Bedeutung von Begriffen, die Interpretation von Texten oder ähnlichem haben wir demnach nicht irgendeinen "direkteren" Zugang zu den Gegenständen unserer Untersuchung als in der Naturwissenschaft (vgl. Kap. 3, Fußnote 15). Sprechen wir über Sprache, so setzen wir "Sprache" immer schon voraus. Was die "Sprache" betrifft, *mit* der wir uns verständigen:

> "Was *bezeichnen* nun die Wörter dieser Sprache? - Was sie bezeichnen, wie soll ich das zeigen, es sei denn in der Art ihres Gebrauchs?" Wittgenstein (1952), S. 242.

Als "letzter Beobachter", als "transzendentales Subjekt" kann auch der Redner im Dialog gelten. Was Sprache für uns als Redner "bedeutet", wie es kommt, daß wir den anderen verstehen, das läßt sich im Gespräch selbst nicht feststellen, da wir diese Bedeutsamkeit schon voraussetzen müssen, um überhaupt ein Gespräch führen zu können. Wir können uns allenfalls über die Kommunikation von Menschen und anderen heterogenetischen Systemen unterhalten, die in unserer Welt vorkommen, können empirische Kognitions-, Kommunikations- und Wissenschaftsforschung betreiben. Was wir über die kommunikative Kopplung solcher Prozeßsysteme intersubjektiv akzeptierbar feststellen (vgl. Kap. 6.3 und 7.4.2), können wir als empirisch nicht überprüfbares Modell für die "transzendentalen" Grundlagen der Kopplung "transzendentaler Subjekte" annehmen. Aus unserer Welt aussteigen, hinter die Grenzen unserer "Sprache" zurück, können wir dabei nicht. Mit dieser Feststellung wird *kein* "Redeverbot" über angeblich sinnleere metaphysische Begriffe verhängt - Begriffe wie "Geist", "Intention", "Sinn" usw. -, wie es die Philosophen des Wiener Kreises beabsichtigten. Ganz im Gegenteil! Mit dieser Feststellung wird geleugnet, wir könnten in *einsamer* Reflexion *verbindlich* herausfinden, was sinnvoll und sinnleer, was wahr und was falsch ist, welche Begriffe bedeutungsvoll oder bedeutungsleer sind[28].

Aufgrund der unvermeidlichen Selbstbezüglichkeit unseres Umgangs mit der Welt, die im Sprechen über Sprache am deutlichsten zum Ausdruck kommt, kann die Welt nicht völlig deterministisch sein[29]. Wir als Redner, als "letzte Beobachter", stehen in keinem passiven Verhältnis zur Welt, sondern greifen wirkend in unsere Welt ein; als *partizipatorischen Beobachtern* ist es uns daher prinzipiell unmöglich die Welt vollständig zu beschreiben. Dies folgt aus der unvermeidlichen Selbstbezüglichkeit eines partizipatorischen Beobachters (vgl. Kap. 7.2), dessen verändertes Wissen sich in seinem veränderten Umgang mit seiner Welt niederschlägt, der somit im Prozeß seines wissenserweiternden, verstehenden Umgangs mit der Welt selbst ständig in dieser Welt wirksam agiert und sie dadurch beeinflußt[30]. Selbst wenn wir jeden Dualismus

---

28 Vgl. hierzu Rortys (1979) Kritik an Quines "Redeverbot" über intentionales Vokabular (S. 229 ff).

29 Wir können dieser Selbstbezüglichkeit (vgl. hierzu Kap. 7.2) in einem "regulativen Transzendentalismus", der immer noch ein weltkonstituierendes Subjekt jenseits von Welt postuliert, oder aber in einem "radikalen Immanentismus", der Subjekt und Welt identifiziert, Ausdruck verleihen. Im letzten Fall gäbe es kein "jenseits" von Welt, keinen "letzten Beobachter", kein "transzendentales Subjekt". Dann darf aber das "Subjekt", mit dem die Welt identifiziert wird, nicht mit irgendetwas, was in der Welt vorkommt, verglichen werden (wie es der regulative Transzendentalismus tut, der das transzendentale Subjekt mit einem empirischen Subjekt - menschliche Person bzw. Kommunikationsgemeinschaft - identifiziert), auch nicht mit uns selbst und unserem Wissen über die Welt. Denn immerhin ist ja unser "Wissen über die Welt" nicht mit unserer ganzen Welt gleichzusetzen. Wenn wir vom Wissen über einen Baum reden, reden wir von anderem, als wenn wir über den Baum selbst reden. Zwar könnte eine radikal immanent gedachte Welt vollkommen deterministisch sein, das weltimmanente Wissen und die weltimmanenten Gegenstände des Wissens wären aber in dieser Welt auf irgendeine Weise wirksam miteinander verknüpft und nicht jedes für sich stellte einen isoliert-deterministischen Wirkungszusammenhang dar. Wissen kann dann niemals Wissen von der gesamten deterministischen Welt sein. Wird "Wissen" aber mit "Welt" gleichgesetzt, so gibt es kein Wissen von einer deterministischen Welt, sondern die deterministische Welt weiß sich dann sozusagen selbst. Auch ein Hegelscher Geist wird sich also in der Dialektik der Selbstreflexion nie völlig transparent: Er gelangt nie zum "absoluten Wissen".

30 Dieser Schlußfolgerung kann man nur entkommen, wenn man behauptet, Wissenserweiterung impliziere keine in der Welt wirksame Veränderung. Wissen, so verstanden, änderte gar nichts in unserer Welt, es könnte daher nicht einmal in unseren Gesprächen mit anderen etwas bewirken. Solches Wissen

für eine unfruchtbare Annahme halten und für eine pluralistisch-unifikationistische Sicht der Welt plädieren, haben wir die Freiheit, die prinzipielle Offenheit der Zukunft, aus der Welt nicht vertrieben.

Welche Konsequenzen hat das Gesagte für den verstehenden Umgang mit Sprache, für die Interpretation von Texten, die Deutung von Begriffen (begrifflichen Systemen) in der Geisteswissenschaft? Wir gebrauchen doch schließlich die sprachlichen Begriffe unserer Sprache, um genau diese Sprache auszulegen. Wird, wenn von einer "Sprache" geredet wird, *mit* der wir kommunizieren und einer Sprache *über* die wir kommunizieren, nicht übersehen, daß es *diesselbe* Sprache ist, die wir sowohl als "Objektsprache" thematisieren, wie auch als "Metasprache" verwenden? Können wir also nicht, indem wir diese Sprache verwenden, die Bedeutung ihrer Begriffe herausfinden? Um dieses Problem zu lösen, muß im Auge behalten werden, daß wir nie über unsere ganze Sprache, sondern immer nur über ausgewählte Sätze ("Objektsprache") sprechen. Wir setzen aber immer unser gesamtes sprachliches ("metasprachliches") Wissen voraus, um über diese Sätze zu sprechen. Wir können Begriffe oder Sätze deshalb deuten, weil Sprache hochgradig redundant ist und Bedeutung eine kontextuelle Komponente aufweist (vgl. Kap. 6.3). Die Bedeutung der thematisierten objektsprachlichen Sätze oder Begriffe können wir angeben, indem wir sie metasprachlich, unter Verwendung anderer Begriffe, *reformulieren*[31]. Wir müssen, um so vorgehen zu können, immer schon mit Sprache umgehen können. Sprache muß schon bedeutsam sein, damit sie als "Metasprache" verwendet werden kann[32]. Die "transzendentalen" Wurzeln dieser Bedeutsamkeit bekommen wir nicht zu Gesicht, wenn wir die Bedeutung von Begriffen sprachlich umschreiben. Da aber die sprachliche Auslegung von Sprachgebilden keinen privilegierten Zugang zu den Wurzeln unseres Denkens und Sprechens hat, kann das einzige Wahrheitskriterium für die "richtige" Auslegung von Texten, die "richtige" Deutung von Begriffen usw. der intersubjektiv erzielbare Konsens über die Adäquatheit einer vorgeschlagenen Deutung sein. Kurzum: Das Sprechen über Sprache unterscheidet sich nicht prinzipiell vom Sprechen über die Gegenstände der Naturwissenschaften. In beiden Fällen geht es um intersubjektiv nachvollziehbares Verstehen, um Auslegung von Prozeßsystemen, "sprachlichen" Prozeßsystemen einerseits, "gegenständlichen" Prozeßsystemen andererseits. Alle diese Prozeßsysteme kommen

---

machte keinerlei Unterschiede für unser Handeln, sprachliches Handeln inbegriffen. Es ist schwer einzusehen, nach welchen Maßstäben wir - wäre "Wissen" von dieser ineffektiven Art - Wissensfortschritt beurteilen wollten.

31 Ein begriffliches System kann, wie angedeutet (Kap. 6.3), als eine Menge von Situationen kommunikativer Interaktionen aufgefaßt werden. Reformulierungen eines Begriffs oder einer Aussage stellen letztlich eine Explikation in den Auslegehorizont des eingeschränkten Wirkungszusammenhangs sprachlicher Interaktionen dar. Eine Reformulierung ist dann intersubjektiv akzeptiert, wenn Konsens darüber besteht, daß der Begriff und seine Reformulierung die gleiche Menge von Situationen im erfahrbaren Kommunikationszusammenhang umschreiben.

32 Vgl. hierzu meine Bemerkungen über die kontextuelle und "referentielle" Komponente von Bedeutung in Kap. 6.3.

in unserer einen Welt vor, kein Prozeßsystem kann an die Stelle eines anderen treten[33].

Damit will ich dieses Buch beenden. Es macht den Versuch, aufzuzeigen, wie "harmlos" der unifikationistische Gedanke von Einheit und Intelligibilität der Welt ist. Wir können akzeptieren, daß die Welt "aus einem Guß" ist, daß alles mit allem in einem universalen Wirkungszusammenhang steht, ohne damit im gleichen Atemzug behaupten zu müssen, alles sei "nichts als" Physik und alle Wissenschaften seien im Prinzip auf Physik "reduzierbar". Ich vertrete vielmehr einen *pluralistischen Unifikationismus*. Die bunte Vielfalt unserer Welt kann von einer Vielfalt von wissenschaftlichen Disziplinen untersucht werden, ohne daß sich prinzipielle, unüberwindbare Barrieren - methodischer oder inhaltlicher Art - zwischen den Disziplinen auftürmen. Systemanalytische Wissenschaften, d.h. sowohl Natur- wie auch Geisteswissenschaften sind nicht so sehr an der Aufklärung der allgemeinen Gesetze der Natur interessiert (wie die Physik), sondern vielmehr daran, die vielfältigen Prozeßsysteme der Welt historisch und semantisch-funktional zu analysieren, also Geschichte und Organisation von Prozeßsystemen zu verstehen.

Nur ein falsch verstandener Unifikationismus, der die Implikationen seiner eigenen Voraussetzungen nicht durchschaut, vertritt "reduktionistische" Positionen. Die Allgemeine Systemtheorie, die im zweiten Teil dieser Arbeit in ihren Grundzügen entwickelt wurde, demonstriert, daß die partitionistische These, Prozeßsysteme seien stets durch ausschließliche Betrachtung der Wechselwirkungen zwischen ihren Teilsystemen (Autokonstituenten) verstehbar, nicht mit dem Unifikationismus verträglich ist. Die konstitutive Rolle, welche Umweltsysteme (Allokonstituenten) für die Organisation von Prozeßsystemen spielen, darf nicht übersehen werden (Kap. 5 und 6). Der Unifikationismus darf auch nicht mit einem mechanistisch-deterministischen Weltbild gleichgesetzt werden. Geschichte ist prinzipiell nicht prognostizierbar, auch wenn sie durch Vorgeschichte in ihrer Beliebigkeit eingeschränkt wird (Kap. 7). Im Unifikationismus finden so holistische (besser: integrationistische) und historische Betrachtungsweisen ihre Legitimation. Die hier vertretene Position kann daher versuchsweise als *Historischer Integrationismus* charakterisiert werden, um sie insbesondere von reduktionistischen Theorien aber auch von einem mystifizierten Holismus abzuheben.

Die Welt, in der wir gemeinsam leben und die gemeinsam zu erforschen wir uns in der Wissenschaft vorgenommen haben, ist eine *einzige* Welt. Es ist aber eine bunte, vielfältige, schillernde Welt, eine Welt, an die wir Myriaden von Fragen richten können und Myriaden von Antworten erhalten, die immer wieder unerwartet und voller Überraschungen sind. Keine dieser Fragen, keine dieser Antworten kann an die Stelle

---

[33] Ich habe mich hier auf die Darstellung des Problems der Selbstbezüglichkeit von Sprache beschränkt. Selbstbezüglichkeit tritt aber natürlich auch in anderen menschlichen Handlungskontexten auf, ein Problem, das vor allem den Wirtschaftswissenschaften zu schaffen macht: Genaue Prognosen des Marktverhaltens, der Börsenkurse, des Ergebnisses einer Wahl etc. sind prinzipiell unmöglich, da das veröffentlichte Ergebnis der Prognose das Verhalten der Beteiligten beeinflußt (vgl. Springer (1989) und Arthur (1990)).

der anderen treten. Niemals werden wir endgültige Antworten erhalten und wir werden niemals aufhören zu fragen.

Literatur

Werden hinter den Autoren zwei durch Schrägstrich getrennte Jahreszahlen angeführt, so gibt die vor dem Schrägstrich angeführte Jahreszahl das Jahr des ersten Erscheinens eines Aufsatzes oder Buches an. Diese Jahresangabe wird im Text hinter den Namen der zitierten Autoren angeführt, um in etwa eine zeitliche Einordnung der zitierten Positionen zu ermöglichen. Die hinter dem Schrägstrich angeführte Jahreszahl gibt das Erscheinungsjahr derjenigen Ausgabe an, nach der zitiert wurde (auf die sich also die Seitenangaben beziehen) und die hier nachgewiesen wird. Die Bücher von Rorty (1979) und Whitehead (1929) werden hier im Original und in deutscher Übersetzung aufgeführt, da jeweils beide Ausgaben verwendet wurden. Die im Text zitierten Seitenangaben beziehen sich in diesem Fall stets auf die deutsche Übersetzung, nicht auf das Original. Englischsprachige Literatur wird vollständig auf Englisch zitiert.

Albert, H. (1968): Traktat über kritische Vernunft. J.C.B. Mohr, Tübingen, 190 S.

Alberts, B. (ed.) (1983): Molecular Biology of the cell. Garland Publishing, New York, 1146 p.

Alston, W.P. (1967): Meaning. In: Edwards, P. (ed.): The encyclopedia of philosophy, Vol.5, Macmillan; New York, 233-241.

An der Heiden, U., G. Roth und H. Schwegler (1985): Die Organisation der Organismen: Selbstherstellung und Selbsterhaltung. Funkt. Biol. Med. 5, 330-346.

Apel, K.-O. (1973): Transformation der Philosophie. Bd.I. Suhrkamp, Frankfurt/M., 378 S.

Apel, K.-O. (1976): Transformation der Philosophie. Bd.II. Suhrkamp, Frankfurt/M., 446 S.

Arthur, W.B. (1990): Positive Rückkopplung in der Wirtschaft. Spektrum der Wissenschaft 4/1990, 122-129.

Ashby, W.R. (1956/1985): Einführung in die Kybernetik. 2. Aufl. der dt. Übersetz., Suhrkamp, Frankfurt/M. 1985, 416 S. (Orig.: An introduction to cybernetics. 1956).

Austin, J.L. (1940/1986): Die Bedeutung eines Wortes. In: Austin, J.L.: Gesammelte philosophische Aufsätze. Reclam, Stuttgart 1986, 415 S., 75-100. (Orig.: The meaning of a word. Vortrag vor dem Moral Science Club, Cambridge 1940).

Ayala, F.J. (1974): The concept of biological progress. In: Ayala, F.J. and T. Dobzhansky (eds.) (1974), 339-355.

Ayala, F.J. and T. Dobzhansky (eds.) (1974): Studies in the philosophy of biology. Macmillan, London, 390 p.

Ballmer, T.T. und E.v. Weizsäcker (1974): Biogenese und Selbstorganisation. In: E.v. Weizsäcker (Hrsg.)(1974), 229-264.

Balzer, W., C.U. Moulines and J.D. Sneed (1987): An architectonic for science. Reidel, Dordrecht, 431 S.

Bateson, G. (1967/1985): Kybernetische Erklärung. In: Ökologie des Geistes. Suhrkamp stw 571, Frankfurt/M. 1985, 675 S., 515-529. (Orig.: Cybernetic explanation. American Behavioral Scientist 10 (1967), 29-32).

Beckner, M. (1967 a): Biology. In: Edwards, P. (ed.): The encyclopedia of philosophy, Vol.1, 310-318.

Beckner, M. (1967 b): Teleology. In: Edwards, P. (ed.): The encyclopedia of philosophy, Vol.8, 88-91.

Beckner, M. (1974): Reduction, hierarchies and organicism. In: Ayala, F.J. and T. Dobzhansky (eds.) (1974): Studies in the philosophy of biology, 163-177.

Bergson, H. (1898/1920): Zeit und Freiheit. (Orig.: Essai sur les données immediates de la conscience; 1889). Eugen Diederichs, Jena 1920, 189 S.

Bergson, H. (1907/1912): Schöpferische Entwicklung. (Orig.: L' Évolution créatrice; 1907). Eugen Diederichs, Jena 1912, 373 S.

Bertalanffy, L.v. (1930/31): Tatsachen und Theorien der Formbildung als Weg zum Lebensproblem. Erkenntnis 1, 361-407.

Bertalanffy, L.v. (1968): General system theory. Rev.ed. 1968, ninth printing 1984. G. Braziller, New York, 295 p.

Bertalanffy, L.v. (1969): Chance or law. In: Koestler, A. and J.R. Smythies (eds.) (1969), 56-84.

Bohm, D. (1980/1987): Die implizite Ordnung. Grundlagen eines dynamischen Holismus. Goldmann Verlag, München 1987, 286 S.

Browder, L.W. (1984): Developmental biology. Second ed. 1984, Saunders College Publ., Philadelphia, 748 p.

Campbell, D.T. (1974): "Downward causation" in hierarchically organised biological systems. In: Ayala, F.J. and T. Dobzhansky (eds.) (1974), 179-186.

Capra, F. (1982): The turning point. Bantam books, Toronto, 464 S.

Carnap, R. (1928): Der logische Aufbau der Welt. Weltkreis-Verlag, Berlin, 290 S.

Carnap, R. (1931): Die physikalische Sprache als Universalsprache der Wissenschaft. Erkenntnis 2, 432-465

Carnap, R. (1932/33): Über Protokollsätze. Erkenntnis 3, 215-228.

Carnap, R. (1956): The methodological character of theoretical concepts. In: Feigl, H. and M. Scriven (eds.): Minnesota studies in the philosophy of science, Vol.1, Minneapolis, 38-76.

Carnap, R. (1966/1969): Einführung in die Philosophie der Naturwissenschaften. Nymphenburger Verlagshandlung, München 1969, 296 S. (Orig.: Philosophical foundations of physics. Basic books, New York 1966).

Carnap, R., H. Hahn und O. Neurath (1929): Wissenschaftliche Weltauffassung - Der Wiener Kreis. Veröffentlichungen des Vereins Ernst Mach, Wien 1929, 9-30.

Chappell, V.C. (1961/1963): Whitehead's theory of becoming. In: Kline, G.L. (ed.) (1963), 70-80, (Orig.: Journal of Philosophy 58 (1961), 516-528.

Chiaraviglio, L. (1963): Whitehead's theory of prehensions. In: Kline, G.L. (ed.) (1963), 81-92, (part I reprinted from Journal of Philosophy 58 (1961), 528-534).

Cobb, J.B. (1981): Whitehead and Natural Philosophy. In: Holz, H. and E.Wolf-Gazo (ed.) (1981), 137-153.

Crutchfield, J.P., J.D. Farmer, N.H. Packard und R.S. Shaw (1987): Chaos. Spektrum der Wissenschaft 2/1987, 78-91.

Dilthey, W. (1910/1981): Der Aufbau der geschichtlichen Welt in den Geisteswissenschaften. Suhrkamp stw 354, Frankfurt/M., 403 S.

Dobzhansky, T. (1974): Chance and creativity in Evolution. In: Ayala, F.J. and T.Dobzhansky (eds.) (1974), 307-338.

Driesch, H. (1908/1921): Philosophie des Organischen. 2.Aufl. 1921. Gifford-Vorlesungen gehalten an der Universität Aberdeen 1907-1908. Wilhelm Engelmann, Leipzig, 608 S.

Drieschner, M. (1981): Einführung in die Naturphilosophie. Wissenschaftl. Buchge-

sellschaft, Darmstadt, 148 S.
Eddington, A.S. (1929): The nature of the physical world. Gifford lectures 1927. Cambridge University Press, London, 361 p.
Elsasser, W.M. (1958): The physical foundation of biology. Pergamon Press, London, 219 p.
Emmet, D.M. (1967): Functionalism in sociology. In: Edwards, P. (ed.): The encyclopedia of philosophy, Vol.3, 256-259.
Feyerabend, P.K. (1962): Explanation, reduction and empiricism. In: Feigl, H. and G. Maxwell (eds.): Minnesota studies in the philosophy of science, Vol.3, Minneapolis, 28-97.
Feyerabend, P.K. (1975/1978): Against method. Verso edition 1978, London, 339 p.
Feyerabend, P.K. (1978): Kuhns Struktur wissenschaftlicher Revolutionen. In: Der wissenschaftliche Realismus und die Autorität der Wissenschaften. Vieweg, Braunschweig, 153-204.
Flechtner, H.-J. (1970/1984): Grundbegriffe der Kybernetik. 5. Aufl. 1970. dtv, München 1984, 423 S.
Fleck, L. (1935/1980): Entstehung und Begründung einer wissenschaftlichen Tatsache. Suhrkamp, Frankfurt/M. 1980, 190 S. (Orig.: B. Schwabe & Co., 1935).
Foerster, H.v. (1973/1986): Das Konstruieren einer Wirklichkeit. In: Watzlawick, P. (Hrsg.) (1986), 39-60. (Orig.: On constructing a reality. In: Preiser, W.F.E. (ed.): Environmental Design Research, Vol.2 1973, 35-46).
Forrester, J.W. (1972): Grundzüge einer Systemtheorie. Betriebswirtschaftl. Verlag Dr.T. Gabler, Wiesbaden, 213 S. (Orig.: Principles of systems).
Gadamer, H.-G. (1960/1965): Wahrheit und Methode. 2. Aufl. d. einen Nachtrag erweitert. J.C.B. Mohr, Tübingen 1965, 524 S.
Gehlen, A. (1940/1986): Der Mensch. Seine Natur und seine Stellung in der Welt. 13. Aufl. 1986. Aula Verlag, Wiesbaden, 410 S.
Geldsetzer, L. (1989): Hermeneutik. In: Seiffert, H. und G. Radnitzky (Hrsg.) (1989), 127-139.
Glasersfeld, E.v. (1981/1986): Einführung in den radikalen Konstruktivismus. In: Watzlawick, P. (Hrsg.) (1986), 16-38.
Goodfield, J. (1974): Changing strategies: A comparison of reductionist attitudes in biological and medical research in the nineteenth and twentieth century. In: Ayala, F.J. and T. Dobzhansky (eds.) (1974), 65-86.
Goudge, T.A. (1967): Emergent evolutionism. In: Edwards, P. (ed.): The encyclopedia of philosophy, Vol.2, 474-477.
Gould, S.J. (1980): Is a new and general theory of evolution emerging? Paleobiology 6, 119-130.
Gould, S.J. (1982): Darwinism and the expansion of the evolutionary theory. Science 216, 380-387.
Gutmann, W.F. (1976): Historische Vorbedingtheit, intraorganismische Selektion und andere methodische Konzepte einer strikten Phylogenetik am Beispiel des Chiasma opticum. Aufsätze u. Red. senckenb. naturf. Ges. 28, 79-97.
Habermas, J. (1968/1988): Erkenntnis und Interesse. 9. um ein Nachwort von 1973 erweiterte Aufl. Suhrkamp stw 1, Frankfurt/M., 420 S.
Habermas, J. (1971): Vorbereitende Bemerkungen zu einer Theorie der kommunikativen Kompetenz. In: Habermas, J. und N. Luhmann (Hrsg.) (1971), 101-141.
Habermas, J. und N. Luhmann (Hrsg.) (1971): Theorie der Gesellschaft oder Sozialtechnologie? Suhrkamp, Frankfurt/M., 405 S.

Haken, H. (1976/1983): Synergetik. 2. Aufl., Springer, Berlin 1983, 386 S. (Orig.: Synergetics. 3rd rev. ed. 1983, Springer, Berlin).

Haken, H. (1981): Erfolgsgeheimnisse der Natur. Ullstein, Frankfurt/M., 255 S.

Haken, H. (1985): Synergetik. Selbstorganisationsvorgänge in Physik, Chemie und Biologie. Naturw. Rdschau 38, 171-180.

Hall, E.W. (1930/1963): Of what use are Whitehead's eternal objects? In: Kline, G.L. (ed.) (1963), 102-116, (Orig.: Journal of Philosophy 27 (1930), 29-44).

Hammerschmidt, W.W. (1981): The problem of time. In: Holz, H. and E. Wolf-Gazo (ed.) (1981), 154-160.

Hassenstein, B. (1973): Biologische Kybernetik. 5. Aufl. 1973. Quelle und Meyer, Heidelberg, 144 S.

Heidegger, M. (1926/1984): Sein und Zeit. 15. Aufl., Niemeyer, Tübingen 1985, 445 S.

Hempel, C.G. (1959/1965 c): Functional analysis. In: Hempel, C.G. (1965 a), 279-330. (Orig. in Gross, L. (ed.): Symposium on sociological theory, Harper and Row, New York 1959).

Hempel, C.G. (1965 a): Aspects of scientific explanation and other essays in the philosophy of science. The Free Press, New York, 505 p.

Hempel, C.G. (1965 b): Aspects of scientific explanation. In: Hempel, C.G. (1965 a), 331-496.

Hempel, C.G. (1966): Philosophy of natural science. Prentice Hall, 116 p.

Hempel, C.G. and P. Oppenheim (1948): Studies in the logic of explanation. Phil. Sci. 15, 135-175.

Hertel, R. (1980): Prediction and control: the only aim of biological research? Riv.di Biol. 4, 489-506.

Hesse, M. (1967): Models and analogy in science. In: Edwards, P. (ed.): The encyclopedia of philosophy, Vol.5, Macmillan, New York, 354-359.

Hofstadter, D.R. (1979): Gödel, Escher, Bach: An eternal golden braid. Basic Books, New York, 777 S.

Holz, H. and E. Wolf-Gazo (ed.) (1981): Whitehead und der Prozeßbegriff. Beiträge zur Philosophie Alfred North Whiteheads auf dem ersten Whitehead-Symposion 1981. Karl Alber, Freiburg/München, 478 S.

Jantsch, E. (1979/1982): Die Selbstorganisation des Universums. Vom Urknall zum menschlichen Geist. dtv, München 1982, 462 S.

Kamlah, W. und P. Lorenzen (1967/1973): Logische Propädeutik. 2. verb. und erw. Aufl., Bibliographisches Institut, Mannheim 1973, 239 S.

Kanitscheider, B. (Hrsg.) (1984): Moderne Naturphilosophie. Königshausen und Neumann, Würzburg, 340 S.

Kaspar, R. (1978): Die Geschichtlichkeit lebendiger Ordnung. Biologie in unserer Zeit 8, 42-47.

Kaspar, R. (1980): Die Evolution erkenntnisgewinnender Mechanismen. Biologie in unserer Zeit 10, 17-22.

Kirchgässner, G. (1989): Konstruktivismus. In: Seiffert, H. und G. Radnitzky (Hrsg.) (1989), 164-168.

Kline, G.L. (ed.) (1963): Alfred North Whitehead. Essays on his philosophy. Prentice Hall, Englewood Cliffs, N.J., 214 p.

Klir, G.J. (1969): An approach to general systems theory. Van Nostrand Reinhold Company, New York, 323 S.

Knorr-Cetina, K. (1984): Die Fabrikation von Erkenntnis. Zur Anthropologie der Wissenschaft. Suhrkamp, Frankfurt/M., 358 S.

Köhler, W. (1947/1959): Gestalt psychology. Mentor books, New York 1959, 222 p.

Koestler, A. and J.R. Smythies (eds.) (1969): Beyond reductionism. Hutchinson, London, 438 p.

Kraft, V. (1950): Der Wiener Kreis. Der Ursprung des Neopositivismus. Springer Verlag, Wien, 179 S.

Krauch, H. (1989): Systemanalyse. In: Seiffert, H. und G. Radnitzky (Hrsg.) (1989), 338-344.

Krohn, W. und G. Küppers (1989): Die Selbstorganisation der Wissenschaft. Suhrkamp stw 776, Frankfurt/M., 146 S.

Kuhn, T.S. (1962/1976): Die Struktur wissenschaftlicher Revolutionen. 2. rev. und um d. Postskriptum von 1969 erg. Aufl., Suhrkamp stw 25, Frankfurt/M. 1976, 239 S.

Küppers, B.-O. (1986): Der Ursprung biologischer Information. Piper, München, 319 S.

Lakatos, I. (1970): Falsification and the methodology of scientific research programmes. In: Lakatos, I. and A. Musgrave (eds.) (1970): Criticism and the growth of knowledge. Cambridge Univ. Press, 282 S., 91-195.

Lawrence, P. (1985): Molecular development: is there a light burning in the hall? Cell 40, 221.

Leclerc, I. (1981): Process and order in nature. In: Holz, H. and E. Wolf-Gazo (ed.) (1981), 119-136.

Lehninger, A.L. (1982): Principles of biochemistry. Worth Publishers, New York, 1011 p.

Leibniz, G.W. (1720/1979): Monadologie. Erw. Ausgabe, Reclam, Stuttgart 1979, 70 S.

Lenk, H. (1975): Pragmatische Philosophie. Hoffmann und Campe, Hamburg, 321 S.

Lenk, H. (1978): Wissenschaftstheorie und Systemtheorie. In: Lenk, H. und G. Ropohl (Hrsg.) (1978), 239-269.

Lenk, H. und G. Ropohl (Hrsg.) (1978): Systemtheorie als Wissenschaftsprogramm. Athenäum, Königstein/Ts., 271 S.

Lewin, B. (1987): Genes. 3rd ed. 1987, Wiley, New York, 761 S.

Lewin, R. (1984): Why is development so illogical? Science 224, 1327-1329.

Lloyd Morgan, C. (1923): Emergent evolution. The Gifford lectures delivered in the university of St. Andrews in the year 1922. Williams and Norgate, London, 313 p.

Lorenz, K. (1941): Kants Lehre vom Apriorischen im Lichte gegenwärtiger Biologie. Blätter für deutsche Philosophie 15, 94-125.

Lorenz, K. (1973/1977): Die Rückseite des Spiegels. Versuch einer Naturgeschichte menschlichen Erkennens. dtv, München 1977, 318 S.

Lorenzen, P. und O. Schwemmer (1973): Konstruktive Logik, Ethik und Wissenschaftstheorie. Bibliographisches Institut, Mannheim, 247 S.

Lovelock, J.E. (1979/1987): Gaia. Oxford University Press, Sec. printing 1987, 157 p.

Luhmann, N. (1987/1988): Soziale Systeme. 2. Aufl. 1988, Suhrkamp stw 666, Frankfurt/M., 675 S.

Marten, R. (1988): Der menschliche Mensch. Abschied vom utopischen Denken. Schöningh, Paderborn, 222 S.

Maturana, H.R. (1970): Biologie der Kognition. In: Maturana, H.R. (1982/1985), 32-80. (Orig.: Biology of cognition; Report 9.0, Biological computer laboratory, Univ. of Illinois, Urbana 1970).

Maturana, H.R. (1975): Die Organisation des Lebendigen: eine Theorie der lebendigen Organisation. In: Maturana, H.R, (1982/1985), 138-156. (Orig.: The organization of the living: A theory of the living organization. Intern. J. of Man-Machine studies 7 (1975), 313-332).

Maturana, H.R. (1978/1987): Kognition. In: Schmidt, S.J. (Hrsg.) (1987), 89-118. (Orig.: Cognition. In: Hejl, P.M., W.K. Köck und G. Roth (Hrsg.) (1978): Wahrnehmung und Kommunikation, Frankfurt/M. - New York, 29-49).

Maturana, H.R. (1982/1985): Erkennen: die Organisation und Verkörperung von Wirklichkeit. Ausgewählte Arbeiten zur biologischen Epistemologie. (dt. von W.R. Köck). 2. durchges. Aufl. 1985, Vieweg, Braunschweig, 322 S.

Maturana, H.R. und F.J. Varela (1975): Autopoietische Systeme: Eine Bestimmung der lebendigen Organisation. In: Maturana, H.R. (1982/1985), 170-235. (Orig.: Autopoietic systems: A characterization of the living organization. Report 9.4, Biological computer laboratory, Univ. of Illinois, Urbana 1975).

Maturana, H.R. and F.J. Varela (1987): The tree of knowledge. The biological roots of human understanding. New Science Library, Shambala, Boston, 263 p.

Mayr, E. (1982/1984): Die Entwicklung der biologischen Gedankenwelt. Vielfalt, Evolution und Vererbung. Springer, Berlin 1984, 766 S. (Orig.: The growth of biological thought, Belknap press, Cambridge, Mass. 1982).

Mayr, E. (1988): Toward a new philosophy of biology. Belknap Press of Harvard Univ. Press, Cambridge, 8-23.

Mayr, E. und S. Weinberg (1988): The limits of reductionism. Nature 331, 475-476.

Medawar, P. (1974): A geometrical model of reduction and emergence. In: Ayala, F.J. and T. Dobzhansky (eds.) (1974), 57-63.

Meehl, P.E. and W. Sellars (1956): The concept of emergence. In: Feigl, H. and M. Scriven (eds.) (1956): Minnesota studies in the philosophy of science, Vol.1, Minneapolis, 239-252.

Mesarovic, M.D. and Y. Takahara (1975): General systems theory: mathematical foundations. Academic Press, New York, 268 S.

Meyer (-Abich), A. (1926): Logik der Morphologie im Rahmen einer Logik der gesamten Biologie. J. Springer, Berlin, 290 S.

Mill, J.S. (1859/1979): On liberty. In: Mill, J.S.: Utilitarianism (ed.: M.Warnock). Collins Fount Paperbacks, Glasgow 1979, 126-250.

Mohr, H. (1978): Der Begriff der Erklärung in Physik und Biologie. Die Naturwissenschaften 65, 1-6.

Mohr, H. (1983): Evolutionäre Erkenntnistheorie - ein Plädoyer für ein Forschungsprogramm. Sitzungsberichte der Heidelberger Akademie der Wissenschaften. Math.-nat.w.schaftl. Klasse, 6.Abhandlung, 223-232.

Monod, J. (1970/1975): Zufall und Notwendigkeit. Philosophische Fragen der modernen Biologie. dtv, München 1975, 173 S.

Moravec, H. (1990): Der Mensch als Maschine. ZEIT Magazin 12/1990, 28-34.

Nagel, E. (1961): The structure of science. Problems in the logic of scientific explanation. Routledge and Kegan Paul, London, 618 p.

Nagel, E. (1979 a): Teleology revisited and other essays in the philosophy of science. Columbia University Press, New York, 352 p.

Nagel, E. (1979 b): Teleology revisited. In: Nagel, E. (1979 a), 275-316, (Orig.: Journal of philosophy 74, (1977)).

Nagel, E. (1979 c): Issues in the logic of reductive explanations. In: Nagel, E. (1979 a), 95-117, (Orig. in Kiefer, H.E. and M.K. Munits (eds.): Mind, Science, and History. State University of New York Press, Albany, 1970).

Needham. J. (1941): A biologist's view of Whitehead's philosophy. In: Schilpp, P.A.

(ed.) (1941), 241-272.
Neurath, O. (1931 a): Empirische Soziologie. Der wissenschaftliche Gehalt der Geschichte und Nationalökonomie. Schriften zur wissenschaftlichen Weltauffassung Bd.5 (Hrsg.: Frank, P. und M. Schlick), Springer Verlag, Wien, 151 S.
Neurath, O. (1931 b): Soziologie im Physikalismus. Erkenntnis 2, 393-431.
Neurath, O. (1931 c): Physikalismus. Scientia 50, 297-303.
Neurath, O. (1931 d): Physicalism: the philosophy of the Viennese Circle. The Monist 41, 618-623.
Neurath, O. (1932/33): Protokollsätze. Erkenntnis 3, 204-214.
Neurath, O. (1934): Radikaler Physikalismus und "wirkliche Welt". Erkenntnis 4, 346-362.
Nietzsche, F. (1886/1987): Jenseits von Gut und Böse. Goldmann, München 1987, 213 S.
Oppenheim, P. and H. Putnam (1958): Unity of science as a working hypothesis. Minnesota studies in the philosophy of science, Vol.2, 3-36.
Pattee, H.H. (1970): The problems of biological hierarchy. In: Waddington, C.H. (ed.) (1970): Towards a theoretical biology. Edinburgh, 253 p., 117-136.
Peirce, C.S. (1878/1985): Über die Klarheit unserer Gedanken. 3. Aufl. Klostermann, Frankfurt/M. 1985, 169 S. (Orig.: How to make our ideas clear. Popular Science monthly 12 (1878), 286-302).
Perutz, M.F. (1987): Darwinismus in neuer Sicht. Naturw. Rdschau 40, 211-214.
Piaget, J. (1967/1983): Biologie und Erkenntnis. Über die Beziehungen zwischen organischen Regulationen und kognitiven Prozessen. Fischer Taschenbuch Verlag, Frankfurt/M. 1983, 398 S.
Plessner, H. (1928/1975): Die Stufen des Organischen und der Mensch. 3. Aufl. W. de Gruyter, Berlin, 373 S.
Polanyi, M. (1968): Life's irreducible structure. Science 160, 1308-1312.
Popper, K.R. (1935/1984): Logik der Forschung, 8. verb. und erw. Aufl. 1984, Tübingen, 477 S.
Popper, K.R. (1957/1979): Das Elend des Historizismus. 5. verb. Aufl. 1979, Tübingen, 132 S. (Orig.: The poverty of historicism. 1957).
Popper, K.R. (1963/1965): Conjectures and refutations. Sec. rev. ed., Routledge and Kegan Paul, London 1965, 417 S.
Popper, K.R. (1974): Scientific reduction and the essential incompleteness of all science. In: Ayala, F.J. and T. Dobzhansky (eds.) (1974), 259-284.
Popper, K.R. (1977/1982): Der Materialismus überwindet sich selbst. In: Popper, K.R. und J.C.Eccles (1977/1982): Das Ich und sein Gehirn. Piper, München 1982, 699 S., 21-60. (Orig.: The self and its brain, Springer, Heidelberg 1977).
Popper, K.R. (1984): Bemerkungen eines Realisten zur Logik, Physik und Geschichte. In: Objektive Erkenntnis, 4. verb. Aufl. 1984, Hoffmann und Campe, Hamburg, 414 S., 298-331; nach einem Vortrag (1966).
Prigogine, I. und I. Stengers (1980/1981): Dialog mit der Natur. Neue Wege naturwissenschaftlichen Denkens. Piper, München, 314 S.
Primas, H. (1985): Kann Chemie auf Physik reduziert werden? Chemie in unserer Zeit 19, 109-119 und 160-166.
Putnam, H. (1978): Meaning and knowledge. The John Locke lectures 1976. In: Meaning and the moral sciences. Routledge and Kegan Paul, London, 7-80.
Quine, W.V.O. (1951/1953): Two dogmas of empiricism. In: From a logical point of view, Sec. rev. ed. 1971, Harvard Univ. Press, Cambridge, Mass. 184 p., 20-46.

(Orig.: 1951).
Quine, W.V.O. (1960): Word and object. MIT Press, Cambridge, Massachusetts, 294 p.
Quine, W.V.O. (1964/1974): Grundzüge der Logik. Suhrkamp stw 65, Frankfurt/M., 1974, 344 S. (Orig.: Methods of logic. Rev. ed. Holt, Rinehartz and Wilson, New York).
Quine, W.V.O. and J.S. Ullian (1970/1978): The web of belief. Random House, New York 1978, 147 p.
Reichenbach, H. (1938/1961): Experience and prediction. Univ. of Chicago Press 1961, 408 S.
Rescher, N. (1963): Discrete state systems, Markov chains, and problems in the theory of scientific explanation and prediction. Philosophy of science 30, 325-345.
Rickert, H. (1898/1910): Kulturwissenschaft und Naturwissenschaft. J.C.B. Mohr, Tübingen, 151 S.
Riedl, R. (1979/1981): Biologie der Erkenntnis. 3. durchges. Aufl. 1981. Parey, Berlin, 231 S.
Ropohl, G. (1978): Einführung in die allgemeine Systemtheorie. In: Lenk, H. und G. Ropohl (Hrsg.) (1978), 9-49.
Rorty, R. (1979): Philosophy and the mirror of nature. Princeton University Press, Princeton, N.J., 401 p.
Rorty, R. (1979/1987): Der Spiegel der Natur. Eine Kritik der Philosophie. Suhrkamp stw 686, Frankfurt/M. 1987, 438 S. (Orig.: Rorty (1979)).
Rorty, R. (1989): Kontingenz, Ironie und Solidarität. Suhrkamp, Frankfurt/M., 324 S.
Rosenblueth, A., N. Wiener and J. Bigelow (1943): Behavior, purpose and teleology. Philosophy of science 10, 18-24.
Roth, G. (1984/1987): Erkenntnis und Realität: Das reale Gehirn und seine Wirklichkeit. In: Schmidt, S.J. (Hrsg.) (1987), 229-255. (Orig. in Pasternack, G. (Hrsg.) (1984): Erklären. Verstehen. Begründen. Universität Bremen, 87-109).
Roth, G. (1985): Die Selbstreferentialität des Gehirns und die Prinzipien der Gestaltwahrnehmung. Gestalt Theory 7, 228-244.
Roth, G. (1987): Autopoiese und Kognition: Die Theorie H.R. Maturanas und die Notwendigkeit ihrer Weiterentwicklung. In: Schmidt, S.J. (Hrsg.) (1987), 256-286.
Roth, G. (1992): Das konstruktive Gehirn: Neurobiologische Grundlagen von Wahrnehmung und Erkenntnis. In: Schmidt, S.J. (Hrsg.) (1992): Kognition und Gesellschaft, Suhrkamp, Frankfurt/M., 134-160.
Roth, G., U. Dicke and K. Nishikawa (1992): How does ontogeny, morphology, and physiology of sensory systems constraint and direct the evolution of amphibians? Amer. Naturalist 139,105-124.
Roth, G., C. Naujoks-Manteuffel, K. Nishikawa, A. Schmidt and D.B. Wake (im Druck): The salamander nervous system as a secondarily simplified, paedomorphic system. Brain, Behav., Evol.
Roth, G. and H. Schwegler (1990): Self-Organization, emergent properties and the unity of the world. In: Krohn, W., G. Küppers and H. Nowotny (eds.) (1990): Self-organization. Portrait of a scientific revolution. Kluwer, Dordrecht, 36-50.
Roth, G. und H. Schwegler (1992): Kognitive Referenz und Selbstreferentialität des Gehirns: Ein Beitrag zur Klärung des Verhältnisses zwischen Erkenntnistheorie und Hirnforschung. In: Sandkühler, H.J. (Hrsg.) (1992): Wirklichkeit und Wissen. Realismus, Antirealismus und Wirklichkeits-Konzeptionen in Philosophie und Wissenschaften. Schriftenreihe des Zentrums für philosophische Grundlagen der

Wissenschaften, P.Lang, Frankfurt/M., 105-117.
Roth, G. and H. Schwegler (in Vorber.): Theory of biological systems.
Scheibe, E. (1989): Coherence and contingency. Two neglected aspects of theory succession. Nous, Vol.23/1, 1-16.
Schilpp, P.A. (ed.) (1941): The philosophy of Alfred North Whitehead. The library of living philosophers. Tudor Publishing Company, New York, 797 p.
Schlick, M. (1934 a): Philosophie und Naturwissenschaft. Erkenntnis 4, 379-396.
Schlick, M. (1934 b): Über das Fundament der Erkenntnis. Erkenntnis 4, 79-99.
Schlosser, G. (1990): Die Einheit der Welt und ihre wissenschaftliche Deutung. Dissertation Freiburg, 290 S.
Schmidt, S.J. (Hrsg.) (1987): Der Diskurs des radikalen Konstruktivismus. Suhrkamp stw 636, Frankfurt/M., 476 S.
Schrödinger, E. (1944/1946): Was ist Leben? Francke, Bern 1946, 143 S. (Orig.: What is life? Cambridge Univ. Press 1944).
Schuster, H. G. (1989): Deterministic Chaos. Sec. ed. VCH, Weinheim, 270 S.
Schwegler, H. (1992): Systemtheorie als Weg zur Vereinheitlichung der Wissenschaften? In: Krohn, W. und G. Küppers (Hrsg.) (1992): Emergenz - Die Entstehung von Ordnung, Organisation und Bedeutung. Suhrkamp stw 984, Frankfurt/M., 27-56.
Seiffert, H. und E. Jantsch (1989): System, Systemtheorie. In: Seiffert, H. und G. Radnitzky (Hrsg.) (1989): 329-338.
Seiffert, H. und G. Radnitzky (1989): Handlexikon zur Wissenschaftstheorie. Ehrenwirth, München, 502 S.
Sellars, R.W. (1941): Philosophy of organism and physical realism. In: Schilpp, P.A. (ed.) (1941), 405-433.
Shannon, C.E. and W. Weaver (1949/1964): The mathematical theory of communication. The Univ. of Illinois Press, Urbana 1964, 125 S.
Shapere, D. (1974): On the relations between compositional and evolutionary theories. In: Ayala, F.J. and T. Dobzhansky (eds.) (1974), 187-204.
Sheldrake, R. (1981/1984): Das schöpferische Universum. Die Theorie des morphogenetischen Feldes. Goldmann, München 1984, 230 S.
Simpson, G.G. (1949/1961): The meaning of evolution. 3rd printing 1961, Yale Univ. Press, New Haven, 364 S.
Simpson, G.G. (1963): Biology and the nature of science. Science 139, 81-88.
Springer, M. (1989): Frustrierte Systeme in Physik und Wirtschaft. Spektrum der Wissenschaft 12/1989, 40-46.
Stegmüller, W. (1969/1974): Wissenschaftliche Erklärung und Begründung. Probleme und Resultate der Wissenschaftstheorie und analytischen Philosophie, Bd.1. Verb. Nachdruck 1974. Springer, Berlin, 811 S.
Stegmüller, W. (1985): Theorienstruktur und Theoriendynamik. Probleme und Resultate der Wissenschaftstheorie und analytischen Philosophie, Bd.2: Theorie und Erfahrung, 2. Teilbd., 2. Aufl. 1985, Springer Verlag, Berlin, 327 S.
Stegmüller, W. (1986): Die Entwicklung des neuen Strukturalismus seit 1973. Probleme und Resultate der Wissenschaftstheorie und analytischen Philosophie, Bd.2: Theorie und Erfahrung, 3. Teilbd., Springer Verlag, Berlin, 460 S.
Stegmüller, W. (1987): Hauptströmungen der Gegenwartsphilosophie. Bd.II, 8. Aufl. (1987). Kröner, Stuttgart, 564 S.
Stent, G.S. (1981): Strength and weakness of the genetic approach to the development of the nervous system. Ann. Rev. Neurosci. 4, 163-194.

Stent, G.S. (1985): Thinking in one dimension: the impact of molecular biology on development. Cell 40, 1-2.

Ströker, E. (1973/1977): Einführung in die Wissenschaftstheorie. 2. Aufl. 1977, Wissenschaftl. Buchgesellschaft, Darmstadt, 145 S.

Tarski, A. (1977): Wahrheit und Beweis. In: Tarski, A.: Einführung in die mathematische Logik, 5. Aufl., Vandenhoeck und Ruprecht, Göttingen, 285 S., 244-275.

Thorpe, W.H. (1974): Reductionism in Biology. In: Ayala, F.J. and T. Dobzhansky (eds.) (1974), 108-138.

Uexküll, J.v. (1928): Theoretische Biologie. Suhrkamp, Frankfurt a.M. 1973, 378 S.

Uexküll, J.v. (1940): Bedeutungslehre. In: Uexküll, J.v. und G. Kriszat (1970), 105-179.

Uexküll, J.v. (1980): Kompositionslehre der Natur. Biologie als undogmatische Naturwissenschaft. Ausgewählte Schriften (Hrsg.: Th. v.Uexküll), Propyläen, Frankfurt/M., 418 S.

Uexküll, J.v. und G. Kriszat (1934): Streifzüge durch die Umwelten von Tieren und Menschen. In: Uexküll, J.v. und G. Kriszat (1970), 1-103.

Uexküll, J.v. und G. Kriszat (1970): Streifzüge durch die Umwelten von Tieren und Menschen. Bedeutungslehre. S. Fischer, Frankfurt/M., 206 S.

Vaas, R. (1990): Chaos im Sonnensystem. Naturwiss. Rundschau 43, 109-110.

Varela, F.G., H.R. Maturana und R.B. Uribe (1974): Autopoiese: Die Organisation lebender Systeme, ihre nähere Bestimmung und ein Modell. In: Maturana, H.R. (1982/1985), 157-169. (Orig.: Autopoiesis: The organization of living systems, its characterization and a model. Biosystems 5 (1975), 187-196).

Vlastos, G. (1937): Organic categories in Whitehead. In: Kline, G.H. (ed.) (1963), 158-167, (Orig.: Journal of philosophy 34 (1937), 253-263).

Vollmer, G. (1983): Evolutionäre Erkenntnistheorie. 3. verb. Aufl. 1983, S.Hirzel Verlag, Stuttgart, 222 S.

Vollmer, G. (1984): Die Unvollständigkeit der Evolutionstheorie. In: Kanitscheider, B. (Hrsg.) (1984), 285-316.

Vollmer, G. (1988): Ordnung ins Chaos? Zur Weltbildfunktion wissenschaftlicher Erkenntnis. Naturw. Rundschau 41, 345-350.

Waddington, C.H. (1961/1966): Die biologischen Grundlagen des Lebens. Vieweg, Braunschweig 1966, 112 S. (Orig.: The nature of life. Allen & Unwin 1961).

Wake, D.B. and G. Roth (1989): The linkage between ontogeny and phylogeny in the evolution of complex systems. In: Wake, D.B. and G. Roth (eds.): Complex organismal functions: Integration and evolution in vertebrates. Wiley, Chichester, 361-377.

Wake, D.B., G. Roth and M.H. Wake (1983): On the problem of stasis in organismal evolution. J. theor. Biol.101, 211-224.

Wartofsky, M.W. (1968): Conceptual foundations of scientific thought. Macmillan, New York, 390 S.

Watson, J.D. (ed.) (1987): Molecular biology of the gene. 4th ed. 1987, Benjamin/Cummings, Menlo Park, 1163 p.

Watson, J.D., J. Tooze and D.T. Kurtz (1983): Recombinant DNA. Scientific American Books, Freeman, New York, 260 p.

Watzlawick, P. (Hrsg.) (1986): Die erfundene Wirklichkeit. 4. Aufl., Piper, München, 326 S.

Weinberg, S. (1987): Newtonianism, reductionism and the art of congressional testimony. Nature 330, 433-437.

Weingartner, R.H. (1967): Historical explanation. In: Edwards, P. (ed.): The encyclo-

pedia of philosophy, Vol.4, 7-12.
Weiss, P. (1969): The living system: determinism stratified. In: Koestler, A. and J.R. Smythies (eds.) (1969), London, 3-54.
Weizenbaum, J. (1988): "Es ist wie eine Gier." Interview mit J. Weizenbaum. Die Zeit 47, 18.11.1988, S.43.
Weizenbaum, J. (1990): Absurde Pläne. ZEIT Magazin 12/1990, 38-41.
Weizsäcker, C.F.v. (1968/1984): Das philosophische Problem der Kybernetik. In: Die Einheit der Natur, 4. Aufl. 1984, dtv, München, 280-291.
Weizsäcker, C.F.v. (1977): Die Rückseite des Spiegels, gespiegelt. In: Der Garten des Menschlichen. Hanser Verlag, München, 612 S., 187-205.
Weizsäcker, C.F.v. (1985): Aufbau der Physik. Hanser Verlag, München, 662 S.
Weizsäcker, E.v. (Hrsg.) (1974 a): Offene Systeme I. Beiträge zur Zeitstruktur von Information, Entropie und Evolution. Klett, Stuttgart.
Weizsäcker, E.v. (1974 b): Erstmaligkeit und Bestätigung als Komponenten der pragmatischen Information. In: E.v. Weizsäcker (Hrsg.) (1974 a): 82-113.
Whitehead, A.N. (1925/1948): Science and the modern world. Pelican Mentor Books, New York 1948, 212 p.
Whitehead, A.N. (1929): Process and reality. Corrected edition (eds.: Griffin, D.R. and D.W. Sherburne), The Free Press, New York 1978, 413 p.
Whitehead, A.N. (1929/1987): Prozeß und Realität. Suhrkamp stw 690, Frankfurt/M. 1987, 666 S. (Orig.: Whitehead (1929)).
Wiener, N. (1948/1962): Cybernetics. Sec. ed. 1962, fifth printing 1989, MIT Press, Cambridge, Mass., 212 p.
Wilder Smith, A.E. (1982): Die Naturwissenschaften kennen keine Evolution. 4. Aufl. 1982, Schwabe u. Co., Basel, 156 S.
Wilkins, A.S. (1986): Genetic analysis of animal development. Wiley, New York, 546 S.
Windelband, W. (1894/1924): Geschichte und Naturwissenschaft. Rektoratsrede 1894. In: Präludien. Aufsätze und Reden zur Philosophie und ihrer Geschichte. 2. Bd. J.C.B. Mohr, Tübingen, 345 S., 136-160.
Winograd, T. and F. Flores (1986): Understanding computers and cognition. Ablex Publ., Norwood, 207 S.
Wittgenstein, L. (1918/1984): Tractatus logico-philosophicus. Werkausgabe in 8 Bd., Bd.1, Suhrkamp stw 501, Frankfurt/M. 1984, 7-85.
Wittgenstein, L. (1952/1984): Philosophische Untersuchungen. Werkausgabe in 8 Bd., Bd.1, Suhrkamp stw 501, Frankfurt/M. 1984, 225-580.
Wuketits, F.M. (1982): Das Phänomen der Zweckmäßigkeit im Bereich lebender Systeme. Biologie in unserer Zeit 12, 139-144.

Nachweis der einleitenden Zitate

Vollständige Literaturangaben werden nur für die im Literaturverzeichnis nicht aufgeführten Schriften gemacht (zur Zitierweise vgl. Erläuterungen im Literaturverzeichnis).

Einleitung:
Celan, P. (1963): ... Rauscht der Brunnen. Die Niemandsrose, Sprachgitter. Gedichte. Fischer Taschenbuch Verlag, Frankfurt/M. 138 S.: S. 36.
Prigogine, I. und I.Stengers (1980/1983): S. 16.
Kapitel 1.1:
Schlick, M. (1934 a): S. 382.
Quine, W.V.O. (1960): S. 22.
Kapitel 1.2:
Neurath, O. (1932/33): S. 206.
Feyerabend, P. (1975): S. 168.
Kapitel 2.1:
Uexküll, J.v. (1922/1980): Wie sehen wir die Natur und wie sieht sie sich selbst. In: Uexküll, J.v. (1980), S. 179-213: S. 212.
Sacks, O. (1985): The man who mistook his wife for a hat. Picador, London, 233 p.: S. 218.
Kapitel 2.2:
Morgenstern, C. (1905/1977): Das Knie. Galgenlieder, Der Gingganz. dtv, München 1977, 166 S.: S. 34.
Weiss, P. (1969): S. 42.
Kapitel 3:
Wittgenstein, L. (1918/1984): S. 67.
Rorty, R. (1979/1987): S. 191.
Kapitel 4:
Eddington, A.S. (1929): S. 230 f.
Whitehead, A.N. (1925/1948): S. 93.
Kapitel 5:
Borges, J.L. (1949/1988): Die Inschrift des Gottes. Blaue Tiger und andere Geschichten. Hanser Verlag, München 1988, 345 S.: S. 187.
Whitehead, A.N. (1929/1987): S. 87.
Kapitel 6:
Mann, T. (1924/1985): Der Zauberberg. Fischer Taschenbuch Verlag 1985, 768 S.: S. 292.
Goethe, J.W.v. (?/1982): Studie nach Spinoza. In: Schriften zur Biologie. Langen Müller, München 1982, 468 S.: S. 56.
Kapitel 7:
Bergson, H. (1907/1912): S. 23.
Machado, A. (1912): Caminante. Autores españoles/Spanische Autoren. Die 98er Generation. dtv zweisprachig, München 1983, 110 S.: S. 44/46.
Kapitel 8:
Weiss, P. (1969): S. 3
Heidegger (1951/1978) Das Ding. In: Vorträge und Aufsätze. Neske, Pfullingen, 4. Aufl. 1978, S. 157-175: S. 162.

Abbildungen

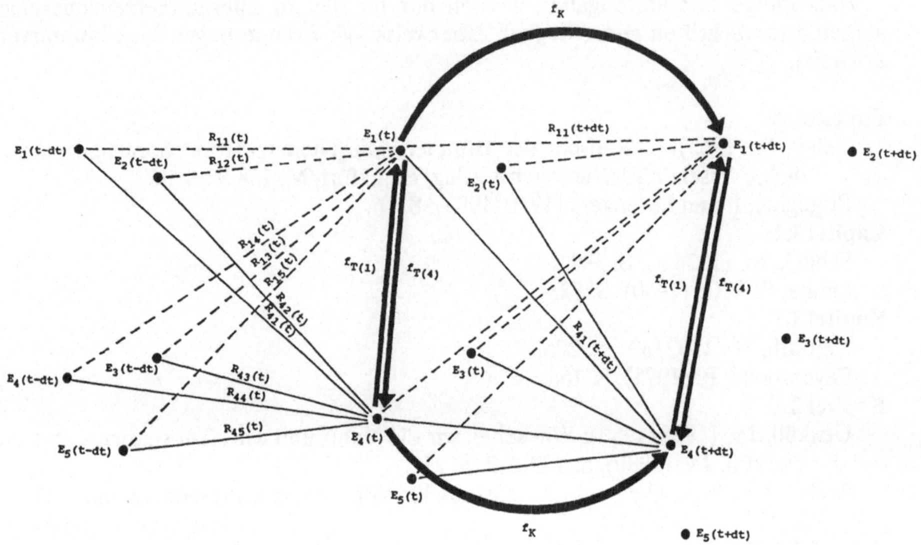

Abbildung 1: Elementarprozesse

In einem Universum der Mannigfaltigkeit u (hier: u = 5) sind alle u (hier: 5) Elementarprozesse $E_i(t)$ zusammen mit ihren u antezedenten Elementarprozessen $E_i(t\text{-}dt)$ und ihren u Sukzessoren $E_i(t+dt)$ für die drei diskreten Zeitpunkte t-dt, t und t+dt (dt soll hier als *diskreter* Zeitsprung aufgefaßt werden) symbolisch als Punkte dargestellt. Jeder Punkt repräsentiert ein Gefüge von u (hier: 5) Elementarrelationen $R_{ij}(t)$ (ein u-Tupel) zu allen antezedenten Elementarprozessen (genaugenommen müssen Elementarrelationen als mehrstellige, mindestens aber dreistellige Relationen $R_{iij}(t)$ konzipiert werden; vgl. hierzu Kap. 4 Fußnote 31). Die Elementarrelationen lassen sich durch d verschiedene Parameter (als d-Tupel) kennzeichnen; d heißt die Dimensionalität des Universums. In diesem geometrischen Beispiel wäre d = 2, sofern sich eine Elementarrelation $R_{ij}(t)$ (genauer: $R_{iij}(t)$) durch die Angabe der Strichlänge einer Linie $[R_{ij}(t)]$ und des Winkels zwischen $[R_{ii}(t)]$ und $[R_{ij}(t)]$ vollständig charakterisieren ließe (müßte ein zusätzlicher Parameter - z.B. Ladungsunterschiede - berücksichtigt werden, so wäre d = 3 usw.). Für $E_1(t)$ (gestrichelte Linien) und $E_4(t)$ (durchgezogene Linien) und ihre jeweiligen Sukzessoren $E_1(t+dt)$ (gestrichelt) und $E_4(t+dt)$ (durchgezogen) ist das durch den Punkt symbolisierte Gefüge von Elementarrelationen explizit dargestellt. Die Kausalfunktion f_K bildet jeden Elementarprozeß $E_i(t)$ auf seinen Sukzessor $E_i(t+dt)$ ab, die Transformationsfunktion $f_{T(j)}$ bildet jeden Elementarprozeß $E_i(t)$ auf jeden gleichzeitigen Elementarprozeß $E_j(t)$ einschließlich seiner selbst (für j = i) ab (dicke Pfeile). Kausalfunktion und Transformationsfunktion sind kommutativ: Wird zunächst $E_i(t)$ durch f_K auf $E_i(t+dt)$ abgebildet, so kann dieses durch $f_{T(j)}$ in dasselbe $E_j(t+dt)$ überführt werden, das auch durch Abbildung von $E_i(t)$ mittels $f_{T(j)}$ auf $E_j(t)$ und anschließende Anwendung von f_K beschrieben wird. Wir wollen annehmen, daß die Kürze der dargestellten Linien proportional zur Relevanz der Elementarrelationen für ein

$E_i(t)$ ist. Die relevantesten $R_{1j}(t)$ (bzw. die relevantesten $E_j(t\text{-}dt)$) für $E_1(t)$ sind dann $R_{11}(t)$, $R_{12}(t)$ und $R_{13}(t)$ (bzw. $E_1(t\text{-}dt)$, $E_2(t\text{-}dt)$ und $E_3(t\text{-}dt)$).
In der Abbildung sind nur die Elementarrelationen $R_{ij}(t)$, d.h. die "räumlichen" Relationen eines Elementarprozesses $E_i(t)$ zu den antezedenten Elementarprozessen $E_j(t\text{-}dt)$ des unmittelbar vorangehenden Zeitpunktes dargestellt. "Zeitliche" Relationen (nicht abgebildet) bestehen zwischen Elementarprozessen entfernterer Zeitpunkte, also zwischen $E_i(t)$ und $E_j(t\text{-}xdt)$ wobei x = 2, 3, 4, ... (z.B. zwischen $E_1(t+dt)$ und $E_1(t\text{-}dt)$). Sind alle gleichzeitigen "räumlichen" Relationen (Elementarrelationen) von $E_i(t)$ bekannt, so können durch die Kausalfunktion alle "räumlichen" Relationen von $E_i(t+dt)$ zum späteren Zeitpunkt t+dt und damit auch alle "zeitlichen" Relationen von $E_i(t+dt)$ beschrieben werden.
Das Schema müßte - das soll hier nur angedeutet werden - modifiziert werden, will man die Erkenntnisse der Relativitätstheorie berücksichtigen. Die "Gleichzeitigkeit" von antezedenten Elementarprozessen muß in einem relativistisch korrigierten Schema relativ zum betrachteten $E_i(t)$ sein. Was für ein $E_k(t)$ ein $E_i(t\text{-}dt)$ ist, mag für ein $E_l(t)$ ein $E_i(t\text{-}2dt)$ sein (wodurch das "Nahwirkungsprinzip" der Physik "gerettet" wird). Dabei gibt es für jeden Elementarprozeß immer u (hier: 5) Elementarrelationen zu gleichzeitigen antezedenten Elementarprozessen. Auch im relativistischen Schema gibt es aber eine Transformationsfunktion, die es erlaubt, alle gleichzeitigen - gleichzeitig für ein $E_k(t+dt)$ - $E_i(t)$ ineinander zu überführen ($f_{T(i)}$ wird dann abhängig vom Standpunkt und muß daher als $f_{T(k,i)}$ geschrieben werden).
Verschiedene gleichzeitige Elementarprozesse lassen sich zu einem Momentansystem (einem n-Tupel) vereinen. So bilden etwa $E_1(t\text{-}dt)$, $E_2(t\text{-}dt)$ und $E_3(t\text{-}dt)$ ein Momentansystem (n = 3) M_1, ihre Sukzessoren $E_1(t)$, $E_2(t)$ und $E_3(t)$ ein Momentansystem M_2. Die Momentansysteme, die $E_4(t\text{-}dt)$ und $E_5(t\text{-}dt)$ bzw. $E_4(t)$ und $E_5(t)$ vereinen, nennen wir die zu M_1 bzw. M_2 komplementären Umgebungen $U(M_1)$ bzw. $U(M_2)$. Ein momentanes Universalsystem vereint alle $E_i(t)$, die in einem Momentansystem (z.B. M_2) und seiner komplementären Umgebung (z.B. $U(M_2)$ vereint sind, d.h. alle u (hier: 5) gleichzeitigen $E_i(t)$.
Ein definiertes System K legt zunächst eine Menge von u-Tupeln (Universalsystemen) fest, d.h eine Menge von Wertebereichen für die u Elementarrelationen eines Elementarprozesses (über $f_{T(j)}$ liegen damit die Wertebereiche für alle gleichzeitigen $E_j(t)$ fest). Nur die n_k (n_k < u) Wertebereiche, die notwendig für die Identitätserhaltung von K sind und eine bestimmte Schwankungsbreite nicht überschreiten, werden als konstitutiv bezeichnet. Damit liegt (über die Anwendung von $f_{T(j)}$ auf die konstitutiven j) eine Menge von n_k-Tupeln (Momentansystemen) fest, die Identitätsmenge von K. So sei K z.B. eine Menge, der M_1 und M_2 zugerechnet werden (in diesem Beispiel gibt es zwar nur ein Momentansystem pro Zeitpunkt, das Element von K ist, es können aber auch mehrere sein). Ein konkretes Prozeßsystem K_{Pi} der Art K stellt eine Menge dar, der nur ein gleichzeitiges Momentansystem der Identitätsmenge von K zugerechnet wird und deren verschiedene Elemente in (zumindest partieller) historischer Kontinuität stehen. So wäre die Menge K_{P1} mit den Elementen M_1 und M_2 (M_2 vereint ja - hier sogar sämtliche - Sukzessoren der in M_1 vereinten Elementarprozesse) ein konkretes Prozeßsystem, die Menge $U(K_{P1})$ mit den Elementen $U(M_1)$ und $U(M_2)$ seine komplementäre Umgebung.

A

K(4)
K(5)
K(1)
K(2)
K(3)
5
1
2
3
4
K_{p1}
K_{p2}
K_{p3}
K(2')
K
K_p

B

Z_{11}
Z_{12}
Z_1
Z_2
K(3)
K(1)
K(2)
K(2')
K_{p3}
K_{p2}
K_{p1}
K
K_p
1
2
3
4
5
6
7
8
9

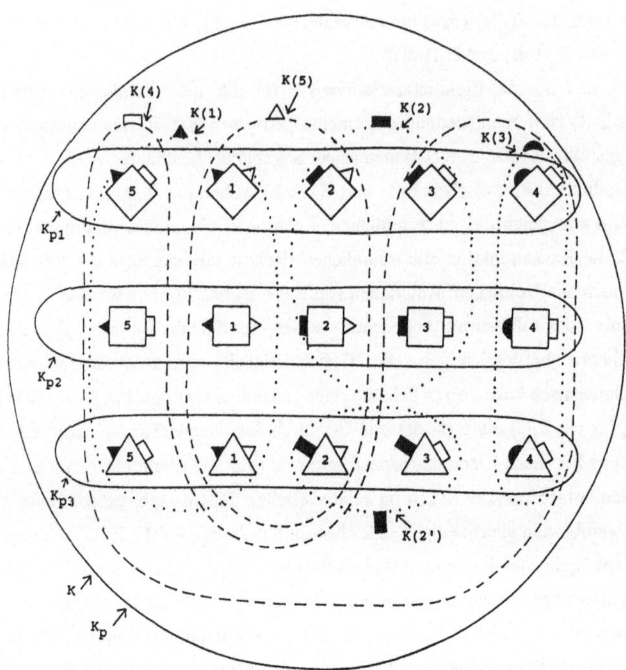

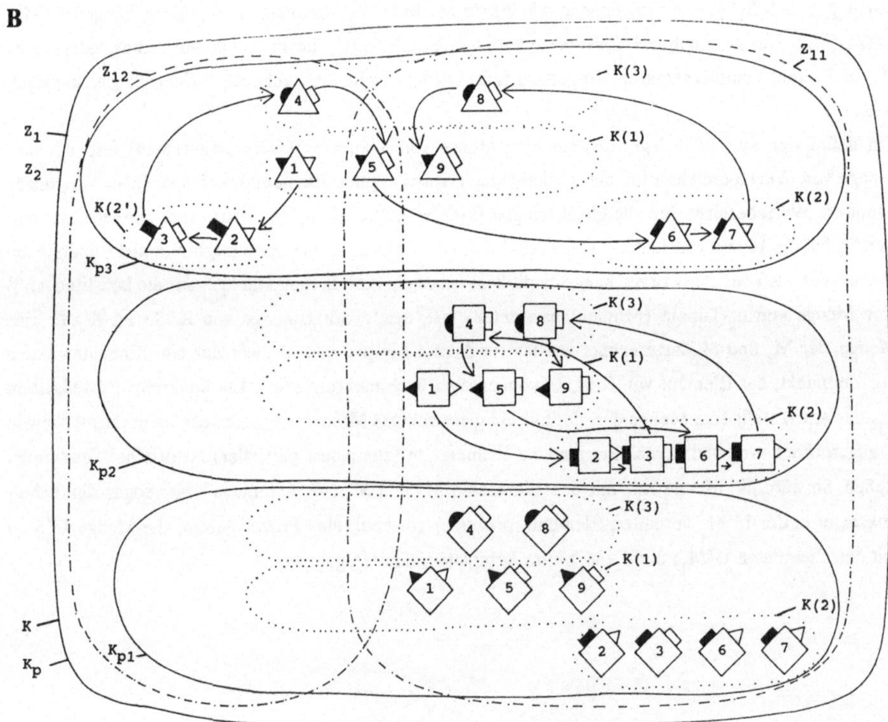

Abbildung 2: Definierte Systeme und Prozeßsysteme

Die Identitätsmenge aller einem definierten System der Art K zugerechneten Momentansysteme wird dargestellt. Momentansysteme, die untereinander partielle historische Kontinuität aufweisen, lassen sich zur Menge eines konkreten Prozeßsystems K_{Pi} zusammenfassen. Im dargestellten Beispiel lassen sich drei Prozeßsysteme K_{P1}, K_{P2} und K_{P3} unterscheiden. Die Identitätsmenge K läßt sich auch als Menge K_P aller konkreten K-definierten Prozeßsysteme K_{Pi} (hier: K_{P1}, K_{P2}, K_{P3}) auffassen. Momentansysteme werden durch offene Rauten, Quadrate und Dreiecke dargestellt. Momentansysteme gleicher Zeitpunkte werden mit den gleichen Ziffern bezeichnet, Momentansysteme folgender Zeitpunkte mit aufsteigenden Ziffern. Die ausgefüllten kleinen Dreiecke, "liegenden" und "stehenden" Rechtecke und Halbkreise symbolisieren die für die einzelnen Zustände K(1), K(2), K(2') und K(3) kennzeichnenden Wertebereiche konstitutiver Elementarrelationen, d.h. sie definieren die jeweiligen Zustände als Teilmengen von K. Die Zustände K(1), K(2) und K(3) (gepunktete Mengen in **A** und **B**) sind dabei diachrone Zustände - sie können nicht simultan realisiert sein - einer zyklischen Zustandssequenz Z_{11}: K(1) - K(2) - K(3) - K(1) - ... Zu dieser zyklischen Zustandssequenz gibt es eine alternative Zustandssequenz Z_{12}: K(1) - K(2') - K(3) - K(1) - ... Die alternativen Zustandssequenzen (durch Strichpunkte begrenzte Mengen in **B**) lassen sich zur Menge Z_1 zusammenfassen, die hier mit der Identitätsmenge K identisch ist. Momentansysteme, die in den Wertebereich einer dieser Zustandsmengen fallen, sind durch das entsprechende geometrische Symbol links gekennzeichnet. Die offenen kleinen Dreiecke und Rechtecke symbolisieren die für die einzelnen Zustände K(4) und K(5) (gestrichelte Mengen in **A**) kennzeichnenden Wertebereiche. K(4) und K(5) sind diachrone Zustände einer zyklischen Zustandssequenz Z_2: K(4) - K(5) - K(4) - ... Momentansysteme, die in den Wertebereich einer dieser Zustandsmengen fallen, sind durch das entsprechende geometrische Symbol rechts gekennzeichnet. Die Zustandssequenzen Z_1 und Z_2 sind synchrone Zustandssequenzen, d.h. Zustände der Zustandssequenzen Z_1 (Z_{11} oder Z_{12}) und der Zustandssequenz Z_2 können simultan (synchron) realisiert sein. Die Zustände von Z_1 und die Zustände von Z_2 stellen sozusagen verschiedene Kategorisierungen derselben Identitätsmenge K dar. Deshalb sind alle Momentansysteme durch ein ausgefülltes (links) und ein offenes (rechts) Symbol markiert.

A: Darstellung aller Momentansysteme von t = 1 bis 5 (Zeitraum eines Zustandszyklus Z_1), die Element der Identitätsmenge K und ihrer diversen Teilmengen sind.

B: Darstellung der Identitätsmenge K als Menge K_P aller K-definierten Prozeßsysteme K_{P1}, K_{P2} und K_{P3}. Alle Momentansysteme von t = 1 bis 9 sind dargestellt. In diesem Zeitraum durchlaufen die Prozeßsysteme gerade zwei Zustandszyklen Z_1. Die dünnen Pfeile verbinden unmittelbar aufeinander folgende Momentansysteme mit partieller historischer Kontinuität miteinander, um die zyklischen Zustandssequenzen (für Z_{11} und Z_{12}) zu veranschaulichen. Die Mengen K(4) und K(5) wurden hier, der Übersichtlichkeit halber, nicht dargestellt.

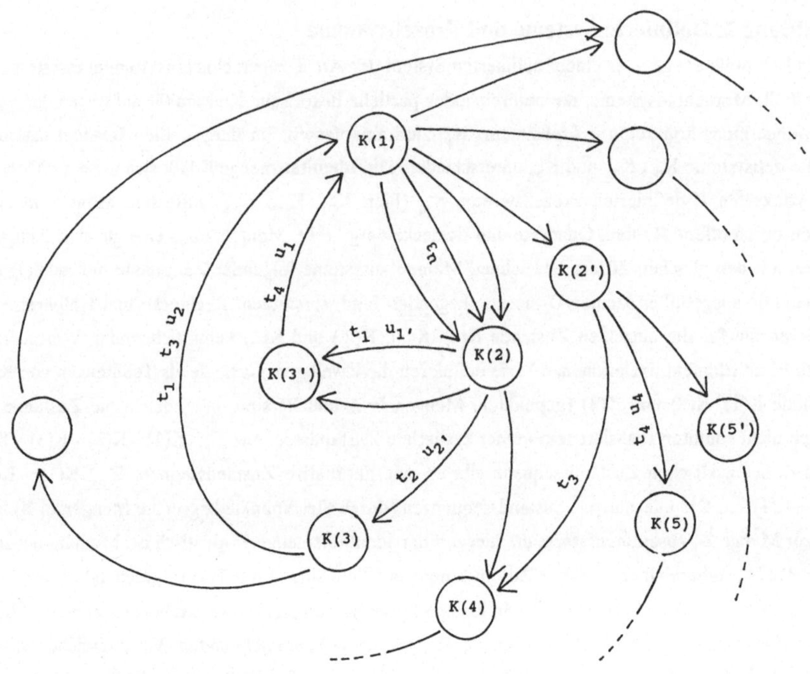

Abbildung 3: Komplexes heterogenetisches System.

Die offenen Kreise symbolisieren einzelne Systemzustände eines komplexen heterogenetischen Systems der Art K (jeder Zustandszyklus wird von zumindest einigen wenn nicht allen konkreten Prozeßsystemen K_{Pi} der Menge K_P durchlaufen), die Pfeile verbinden Folgezustände einer Zustandssequenz. Komplexe heterogenetische Systeme der Menge K_P können verschiedene alternative zyklische Zustandssequenzen durchlaufen, z.B. K(1) - K(2) - K(3) - K(1) oder K(1) - K(2) - K(3') - K(1) usw. Für den Übergang von einem Zustand in den Folgezustand sind bestimmte Auto- und Allokonstituenten im Kontext der Interaktionen mit anderen Konstituenten - in bestimmten Relationen zu diesen anderen Konstituenten - notwendig. Alle Zustände, die Bestandteil einer identitätserhaltenden zyklischen Zustandssequenz sind (bzw. alle Konstituenten, die für Zustandsübergänge einer solchen Zustandssequenz notwendig sind), können als "funktional" bezeichnet werden, heterogenetische Systeme sind "funktionale Systeme". Für einige der Zustandsübergänge sind einige der jeweils notwendigen (konstitutiven, funktionalen) Konstituenten in der Abbildung über den Pfeilen exemplarisch angegeben. Autokonstituenten (Teilsysteme) werden mit t, Allokonstituenten (Umweltsysteme) mit u bezeichnet. Für den Zustandsübergang K(3) - K(1) beispielsweise ist t_1 im Kontext der Interaktionen mit (in bestimmten Relationen zu) t_3 und u_2 konstitutiv. Im Kontext von Interaktionen mit u_1' hingegen ist t_1 notwendig für den Übergang K(2) - K(3'). u_1' und u_2' repräsentieren antezedente Korrelate der Allokonstituenten u_1 und u_2, d.h. in der Umgebung komplexer heterogenetischer Systeme der Art K (aller K_{Pi} von K_P) folgen u_1' und u_1 (bzw. u_2' und u_2) regelmäßig aufeinander (beispielsweise weil sie in partieller historischer Kontinuität miteinander stehen). Komplexe heterogenetische Systeme haben oft antizipatorischen Charakter: Der Vorläufer K(2) eines Zustandes K(3'), für den u_1 konstitutiv ist, ist auf relevante Interaktionen mit dem antezedenten Korrelat u_1' angewiesen, um in K(3') überzugehen. Damit das komplexe heterogenetische System eine identitätserhaltende zyklische Zustandssequenz durchlaufen kann, muß es zyklisch mit Allokonstituenten (z.B. u_3, u_2' und u_2) interagieren. Das zyklische Konstitutivwerden von Allokonstituenten, das diesen Interaktionszyklus ermöglicht, ist Ausdruck eines Allokonstituentenzyklus (vgl. Kap. 5.3.2). Das dargestellte heterogenetische System ist beispielsweise alternativ an die den beiden Interaktionszyklen u_3 - u_2' - u_2 - u_3 bzw. u_3 - u_1' - u_1 - u_3 zugrundeliegenden Allokonstituentenzyklen gekoppelt. Ein heterogenetisches System ist umso komplexer, an je mehr alternative Allokonstituentenzyklen es gekoppelt ist (Komplexität als "distribuierte Dependenz"). Komplexe heterogenetische Systeme weisen nicht nur eine Divergenz von Zuständen im Umgang mit verschiedenen Allokonstituenten (etwa beim Übergang von K(2) in K(3) und K(3') durch Interaktion mit u_1' bzw. u_2') auf, sondern auch eine Konvergenz von Zuständen (etwa beim Übergang von K(3) und von K(3') in K(1)). Konvergente Zustandsübergänge können als "zielgerichtete Prozesse" beschrieben werden. Sie treten nur in komplexen heterogenetischen Systemen auf, die daher auch als "selbstregulierende Systeme" bezeichnet werden können.

Die vermessene Theorie

Eine kritische Auseinandersetzung mit der Instinkttheorie von Konrad Lorenz und verhaltenskundlicher Forschungspraxis

von Hanna-Maria Zippelius

1992. X, 295 Seiten (Wissenschaftstheorie/Wissenschaft und Philosophie, Band 35; herausgegeben von Siegfried J. Schmidt) Gebunden.
ISBN 3-528-06458-7

Die Autorin hat die heute vorherrschende Verhaltensbiologie von Konrad Lorenz untersucht, alle wichtigen Experimente analysiert und wiederholt und kommt zu dem Fazit, daß Lorenz' Theorie auf einer unzureichenden Basis aufgebaut ist und gravierende Fehler aufweist. Die Arbeit ist biologisch-fachwissenschaftlich voll zuverlässig. Die darüber hinausgehenden wissenschaftstheoretischen Aspekte sind höchst interessant und folgenreich, da hier für einen weltweit prominenten Bereich der Biologie der Nachweis erbracht wird, daß wissenschaftliche Standards verletzt worden sind, ohne daß dies den Erfolg der Theorie in der scientific community in irgendeiner Weise beeinträchtigt hätte.

Verlag Vieweg · Postfach 58 29 · D-6200 Wiesbaden 1